U0230448

长江中游江–河–湖泥沙输移及其对人类活动的响应

熊 明 许全喜 朱玲玲 袁 晶 董炳江 等 著

科学出版社

北 京

内 容 简 介

本书采用近 60 年来的系列观测资料,对长江中游江湖水沙过程、江湖关系水沙交换、气候变化、大型水利工程、下荆江裁弯、湖区围垦等自然变化及人类活动导致的水沙过程变异及其对江湖关系的影响等方面开展了较为系统的研究,全面反映 20 世纪 50 年代以来长江中游江-河-湖泥沙输移规律、不同时期江湖分汇流变化、河床冲淤与泥沙交换、江湖关系变化及其驱动机制,为长江中下游江湖综合治理与保护、江湖河道整治和三峡工程综合效益的发挥,提供了极为重要的技术支撑。

本书可供水利水电系统和有关科研部门的专业技术人员研究使用,也可供高等院校相关专业的师生参考。

图书在版编目(CIP)数据

长江中游江-河-湖泥沙输移及其对人类活动的响应 / 熊明等著. —北京:
科学出版社, 2022.2
ISBN 978-7-03-070604-1

Ⅰ. ①长… Ⅱ. ①熊… Ⅲ. ①长江流域-中游-泥沙输移-影响-人类活动-研究 Ⅳ. ①TV152

中国版本图书馆 CIP 数据核字 (2021) 第 231693 号

责任编辑:李小锐 / 责任校对:彭 映
封面设计:墨创文化 / 责任印制:罗 科

科 学 出 版 社 出版
北京东黄城根北街 16 号
邮政编码:100717
http://www.sciencep.com

成都锦瑞印刷有限责任公司 印刷
科学出版社发行 各地新华书店经销
*
2022 年 2 月第 一 版 开本:787×1092 1/16
2022 年 2 月第一次印刷 印张:25
字数:592 000
定价:298.00 元
(如有印装质量问题,我社负责调换)

《长江中游江–河–湖泥沙输移及其对人类活动的响应》
著 者 名 单

主要作者　熊　明　许全喜　朱玲玲　袁　晶　董炳江

成员（按姓氏拼音排序）

　　　　陈　槐　李圣伟　肖　飞　杨　志

　　　　张欧阳　郑亚慧　朱立俊

前　言

长江中游地区湖泊密布，历史上均与长江自然连通，形成了自然的江、河、湖复合水生态系统，鄱阳湖和洞庭湖作为我国第一和第二大淡水湖泊，至今仍保持着与长江的自然连通状态。与国内外同类河-湖关系相比，自然通江的洞庭湖、鄱阳湖与长江之间形成的江湖水力联系及水沙交换关系更为复杂。洞庭湖接纳长江荆江三口(调弦口于1958年建闸堵闭，现为三口)分流及湖南省湘江、资水、沅江、澧水(简称湖南四水)来水，调蓄后在城陵矶与长江汇流，形成吞吐长江之势；鄱阳湖承接上游江西省赣江、抚河、信江、饶河、修水(简称江西五河)来水，由湖口北注入长江，与长江相互顶托(长江间或倒灌入湖)，长江水情变化直接影响鄱阳湖的水量变化。长江与洞庭湖、鄱阳湖之间不同的水沙交换特性，形成了各具特色的江湖关系，其复杂性与重要性独一无二。

长江中游江湖关系的变化事关区域洪水灾害防治、水资源利用、水环境保护和水生态安全，是长江中游水问题的核心。长江—洞庭湖、长江—鄱阳湖关系错综复杂，其变化历经沧桑，近百年来在一系列江湖整治工程建设等的影响下江湖关系发生了剧烈调整。特别是近年来，三峡工程等上游控制性水利枢纽相继建成运行，强力驱动着江湖关系的新一轮调整。人类活动与长江中游江湖水系洪旱灾害之间的互馈作用因此备受关注。

水沙交换是江湖关系演变的核心。本书以长江中游江-河-湖泥沙输移及其对人类活动的响应为主线，较为系统地总结了1956~2015年长江中游江湖泥沙交换及分配格局，从泥沙分配格局变化的角度，揭示了江湖关系自江平衡、湖淤积阶段过渡至江冲刷、湖平衡阶段的演变过程，阐明了长江干流河道沿程、长江—洞庭湖、长江—鄱阳湖泥沙时空交换规律，以及泥沙交换带来的河床、湖盆冲淤及形态变化响应。通过探求长江—洞庭湖、长江—鄱阳湖和长江中游不同区域泥沙输移之间的内在联系，从水沙输移微观规律和河床冲淤变化的宏观过程出发，总结了自然条件以及人类活动影响下江湖水沙运动规律，揭示了不同阶段长江中游江湖水沙输移不平衡和江湖水沙交换关系变化规律及其成因。在上述研究的基础上，深入阐述了气候变化和湖区围垦、下荆江系统裁弯、水土保持工程、人工采砂及以三峡水库为代表的水利枢纽工程等对长江干流河道和通江湖泊水沙输移、江湖关系演变的驱动机制，在研究系统性和实用性等方面均有较显著的创新。

全书共分为9章。第1章为绪论，主要介绍国内外研究背景与现状，研究区域、数据源与主要方法，研究思路与主要内容等；第2章为长江中游江-河-湖水沙基本特征，主要介绍长江中游江湖水系、水沙基本特征，江湖水系历史演变与江湖关系系统特征等；第3章为长江中游江湖分流分沙关系变化研究，主要介绍荆江三口分流口门河道演变及水沙输移、分洪洪道冲淤演变、三口分流分沙变化及机理等；第4章为长江中游江湖汇流关系变化研究，主要介绍长江—洞庭湖、长江—鄱阳湖汇流段河道演变及水沙输移特性，江湖顶托与倒灌关系变化等；第 5 章为长江中游江湖关系调整期泥沙交换及响应，主要介绍该时期内江湖系统内外部条件变化，泥沙时空交换关系变化，长江干流与洞庭湖、鄱阳湖泥沙冲淤及响应等；第 6 章为长江中游江湖关系相对稳定期泥沙交换及响应，主要介绍该时期内江湖系统内外部条件变化，泥沙时空交换关系变化，长江干流与洞庭湖、鄱阳湖泥沙冲淤及响应等；第 7 章为新条件下长江中游江湖泥沙交换及响应，主要介绍三峡等长江上游干支流水库群建成运行后，江湖泥沙时空交换关系变化，长江干流与洞庭湖、鄱阳湖泥沙冲淤及响应等；第 8 章为长江中游江湖关系自然因素驱动机制，主要介绍长江中游江湖关系演变过程、自然因素变化及其对江湖关系变化的驱动机制；第 9 章为人类活动对长江中游江湖关系演变的影响机制研究，主要介绍长江中游江湖系统内外部多重人类活动及其对江湖关系演变的驱动作用。

本书主要由长江水利委员会水文局有关专业人员编写完成。第 1 章由熊明、许全喜、朱玲玲编写；第 2 章由张欧阳、董炳江、郑亚慧编写；第 3 章由朱玲玲、袁晶、李圣伟编写；第 4 章由袁晶、朱立俊、陈槐编写；第 5 章由许全喜、朱玲玲、董炳江编写；第 6 章由袁晶、许全喜、肖飞编写；第 7 章由朱玲玲、董炳江、郑亚慧编写；第 8 章由熊明、朱玲玲、袁晶、李圣伟编写；第 9 章由许全喜、朱玲玲、杨志编写。

本书在编写过程中，得到国家重点研发计划项目"长江泥沙调控及干流河道演变与治理技术研究"课题 1"多因素影响下长江泥沙来源及分布变化研究"（2016YFC0402301）、"洞庭湖与鄱阳湖多目标调控关键技术"课题 1"新水沙条件下长江与两湖关系演变趋势及水文情势响应"（2017YFC0405301）、国家重点基础研究发展计划(973 计划)项目"长江中游通江湖泊江湖关系演变及环境生态效应与调控"课题 1"长江中游通江湖泊江湖关系演变过程与机制"（2012CB417001）的资助和支持。

长江中游江湖关系正处于三峡等大型水库建成后的变化调整阶段，未来一段时期，长江上游以三峡为核心的大型梯级水库群建成并实行联合调度后，长江中下游径流、泥沙过程和分布都将进一步发生深刻的变化，进而驱动江湖不同强度、不同速度的调整，改变江湖水沙交换与泥沙冲淤格局，江湖关系也会发生更加显著的变化。新的水沙条件、河道冲淤调整、江湖关系平衡的建立是一个复杂而漫长的过程，其对长江防洪、河道治理、航运、生态等河流功能的影响也将更加深远。新的调整过程及过程中的各种复杂响应，河流功能的变化、需求，以及科学合理的工程保障形式等都需要深入研究。

限于问题的复杂性，且研究时间跨度大，书中疏漏之处在所难免，敬请读者批评指正。

目　　录

第1章 绪 论

1.1 研究背景及现状

1.1.1 研究背景及必要性

历史上，长江沿江两岸通江湖泊星罗棋布，形成了自然的江、河、湖复合水生态系统。长期演变形成的江湖水沙关系错综复杂，其变化历经沧桑，一方面，随着泥沙的逐年淤积，入湖水道淤塞、湖盆逐渐淤高，湖泊调蓄洪水的能力逐渐降低；另一方面，随着沿江两岸人口的快速增长和社会经济的发展，湖泊蓄洪垦殖和围垦活动增多，洞庭湖、鄱阳湖湖面日益分割缩小，洪水溃垸、湖垸互换现象频繁，部分蓄洪垦殖区、围垦区均已发展成为我国重要的商品粮、棉、油、麻基地，仅在江堤内的低洼地区保留着一些内湖作为蓄渍区。至 1984 年年底，长江中游尚存的大型通江湖泊仅有洞庭湖和鄱阳湖，其他通江湖泊均已建闸控制或垦殖。因此，当前长江中游江湖关系实际是指长江与洞庭湖和鄱阳湖的关系。

与国内外同类河-湖关系相比，自然通江的洞庭湖、鄱阳湖与长江之间形成的江湖水力联系及水沙交换关系极为复杂。洞庭湖接纳长江松滋口、太平口和藕池口(调弦口 1958 年建闸，以下简称荆江三口)分流及湘江、资水、沅江、澧水(以下简称湖南四水)来水来沙，调蓄后在城陵矶与长江汇流，形成吞吐长江之势；鄱阳湖承接上游赣江、抚河、信江、饶河、修水来水来沙，由湖口北注入长江，与长江相互顶托(长江间或倒灌入湖)，长江水情变化直接影响鄱阳湖的水量变化。长江与洞庭湖、鄱阳湖之间不同的水沙交换特性，形成了各具特色的江湖关系，其规模、复杂性及重要性独一无二。近百年来，在一系列江湖整治工程、水土保持工程、水利枢纽工程等的影响下，江湖关系发生了剧烈调整，与长江中游江湖水系愈演愈烈的洪旱灾害之间的互馈作用备受关注。特别是近年来，三峡工程等上游控制性水利枢纽相继建成运行，强力驱动着江湖关系进入新一轮的调整，三峡工程运用引起的江湖关系改变及其对洞庭湖、鄱阳湖的影响越来越受到学术界的关注，从而大大提升了江湖关系这一概念的关注度，也极大地拓展了江湖关系概念的内涵。因此，从宏观层面了解江湖关系的概念、内涵及其表征，剖析江湖关系变化与水资源季节性短缺、湖泊局部水质下降与富营养化加重以及湖泊和洲滩湿地生态退化等一系列水问题之间错综复杂的关系，客观评价三峡工程蓄水运行的影响，成为政府、社会和学术界共同关注的焦点。

水沙交换关系是江湖关系的核心，也是江湖关系变化的纽带。其变化影响着区域的洪水灾害防治、水资源利用、水环境保护和水生态安全，是长江中游水问题的重要内容。水交换是江湖关系演变的驱动力，泥沙交换是江湖关系演变的物质基础。同时，水和沙均是营养物质、微量元素、污染物等的载体。江湖之间水沙交换关系变化一方面会带来河湖水资源量和泥沙总量的重分配、河道形态及湖盆形态的冲淤调整等直接效应；另一方面会对河湖调蓄能力、生态环境变化等产生间接效应，这些效应反过来又会影响水沙交换的强度。可见，水沙交换贯穿江湖关系变化的始终，是研究江湖关系的前提和基础。

影响江湖水沙交换关系的驱动因子及其作用机制均十分复杂。国内外有关江湖关系的研究并不少见，但近60年以来的系统研究较少，仅有零星的关于河-湖水量交换变化特征的研究，对于江湖水沙交换的驱动研究也往往是单因子的研究，缺乏多因子的系统集成。纵观长期以来江湖水沙交换格局的演变过程，其驱动因子主要包括以气候变化、湖泊淤积、河床自适应调整为主的自然因子，以及水利枢纽工程、水土保持工程、湖区围垦、河道(航道)整治工程、采砂活动等高强度的人类活动。

在不同时期，不同驱动因子对江湖关系演变过程的作用程度存在差异，特别是近年来以三峡水库为代表的上游大型控制性水利工程建成运用后，江湖关系发生了一些新变化，这些变化带来的影响成为社会各界高度关注的焦点问题。三峡工程对长江中游江湖关系变化的影响不是一个独立的过程，而是在此前下荆江系统裁弯、葛洲坝水库枢纽运行、水土保持工程实施等人类活动影响的基础上的延展或叠加效应，且带来的影响将更加深远。因此，通过对荆江三口及江湖交汇河段水文资料和河道地形资料的整理分析及观测试验研究，探讨近60年来长江中游鄱阳湖和洞庭湖与长江江湖水沙分流与顶托(倒灌)关系形成机制、现状特征、作用强度与范围，以及典型水文年江湖水沙交换通量的时空分布格局，对于深刻认识长江中游江湖水沙交换关系现状及形成机制，科学评估不同驱动因子，特别是三峡工程等重大水利枢纽工程对江湖水沙交换关系的影响，都是十分必要的，也可为提出当前面临的或将来可预见的主要问题的解决方案奠定基础，是实现长江大保护的重要前提，意义非凡。

1.1.2 国内外研究现状

江湖关系集复杂性、多变性、重要性于一体，历来是国内外相关专业研究的重点领域，积累了大量的研究成果。水沙作为江湖连通的主要媒介，在江、湖之间的输移交换中是河湖关系调整的动力条件和物质基础。单就水沙交换现状及驱动机制看，围绕江湖水沙交换特征与规律、江湖水沙交换的宏观效应、江湖水沙交换驱动机制及评估等方面的研究成果颇丰。

1. 江湖水沙输移特征与规律

水沙输移特征与规律是研究江湖关系的基础。关于长江中游近几十年河湖水沙输移特征的研究主要可以分为三类：一是河湖来水来沙条件变化；二是江分入湖的水沙变化，通常是指荆江三口分流分沙变化；三是湖泊入汇水沙变化。

1)河湖来水来沙条件变化

长江中游干流河道的水沙大部分来自宜昌以上的干支流，区间还有较大的支流、湖泊入汇的水沙，因此，其变化特征有一定的区域性，并且水流和泥沙的变化规律近几十年存在明显的差异。Chen等(2001)根据宜昌、汉口、大通水文站1950～1980年资料分析长江径流量和水沙量，认为径流量变化不大，上中游输沙量减少，但大通以下干流输沙量稳定；

将资料序列进一步延长至近期，可以发现近 50 年来长江入海输沙量呈减少趋势(刘成等，2007)，且宜昌站、汉口站、大通站年平均输沙量都有明显的减少趋势，各主要支流水文站减沙趋势也较为明显(府仁寿等，2003)。可见，早在三峡水库蓄水前，长江干流沙量减少的现象就已经显现。三峡水库蓄水后，长江中游水沙来量及过程均发生了变化，径流总量略偏枯，宜昌站年径流量略有减少，由 2003 年前的 3828 亿 m^3 减少到 2003 年后的 3607 亿 m^3，汉口站和大通站年径流量长期以来没有明显的变化趋势，在多年平均值上下波动(王延贵等，2014)；中下游年内分配发生改变，包括中枯水期延长、最小流量增加(胡向阳等，2010)，汛期水库削峰防洪调度减小了坝下游洪峰流量(许全喜和童辉，2012)。与径流变化相比，长江中下游干流泥沙输移的变化基本达到变异的程度，Yang 等(2005)研究表明，2003 年三峡水库的运行拦截了其下游长江干流河道和通江湖泊泥沙来源的 88%，宜昌站、汉口站和大通站年输沙量具有显著的减少趋势(王延贵等，2014)，水流明显变清，三峡出库悬移质泥沙粒径明显变细，坝下游河床冲刷导致悬移质泥沙粗颗粒含量沿程增多，粒径变粗，监利站粗沙量已基本恢复到蓄水前的水平，长江上游与中下游泥沙输移的格局发生了变化，大通站泥沙来源和地区组成发生新变化(许全喜和童辉，2012)。因此，关于长江中游干流水沙条件的变化，已有研究在定性的认识上基本一致：径流总量变化较小，年内过程在三峡水库的调蓄作用下发生了改变，输沙量的减少在三峡水库蓄水前就已经出现，影响因素主要有流域水库拦沙、流域水土保持、河道采砂等人类活动(王延贵等，2014)，三峡水库拦沙作用进一步加大了泥沙的减幅。

近 60 年洞庭湖水沙主要来自荆江三口和湖南四水，其中荆江三口既是洞庭湖水沙的重要来源，也是连接长江和洞庭湖的主要纽带，关于荆江三口分流分沙变化的相关研究在后续章节详细展开，本节侧重于已有湖南四水来水来沙条件研究的阐述。与长江干流相似，湖南四水流域的水沙变化也集中体现在输沙方面，并且影响因素也主要为水利枢纽工程和水土流失治理工程两类。早期对洞庭湖水沙条件的关注大部分是基于湖区泥沙大量沉积和洪水调节效应，同步计算裁弯前后四水多年平均入湖径流量、泥沙量，发现年径流量减少 2.3%，年输沙量减少 14.3%(张祥志，1996)。伴随四水流域大量水利工程的修建和水土保持工程的实施，李景保等(2005)研究 1951～1998 年四水水沙变化规律发现，其径流在时间序列上呈缓减缓增趋势，且波动幅度很小，以致四水入湖径流变化对洞庭湖径流演变未造成深刻影响，但四水入湖输沙量在时间序列上呈减缓趋势(共减少约 2030 万 t)，分析其主要原因：一是水库截留了泥沙，全流域 12825 座大中小型水库在 20 世纪 60～80 年代共持留泥沙 9.549 亿 t；二是水土流失综合治理减少了河道泥沙来源。关于水库拦沙的影响，林承坤和高锡珍(1994)研究认为资水和沅江上建成的柘溪、凤滩两座大型水库的拦沙作用，不仅使得四水输沙量减少，而且改变了四水的输沙过程。

鄱阳湖与长江干流呈单连通关系，湖区的水沙主要来自江西五河流域，受多种自然因素和人为因素的综合作用，流域水沙条件不断变化。郭鹏等(2006)研究鄱阳湖湖口、外洲、梅港站 1995～2001 年水沙变化及趋势发现，外洲站径流量无趋势性变化，沙量减少明显，梅港站径流增加而沙量无趋势变化；鄱阳湖 20 世纪 90 年代入江水通量具有明显的递增趋势，21 世纪初则呈递减趋势，而沙通量在 20 世纪 50～90 年代间有明显的递减趋势，2000 年以来呈明显递增趋势(罗小平等，2008)。五河径流变化过程存在相似性，但输沙量变化比较复杂,外洲、李家渡、梅港和虎山站的输沙量在 1985 年以后减少趋势显著,万家埠站直到 1999 年才开始减少,水利设施(尤其是水库)对五河的水沙变化影响很人(孙鹏等,2010)。五河流域内人类活动引起水土流失最为严重的阶段为 20 世纪 70 年代中期到 80 年代末,同时大量的水利工程建设也会影响流域的水沙状况,尤其是对输沙量的影响较大。鄱阳湖入湖水沙变化仍然是以输沙量减少为最显著的特征。长江水沙倒灌鄱阳湖,部分年份对入湖水沙有一定影响,如 1963 年倒灌沙量达到 372 万 t,占该年五河入湖泥沙总量的 83.8%,倒灌的泥沙多淤积于湖口至星子之间的水道上(朱宏富,1982)。一般当长江上、中游来水增加,九江水位高于星子水位 0.6 m,且湖口水位高于星子水位 0.1 m 时,江水倒灌入湖或阻碍湖水出湖,调蓄长江洪水。倒灌多发生在 7~9 月长江中上游主汛期(孙晓山,2009)。

纵观已有关于长江中游河湖来水来沙条件的论述,其大体的结论认识存在相似性。无论是干流还是湖区的主要支流,近几十年径流变化的程度相对较小,诸如三峡水库蓄水也是更多地改变了径流的年内过程,对径流总量的影响较小;输沙量则不然,以水利枢纽工程和水土保持工程为代表的人类活动长期作用于输沙量的变化,使得进入长江中游河湖系统的沙量均呈减少的趋势,尤其是三峡水库蓄水,更使得干流输入长江中游的泥沙被大量截留,由此导致洞庭湖入湖泥沙减少。长江中游近 60 年的水沙变化过程更确切地说是径流量波动性变化和输沙量阶段性减少的过程,水沙自身的变化必然引起河湖交换通量的改变。

2) 荆江三口分流分沙变化

20 世纪 50 年代以来,受高强度人类活动及自然条件变化的影响,荆江河段河势、河床形态、水力因素、水沙条件均发生了较大的变化。下荆江人工裁弯、自然裁弯显著改变了所在河段的河势,引起本河段及上游一定范围河段内水位、比降、流速等水力因素的剧烈变化,溯源冲刷现象明显,上游葛洲坝水利枢纽运行后,1981~2002 年平均每年有 830 万 t 泥沙被拦截在库内(Yang et al.,2007),使得荆江河段河床冲刷继续发展,干流水位进一步下降。21 世纪初,葛洲坝上游的三峡水库蓄水后,进入长江中游的水流含沙量急剧减小(Dai et al.,2009;Dai and Liu,2013),荆江河段河床冲刷强度再次加大(Maren et al.,2013;Hu et al.,2015),与此同时,长江干流遭遇枯水水文周期,干旱频发(Xu et al.,2008;Zhang et al.,2012)。这些因素累积作用于与之相连的三口洪道,促使三口分流比不断减小,三口洪道年内大部分时间断流。这些现象引起了科学界的广泛关注,相关研究成果众多,按照研究内容可以分为以下几类。

(1)三口分流比变化规律研究。在三口分流比近几十年的变化规律方面,已有研究基本达成共识,均认为三口分流比呈递减趋势(卢金友,1996;许全喜等,2009;刘卡波等,2011;Ou et al.,2014;Hu et al.,2015),秋冬季节水量也不断减少,洪道年断流天数逐渐增多,三口分流比递减率多以下荆江系统裁弯期间最大(卢金友,1996),分流比减幅最大的为藕池口(方春明等,2002)。

(2)三口分流比影响因素研究。影响三口分流比的因素众多,包括三口洪道的冲淤、三口口门附近河势变化、干流河道冲淤及水位变化、洞庭湖淤积萎缩(殷瑞兰和陈力,2003;方春明等,2007;许全喜等,2009;李义天等,2009)等。关于人类活动对三口分流的影响,早期研究以下荆江系统裁弯的论述较多,认为下荆江系统裁弯造成三口分入洞庭湖的水量、沙量锐减(陶家元,1989;陈时若和龙慧,1991;唐日长,1999);现阶段则重点关注三峡水库蓄水对其造成的影响,认为三峡水库蓄水后会显著减小干流流量,三口分流流量相应减小(Lai et al.,2014)。

(3)三口分流比变化效应研究。三口分流比减小后,最为直接的效应是削弱了洞庭湖分蓄长江洪水的能力(李义天等,2009;Hu et al.,2015),长江中游城陵矶以下至武汉河段的防洪压力加大。三口分入洞庭湖的泥沙量大,颗粒较粗,是湖区泥沙淤积的主要来源(李景保等,2008),考虑到三口分沙量与分流量直接相关,分流比减少后,进入洞庭湖区的泥沙量也会大幅度下降(Zhou et al.,2015),使得洞庭湖的泥沙沉积量和沉积率减小(Dai et al.,2005;宫平和杨文俊,2009)。

(4)三口分流比变化趋势研究。关于三口分流比的变化趋势,关注的焦点是三峡水库蓄水后的发展趋势,已有研究的主要结论以三口洪道淤积萎缩、三口分流比下降居多(方春明等,2007;宫平和杨文俊,2009;刘卡波等,2011;朱玲玲等,2015),部分认为三口分流比会略有增大(李义天等,2009),或是维持当前水平(渠庚等,2012)。

3)湖泊入汇水沙变化

洞庭湖、鄱阳湖来水来沙经湖区调蓄沉积后,最终都汇入长江干流。湖泊来水来沙条件发生变化、入汇河段河床冲淤演变及汇流关系变化等都会影响汇入的水沙条件。赵军凯(2011)研究 1951~2009 年城陵矶出流变化,发现自 20 世纪 50 年代以来城陵矶径流量总体上呈减少的趋势,且趋势非常明显,出湖径流组成上湖南四水所占的比例呈增加趋势,荆江三口所占的比例呈减少趋势,湖区来水量所占比例也呈增加趋势;1955~2002 年洞庭湖出湖年均输沙量也呈递减趋势,其主要与从荆江三口分洪进入湖区的沙量和湖南四水来沙量均减少等有关,三峡水库蓄水后七里山站年均输沙量呈先减少后增加的趋势(郭晓虎等,2011)。李景保等(2008)统计 1951~2005 年的实测泥沙资料认为洞庭湖七里山出口处有 61.8%的泥沙粒径小于 0.025 mm,与四水该粒径级泥沙占 51.8%~64.4%的比例较为接近;粒径为 0.025~0.10 mm 的泥沙只占 33.2%~41.8%,而三口该粒径级泥沙却占 57.2%~62.8%,是洞庭湖区淤积的主要来源。2000 年以前鄱阳湖湖口站年均径流量呈增加趋势,输沙量呈明显的减少趋势,2001~2007 年湖口入江径流量年均值与 20 世纪 60 年代相当,年均输沙量与含沙量增加明显,表明近年来鄱阳湖入江的沙量在增加,长江与鄱阳湖的水沙交换将达到新的平衡(杨桂山等,2009)。近期湖泊在特枯水年的出流变化及三峡水库蓄水的拉空效应备受关注,戴志军等(2010)分析了 2006 年江湖径流调节过程,指出在枯水年通江湖泊(洞庭湖和鄱阳湖)对长江干流水流补充的关键作用;三峡水库蓄水后,水库调度会加大通江湖泊的出湖水量,延长湖区枯水历时(姜加虎和黄群,1997;张细兵等,2010;李景保等,2011;方春明等,2012)。

2. 江湖水沙输移的宏观效应

水沙交换带来的效应广泛而复杂,包括从最为直接的泥沙冲淤效应、水情效应到备受关注的防洪、用水保障与安全、河湖生态环境效应等,这些效应反过来又会作用于水沙交换的过程与强度。以下主要论述河湖泥沙冲淤及水情等直接效应方面已有的研究进展情况。

1)河道泥沙冲淤效应

江湖泥沙交换带来的河道冲淤效应重点关注的是水沙交换强度较高的荆江、荆江三口口门及洪道—城螺河段三个区域。关于长江中游河道泥沙冲淤的研究主要有原型观测资料分析、数学模型模拟计算及物理模型试验三类研究方法。

原型观测资料分析的基础数据基本都来源于长江水利委员会水文局(以下简称长江委水文局)，因此所得认识大同小异，是研究三峡水库蓄水前长江中下游河道泥沙冲淤的主要手段。石国钰等(2002)根据实测河道测图资料及水沙资料，首次利用断面地形法和输沙平衡法较为全面系统地计算分析了长江中下游河道泥沙的冲淤变化及分布规律，计算结果表明1966~1998年宜昌至大通河段呈冲槽、淤滩、淤汊特征；许全喜(2013)进一步论证指出，1966~2002年宜昌至大通河段河道冲淤纵向分布以城陵矶为界，表现为"上冲、下淤"，平滩河槽冲淤总体平衡，"冲槽、淤滩"特征明显。关于河道泥沙冲淤计算的输沙量法和地形法结果对比及差异产生的原因一度是这一时期研究的热点内容，对于螺山到汉口河段的历年悬移质输沙量，石国钰等采用地形法计算，得到1966~1998年累积淤积量为2.34亿m^3(螺山流量为35000 m^3/s)，而输沙量法计算的结果为14.166亿m^3；李义天等(2002)的研究表明，输沙量法能较好地反映整个河槽断面的综合冲淤情况，而地形法更侧重于计算平滩水位以下的淤积量。

三峡水库蓄水后，关于坝下游河道冲淤的研究渐渐增多，研究手段逐渐丰富，在原型观测分析的基础上，一维、二维水沙数学模型，河工模型都针对河道冲刷发展的过程、规律及趋势进行了研究。"九五"期间，中国水利水电科学研究院(2002a)开展了三峡水库下游宜昌至大通河段的冲刷计算研究，研究采用1980年的地形和1981~1987年的水沙资料对中国水利水电科学研究院开发的M1-NENUS-3模型进行了验证。之后，采用60系列水沙资料，以1993年的地形为起始地形，根据三口分流形式、糙率变化模式以及是否考虑崩岸影响等分多个方案进行了计算。同时期，长江科学院(2002a)也进行了三峡水库下游宜昌至大通河段的一维数模计算分析，计算初始地形采用1992年5月至1993年11月的长程水道地形，进口条件采用60水沙系列。两家模型计算采用的都是恒定输沙模型。清华大学(2002)和武汉水利电力大学(2002)就两家的计算成果进行了评价。清华大学就模型及计算方法提出的讨论主要包括长江科学院模型中挟沙力级配和床沙级配关系处理及洞庭湖出湖级配处理、中国水利水电科学研究院模型中糙率处理。评论同时指出，两家模型在下游分汊河道的冲淤差别也比较大。三峡工程建成后，上游溪洛渡、向家坝等大型水利工程也将相继建成，它们将在一定时期内拦截进入三峡库区的泥沙，对三峡下游冲刷的影响值得探讨。为此，长江科学院(2002b)、中国水利水电科学研究院(2002b)又分别考虑溪洛渡和向家坝枢纽工程修建后对宜昌至大通河段冲淤的影响并进行了计算分析。同时，针对坝下游局部河段的河床冲淤，多家单位也进行了大量的一维与二维数值模拟研究工作。对比原预测成果与实测资料，坝下游宜昌至武汉河段河床冲刷情况基本吻合，武汉以下河段则在定性上有所差异。实测资料表明，宜昌至大通河道实际冲刷强度比预测成果略大，这主要是受三峡入库水沙条件、水库运用方式与原设计计算条件之间存在差异，以及近年来河道采砂和河道整治工程活动增多等因素的影响(许全喜，2013)。

2)湖泊泥沙冲淤效应

江河输入湖泊的泥沙是湖区发生泥沙沉积的主要物质来源，因而尽管江湖水沙交换强度不断发生着变化，但是湖泊的泥沙冲淤变化情况却相对简单。20世纪50年代以后洞庭湖湖区和鄱阳湖湖区基本以沉积泥沙为主,近 10 年才逐渐出现出湖沙量大于入湖沙量的情况。

洞庭湖由于三口和四水径流挟带大量的泥沙进入湖区,使得湖泊淤积萎缩(林承坤,1987;施修端等,1999)。1956～2012 年多年平均入湖沙量占总入湖沙量的 80.7%,三口分沙是洞庭湖泥沙的主要来源。自长江干流下荆江系统裁弯工程实施至三峡水库蓄水前,三口分入洞庭湖的泥沙总量逐年减少,使得洞庭湖入湖总沙量趋于减少,湖区淤积总量也随之减少,但各年淤积量占入湖沙量的比例(即泥沙沉积率)在 42.6%(1994 年)～84.0%(1974 年)之间波动(朱玲玲等,2015);高俊峰等(2001)对洞庭湖的冲淤变化和空间分布进行研究,认为 1974～1998 年洞庭湖总的趋势是淤积,局部有冲刷,湖盆平均淤高约 0.43 m;湖盆内的淤积部位主要受湖盆形状和水流来向的影响(马元旭和来红州,2005);洞庭湖区 1951～2005 年始终处于淤积状态,加之人类活动的影响,导致了泥沙淤积循环演进的格局(李景保等,2008)。三峡水库蓄水后,近 10 年开始洞庭湖泥沙淤积量及沉积率均大幅减小,部分年份出湖沙量大于入湖沙量,且泥沙冲刷主要集中在东洞庭湖区域,2003～2011 年洞庭湖湖区的泥沙平均冲刷深度约为 10.9 cm,东洞庭湖泥沙平均冲刷约 19 cm(朱玲玲等,2015)。

鄱阳湖湖区泥沙淤积量和强度相对较小。鄱阳湖泥沙主要来源于江西五河,且绝大部分来自赣江,其他诸河所占比重较小,1957～2012 年年均入湖沙量为 1264 万 t,年均出湖(湖口站)沙量为 991 万 t,若不考虑五河控制水文站以下水网区入湖沙量,则湖区年均淤积泥沙 273 万 t,占总入湖沙量的 21.6%(朱玲玲等,2015)。闵骞(1988)研究鄱阳湖沉积趋势认为主湖区泥沙沉积速率较小,沉积最严重的仍在湖西南、南、东南各河入湖扩散三角洲地带和自然湖堤,其湖床将明显增高,三角洲明显向湖心推进;《长江泥沙公报(2017)》中的结果也显示,鄱阳湖总的趋势是淤积,但淤积量在减少。三峡水库蓄水后,2003～2012 年五河年均入湖泥沙为 576 万 t,出湖悬移质泥沙明显增多,达到 1238 万 t(朱玲玲等,2015)。出湖沙量显著偏大主要与入江水道大规模的采砂有关,采砂活动对床沙的扰动作用会造成局部含沙量异常偏大。

3)河湖水情宏观效应

江湖水沙交换的水情宏观效应在三峡水库蓄水前的近 50 年内集中体现在防洪形势上;而在三峡水库蓄水以来的十余年间,在长江干流及两湖极枯水文情势、水库蓄水调度作用及干流河道高强度的冲刷等多重因素影响下,长江中游的防洪压力减弱,而河湖枯水情势备受关注。

长江中下游干流河道依靠堤防基本上只能防御低于 20 年一遇的洪水,河道防洪能力的提高多依赖于修建水库、蓄滞洪区等防洪工程,总体防洪压力较大,其中荆江河段防洪压力最大。为了提高荆江的防洪能力,20 世纪中后期先后实施了两期下荆江系统裁弯工程,以期加大荆江河段的下泄能力。实测资料表明,在相同流量下,下荆江系统裁弯后,上游河段的洪水位降低明显,1981 年 7 月 19 日,新厂流量为 54600 m³/s 时,沙市洪水位相较于 1954 年同流量情况时下降 0.44 m,泄量扩大了 4100 m³/s,然而对于下游的城汉河段而言,1980 年以来,流量为 1000～2000 m³/s 时,城陵矶水位较 20 世纪 70 年代前同流量情况时抬高约 1.0 m(段文忠,1993),荆江—洞庭湖的关系在分流河段水位下降而汇流河段水位抬高的变化下，湖泊调蓄干流洪水的能力下降；李义天和倪晋仁(1998)认为三口分流分沙逐年减少是造成洞庭湖区淤积速率减小和螺山至汉口河段淤积速率增大的主要原因，也是造成长江干流监利至螺山河段水位逐年抬升、洞庭湖湖区洪水调节能力大幅度下降的主要原因。徐贵等(2004)认为近 50 年来城陵矶站年最高水位累计抬高了约 1.5 m。城汉河段淤积只抬高螺山大流量时洪水位 0.2～0.3 m，不是城陵矶洪水位抬高的主要原因。受洞庭湖容积减小等影响，近 50 年来螺山站的年最大洪水流量累计增大了约 7000 m³/s，抬高洪水位约 1.2 m，这才是洞庭湖湖区和长江中游洪水频率增加和城陵矶洪水位抬高的主要原因。

三峡工程建成运用后，长江中游地区的防洪标准大大提高。对荆江地区的作用，遇小于百年一遇洪水，控制枝城流量不超过 56700 m³/s，枝城水位不超过 49.7 m，沙市水位不超过 44.5 m，不启用荆江分洪区；遇千年一遇或 1870 年洪水，可使枝城流量不超过80000 m³/s，配合运用荆江地区的分洪区，可使沙市水位不超过 45.0 m，从而保证荆江两岸的行洪安全。坝下游河段水情效应的关注度向枯水情势转移，河道在高强度的次饱和水流作用下，河床冲刷剧烈，同时受两岸河势控制工程的影响，冲刷以下切为主要形式，带来同流量枯水位的大幅度下降(殷瑞兰和陈力，2003)，然而，三峡水库进入 175 m 试验性蓄水后，开始进行枯水期补水调度，水库在枯水期作增加下泄流量的调度运行，将造成其下游河道水位明显升高(姜加虎和黄群，1997)，对于冲刷带来的枯水位下降有较大的补给效应。

洞庭湖被称为"天下之胃"，汛期每年承纳长江 40%的洪水(王孝忠，1999)。对于防洪，天然湖泊与人工防洪工程相比，具有不可替代的优势(陈进和黄薇，2005)。李义天等(2011)分析洞庭湖调蓄量的变化，认为在相同的入湖流量条件下，洞庭湖的调蓄量在年内随水位的升高而变小；在相同的出湖水位条件下，20 世纪 50～90 年代洞庭湖的调蓄量呈增大趋势，是下游泥沙淤积，调蓄量逐年增大的主要原因。但因湖区围垦、泥沙淤积损失湖容对同等洪涝灾害具有放大作用，其结果是促使洪水位抬高，洪溃决堤灾情惨重(李景保等，2008)。三峡水库蓄水后，湖区汛期入湖水量、湖泊泥沙沉积率都下降，同时出湖泄洪能力和排沙能力增加，对减轻湖区洪涝灾害和延缓湖泊淤积很有利(李景保等，2009)。李景保等(2011)进一步研究三峡水库不同时期调度对洞庭湖水情的影响，认为水库蓄洪调度，平水年洪水量稍有上涨，枯、丰年影响期洪水量减少平均值为 444.02 亿 m³，平均洪水位降低平均值为 2.64 m，最高洪水位降低平均值为 1.42 m，汛后蓄水调度期除平水年影响期径流增加、水位稍有壅高外，枯、丰年影响期径流减少平均值为 185.27 亿 m³，平均水位降低平均值为 3.13 m，最高水位降低平均值为 2.14 m；枯水期补水调度，平、丰年影响期径流减少平均值为 337.7 亿 m³，平均水位降低平均值为 1.89 m，最高水位降低平均值为 2.39 m，但枯水年影响期径流量增加、平均水位与最高水位稍有抬高。

鄱阳湖地处长江中下游交界处，是中游洪水的最后一个天然调节器。在江湖洪峰相遇时，鄱阳湖的调蓄作用非常明显，1954 年、1955 年、1962 年、1965 年、1970 年、1973年六个较大的洪水年内，鄱阳湖削减长江下游洪峰流量各年均在 10000 m³/s 以上(朱宏富，1982)。受湖区围垦和泥沙沉积等的影响，鄱阳湖 1952～1990 年年最高水位以 0.22 m/10a的倾向率上升，其出现以 3.2 d/10a 的倾向率推迟，大洪水年以 0.06 a/10a 的倾向率增多，洪水位升高与大洪水增多使得洪涝灾害加剧(闵骞和江泽培, 1992)。1998 年后, 鄱阳湖湖区陆续实行"退田还湖"政策, 退田还湖使得鄱阳湖 50 年一遇和 100 年一遇的洪水位分别可降低 0.63 m 和 0.68 m(闵骞等, 2006)。三峡水库蓄水后, 水库调度运行对坝下游径流过程影响较大, 已有研究表明, 三峡水库运用初期, 其蓄水的前半段时间, 鄱阳湖向长江干流多补水量 23 亿 m³, 后半段少补水量 11 亿 m³; 三峡水库运用 30 年后, 在河道冲刷、可补水量减少和蓄水的共同作用下, 鄱阳湖的枯水季节相当于提前了 1 个月左右(方春明等, 2012)。受水库汛后蓄水影响, 鄱阳湖湖口、星子、都昌和康山水位分别平均下降 0.94 m、0.74 m、0.50 m 和 0.03 m(赖锡军等, 2012)。

3. 江湖水沙输移驱动机制及评估

与很多其他事物发展过程类似, 长江中游江湖水沙输移的驱动机制也可以分为自然因素和人类活动两大类。自然因素包含气候条件变化、地质地貌条件、湖泊自然淤积、河道自适应调整等, 是河湖系统现状形成的主导因素; 人类活动也无时无刻地对江湖关系造成影响, 近 60 年人类活动强度大、频率高, 以围湖造田、水土保持工程、河道(航道)整治工程、水利枢纽工程、采砂活动等为代表的各种活动, 对江湖关系的调整产生了深刻影响。

1) 自然因素

气候变化是影响河湖水沙条件的主要原因之一。河床径流量的多寡与气候因素密切相关, 气候因素影响着湖泊水位的季节变化和长期趋势, 河流的输沙量与径流量紧密相关, 尤其是暴雨洪水对输沙量和河湖冲淤变化影响很大(Xu et al., 2005)。因此, 气候变化主要是引起江湖大系统水沙交换通量的改变。

湖泊自然淤积现象在洞庭湖湖区和鄱阳湖湖区都较为明显, 尤其是洞庭湖。地表径流注入湖泊后水面骤然放宽、比降减小、流速减缓, 水流挟沙能力下降, 泥沙(尤其是颗粒较粗的泥沙)开始在湖区沉积下来, 1956~1995 年平均每年在洞庭湖湖区沉积的泥沙为1.23 亿 t(李义天等, 2000), 1974~1998 年湖盆年均淤积厚度为 0.017 m(高俊峰等, 2001)。由于湖盆地形起伏变化, 洪枯季水量、水位变化, 水沙条件变化, 不同水域或同一水域不同季节的水动力条件不同, 所以整个湖区有冲有淤, 如 1974~1998 年前 15 年洞庭湖淤积主要集中在中高位滩地, 南、东洞庭湖在中低位滩地还存在冲刷, 后 10 年洞庭湖泥沙淤积呈现全湖性特征, 而且有向中低位滩地转化的特征, 东洞庭湖一致处于快速淤积的状态(姜加虎和黄群, 2004)。可见, 湖泊自然沉积使得江湖泥沙交换多年来总体呈现出江河向湖泊输入泥沙的状态。

河床自适应调整是基于河道演变的基本原理。当河床淤积使河道过水面积减小时, 水流与河床相互作用与适应的结果, 必然是通过沿程淤积的不均匀性来增加河床与水面的比降, 加大流速, 以求达到河道与来水间新的适应与平衡(李学山和王翠平, 1997); 反之, 当河床冲刷使过水面积增大时, 河床会通过冲刷的沿程分布来调整纵剖面形态和床沙粗化等实现减小流速, 从而达到新的平衡状态。三峡水库建成后, 坝下游河道水沙条件显著变化, 长江中游河湖均呈现出不同强度的冲刷状态, 河道出现了纵剖面调整、河床粗化调整、断面及洲滩形态调整等平衡趋向调整(葛华, 2010)。河床的自适应调整实际上是通过水沙的沿程(当地)交换来实现的,如纵剖面比降调平往往表现为上游河道冲刷、下游河道淤积或上游河道冲多、下游河道冲少,床沙粗化是水流中的泥沙与河床中的泥沙进行粗细交换的结果等。

2) 人类活动

人类活动的影响按照对水沙交换作用机制的不同可以分为两大类。一类是影响长江中游江湖系统水沙交换的总量。对于泥沙而言,水土保持工程、水库建设以及人工采砂等都会改变江湖系统的泥沙总量。许全喜(2007)通过研究长江上游降雨及人类活动对输沙量变化的贡献率,认为与 1990 年前相比,1991~2005 年三峡入库泥沙减少 1.585 亿 t/a,人类活动新增减沙量为 1.187 亿 t/a(其中水库新增减沙量为 0.809 亿 t/a,水保措施新增减沙量为 0.378 亿 t/a),占总减沙量的 75%;气候变化导致入库沙量平均减少 0.189 亿 t/a,占三峡入库总减沙量的 12%;河道采砂等其他因素引起减沙 0.209 亿 t/a,占总减沙量的 13%。顾朝军等(2016)定量分析人类活动对输沙量的作用程度,与 1984 年突变前年均输沙量相比,1984~1991 年人类活动对输沙量平均影响程度为 36.3%,1992~2013 年为 88.1%。人类活动是赣江输沙量减少的主导因素,并且人类活动的减沙量在 1992 年后逐渐增大,主要归因于万安水库的建立以及后续一系列水土保持综合治理工程的实施。二是影响长江中游江湖系统局部泥沙输移特性,如荆江裁弯、围湖造田及河道(航道)整治工程,基本上不会影响系统内水沙的总量,但是改变了局部的水沙分配,荆江三口分流比由下荆江系统裁弯前(1955~1966 年)的 29.79%降至裁弯后(1973~1980 年)的 18.79%,分沙比则由 35.24%下降至 21.6%,松滋口取代藕池口成为分流分沙量最多的口门(唐日长,1999;Zhao et al., 2010)。而围湖造田在使湖泊水域范围缩小的同时,减小了河道与湖盆的过水断面,使得原有的水系紊乱,促使湖泊泥沙淤积,加速了天然湖泊的萎缩,削弱了湖泊调节洪水的能力(姜加虎和黄群,2004)。

长江中游江湖系统在经历了改革开放以来几十年的高强度人类活动后,系统内、外部环境都发生了深刻的变化,三峡工程运用后,其巨大的径流调节和拦沙效应更使得系统的水沙条件面临从未有过的变化程度,水沙作为江湖关系连接的纽带,同时又是江湖关系变化的缔造者,其量和过程的改变无疑将打破江湖关系既有的状态,使其再次进入寻求新的平衡状态的进程中。已有的关于特定时段、特定活动对江湖关系的影响的研究较为全面,但是对于近 60 年人类活动起主要作用的江湖水沙交换全过程的研究显然还有所欠缺,本书研究将重点围绕这一内容展开。

1.2　研究区域、数据源及主要方法

1.2.1　研究区域

研究区域为长江中下游江-河-湖系统,主要包括三大部分:长江中下游宜昌至大通河段、洞庭湖湖区和鄱阳湖湖区。宜昌至大通河段全长约 1130 km,位于三峡大坝下游,沿程有清江、沮漳河、汉江等支流入汇。洞庭湖和鄱阳湖均位于长江中游南岸侧,是我国最大的两个淡水湖泊。洞庭湖表面积约为 2625 km²（城陵矶水位为 33.45 m），江湖汇流口距上游三峡水库坝址约 550 km。湖泊西南面纳入湖南湘江、资水、沅江、澧水四水，北面有松滋口、太平口、藕池口（调弦口 1959 年建闸封堵）三口分泄长江干流的水沙，并于城陵矶再次汇入长江干流。鄱阳湖表面积约为 2933 km²（湖口水位为 21.69 m），湖口距上游洞庭湖入汇口约 500 km。承纳江西省赣江、抚河、信江、饶河、修水五河及博阳河、漳田河、潼津河等小支流的来水来沙，经湖泊调蓄后，由湖口注入长江干流。江河湖汇流的水沙最终流入东海，大通站为长江入海的控制站。长江中下游江-河-湖的分、汇流关系如图 1.2-1 所示。

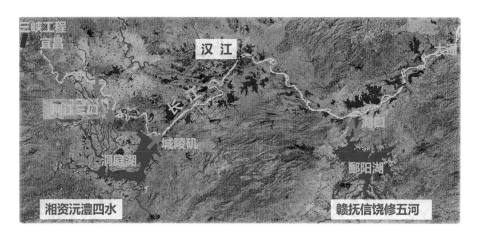

图 1.2-1　长江中游江-河-湖的分、汇流关系图

1.2.2　数据源

1. 已有观测数据收集情况

1）水文、泥沙数据

根据研究区域的测站分布情况，本书收集的水文泥沙数据主要包括：长江干流自金沙江下游出口至入海控制站共 20 个水文（位）控制站；清江长阳、高坝洲 2 个水文站；汉江仙桃水文站；洞庭湖水系荆江三口五站、湖南四水入湖 4 个控制站、湖区 6 个水位站以及出湖控制站；鄱阳湖江西五河入湖控制站、湖区 6 个水位站以及出湖控制站。除部分控制站有变更以外，大部分站点收集资料的时间跨度是 1956～2015 年，历时 60 年，详见表 1.2-1，主要站点分布如图 1.2-2 所示。资料主要内容包括水位、流量、含沙量、输沙率以及长江干流水文站及荆江三口五站、两湖出湖控制站的悬移质泥沙级配资料。长江委水文局管辖范围的水沙资料包含日均、月均及年均整编值，湖南省水文局、江西省水文局提供的水沙资料均为日均整编值，湖南四水和江西五河入湖控制站的悬沙级配仅有部分控制站的年均中值粒径数据。

表 1.2-1   长江中下游江湖关系研究收集整理水文(位)资料基本情况统计表

水系	测站	类型	水位实测系列	流量实测系列	泥沙实测系列	管埋单位
长江干流	屏山	水文站	1956~2015 年	1956~2011 年	1956~2011 年	长江委水文局
	向家坝	水文站	2012~2015 年	2012~2015 年	2012~2015 年	长江委水文局
	朱沱	水文站	1956~2015 年	1956~2015 年	1956~2015 年	长江委水文局
	北碚	水文站	1956~2015 年	1956~2015 年	1956~2015 年	长江委水文局
	武隆	水文站	1956~2015 年	1956~2015 年	1956~2015 年	长江委水文局
	寸滩	水文站	1956~2015 年	1956~2015 年	1956~2015 年	长江委水文局
	宜昌	水文站	1956~2015 年	1956~2015 年	1956~2015 年	长江委水文局
	枝城	水文站	1956~2015 年	1956~1960 年, 1991~2015 年	1956~1960 年, 1991~2015 年	长江委水文局
	沙市	水文站	1956~2015 年	1991~2015 年	1991~2015 年	长江委水文局
	郝穴	水位站	1956~2015 年	—		长江委水文局
	新厂	水文站	1956~2015 年	1956~1990 年	1956~1990 年	长江委水文局
	石首	水位站	1956~2015 年	—		长江委水文局
	监利	水文站	1956~1969 年, 1975~2015 年	1956~1960 年, 1966~1969,1975~2015 年	1956~1960 年, 1966~1969 年, 1975~2015 年	长江委水文局
	调弦口	水位站	1956~2015 年	—		长江委水文局
	莲花塘	水位站	1956~2015 年			长江委水文局
	螺山	水文站	1956~2015 年	1956~2015 年	1956~2015 年	长江委水文局
	汉口	水文站	1956~2015 年	1956~2015 年	1956~2015 年	长江委水文局
	九江	水文站	1956~2015 年	1988~2015 年	1988~2015 年	长江委水文局
	八里江	水位站	2005~2015 年	—		长江委水文局
	大通	水文站	1956~2015 年	1956~2015 年	1956~2015 年	长江委水文局
清江	长阳	水文站	1970~2015 年	1975~2002 年	1975~2000 年	长江委水文局
	高坝洲	水文站	1999~2015 年	1999~2015 年	—	长江委水文局
洞庭湖	新江口	水文站	1956~2015 年	1956~2015 年	1956~2015 年	长江委水文局
	沙道观	水文站	1956~2015 年	1956~2015 年	1956~2015 年	长江委水文局
	弥陀寺	水文站	1956~2015 年	1956~2015 年	1956~2015 年	长江委水文局
	康家岗	水文站	1956~2015 年	1956~2015 年	1956~2015 年	长江委水文局
	管家铺	水文站	1956~2015 年	1956~2015 年	1956~2015 年	长江委水文局
	鹿角	水位站	1956~2015 年			长江委水文局
	营田	水位站	1956~2015 年			长江委水文局
	杨柳潭	水位站	1956~2015 年			长江委水文局
	东南湖	水位站	1956~2015 年	—		长江委水文局
	小河咀	水位站	1956~2015 年			长江委水文局
	南咀	水位站	1956~2015 年			长江委水文局
	湘潭	水文站	1956~2015 年	1956~2015 年	1956~2015 年	湖南省水文局
	桃江	水文站	1956~2015 年	1956~2015 年	1956~2015 年	湖南省水文局
	桃源	水文站	1956~2015 年	1956~2015 年	1956~2015 年	湖南省水文局
	石门	水文站	1956~2015 年	1956~2015 年	1956~2015 年	湖南省水文局
	城陵矶	水文站	1956~2015 年	1956~2015 年	1956~2015 年	长江委水文局

续表

水系	测站	类型	水位实测系列	流量实测系列	泥沙实测系列	管理单位
汉江	仙桃	水文站	1956～2015 年	1956～1967 年, 1971～2015 年	1956～1967 年, 1971～2015 年	长江委水文局
鄱阳湖水系	湖口	水文站	1956～2015 年	1956～2015 年	1956～2015 年	长江委水文局
	星子	水位站	1956～2014 年			江西省水文局
	都昌	水位站	1956～2014 年			江西省水文局
	棠荫	水位站	1990～2011 年			江西省水文局
	屏峰	水位站	2002～2012 年			江西省水文局
	南峰	水位站	2002～2011 年			江西省水文局
	康山	水位站	1956～2014 年			江西省水文局
	外洲	水文站	1956～2015 年	1956～2015 年	1956～2015 年	江西省水文局
	李家渡	水文站	1956～2015 年	1956～2015 年	1956～2015 年	江西省水文局
	梅港	水文站	1956～2015 年	1956～2015 年	1956～2015 年	江西省水文局
	虎山	水文站	1956～2015 年	1956～2015 年	1956～2015 年	江西省水文局
	万家埠	水文站	1956～2015 年	1956～2015 年	1956～2015 年	江西省水文局

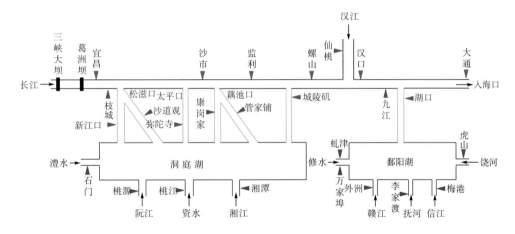

图 1.2-2 长江中游江湖水文泥沙观测控制站分布情况概化图

2)固定断面原型观测数据

固定断面数据主要用于计算和表征长江干流河段河床冲淤及形态变化。长江中下游除局部险工段观测以外,固定断面观测一般采用 1∶5000 的比例,本书用到的固定断面观测数据自 1966～2015 年,有些来源于固定断面直接观测成果,有些来源于水下地形观测成果。其中,长江中下游干流河道 1981 年、1986～1987 年(城陵矶上游和下游河段分两年观测,下同)、1996 年、1998 年、2001～2002 年、2003 年、2006 年、2008 年、2011 年和 2013 年的断面数据来自水下地形观测成果,其他的来自固定断面观测成果;荆江三口洪道 1995 年、2003 年和 2011 年均是采用水下地形资料切割出的断面。固定断面和水下地形观测数据均来自长江委水文局。

3)河道、湖泊地形数据

河道、湖泊地形是和固定断面配套的观测项目,一般有固定断面观测的年份不测地形,有水下地形观测的年份不观测固定断面,水下地形观测的比例一般为 1：10000。本次长江中游干流河道地形主要是使用了 1986~1987 年、2001~2002 年和 2013 年观测数据,洞庭湖湖区主要使用了 1995 年、2003 年和 2011 年的水下地形观测数据,地形观测数据均来自长江委水文局。鄱阳湖主要采用了 1998 年地形数据和 2010 年的 28 个固定断面观测数据,分别来自长江委水文局和江西水文局。

2. 荆江三口分流河段河道演变观测数据

水位观测:在荆江三口口门附近干、支流 2 km 处的右岸各布设 3 组水尺,水尺零点采用四等水准精度接测,水位观测采用人工现场观测,于测流、水面流速流向观测开始与结束时各观测一次。观测断面布置情况如图 1.2-3 所示。

水面流速流向观测:在荆江三口(松滋口、太平口、藕池口)分流口长江干流上游 5 km 至下游 5 km 以及入湖水道 5 km 河段内,每个口门全长 15 km 范围进行 1：5000 水面流速流向观测。2014 年汛期洪水位(沙市站流量大于 30000 m^3/s)及中水位(沙市站流量大于 20000 m^3/s)各进行一次观测,年测两次。

流量测验:在荆江三口分流口长江干流河段口门上下游各 2 km、三口洪道内 2 km 附近各布置一个水文断面,共 9 个断面,开展流量观测。测次安排于 2014 年洪水期观测一次(后因水情发生变化经请示协商,流量测验分别于沙市站流量 30000 m^3/s 级及 40000 m^3/s 级共施测两次)。

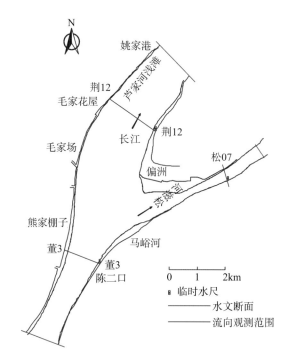

(a)松滋口水文测验断面布置及流速流向范围图

2

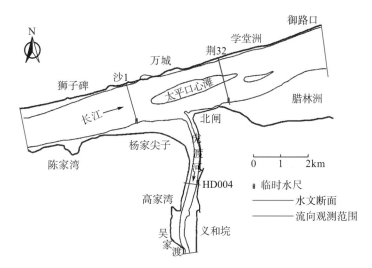

(b)太平口水文测验断面布置及流速流向范围图

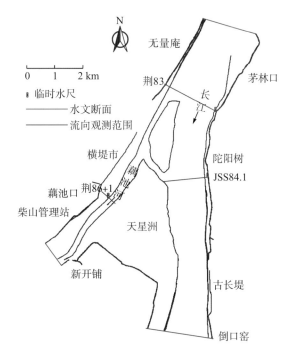

(c)藕池口水文测验断面布置及流速流向范围图

图 1.2-3　荆江三口观测断面布置情况

第一测次 3 个作业组分别在松滋口、太平口、藕池口 3 个分流河段进行水面流速流向观测(沙市站流量 22600 m³/s)，于 2014 年 7 月 7 日按大江布设 5 线、小江布设 3 线施测完毕。第二测次 3 个作业组于 9 月 17 日分别完成了水位观测、断面测量以及流量测验(沙市站流量 28600 m³/s)，于 9 月 18 日完成水面流速流向观测。第三测次 3 个作业组于 9 月 20 日分别完成了水位观测以及流量测验(沙市站流量 40000 m³/s)。

此外，2016 年汛期，洞庭湖来水偏大和干流来水偏大的现象兼而有之，填补了三峡水库蓄水以来干流及两湖地区无人水的空白，本书研究对出湖城陵矶附近水文泥沙进行了加密观测。

3. 长江与洞庭湖汇流段河道演变观测

长江与洞庭湖江湖汇流段河道演变观测主要内容包括：七弓岭至螺山(50 km)及洞庭湖入江段(8 km)全长约 58 km 水道地形测量(比例尺 1∶10000)、床沙取样(14 个)、流场断面(汇流口上荆江河段 3 个、洞庭湖出口 2 个，汇流口下长江河段至白螺矶 4 个，汇流口区断面间距加密)和一级水文断面测验。观测断面平面布置如图 1.2-4 所示。

分别在汛前、汛后各测 1 次，共 2 次。比降水尺(10 个)分别于汛前、汛中、汛后各观测 1 个月、2 个月、1 个月。

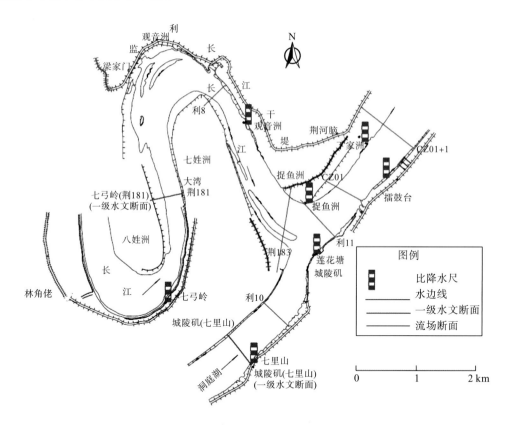

图 1.2-4   洞庭湖入汇段观测断面布置图

4. 长江与鄱阳湖汇流段水文泥沙测验

综合考虑影响江湖水系水情变化的各种因素，在九江张家洲汉道布设 2 个断面、鄱阳湖湖口水道布设 6 个断面、江湖汇流段布设 1 个断面(共 9 个断面)进行 2 次水文测验，具体的断面布设如下：长江干流河道的张家洲左汉的杨东湾断面、右汉的新港断面及八里江汇流断面，湖口水道内的老爷庙断面、星子断面、螺丝山断面、白浒塘断面、南北港断面、湖口水断面共 9 个断面，测验时同时布设八一闸、新港、白浒塘临时水位站进行水文测验期间的同步水位观测，并收集整理水文测验期间九江、湖口、八里江、星子、都昌站的同步观测水位，具体的断面布设如图 1.2-5 所示。

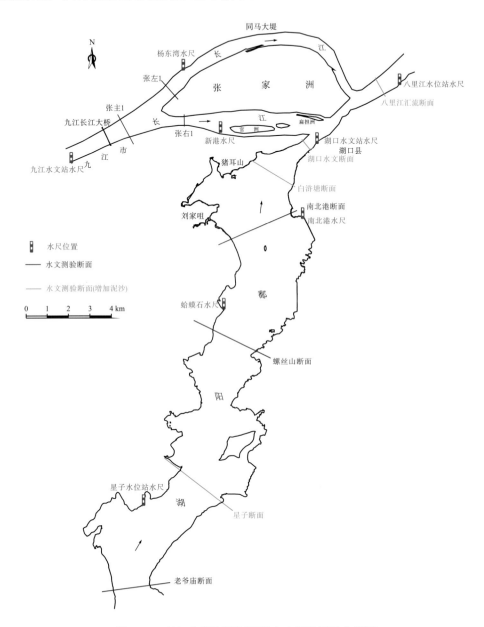

图 1.2-5 长江与鄱阳湖汇流段水文泥沙测验布置图

测验时期：在长江汛期及汛后退水期，包含 2012 年 9 月和 2013 年 9 月两个测次。

测验项目：水位、流速、流向、流量、表层水温，长江干流断面及湖口水道的星子断面、白浒塘断面、湖口水文断面增加悬移质含沙量、悬移质颗粒级配分析等。

　　与洞庭湖类似，2016 年鄱阳湖湖口地区受干流来流量偏大的影响，出现了三峡水库蓄水以来的最大倒灌流量，通过对长江水情的跟踪观测，及时地开展了鄱阳湖湖口倒灌期流量变化的加密观测。

　　5. 地貌遥感数据

　　利用历史地形图、遥感资料等，建立不同时空分辨率湖泊水面变化序列，具体如下：洞庭湖及江汉平原 1930～2000 年湖泊水面时空变化序列，时间间隔为 20～30 年；洞庭湖 1973～2012 年湖泊水面时空变化序列，时间间隔为 5 年；洞庭湖 2000～2012 年水面逐年时空变化序列。

　　对近 40 年来研究区多源遥感影像、地形图、水文数据、基础地理数据等进行整编和地学分析，建成长江中游河湖地貌遥感解析基础数据集。鉴于目前可获取的湖底地形时间序列资料较为缺乏，而多时期湖泊水体边界能反映一定程度的湖盆及洲滩地形信息，本书发展了一种结合多时期湖泊遥感监测及实测水位数据反演洲滩地形的方法，流程如下：首先，基于 1987～2011 年 Landsat 时间序列数据，利用遥感图像分类提取湖泊水边界的空间位置信息，通过空间插值和地理编码方法添加高程信息至所提取的水边线上；再基于不同时期不同空间位置带有高程信息的水边点数据，建构洞庭湖湖盆的数字高程模型，提取洞庭湖洲滩地形地貌阶段性变化信息。根据数据分布及地貌变化阶段性特征，将研究时段分为 5 个时期：1987～1992 年、1993～1997 年、1998～2002 年、2003～2007 年、2007～2011 年，每 5 年构建一期地形，共处理 Landsat 系列图像 200 余幅。从 2003 年 1 月到 2011 年 12 月 7000 余幅 MODIS 地表日反射率数据中选择百余幅洞庭湖区无云的 MODIS 遥感影像，在此基础上结合水位数据构建洲滩数字高程模型。

　　采用 1973～2013 年 157 幅时间序列 Landsat 影像以及对应日期的鄱阳湖水位数据，综合反演不同时段鄱阳湖洲滩地形。反演范围为研究时段鄱阳湖最大水面覆盖和最小水面覆盖之间的区域。所用遥感数据空间分辨率为 30 m，水位数据包括星子、湖口、屏峰、都昌、吴城、棠荫、龙口、康山、鄱阳、南峰 10 个站点的观测资料。按照遥感数据时间分布及区域地理环境变化情况，分 1973～1987 年、1988～1992 年、1993～1997 年、1997～2002 年、2003～2007 年、2008～2012 年六个时段开展鄱阳湖地貌反演。1973～1987 年由于历史影像较少，因此合并为一个时段进行地貌反演，其余时段均以 5 年为间隔。遥感反演方法提供了一种地形地貌时间序列数据缺乏情况下进行地形地貌演变研究的可能方案，可为地形地貌的趋势性变化分析提供参考。

1.2.3　主要研究方法

　　(1) 采用数理统计方法，分析水沙变化的周期特性、年内及年际变化特性，提取能够反映长江中游河、湖水沙特征，江湖关系及其变化的因子，在此基础上研究江湖水沙情势长历时的年内、年际变化及趋势性、周期性、突变性规律。

　　(2) 将各水文站点的监测数据与河道、湖泊水下地形的监测信息进行动态匹配、相互融合，共同揭示江湖关系演变的不同阶段长江中游河、湖水文泥沙的时空变化过程和特征，阐明中游长江鄱阳湖和洞庭湖水位、流量等水情要素的时空变化特征。

(3) 结合典型洲滩剖面定位观测资料,基于河床演变基本理论,研究不同水沙条件下的长江中游河道泥沙冲淤、河岸侵蚀和河床横断面、纵剖面和平面形态的变化,建立河道水力几何形态的统计关系,研究河床形态变化与河道行洪、输沙能力变化的相互作用和下荆江人工裁弯引起的河道调整过程。

(4) 利用多源遥感数据,并综合现有地貌图、地形及地质等资料,进行地貌信息遥感定量反演,判别研究区地形结构,解析河流、湖泊及洲滩等地貌单元的空间特征及其动态变化,并分析其冲刷、沉积作用的动力因素,为揭示研究区近 50 年来的地貌演变过程提供基础。

(5) 发展基于 GIS 的河床演变及泥沙输移时空分析技术,将不同时段和空间位置的地形图,河床横断面、纵剖面和平面形态资料,泥沙通量数据进行综合集成,构建水下地形及泥沙输移时空演变地学信息图谱;在此基础上,进行水下地形演变及泥沙输移的时空分析,为阐明地形演变过程及现代地貌格局、计算沙量平衡关系、解析地形地貌及泥沙输移时空演变规律提供支持。

(6) 利用长江中游及通江湖泊长河段、长系列水文泥沙资料及河床、湖床地貌资料,运用河流动力学、河床演变理论和地学理论,系统地分析水沙输移过程、时空分布规律以及与地貌演变的响应,揭示泥沙输移过程与河床边界、湖盆形态之间相互影响、相互制衡的复杂作用,探讨泥沙过程与地貌演变的耦合机制。

(7) 通过荆江三口及江湖交汇河段水文资料分析及观测试验,研究鄱阳湖和洞庭湖与长江江湖水沙分流与顶托(倒灌)关系的形成机制、现状特征、作用强度与范围。

(8) 探讨现有江湖水系格局下鄱阳湖和洞庭湖江湖水沙交换通量与长江以及鄱阳湖、洞庭湖关键水情要素变化之间的响应关系,研究典型水文年江湖水沙交换通量的时空分布格局。

1.3 研究思路与主要内容

1.3.1 研究思路

本书以建立表征长江中游江湖关系指标基础体系为出发点,提出江湖水沙交换的关键表征指标,包括水沙输移及交换指标、江湖特殊水情指标、河湖冲淤及形态响应指标三大类;以海量的原型观测数据和因研究需要补充观测所得数据为基础点,形成系统、完整的水文、泥沙、河湖地形数据和分汇流河段局部河道演变观测数据体系;以长江中游江湖水沙交换现状及发展过程的梳理、江湖水沙交换特征关系及变化机理为关键点,全面研究阐述近 60 年长江中游江湖分汇流河段局部河道演变规律,深入研究以三口分流分沙变化、江湖顶托、倒灌为代表的分汇流特征关系变化规律及机理,首次提出长江中游江湖泥沙交换发展的三阶段理论,明晰江湖水沙交换的阶段性发展过程及其复杂的冲淤、水情响应;以江湖水沙交换驱动机制与评估为落脚点,明确以新构造运动、气候因素、河床自适应调整和湖泊自然淤积为主的自然因素,及湖区围垦、退田还湖、下荆江系统裁弯、水体保持工程、人工采砂活动、三峡及上游梯级水库群等人类活动对长江中游江湖水沙交换关系变化的影响机制。重点评估气候变化、湖泊自然淤积、下荆江系统裁弯工程、三峡水库蓄水等对江湖关系变化的影响程度。研究技术路线如图 1.3-1 所示。

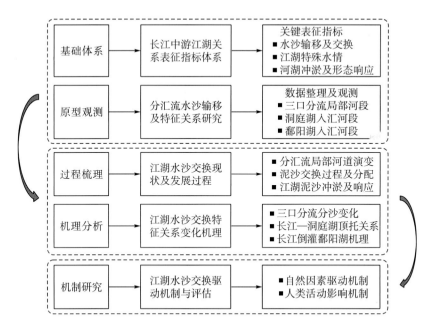

图 1.3-1　研究技术路线简图

本书以近 60 年长江中下游河湖观测数据为支撑，通过异源信息同化、层次分析法、数理统计法、相关分析法、多因子非线性回归分析法等，并辅以多次的现场调研、局部原型观测，全面揭示了长江中游江湖水沙输移及交换的基本规律；通过建立不同区域水文模型、水动力模型及经验模型研究了自然及人类活动等因素对长江中游江湖水沙交换的驱动及影响机制，并评估了主要因素的作用程度。

1.3.2　主要研究内容

本书围绕四点开展研究：①出发点，建立表征长江中游江湖关系指标基础体系，研究提出江湖水沙交换的关键表征指标；②基础点，集成海量的原型观测数据和因研究需要补充观测所得数据，形成系统完整的水文、泥沙、河湖地形数据和分汇流河段局部河道演变观测数据体系；③关键点，江湖水沙交换现状及发展过程的梳理、江湖水沙交换特征关系及变化机理，全面研究阐述近 60 年江湖分汇流河段局部河道演变规律，深入研究江湖分汇流特征关系变化规律及机理，首次从江湖泥沙交换发展角度，提出长江中游江湖关系调整的三阶段理论，明晰江湖水沙交换的阶段性发展过程及其复杂的冲淤、河湖形态、水情等响应；④落脚点，江湖水沙交换驱动机制与评估，研究明确了自然因素和多重人类活动对江湖水沙交换关系变化的驱动及影响机制。具体章节内容如下。

第1章绪论：主要阐述本书研究的背景、必要性及当前国内外已取得的相关成果,简要介绍本书研究的对象、采用的数据来源及主要的研究方法和思路,概括全书的主体内容。

第2章长江中游江-河-湖水沙基本特征：简要梳理江湖系统流域的基本情况、水沙基本特征、水系历史演变与治理过程,总结归纳出长江中游江湖关系的概念与内涵,明确长江中游江湖关系研究的主体结构、主要内容及关键性表征指标。

第3章长江中游江湖分流分沙关系变化研究：根据已有实测地形资料以及局部重点观测的水动力资料,开展松滋口、太平口、藕池口口门附近河段以及三口分流洪道的冲淤演变分析和局部水沙输移特性研究,梳理分流口门河段及洪道近几十年河势调整的过程及基本规律,试图基于水动力因子的不同来说明荆江3个口门分流比变化的差异性。同时,针对长江—洞庭湖关系的重点内容——荆江三口分流分沙,通过对其近60年变化过程及规律的研究,提出影响其变化的控制性因子及作用机理,初步探讨三口分流分沙的变化趋势。

第4章长江中游江湖汇流关系变化研究：重点研究长江与洞庭湖交汇段城陵矶附近汇流段河道演变及水沙输移特征,认识江湖顶托关系变化规律和机理,揭示江湖顶托关系的变化特征、顶托影响范围及控制性因素。在揭示长江与鄱阳湖汇口附近河道复杂和剧烈的演变特征的基础上,针对湖口存在的江水倒灌现象及其对入江水道水沙输移、汛期湖区防洪和水力特性的影响,采用实测数据与水动力模型相结合的方式开展相关研究,明确了倒灌发生的条件及影响程度和范围。

第5章江湖关系调整期泥沙交换及响应：明确江湖关系调整期内系统内外部条件及其变化的主要特点,阐述这一时期内江湖内部规模较大、代表性较强的人类活动的基本情况,从泥沙交换的角度,揭示长江干流沿程、长江与洞庭湖和鄱阳湖之间的泥沙交换关系及分布格局,揭示泥沙分布格局变化带来的河湖冲淤、河湖形态调整及水位变化等综合响应。

第6章江湖关系相对稳定期泥沙交换及响应：归纳这一时期内发生在江湖系统内外部的主要人类活动及其对泥沙交换的作用形式,从长江干流泥沙沿程交换、江湖泥沙交换以及泥沙通量变化带来的河道形态、湖盆形态、水情变化(以洪水情势为重点)等宏观响应,并阐述江湖关系相对稳定期江湖泥沙交换规律及其宏观响应相较于调整期的主要特点。

第7章新条件下长江中游江湖泥沙交换及响应：对比江湖关系调整期及相对稳定期,进一步明确长江中游江湖泥沙交换的新背景和新条件,重点阐述新条件下长江中游江湖泥沙通量变化及交换规律的调整特征,进而揭示泥沙通量及其交换规律变化对河道河床形态、湖泊面积及洲滩格局、水文情势(以枯水情势为重点)等的主要影响。

第8章长江中游江湖关系自然因素驱动机制：从长江中游江湖泥沙通量变化的全过程出发,系统梳理近60年江湖关系演变的3个阶段,着重揭示自然因素对江湖关系变化的驱动机制,包括由新构造运动奠定的江湖系统格局,气候变化(以降雨为代表)造成的径流偏枯,并导致江、湖水沙交换通量总体减少,冲积平原河流河床的自适应调整以及入湖泥沙的大量自然落淤等。

第9章人类活动对长江中游江湖关系演变的影响机制研究：本章按照人类活动作用于长江中游河湖系统的时间先后顺序(时间存在重叠),主要围绕湖区围垦、下荆江系统裁弯、水土保持工程、采砂及以三峡水库为代表的水利枢纽工程等典型的活动类型,通过资料分析、二维水动力模型等方法,研究这些人类活动对长江中游江湖关系演变的影响机制。

第2章　长江中游江-河-湖水沙基本特征

中华人民共和国成立之初，长江中下游沿江两岸通江湖泊星罗棋布，大通以上通江湖泊总面积约为 17200 km²，而在湖区围垦和泥沙沉积作用下，通江湖泊面积不断萎缩。目前，长江中游仅剩洞庭湖和鄱阳湖两大湖泊通江，洞庭湖与长江中游呈双连通状态，鄱阳湖与长江中游呈单连通状态。长江中游江湖水系极为庞大，格局历史变迁频繁、复杂。本章基于观测资料和历史文献，简要介绍江湖系统流域的基本情况，系统梳理水沙基本特征、水系历史演变与治理过程。根据现有的江湖连通状态，总结归纳长江中游江湖关系的概念与内涵，明确长江中游江湖关系研究的主体结构及主要内容。从水沙交换的角度出发，给出表征江湖关系变化的关键表征指标。

2.1　江、湖概况

2.1.1　长江中下游河道

长江中下游河段流经广阔的冲积平原，其中宜昌至湖口为长江中游，湖口至江阴为长江下游，大通为长江干流入海的水文控制站。长江中下游沿程各河段水文泥沙条件和河床边界条件不同，形成的河型也不同，总体可分为顺直型、弯曲型、蜿蜒型和分汊型四个大类。单一微弯型与分汊型河道相间分布，分汊河道越往下游越多。蜿蜒型河道主要集中在下荆江。依据地理环境、分汇流特征及河道特性的差异，长江中下游干流河道大体可分为四段：宜昌至枝城河段、枝城至城陵矶河段、城陵矶至湖口河段及湖口至大通河段（图 2.1-1）。

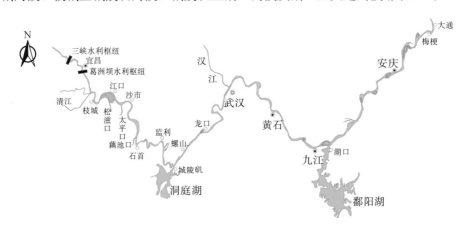

图 2.1-1　长江中下游江湖水系概化图

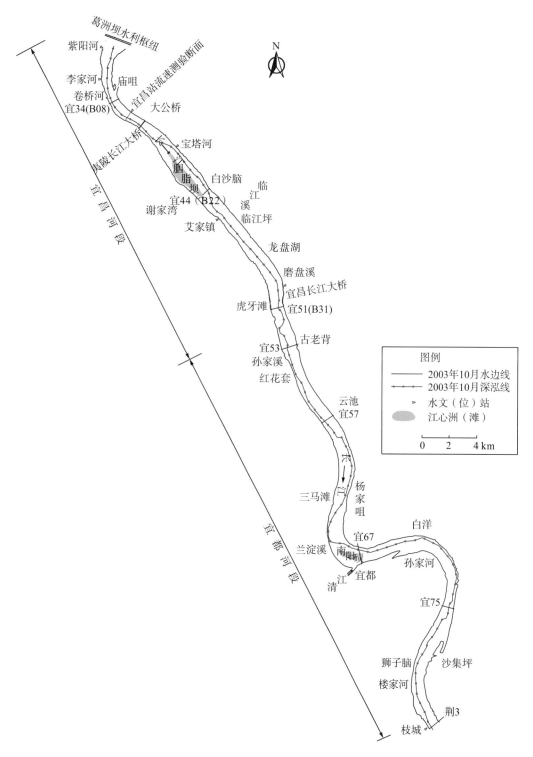

图 2.1-2　长江中游宜昌至枝城河段河势图

1) 宜昌至枝城河段

宜昌至枝城河段长约 60.8 km，是长江出三峡以后由山区河流转变为平原性河流的过渡段，红花套以上河段基本顺直，受宜都褶曲构造影响，红花套—枝城由宜都与白洋两个弯道相连。其中宜昌河段上起宜昌（水尺）至古老背，长约 23.1 km；宜都河段从古老背至枝城水文站，长约 37.7 km。区间有较大的支流清江在宜都入汇长江。河道沿程由胭脂坝、虎牙滩、宜都、白洋及枝城等基岩节点控制，两岸为低山丘陵地貌，主要由更新统和白垩系泥岩与砂岩组成，岸线多为基岩或人工护岸，抗冲能力强；河床组成以砂质为主，粗细相间砾卵质，抗冲能力较强。河道沿程宽窄相间，多为窄深型河道，平滩最大河宽为 2800 m，最窄处约为 790 m，宽深比一般为 1.5～3.0，河势如图 2.1-2 所示。

长期以来，河道主流走向与河床平面形态较为稳定，两岸岸线也基本平顺，整个河段河势较为稳定。一方面在葛洲坝水利枢纽兴建期间，大量开采河床中的卵石作为建筑材料，葛洲坝水利枢纽建成后，大部分推移质泥沙沉积在水库中，使得该河段推移质泥沙补给减少；另一方面，1981 年长江上游发生特大洪水，宜昌站最大洪峰流量达 70200 m³/s，该河段冲刷量达 1618.9 万 m³。在两个方面作用下河道持续冲刷，1981～1998 年累积冲刷泥沙 0.36 亿 m³，1998～2001 年冲刷量为 0.33 亿 m³，且均以枯水河槽冲刷为主。但河床形态、洲滩格局和河势相对稳定，胭脂坝汊道等洲滩格局均无明显变化，宜都弯道仍保持左汊为主汊的两汊分流态势。河床平均下降 1 m，最大下降 3 m。

三峡水库蓄水运用以来，宜昌至枝城河段河道平面形态、水流主流、洲滩及汊道格局未发生明显改变，河势保持稳定，但由于上游来水来沙条件的改变，河床冲刷较为剧烈，深槽冲刷扩展，洲滩面积总体有所萎缩。2002 年 10 月至 2015 年 10 月，宜昌至枝城河段累计冲刷泥沙 1.593 亿 m³，深泓纵剖面平均冲刷下切 3.56 m。

2) 枝城至城陵矶河段

枝城至城陵矶河段（荆江河段）长约 347.2 km，为长江中游自低山丘陵进入冲积平原后的首段。荆江南岸有松滋河、虎渡河、藕池河、华容河分别自松滋口、太平口、藕池口和调弦口（1959 年建闸堵闭）分流至洞庭湖，与湘江、资水、沅江、澧水四水汇合后，于城陵矶复注长江。枝城以上 9 km 有支流清江入汇；枝江有玛瑙河入汇；沙市以上 14.5 km 有沮漳河入汇。荆江以藕池口为界分为上、下荆江，其中上荆江长约 171.7 km，属微弯曲分汊型河道，由洋溪、江口、涴市、沙市、公安和郝穴 6 个弯道段及顺直过渡段组成（图 2.1-3）。枝城—江口段为卵石挟沙河床，河床中分布卵砾石洲滩，主流线平面摆幅较小；江口—藕池口段为沙质河床，具有二元结构特征，大部分河岸边界由厚层黏土组成，主流线平面摆幅较大。下荆江长约 175.5 km，属蜿蜒型河道，河道蜿蜒曲折，外形变化大，裁弯前有 12 个弯曲段，河道曲率为 2.83，裁弯后减少为 10 个弯曲段，曲率减小到 1.93。除监利河段和熊家洲河段为分汊形态外，其余均为单一河道。河床均为沙质河床，河岸大多由疏松沉积物组成，河床与河岸稳定性较差，但经过几十年以来的护岸，除局部地区仍有崩塌外，其余河岸已基本停止崩塌，保持稳定。

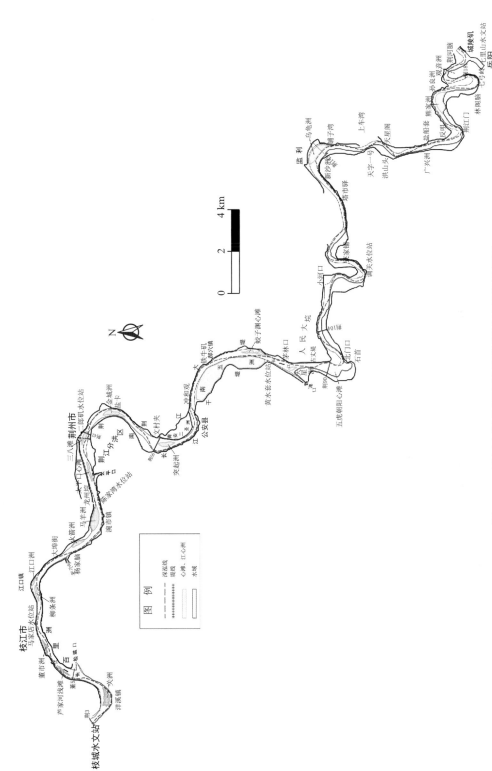

图 2.1-3 长江中游枝城至城陵矶 (荆江河段) 河势图

荆江河段历史上变迁频繁，通过长期的造床和调整作用，上荆江趋于较稳定的微弯河道，河道外形变化不大，没有出现明显的河曲；下荆江属于典型的蜿蜒型河道，历史上变化频繁剧烈，河曲非常发育，自然裁弯频繁发生。由于两岸抗冲性较弱，下荆江河床演变过程主要表现在横向变形上，即凹岸不断崩坍和凸岸不断淤长，当河弯发展到某种程度时，则在一定的水力泥沙和河床边界条件下发生自然裁弯、切滩和撇弯。藕池口分流变化对下荆江的演变也有巨大影响，藕池口分流格局的形成，改变了下荆江的水沙条件，曾一度被认为是下荆江蜿蜒河型形成的重要条件之一。

三峡水库蓄水后，荆江河段总体河势基本稳定，但河道冲刷有所加剧，2002 年 10 月至 2015 年 10 月，荆江河段平滩河槽冲刷量为 8.318 亿 m³，深泓纵向平均冲深为 2.14 m。荆江河段河床冲刷引起一些河段水流顶冲位置的改变，下荆江许多弯道段的凸岸边滩在三峡工程蓄水后发生了明显冲刷，如石首北门口以下北碾子湾对岸边滩、调关弯道的边滩、监利河弯右岸边滩、荆江门对岸的反咀边滩、七弓岭对岸边滩、观音洲对岸的七姓洲边滩等，有的甚至有切割成心滩之势，特别是下荆江弯曲半径较小的急弯段，如调关、莱家铺、尺八口弯道段，出现了"凸冲凹淤"现象，对河岸及已建护岸工程的稳定造成了一定威胁，河道崩岸仍时有发生。

3）城陵矶至湖口段

城陵矶至湖口河段全长 547 km，为宽窄相间的藕节状分汊型河道。河段上承荆江和洞庭湖来水，下受鄱阳湖顶托，沿程有汉江、倒水、举水、巴水、浠水等 16 条支流入汇。河道两岸均有更新统地层与基层分布，构成了疏密不等的天然节点，控制着河段总体河势。河道沿程宽窄相间，宽处分汊、窄处单一。单一性和弯曲性河段河宽一般为 1200～1500 m，最小河宽仅为 800 m 左右，分汊性河段河宽一般为 1800～4500 m，最大河宽达 8000 m。两岸地质组成多呈二元结构，中枯水以下属沙层，中枯水以上为河漫滩相沉积物。河床组成主要是细沙，其次是中沙，然后是极细沙、粗粉沙、粗沙、小砾石、中砾石、粗砾沙以及小卵石等。

河道发育在扬子准地台上，受地质构造的影响，以武汉为顶点形成对称的八字形，整个河道平面形态呈牛轭形，以武汉为界可将河道分为上下两段。河道两岸由疏密不等的节点控制着河段的总体河势，河段分布有分汊型、弯曲型、顺直微弯型 3 种河型，分别占总河长的 63%、25%、12%。其中，分布最多的分汊河型又可以分为顺直分汊、微弯分汊和鹅头型分汊 3 种型式，河势如图 2.1-4 所示。河道纵断面形态呈锯齿状，有两处明显凹陷，一处是簰洲湾弯道，另一处是黄石至武穴之间的低山丘陵缩窄河道。马口附近河床最深点高程在黄海基面以下 101.5 m，是长江中下游最深的河段。

三峡水库蓄水前河道"冲槽淤滩"，不同河型演变规律主要表现如下：顺直微弯段受两岸节点控制河道一般较为稳定，冲淤变幅小；弯曲段由于河岸的组成物质不同，部分弯道如簰洲湾弯道，河床横向摆动大，凹岸河岸崩塌强烈，而河势较稳定的弯道凹岸一般是天然的优良港，如阳逻港、鄂州港、黄石港、九江港等；分汊段河床冲淤变化较大，主要表现为主泓摆动不定、深槽上提、下移、洲滩分割、合并、滩槽冲淤交替等，具有一定的周期性，其中，顺直汊道较稳定，弯曲汊道次之，鹅头型汊道最不稳定。

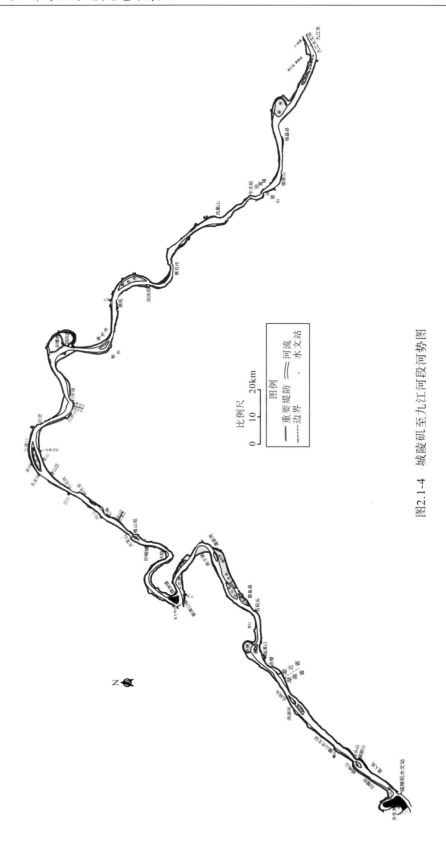

图2.1-4　城陵矶至九江河段河势图

三峡水库蓄水后,城陵矶至湖口河段总体河势仍基本稳定,但河道冲刷幅度有所增大。2001 年 10 月至 2015 年 10 月城陵矶至汉口河段平滩河槽冲刷量为 2.49 亿 m^3,冲刷主要集中在枯水河槽,其冲刷量为 2.48 亿 m^3,占比为 99%,深泓纵向平均冲深为 0.44 m;2001 年 10 月至 2015 年 10 月,汉口至湖口河段河床年际间有冲有淤,总体表现为滩槽均冲,总冲刷量为 4.08 亿 m^3,且冲刷量主要集中在枯水河槽,其冲刷量为 3.91 亿 m^3,汉口至九江段深泓纵向平均冲深为 2.09 m,九江以下深泓纵向平均冲深为 2.4 m。从分汊河道的冲淤变化看,三峡水库运行初期,分汊河道"塞支强干"的现象并不明显,2008 年水库 175 m 试验性蓄水以来,大部分汊道主汊冲刷强度大于支汊,少量汊道主汊冲刷、支汊淤积。

4)湖口至大通河段

湖口至大通河段长约 228 km,本段南岸地质条件总体好于北岸,河道大多向左弯曲。三峡水库运用前河道以淤积为主,呈现"冲槽淤滩"的特性。三峡水库运用后,河段小幅冲刷,滩槽均呈冲刷状态。1981~2001 年,湖口至大通河段总体河势稳定,但河床"冲槽淤滩"现象十分明显,枯水河槽冲刷泥沙 1.74 亿 m^3,枯水位以上河槽淤积泥沙 4.77 亿 m^3。从冲淤沿程分布来看,官洲、马垱、上下三号、安庆和大通河段枯水河槽冲刷明显,枯水位以上河槽则以上下三号、马垱、东流和贵池河段淤积最为明显。

三峡水库蓄水运用后,湖口至大通河段河道总体冲刷。与三峡蓄水运用前不同的是,2001~2011 年,平滩河槽冲刷量为 1.56 亿 m^3,年冲刷强度达 6.8 万 m^3/km,其中枯水位以上河槽冲刷泥沙 1.28 亿 m^3。沿程除马垱、太子矶河段淤积外,其他河段均出现冲刷。2011~2016 年,平滩河槽冲刷量为 2.16 亿 m^3,年冲刷强度达 18.9 万 m^3/km,其中枯水河槽冲刷量为 2.15 亿 m^3。沿程除东流河段、安庆河段呈淤积态势外,其他河段均有所冲刷,年均冲刷强度以马垱河段最大,达到 61.2 万 m^3/km。

近期该段河道平面形态基本无较大变化,大多分汊河段的分流比、岸线总体稳定。虽然,左右汊未发生移位,但芜裕河段的陈家洲汊道、马鞍山河段的小黄洲汊道分流比大幅变化。另外,分流比格局基本稳定,呈现单向小幅变化的有南京河段的八卦洲汊道、镇扬河段的世业洲汊道,八卦洲左汊及世业洲右汊多年来一直呈缓慢衰退趋势。分流格局相对稳定但主汊主流平面位置大幅摆动的有马鞍山河段的江心洲汊道。

2.1.2 洞庭湖

洞庭湖位于东经 111°14′~113°10′,北纬 28°30′~30°23′,即荆江河段南岸、湖南省北部,为我国第二大淡水湖。洞庭湖汇集湘江、资水、沅江、澧水四水及湖周中小河流,承接经松滋、太平、藕池、调弦(1958 年建闸封堵)四口分泄的长江洪水,其分流与调蓄作用,对长江中游地区防洪起着十分重要的作用。

洞庭湖区是指荆江河段以南、湘江、资水、沅江、澧水四水尾闾控制站以下,高程在 50 m 以下跨湘、鄂两省的广大平原、湖泊水网区,湖区总面积约为 19195 km^2,其中天然湖泊面积为 2625 km^2,洪道面积为 1418 km^2,受堤防保护面积为 15152 km^2。

湖区为典型的冲湖积平原,北与江汉平原接壤,东、南、西三面为环湖丘陵。区内河网水系纵横交错,大小湖泊星罗棋布,其地形平坦开阔,总趋势是东、南、西部边缘地势稍高，北部较低，而矗立于湖盆之中或边缘的孤山残丘，高程均超过 40 m，其余地形平缓，地面高程一般为 26～38 m。湖底高程自西部七里湖向东洞庭湖递降，湖底平均高程相差近 10 m，水面倾斜明显，枯水期水位落差和洪水期最大水位落差均为 10 m 左右。水面最大宽度为 29.5 km，赤山南、北端和荷叶湖段最窄处只有 1.0～7.5 km。湖区被分成东洞庭湖、南洞庭湖、西洞庭湖(由目平湖、七里湖组成)，自西向东形成一个倾斜的水面。洞庭湖天然湖泊面积、容积见表 2.1-1。

表 2.1-1　洞庭湖天然湖泊面积、容积统计表

城陵矶(七里山)水位/m	面积/km^2	容积/亿 m^3	城陵矶(七里山)水位/m	面积/km^2	容积/亿 m^3
24	824.18	11.3	30	2442.81	82.2
25	1002.26	15.0	31	2531.19	104.2
26	1214.93	20.7	32	2585.51	129.5
27	1520.67	30.3	33	2602.05	154.3
28	1919.64	44.1	34	2611.43	180.0
29	2252.02	61.9	35	2618.09	206.4

1. 水文气象

洞庭湖水系主要由湘江、资水、沅江、澧水四大水系和长江松滋口、太平口、藕池口、调弦口四口分流水系组成，还有汨罗江、新墙河等支流入汇。湖区有大小入湖河流 73 条，主要河流有湘江、资水、沅江和澧水合称湖南四水水系；松滋河、虎渡河、藕池河、华容河等合称荆江四口水系(1958 年连通华容河与长江干流的调弦口建闸封堵)；由东面入湖的主要河流有汨罗江、新墙河等。各河流进入环湖平原区的尾闾河段纵横交织，曾多达近百条，相互顶托，水流紊乱。各河流来水经湖泊调蓄后，于城陵矶汇入长江。20 世纪 50 年代，通过堵支并流、合修大垸，河流减少到 26 条，形成湖区水系新格局。

湖区地处中北亚热带湿润气候区，具有"气候温和，四季分明，热量充足，雨水集中，春温多变，夏秋多旱，严寒期短，暑热期长"的气候特点。湖区年平均气温为 16.4～17℃，极端最低温度为-18.1℃(临湘)，极端最高温度为 43.6℃(益阳)；无霜期为 258～275 天；年降水量为 1100～1400 mm，由外围山丘向内部平原减少，4～6 月降雨占年降水量的 50％以上，多为大雨和暴雨，若遇各水洪峰遭遇，易成洪、涝、渍灾。

据 1950～2015 年资料统计，湘江湘潭站、资水桃江站、沅江桃源站、澧水石门站多年平均径流量分别为 658.0 亿 m^3、227.7 亿 m^3、640.0 亿 m^3、146.7 亿 m^3；径流年内分配不均，湘江和资水 5 月径流量最大，沅江 6 月径流量最大，澧水 7 月径流最大。由于水库的调节作用，资水 11 月平均流量大于 10 月。

松滋口新江口站、沙道观站多年平均径流量分别为 292.9 亿 m^3、98.3 亿 m^3，太平口弥陀寺站多年平均径流量为 149.3 亿 m^3，藕池口康家岗站、管家铺站多年平均径流量分别为 24.9 亿 m^3、302.0 亿 m^3。荆江三口以 7 月径流量最大，枯季有的月份断流。径流年际变化也较大，受自然演变及人类活动等因素影响，三口入湖径流量逐渐减少。下荆江裁弯前(1956～1966 年)三口平均入湖水量为 1331.6 亿 m^3，下荆江裁弯期(1967～1972 年)三口

平均入湖水量为 1021.5 亿 m³，下荆江裁弯后至葛洲坝截流之前(1973~1980 年)三口平均入湖水量为 834.3 亿 m³，葛洲坝截流至三峡工程蓄水前(1981~2002 年)三口平均入湖水量为 685.3 亿 m³，三峡水库蓄水后(2003~2015 年)三口平均入湖水量为 480.0 亿 m³。

根据出湖控制站城陵矶(七里山)多年实测流量资料计算，多年平均出湖水量为 2843 亿 m³，最大年出湖水量为 5268 亿 m³，最小年出湖水量为 1990 亿 m³。出湖平均流量以 7 月最大，占全年的 16.4%，1 月最小，仅占全年的 2.5%。

洞庭湖泥沙主要来源于湖南省的湘江、资水、沅江、澧水四水和松滋口、太平口、藕池口三口。根据 1956~2015 年实测泥沙资料统计，湘江、资水、沅江、澧水四水多年平均输沙量分别为 0.091 亿 t、0.018 亿 t、0.094 亿 t、0.050 亿 t，以沅江输沙量最大。四水来沙主要集中在 4~8 月，输沙量占全年的 88.6%。松滋口、太平口、藕池口三口多年平均输沙量分别为 0.377 亿 t、0.147 亿 t、0.458 亿 t，以藕池口输沙量最大。四水和三口多年平均总输沙量为 1.235 亿 t，其中四水多年平均总输沙量为 0.253 亿 t，占入湖泥沙量的 20.5%，三口多年平均输沙量为 0.982 亿 t，占入湖泥沙量的 79.5%。受自然演变及人类活动等因素影响，三口输沙量呈逐渐减少的趋势。下荆江裁弯前，三口多年(1956~1966 年)平均输沙量为 1.85 亿 t，而三峡工程蓄水投用后三口多年(2003~2015 年)平均输沙量仅为 0.095 亿 t。城陵矶(七里山)站多年平均输沙量为 0.381 亿 t，其中 4 月输沙量占比最大。

洞庭湖区洪水均由暴雨形成，洪水发生时间与暴雨发生时间基本相对应。湖南四水中，湘江流域每年 4~9 月为汛期，年最大洪水多发生于 4~8 月，其中 5~6 月出现次数最多；资水一场暴雨历时多在 3 天左右，最长达 6 天；沅江洪水一般发生在 4~10 月，4~8 月为主汛期，年最大洪水多发在 4 月中旬至 8 月，以 5~7 月发生次数最多，大洪水大多发生在 6~7 月；澧水洪水年最大洪峰常出现在 4~10 月，但大多出现在 6~7 月。荆江河段洪水主要来自长江上游，具有高水位出现频繁且持续时间长、洪峰流量大等特点，当上游洪水与洞庭湖水系洪水遭遇，或受洞庭湖水系洪水顶托影响时，更易出现本河段的高洪水位。根据沙市站资料统计，自 1903 年以来，超过警戒水位 43.00 m 的年份有 44 年，以 1998 年最高，为 45.22 m，1999 年次之，为 44.74 m，1954 年第三，为 44.67 m。自 1951 年以来，沙市站有 7 年洪峰流量超过 50000 m³/s，其中 1989 年 7 月 12 日最大，为 55200 m³/s。

2. 湖泊历史演变过程

历史时期洞庭湖的演变，与江汉平原和荆江的演变密切相关。自有历史记载以来，洞庭湖经历了一个由小到大，又由大到小的演变过程。洞庭湖湖泊面积、容积变化见表 2.1-2。

表 2.1-2　洞庭湖面积和容积变化表

年份	湖泊面积		湖泊容积	
	面积/km²	年变率/(km²/a)	容积/亿 m³	年变率/(亿 m³/a)
1825	6000	—		
1896	5400	-8.45	—	—
1932	4700	-19.44		
1949	4350	-20.59	293	
1954	3914	-87.20	268	-5.00

年份	湖泊面积		湖泊容积	
	面积/km²	年变率/(km²/a)	容积/亿 m³	年变率/(亿 m³/a)
1958	3141	-193.25	228	-10.00
1971	2820	-24.69	188	-3.08
1978	2691	-18.43	174	-2.00
1995	2623	-4.00	167	-0.41

注：湖泊容积为岳阳水位为 33.5m 时的容积。

1）湖盆成形期

全新世早期和中期，洞庭湖区地貌形态继承晚更新世河网交错的平原地貌性质，从而为新石器时代人类的生产活动提供了极其广阔的场所。新石器时代以后至公元 3 世纪的先秦汉晋时期，洞庭平原和华容隆起均有明显的沉降趋势，在平原上形成一些局部性小湖泊，但整个河网交错的平原景观仍较显著。可见，至先秦汉晋时期，洞庭地区属河网交错的平原地貌景观，虽有局部性小湖泊存在，但大范围的浩渺水面尚未形成。

秦汉至南朝时期，随着荆江与汉水三角洲的发育，云梦泽范围缩小至不及先秦的一半，其主体局限于江汉平原东南。同时，出现鹤水、子夏水等左岸分流以及若干穴口。

2）湖泊快速发展期

南朝时期，随着江汉平原地势抬高和云梦泽萎缩，洞庭盆地相对降低，右岸开始向南分流发育，沦水、生江水注入洞庭盆地。随着荆北金堤的修筑、荆江三角洲的扩展和云梦泽的继续萎缩，荆江南岸有景口、沦口分流又汇合沦水注入洞庭湖，使洞庭湖迅速扩展。其间，湘江、资水、沅江、澧水四水均向洞庭湖汇注，初步形成各自入湖的格局。据郦道元著、陈桥驿校证的《水经注校证》记载，在南北朝时期，自枝江县而下至岳州有 21 个分流水口。唐宋时期（616～1279 年），云梦泽的主体逐渐淤积解体，演变为江汉湖群，荆江统一河床塑造成型，"九穴十三口"形成。南宋初期，荆江右岸溃决分流，形成虎渡河。元代，部分穴口自然淤塞。

元明时期，两岸大堤经常溃口，进入洞庭湖的洪水量增大，湖泊面积扩大。明清时期，在自然因素和人为因素共同作用下，本区经历了历史时期最为剧烈的变化。明嘉靖时（1542 年，另说为 1524 年），荆北最后一个穴口——郝穴被人为堵塞，荆北大堤连成一体，从此，荆江结束了南北两侧分流的历史。荆江南侧原有的分流口进一步扩大，调弦口（华容河）于 1570～1684 年扩大，太平口（虎渡河）于 1675～1679 年（另说为 1572～1582 年）扩大。

1644～1825 年，荆江分流河道已演变成错综复杂的统一的网状分流河道。之后，藕池溃口于 1852 年、1860 年冲成藕池河；松滋口于 1870 年溃决，堵塞后于 1873 年再次溃决成河，于是形成了四大主干连通网状支汊入湖的形态。至此，四口与四水汇注入湖的格局形成。其中北岸江汉平原由汉江和长江的泥沙共同冲积形成，而南岸洞庭湖平原主要由长江的泥沙沉积形成，四水的来沙各自形成其三角洲形态，并在入湖处分支相互贯通。

3）湖泊萎缩期

19 世纪 50 年代以后，是洞庭湖在整个历史时期演变最为剧烈、最为迅速的一个阶段，湖面面积由 6000 km² 萎缩成今日的不足 3000 km²；在八百里洞庭中，淤出八百万亩良田，主要就是这 100 多年来演变的结果。其根本原因在于荆江右岸藕池、松滋两分流的形成,使由荆江排入洞庭湖的泥沙成倍增长,而人为因素也在相当程度上加剧了这一萎缩进程。

藕池、松滋两口形成后,荆江右岸四口(包括虎渡及太平、调弦两口)分流局面形成,荆江泥沙的45%通过四口排入分流区及洞庭湖地区,而藕池、松滋两口的形成,使荆江涌入分流区及洞庭湖区的泥沙急剧增长。据长江流域规划办公室 1956~1967 年的统计资料,四水、四口多年平均进入上述两区的泥沙总量为 2.22 亿 t。其中,四水为 0.3 亿 t,仅占总量的 13.5%;四口为 1.92 亿 t,占总量的 86.5%。而藕池、松滋两口来沙为 1.72 亿 t,占四口分沙量的 89.6%,占泥沙总量的 77.5%。以此类推,19 世纪 50 年代以后形成的藕池、松滋两口,使涌入分流区及洞庭湖区的泥沙增加 3 倍之多。而在 2.22 亿 t 的泥沙总量中,由岳阳出口流出的泥沙仅为 0.6 亿 t,占泥沙总量的 27%,其余 73%的泥沙则沉积下来,即分流区及洞庭湖区每年平均淤积厚度接近 1 mm。由于本区沉积量远远超过湖盆构造下沉量,湖泊的自然落淤消亡趋势尤为明显。

由于入湖泥沙成倍增长主要来自湖区西北部的藕池、松滋两口,因此湖盆西北部的水下三角洲首先迅速加积,出露水面,成为陆上三角洲。它位于华容、安乡之南,当地群众称之为"南洲"。洲土一旦出水,筑堤围垸工程随之兴起,至 1894 年,三角洲东北部的堤垸范围已达松滋口一带,南部堤垸已发展至今武圣宫地区。原在湖中的明山、鼓楼山等均已上岸,团山、寄山也已处在高洲之中。由于三角洲筑堤围垸开垦,1894 年始设南洲厅于乌咀,1877 年迁今南县治,1913 年改厅为南县。

19 世纪后期,由于陆上三角洲自北向南发展,整个洞庭湖被明显地区分为东西两大部分。西部湖区首先承受藕池、虎渡、松滋三口大量来沙,湖区大半被壅塞。东部湖区水面也显著缩小,而且新的水下三角洲又在形成发育中。只是在东部湖区的南部,因荆水大量南侵,沅江、湘阴两县境内的堤垸不断溃废,弃田为湖,原有小湖群不断扩展合并为大湖,南洞庭湖则在进一步扩展中。

总体而言,荆江南岸分流四口的演变,形成洞庭湖四口分流、四水入湖的格局,是荆江地区水沙关系、地质运动等自然因素的变迁与人类社会经济发展共同作用的结果。

2.1.3 鄱阳湖

鄱阳湖流域地处长江中下游右岸,自水域扩展到鄱阳县境内起得此名,湖泊成因系中生代末期燕山运动断裂而形成地堑性湖泊,属于新构造断陷湖泊,是我国最大的淡水湖。鄱阳湖水域辽阔,地理位置为东经 115°49′~116°46′,北纬 28°24′~29°46′。鄱阳湖水系呈辐射状,流域面积为 16.22 万 km²,汇纳赣江、抚河、信江、饶河、修水五大河以及博阳河、章田河、清丰山溪、潼津河等河流来水,经湖泊调蓄后,于湖口汇入长江,是一个过水型、吞吐型、季节性的湖泊。

1. 水文气象

鄱阳湖略似葫芦形,以松门山为界,分为南北两部分。南部宽广、较浅,为主湖区;北部狭长、较深,为入长江水道区。全湖最大长度(南北向)为 173 km,东西平均宽度为 16.9 km,

最宽处约为 74 km，入江水道最窄处的屏峰卡口宽约 2.8 km，湖岸线总长约 1200 km。

鄱阳湖湖区湖盆自东向西、由南向北倾斜，高程一般由 12 m 降至约 1 m(湖口)。鄱阳湖湖底平坦，最低处在蛤蟆石附近，高程为-10 m 以下；滩地高程多为 12～18 m。地貌形态多样，山、丘、岗、平原、湖泊相间，由水道、洲滩、岛屿、内湖、汊港组成。鄱阳湖水道分为东水道、西水道和入江水道。赣江在南昌市以下分为 4 支，主支在吴城与修河汇合，为西水道，向北至蚌湖，有博阳河注入；赣江南、中、北支与抚河、信江、饶河先后汇入主湖区，为东水道；东、西水道在渚溪口汇合为入江水道，至湖口注入长江。洲滩有沙滩、泥滩、草滩 3 种类型，共 3130 km²，其中沙滩数量较少，高程较低，分布在主航道两侧；泥滩多于沙滩，高程在沙滩与草滩的高程之间；草滩为长草的泥滩，高程多为14～17 m，主要分布在东、南、西部各河入湖的三角洲。全湖有岛屿 41 个，面积约为 103 km²，岛屿率为 3.5%，其中莲湖山面积最大，达 41.6 km²，而最小的印山、落星墩的面积均不足0.01 km²。湖区主要汊港约有 20 处。

鄱阳湖具有"高水是湖，低水是河"的特点。进入汛期，五河洪水入湖，湖水漫滩，湖面扩大，碧波荡漾，茫茫无际；冬春枯水季节，湖水落槽，湖滩显露，湖面缩小，蜿蜒一线，比降增大，流速加快，与河道无异。洪、枯水期的湖泊面积、容积相差极大：湖口站历年实测最高水位为 22.59 m(1998 年 7 月 31 日)，相应通江水体面积为 3708 km²，相应湖体容积为 303.63 亿 m³；历年实测最低水位为 5.90 m(1963 年 2 月 6 日)，相应通江水体面积约为 28.7 km²，相应湖体容积为 0.63 亿 m³。

鄱阳湖地处东亚季风区，气候温和，雨量丰沛，属于亚热带温暖湿润气候。湖区主要站多年平均降水量为 1387～1795 mm，降水量年际变化较大，最大为 2452.8 mm(1954 年)，最小为 1082.6 mm(1978 年)；年内分配不均，最大 4 个月(3～6 月)占全年总降水量的 57.2%，最大 6 个月(3～8 月)占全年总降水量的 74.4%，冬季降水量全年最少。年平均蒸发量为 800～1200 mm，约有一半集中在温度最高且降水较少的 7～9 月。湖区多年平均气温为 16～20 ℃。无霜期为 240～300 天。湖区风向的年内变化，随季节而异，6～8 月多南风或偏南风，冬季和春秋季(9 月至次年 5 月)多北风或偏北风，多年平均风速为 3 m/s，历年最大风速达 34 m/s，相应风向为 NNE。

鄱阳湖水系径流主要由降雨补给，径流的地区分布基本上与降水一致。入湖多年平均流量为 4690 m³/s，径流量为 1480 亿 m³，径流深为 912.3 mm，信江和乐安河径流深在 1100 mm以上，修水虬津以上和赣江径流深不足 900 mm。径流年内分配规律同降水相似，从连续最大 4 个月径流占全年径流百分比来看，大部分地区在 60% 以上，最大的渡峰坑站达71.3%，最小的虬津站为 54.7%，其他均为 60%～70%。

鄱阳湖水系径流量年际变化较大，最大年径流与最小年径流的比值为 4.07～5.76。整个水系中，年径流量以赣江所占比重最大，占鄱阳湖水系年径流量的 45.8%，其次为湖区区间，占15.6%。鄱阳湖水系泥沙主要来自五河。湖区泥沙绝大部分来源于赣江，其他诸河占比较小，鄱阳湖湖口站多年平均输沙量为 1040 万 t，其中月均输沙量以 3 月最高，占全年输沙量的 25.6%；7～9 月有些年份因江水倒灌入湖，湖口站出现负输沙量，7 月输沙量负值最大；多年平均 3个月(7～9 月)倒灌沙量为全年的-6.5%，多年平均 3 个月(2～4 月)输沙量最大，为全年的 62%。

据资料分析，鄱阳湖对五河洪水历年削减洪峰流量 7940～55100 m³/s，多年平均可削减 22300 m³/s，多年平均削减百分比为 71.2%；五河最大一次洪水过程，鄱阳湖的调蓄水量为 11.3 亿～207.2 亿 m³，多年平均为 92.9 亿 m³，平均调蓄洪水量百分比为 23.3%。鄱阳湖对五河洪水的调蓄作用有一部分来自长江干流对鄱阳湖的顶托影响，若将顶托影响引起的调蓄作用分离出去，则鄱阳湖对五河洪水的调蓄作用应比上述分析值小。

2. 湖泊历史演变过程

1）湖盆成形发展期

全新世长江中游形成了许多湖泊，如鄱阳湖发育于距今 3000 年左右。汉代以后，由于长江主泓道南移，阻碍了赣江水系的泄流，使湖面迅速向南扩张。与此同时，古彭蠡泽不断萎缩，分裂成若干小湖，如今日龙感湖、黄大湖、泊湖等。

唐代在我国历史上处于高温多雨时期，长江干支流的径流量相应增大，江水由湖口倒灌入湖，加之赣江来水的顶托，造成彭蠡泽的扩展，从唐末、五代至北宋时期，鄱阳平原已完全沦为湖区，不仅原鄱阳县所在地的四望山被湖水包围，而且浸入鄱阳县境，湖区的东界，已达今莲荷山与鄱阳县城之间，南界达康郎山之南的邬子寨，西界则濒临松门山与矶山一线，湖的南端并有族亭湖及日月湖两个汊湖。大体上奠定了今日鄱阳湖的范围和形态。

元、明两代，随着湖区的继续沉降，鄱阳湖逐渐向西南方扩展，赣江三角洲前缘的矶山已"屹立鄱阳湖中"，族亭湖也并入鄱阳湖。湖区向南伸展至进贤县北境的北山，日月湖泄入鄱阳湖的水道，扩展成为南北向的带状的军山湖。清初，松门山以南的陆地相继沦没，松门山成了都昌县南二里湖中的岛山。进贤西北的河汊地区，也因沉降而形成另一个仅次于军山湖的大汊湖——青岚湖。鄱阳湖的发展至此达到鼎盛。

2）湖泊萎缩期

自清代后期以来，鄱阳湖湖区在地质构造上，总的趋势是由下沉转为上升。根据地质资料分析，从一千多年前开始，由于地壳变动，湖区曾出现幅度较大的下降，沉积了一层灰黑色肥黏土层，滨湖海昏县的故城至罩鸡一带即下沉入湖，民间有"沉了海昏，起了吴城"之说。但近代湖区又以 6～10 mm/a 的速度急剧上升，至今肥黏土层已高出湖面 5 m 左右，罩鸡一带原沉降时被淹没的建筑物废墟，又重新露出湖面 6～7 m。近年来，湖的南部仍处于缓慢上升中，湖心有逐渐北移的趋向。以赣江为主的入湖诸水挟带的泥沙不断淤积，使湖底日益抬高，并在河流入口处形成洲地。据江西省水利厅推算，每年修水、赣江、抚河、信江、饶河五河挟带的泥沙，在湖内的沉积量达 1120 万 t，赣江输送了其中绝大部分。赣江下游主泓原本在吴城附近，赣江的大量泥沙直接由鄱阳北湖输入长江，因而，鄱阳南湖得以向西南扩展。但自清后期以来，赣江下游北由吴城入湖的主支宣泄不畅，而北、中、南三支分流的径流量增大，其挟带的泥沙，由于松门峡出口狭窄，不易向鄱阳北湖宣泄，大量泥沙在鄱阳南湖河口堆集，发育成鸟足状三角洲，导致鄱阳南湖西南部日趋萎缩。

在赣江入湖的三大分流中，南支泄洪量最大，它与南边的抚河、信江联合形成的三角洲，由南向北推进，使原来在湖中的康郎山已与瑞洪相连，成为突出于湖中的陆连岛；泄洪量占赣江第二位的中支，在河口形成的三角洲也在向东北方向扩展，因而鄱阳湖面临着自南向北继续萎缩的总趋势。从目前的情况看，鄱阳湖的泥沙淤积速率远小于洞庭湖，其萎缩速率也不如洞庭湖大，但从其发展趋势看，如果长江上游来沙量继续减小，鄱阳湖的萎缩速率可能超过洞庭湖。

　　3)湖泊近代演变特征

　　鄱阳湖上承江西省赣江、抚河、信江、饶河、修水 5 条河来水,下通长江。根据水利部 1998 年 11 月发布的《中国湖泊名称代码》,鄱阳湖湖面面积为 3583 km²,蓄水量为 249 亿 m³。湖面面积在洪、枯水期相差很大,湖口水文站 1995 年 7 月 8 日实测洪水位为 21.80 m(吴淞高程)时,湖面面积为 3966 km²,对应容积为 287 亿 m³;枯水季节,水位下降、洲滩出露,湖水归槽、蜿蜒一线,湖口水文站 1963 年 2 月 6 日实测枯水位为 5.90 m 时,湖面面积仅为 146 km²,对应容积仅为 4.5 亿 m³。因此,鄱阳湖季节性涨水,具有"高水是湖,低水似河"的独特自然地理景观。

　　鄱阳湖现为我国第一大淡水湖,中华人民共和国成立前洪水位时面积曾达到 8100 km²,20 世纪 50 年代初面积为 5200 km²。以都昌和吴城之间的松门山为界,鄱阳湖可以分为两个部分:东鄱阳湖,洪水期湖面辽阔,一望无垠,是鄱阳湖的主要部分;西鄱阳湖,湖面狭窄,实际上已变成一条入江的水道,其淤积很大程度上与长江水流倒灌挟带泥沙淤积有关。与洞庭湖不同,鄱阳湖只有一条较狭窄的水道通江,除湖水来量转枯而长江特大洪水江水倒灌入湖外,一般情况下都是湖水外泄,长江的水沙较少进入湖内落淤,加之鄱阳湖支流入湖的泥沙也比较少,因此鄱阳湖淤积的速度比洞庭湖慢得多。

　　受人类活动及新构造运动的影响,鄱阳湖的面积和容积都处于不断的动态变化中,萎缩和扩张均时有发生。在 20 m 高程,从 1957～1998 年,鄱阳湖容积和面积均经历了增大—减小—增大的变化过程:20 世纪 60 年代以前,鄱阳湖面积约为 4500 km²,容积为 173 亿 m³;至 1986 年面积变为 3100 km²,比 1967 年减小了 31.8%,容积变为 130 亿 m³,比 1967 年减小了 24.9%;到 1998 年,鄱阳湖面积和容积又有所扩大,面积变为 3507 km²,比 1986 年增加了 13.1%,容积变为 205.18 亿 m³,比 1986 年增加了 57.8%。

　　1957～1986 年,鄱阳湖面积和容积大幅度减小,主要是围垦和泥沙淤积所致。由于围垦及湖湾修建拦湖坝,许多湖湾被围成内湖,鄱阳湖连通水体面积大幅度减小。1949 年后的近 50 年内,以 60 年代围垦最盛,其次是 50 年代和 70 年代,80～90 年代围垦较少。

2.2　江湖径流、泥沙特征

　　长江中游江湖水系河网庞大而复杂,支流众多。长江中游干流地处亚热带季风区,气候温和,雨量充沛,河流的径流模数较大;洞庭湖水系和鄱阳湖水系属湿润气候区,雨量也充沛;其他支流以清江和汉江为代表,汉江中下游流域气候相对干燥,雨量稍少。考虑到长江中下游干流的水沙受三峡水库蓄水影响较大,其水沙基本特性按照 2003 年之前和之后进行对比阐述。

2.2.1　径流

　　长江中下游的水沙主要来自上游,宜昌站为干流入口控制站,大通站为干流入海控制站。

三峡水库蓄水前，宜昌站多年平均年径流量为 4370 亿 m³，在沿程支流及湖泊的分汇流作用下，径流量总体呈增加的特征，至大通站，多年平均年径流量增至 9050 亿 m³。其中，沿程水量补给作用最大的分别是洞庭湖和鄱阳湖两大通江湖泊，洞庭湖出口七里山(城陵矶)站多年平均年径流量为 2880 亿 m³，鄱阳湖出口湖口站多年平均年径流量为 1480 亿 m³。总体来看，来自长江上游、洞庭湖和鄱阳湖的径流分别占大通入海水量的 48.3%、31.8% 和 16.3%，其余汉江、清江等支流约占 3.6%。三峡水库蓄水后(2003～2015 年)，宜昌站、七里山站、湖口站和大通站的多年平均年径流量分别为 4000 亿 m³、2350 亿 m³、1450 亿 m³ 和 8440 亿 m³，长江入海的总水量分别有 47.4%、27.8%、17.2% 来自长江上游、洞庭湖湖区和鄱阳湖湖区，相较三峡水库蓄水前，洞庭湖水量占比偏少 4 个百分点，其他支流占比略增加。长江中下游干流及典型支流、洞庭湖水系、鄱阳湖水系径流基本特征统计见表 2.2-1 和表 2.2-2。

1. 年际变化

从径流量的年际变化来看，近期由于长江流域遭遇水量偏枯的水文周期，降水量偏少，加之上游梯级水库拦蓄等作用，相比较三峡水库蓄水前的多年平均情况，蓄水后长江中下游干流各控制站的径流量除监利站外都偏少。监利站略偏多的原因主要在于自荆江三口分流入洞庭湖的水量都有所偏少。与此同时，洞庭湖、汉江、鄱阳湖入汇的径流也均呈现偏少的状态，因而从宜昌至大通，多年平均年径流量绝对偏少量总体呈增加的特征，宜昌站偏少 364 亿 m³(相当于汉江的年径流总量)，大通站偏少 614 亿 m³(图 2.2-1、图 2.2-2)。

表 2.2-1　长江中下游干流和代表性支流控制站径流基本特征统计

河流	控制站	集水面积/km²	时段	流量/(m³/s)			多年平均年径流量/亿m³	流量变幅β	主汛期		水位(冻结基面)/m		
				多年均值	最大值	最小值			月份	占全年百分数/%	多年均值	最高值	最低值
长江	宜昌	1005501	1950～2002 年	13800	70800	2700	4370	0.163		50.3	43.81	55.73	38.30
			2003～2015 年	12700	61100	2890	4000	0.169		47.7	42.44	53.98	38.07
	枝城	1024131	1992～2002 年(水位 1951～2002 年)	13700	68800	3260	4450	0.159		49.6	41.21	50.74	36.90
			2003～2015 年	13000	58000	3200	4100	0.179		46.9	41.17	49.15	36.82
	沙市	1032033	1956～2002 年(水位 1951～2002 年)	12500	53700	3320	3940	0.186	7～9	47.0	36.22	45.22	30.28
			2003～2015 年	11900	47900	5100	3760	0.159		44.5	34.50	43.44	30.02
	监利	1033274	1975～2002 年	12000	46300	2810	3790	0.211		46.0	28.47	38.31	22.84
			2003～2015 年	11600	42500	3520	3640	0.207		43.4	28.26	36.46	23.54
	螺山	1294911	1954～2002 年	20500	78800	4060	6460	0.220		43.2	23.66	34.95	15.56
			2003～2015 年	18900	58000	5320	5950	0.258		41.0	23.77	32.57	18.18
	汉口	1488036	1952～2002 年	22600	76100	4830	7150	0.249		42.8	19.10	29.73	11.70
			2003～2015 年	21300	60400	7280	6710	0.264		40.5	18.72	27.31	13.49
	大通	1705383	1951～2002 年	28700	92600	4620	9050	0.274		39.6	8.74	16.64	3.14
			2003～2015 年	26700	64700	7920	8440	0.331		38.3	8.23	14.59	3.79

续表

河流	控制站	集水面积/km²	时段	流量/(m³/s) 多年均值	最大值	最小值	多年平均年径流量/亿m³	流量变幅β	主汛期 占全年百分数/%	水位(冻结基面)/m 多年均值	最高值	最低值
清江	长阳	15300	1975~2002年	423	11900	1	134	0.035	39.6	73.31	83.95	70.95
	高坝洲	15650	2003~2015年	333	4780	0.6	105	0.070	31.4	41.24	49.78	37.70
汉江	仙桃	144683	1961~1967年	1470	14600	198	463	0.086	42.5	26.51	36.22	23.06
			1972~2002年	1220	13800	187	387	0.076	39.6	26.14	36.24	22.33
			2003~2015年	1160	10600	165	365	0.095	40.3	25.57	36.23	22.26

注：流量变幅 $\beta = (Q_{pj} - Q_{min})/(Q_{max} - Q_{min})$，其中 Q_{pj}、Q_{max}、Q_{min} 分别对应表中的多年平均流量、历年最大流量和最小流量；后同。

表 2.2-2   1956~2015 年洞庭湖、鄱阳湖水系控制站径流基本特征统计

水系	河流	控制站	集水面积/km²	时段	流量/(m³/s) 多年均值	最大值	最小值	多年平均年径流量/亿m³	流量变幅β	主汛期 月份	径流量/亿m³	占全年百分数/%
洞庭湖	松滋河	沙道观		1955~2002年	351	3610	0	111	0.097		90.0	81.1
				2003~2015年	165	1870	0	52.1	0.088		48.7	93.5
		新江口		1955~2002年	978	7910	0	308	0.124		228	74.0
				2003~2015年	746	5230	1.85	235	0.142		188	80.0
	虎渡河	弥陀寺	—	1955~2002年	519	3210	0	164	0.162	6~9	124	75.6
				2003~2015年	276	2060	0	87.1	0.134		74.2	85.2
	藕池河	康家岗		1956~2002年	65.8	2450	0	20.8	0.027		19.2	92.3
				2003~2015年	12.4	297	0	3.93	0.042		3.87	98.5
		管家铺		1955~2002年	955	11400	-22	314	0.086		257	81.8
				2003~2015年	321	3890	-69.3	101	0.099		92.3	91.4
	湘江	湘潭	81638	1956~2015年	2060	20600	66	651	0.097		370	56.8
	资水	桃江	26748	1956~2015年	707	1140	429	223	0.391		120	53.8
	沅江	桃源	85223	1956~2015年	2000	2720	1160	633	0.538	4~7	380	60.0
	澧水	石门	15307	1956~2015年	459	795	262	145	0.370		85.3	58.8
	湖区	南咀	—	1955~2015年	2020	19000	27	638	0.105		315	49.4
		小河嘴	—	1955~2015年	2480	23100	200	782	0.100		424	54.2
		七里山(城陵矶)	—	1955~2002年	9130	43900	377	2880	0.201	5~9	1900	66.0
				2003~2015年	7440	31000	1090	2350	0.212		1500	63.8
鄱阳湖	赣江	外洲	80948		2140	21100	179	675	0.094		398	59.0
	抚河	李家渡	15811		394	10600	0.1	124	0.037		80.1	64.6
	信江	梅港	15535	1955~2015年	566	13000	6.2	179	0.043	4~7	114	63.7
	饶河	虎山	6374		224	9160	17.3	70.6	0.023		27.9	39.5
	修水	万家埠	3548		110	4330	16.6	34.8	0.022		21.0	60.3
	湖区	湖口	162225	1955~2002年	4470	31900	-13700	1480	0.398		792	53.5
				2003~2015年	4590	24400	-6250	1450	0.354		735	50.7

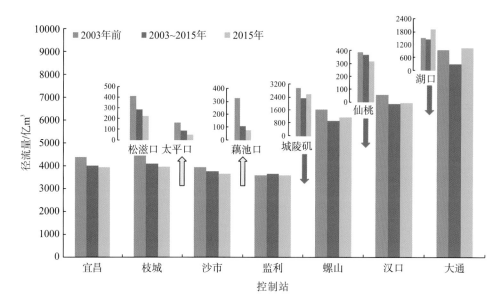

图 2.2-1　不同时期长江中游江湖控制站年径流量均值变化图

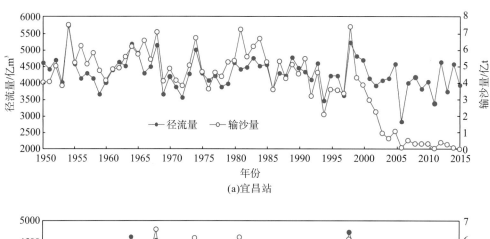

(a)宜昌站

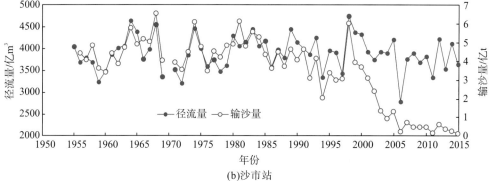

(b)沙市站

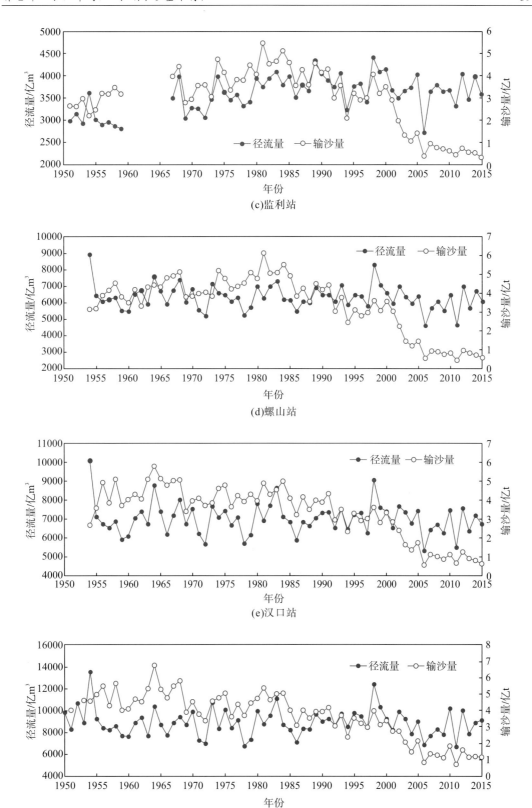

(c)监利站

(d)螺山站

(e)汉口站

(f)大通站

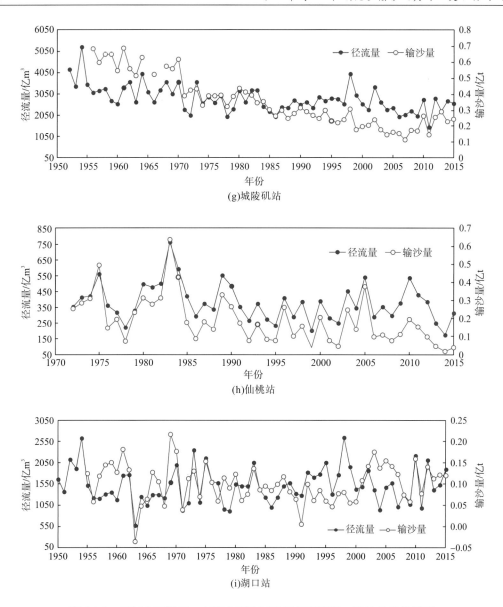

图 2.2-2 长江中下游干、支流主要控制站历年径流量、输沙量变化过程

2. 年内变化

长江中下游干流水量的年内分布也具有明显的特征。年内 7 月的径流量最大,1~2 月径流量最小,主汛期 7~9 月的径流量占总量的比例基本为 38%~50%。三峡水库蓄水后,尤其是进入 175 m 试验性蓄水阶段以来,对坝下游的径流过程调节作用增强,水库汛期采用削峰调度的方式减小下游河道的防洪压力,同时汛后蓄水时间由初期运行期的 10 月提前至 9 月,汛后至汛前的枯水期,为了缓解中下游河道及两湖的枯水情势,水库加大泄量对下游河道进行补水。在这一系列的调度方式影响下,长江中下游干流控制站 10 月径流量减小明显,而 12 月至次年 4 月径流量以增加为主,同时径流量占总量的比例发生变化,7~11 月径流量占比减小,1~4 月径流量占比增大(图 2.2-3)。

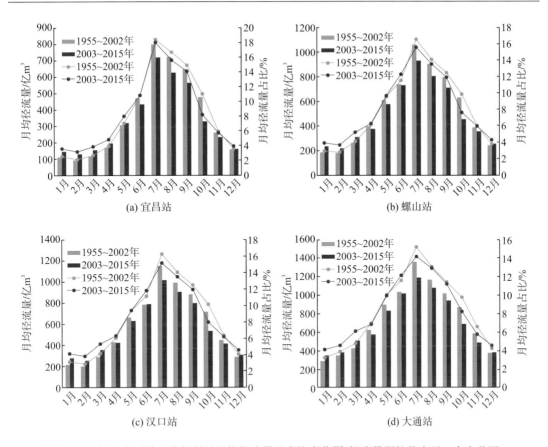

图 2.2-3　长江中下游干流控制站月均径流量及占比变化图(径流量用柱状表示，本小节同)

洞庭湖的径流主要来自荆江三口和湖南四水，其中湖南四水的径流主要集中在 4～7 月，径流量约占总量的 58%，长江干流的汛期稍晚于洞庭湖水系，三峡水库蓄水前，荆江三口 7 月径流量最大，主汛期(7～9 月)径流量占比为 66.8%，三峡水库蓄水后，主汛期径流量占比增至 72.8%。洞庭湖出口城陵矶七里山站的水量主要集中在 5～9 月，且相对于三峡水库蓄水前，蓄水后洞庭湖 4～11 月出湖的水量都有所减少，其他月份则略有增加，如图 2.2-4 和图 2.2-5 所示。

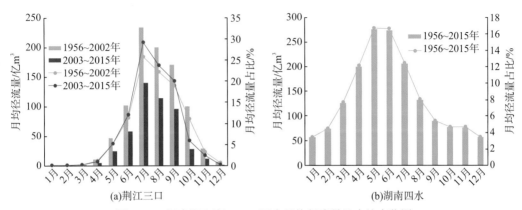

图 2.2-4　洞庭湖入湖三口、四水月均径流量及占比变化图

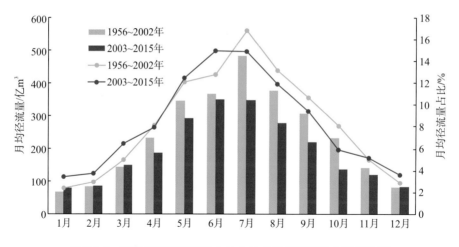

图 2.2-5   洞庭湖出湖城陵矶七里山站月均径流量及占比变化图

与洞庭湖类似，鄱阳湖汛期稍早于长江干流，水量年内也主要集中在 4～7 月，径流量约占总量的 60.8%，其中 6 月径流量最大。三峡水库蓄水前，4～7 月鄱阳湖出湖湖口站径流量占比约 53.6%，三峡水库蓄水后该比例下降至 50.7%；12 月至次年 3 月出湖水量占比则由 18.8% 增至 22.5%（图 2.2-6）。

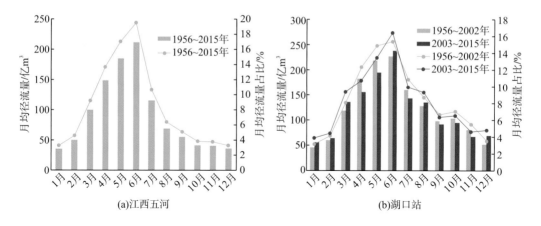

(a)江西五河   (b)湖口站

图 2.2-6   鄱阳湖五河入湖、湖口出湖月均径流量及占比图

2.2.2　泥沙

相对于径流变化，水利枢纽工程建设、水土保持工程、河道(航道)整治工程等对于长江中下游输沙的影响更为显著。从泥沙通量的角度看，三峡水库蓄水前，长江干流宜昌站多年平均年输沙量为 49200 万 t，经支流及湖泊的分汇流效应，以及干流河道、湖泊沉积效应后，输沙量沿程逐渐减少，至大通站，多年平均年输沙量减小至 42700 万 t；三峡水库蓄水后，宜昌站多年平均年输沙量下降至 4040 万 t，在输入沙量大幅减少的条件下，长江干流河道河床对水流中的泥沙进行补给，同时在支流和湖泊汇流作用下，至大通多年平

均年输沙量增加至 13900 万 t。类似的变化在两湖水系也较为明显,荆江三口和湖南四水输入洞庭湖、江西五河输入鄱阳湖的泥沙都处于不断减少的状态。因此,纵观长江中下游近 60 年的输沙变化,输沙量持续减少是最主要的特征,而人类活动是造成输沙量减少最主要的原因。长江中下游干流及典型支流、洞庭湖水系、鄱阳湖水系输沙基本特征统计见表 2.2-3 和表 2.2-4。

1. 悬移质泥沙

1)年际、年内变化

长江中下游输沙年际变化集中表现为沙量减少,但由于沿程分汇流作用,减少的幅度存在一定差异。三峡水库蓄水前,自宜昌至大通,沿程输沙量均值呈递减的趋势,泥沙在湖泊和河床上以沉积作用为主;三峡水库蓄水后宜昌至大通站输沙量沿程增加,因此输沙减少幅度沿程递减,增加的泥沙主要来自干流河道河床的冲刷补给。相对于蓄水前,2003～2015 年宜昌站输沙量减幅为 91.8%,至大通站,年输沙量的减幅下降至 67.4%(图 2.2-7)。

表 2.2-3　长江中下游干流和代表性支流控制站泥沙基本特征统计

| 河流 | 控制站 | 时段 | 含沙量/(kg/m³) | | | 多年平均年输沙率/(kg/s) | 多年平均年输沙量/万 t | 主汛期 | | |
			多年平均值	最大值	最小值			月份	输沙量/万 t	占全年百分比/%
长江	宜昌	1950–2002 年	1.130	10.50	0.004	15560	49070		36700	74.6
		2003–2015 年	0.101	1.66	0.001	1280	4037		3750	92.8
	枝城	1992–2002 年	1.120	4.36	0.010	11943	37663		28600	75.9
		2003–2015 年	0.119	1.73	0.002	1546	4875		4310	88.3
	沙市	1991–2002 年	0.888	4.79	0.018	11254	35491		26100	73.5
		2003–2015 年	0.158	1.68	0.008	1889	5957		4670	78.4
	监利	1975–2002 年	0.992	11.00	0.039	11913	37569	7～9	25300	67.3
		2003–2015 年	0.206	1.58	0.014	2283	7200		5080	67.6
	螺山	1954–2002 年	0.633	5.66	0.048	12965	40886		24100	58.9
		2003–2015 年	0.153	1.51	0.034	2880	9082		5010	55.1
	汉口	1955–2002 年	0.568	4.42	0.042	12696	40038		24300	60.6
		2003–2015 年	0.158	1.37	0.024	3356	10583		6070	57.3
	大通	1955–2002 年	0.478	3.24	0.016	13517	42627		25400	59.5
		2003–2015 年	0.165	1.02	0.018	4398	13870		7030	50.6
清江	长阳	1980–2000 年	0.503	60.90	0	217	684	7～9	457	66.9
汉江	仙桃	1963–1967 年	1.740	9.50	0.048	2843	8966		6500	72.5
		1972–2002 年	0.556	4.82	0.035	680	2144	7～10	1340	62.3
		2003–2015 年	0.362	2.87	0.036	418	1318		877	66.4

表 2.2-4 洞庭湖、鄱阳湖水系控制站泥沙基本特征统计

水系	河流	控制站	时段	含沙量/(kg/m³)			多年平均年输沙率/(kg/s)	多年平均年输沙量/万t	主汛期		
				多年平均值	最大值	最小值			月份	输沙量/万t	占全年百分比/%
洞庭湖	松滋河	新江口	1956~2002年	1.070	13.400	0	1050.0	3300.0	6~9	2930	88.8
			2003~2015年	0.165	1.460	0	123.0	387.0		377	97.4
		沙道观	1956~2002年	1.210	9.080	0	417.0	1320.0		1200	90.9
			2003~2015年	0.228	1.490	0	35.8	119.0		117	98.3
	虎渡河	弥陀寺	1956~2002年	1.150	10.600	0	593.0	1870.0		1650	88.2
			2003~2015年	0.151	1.260	0	43.2	136.0		133	97.8
	藕池河	康家岗	1956~2002年	1.790	11.200	0	118.0	373.0		372	99.7
			2003~2015年	0.316	1.660	0	3.93	13.1		13.0	99.2
		管家铺	1956~2002年	1.590	12.700	0	1540.0	4850.0		4560	94.0
			2003~2015年	0.286	2.050	0	91.6	300.0		296	98.7
	湘江	湘潭	1956~2015年	0.133	2.180	0	277.0	869.0	4~7	654	75.3
	资水	桃江		0.071	7.450	0	50.1	158.0		120	75.9
	沅江	桃源		0.139	3.100	0	278.0	877.0		745	84.9
	澧水	石门		0.335	11.000	0	154.0	486.0		388	79.8
	湖区	南咀	1956~2015年	0.480	6.590	0	967.0	3050.0		1420	46.6
		小河咀		0.066	0.705	0.002	163.0	515.0		312	60.6
		城陵矶	1956~2002年	0.138	1.700	0.012	8900.0	3950.0		1910	48.4
			2003~2015年	0.082	0.868	0.011	5240.0	1930.0		943	48.9
鄱阳湖	赣江	外洲	1956~2015年	0.119	1.630	0	255.0	806.0	4~7	601	74.6
	抚河	李家渡		0.113	0.788	0	44.3	140.0		91.4	65.3
	信江	梅港		0.109	0.810	0	62.1	196.0		159	81.1
	饶河	虎山		0.092	3.390	0	20.4	64.5		54.4	84.3
	修水	万家埠		0.100	1.26	0	11.0	34.7		26.3	75.8
	湖区	湖口	1956~2002年	0.064	2.74	0.002	297.0	938.0		382	40.7
			2003~2015年	0.084	0.973	0.009	388.0	1220.0		427	35.0

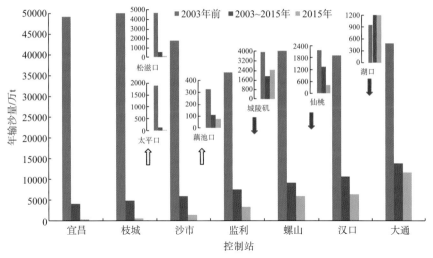

图 2.2-7　不同时期长江中游江湖控制站年输沙量均值变化图

相对于径流量，长江中下游干流河道输沙量的年内分布更为集中。三峡水库蓄水前，宜昌、螺山、汉口及大通站年内主汛期 7～9 月的输沙量占总量的比例为 59%～74%，较径流量占比明显偏高。三峡水库蓄水后，水库拦沙效应明显，宜昌站年内 92.8%的泥沙集中在主汛期输送，但由于主汛期径流量偏小，下游的螺山、汉口及大通站主汛期输沙量的占比都有所下降，而枯水期补水作用使得其 1～5 月输沙量占比均有所提高，分别相对于蓄水前增加 7.9 个百分点、6.9 个百分点和 8.4 个百分点(图 2.2-8)。

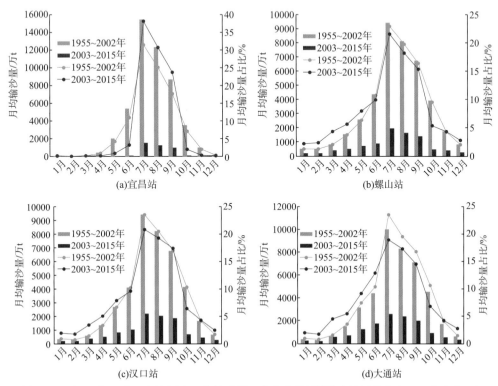

图 2.2-8　长江中下游干流控制站月均输沙量及占比变化图(输沙量用柱状表示，本小节同)

　　三峡水库蓄水前洞庭湖的泥沙绝大部分来自荆江三口，1956～2002 年三口输沙总量占入湖泥沙总量的 80%以上，湖南四水输沙占比不足 20%。而荆江三口年内输沙基本集中在主汛期，7～9 月输沙占比为 81.2%。三峡水库蓄水后，荆江三口输沙量大幅度减少，其占洞庭湖入湖总沙量的比例下降至 54%，且输沙更为集中。湖南四水主汛期 4～7 月输沙多年平均占比为 79.6%，也比径流占比明显偏高。洞庭湖出湖的沙量占比年内相对均匀，4 月占比最大，蓄水后长江干流的主汛期内，洞庭湖出湖沙量占比减小，其最主要的原因在于这一时期三口输入湖泊的泥沙大幅减少(图 2.2-9 和图 2.2-10)。

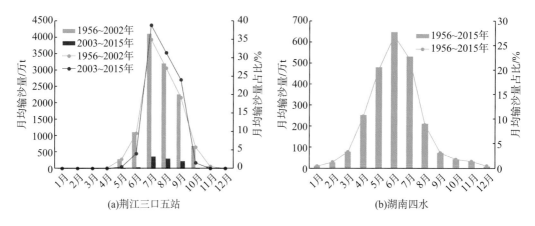

图 2.2-9　洞庭湖入湖三口、四水月均输沙量及占比变化图

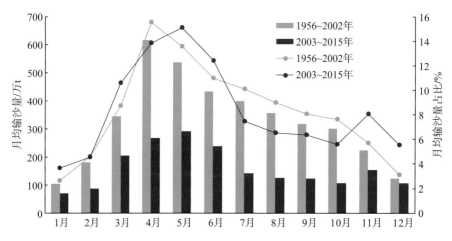

图 2.2-10　洞庭湖出湖城陵矶七里山站月均输沙量及占比变化图

　　鄱阳湖水系五河入湖的泥沙年内基本上集中在 4～7 月，占比达到 76.6%，6 月占比最大。出湖湖口站倒灌输沙的现象较为明显，7～9 月长江干流主汛期内，干流流量大、水位高，倒灌鄱阳湖，同时输入大量的泥沙，三峡水库蓄水前这一时期湖口站的输沙量均值都是负值，三峡水库蓄水后，一方面长江流域水量相对偏枯，干流倒灌湖泊的频次相对偏低，另一方面干流河道的含沙量大幅度减小，使得干流倒灌湖泊的泥沙总量大幅度减少，进而呈现出湖泊向干流河槽输沙的状态(图 2.2-11)。

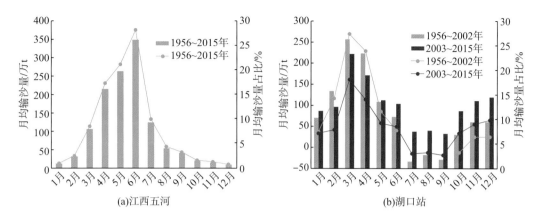

图 2.2-11　鄱阳湖五河入湖、湖口出湖月均输沙量及占比图

2) 输沙关系

流量-输沙率关系是由水流功率的概念推广而来的，其实质表示的是断面总水流功率 γQJ 与总输沙率之间的关系，即

$$Q_s = K(\gamma QJ)^m \tag{2.2-1}$$

天然河流中，对某一测站，若认为其各级流量下能坡 J 是近似不变的，而水的重力密度 γ 也看作常数，故流量-输沙率关系式可简化为

$$Q_s = KQ^m \tag{2.2-2}$$

式中，Q_s 表示悬移质输沙率；Q 表示流量；K、m 分别表示待定系数和指数。

输沙率是上游各河段综合输沙能力的体现，指数 m 表示输沙率随流量的变化率，系数 K 反映了输沙率的相对大小，参数 K、m 受制于河道断面形态、流域来沙等因素，不同河流不同断面各不相同。

从长江中下游干流河道控制站的月均流量与输沙率的关系来看(图 2.2-12)，三峡水库蓄水前后，各控制站流量与输沙率的指数关系都是存在的，沿程随着分汇流的作用，两者的相关程度有所不同，并且同流量下输沙率减小的现象从 20 世纪 90 年代就开始出现，三峡水库蓄水更是大幅度减小了坝下游河道的输沙量，在河床和湖泊的补给作用下，大通站在月均流量小于 20000 m³/s 的情况下，输沙水平基本与 1991～2002 年持平。

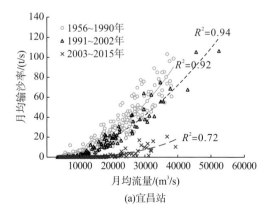

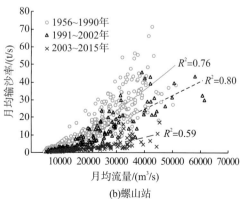

(a)宜昌站　　　　　　　　　　　　(b)螺山站

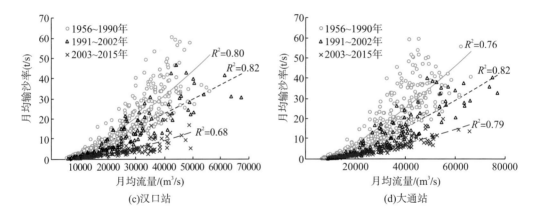

图 2.2-12　长江中下游水文控制站月均流量与月均输沙率的关系图

2. 推移质泥沙

1）砾卵石推移质

葛洲坝水利枢纽建成前，1974～1979 年宜昌站断面年输沙量为 30.8 万～226.9 万 t，年均输沙量为 81 万 t，枢纽建成后 1981～2002 年宜昌站卵石推移质年均输沙量减小至 17.46 万 t，减幅为 78.4%。2003 年 6 月三峡水库蓄水运用后，坝下游推移质泥沙继续大幅减少。2003～2009 年宜昌站卵石推移质输沙量减小至 4.4 万 t，较 1974～2002 年均值减小 60.4%。2010～2015 年，长江干流宜昌站除 2012 年、2014 年的砾卵石推移质输沙量分别为 4.2 万 t、0.21 万 t 外，其他年份均未测到砾卵石推移质输沙量；枝城站仅 2012 年测到砾卵石推移质输沙量为 2.2 万 t，2011 年、2013～2015 年均未测到砾卵石推移质输沙量。

2）沙质推移质

长江中游各控制站沙质推移量总体也呈水大沙大、水小沙小的情况，但近期推移量有逐渐减小的现象。葛洲坝水利枢纽建成前，1973～1979 年宜昌站断面沙质推移质年输沙量平均为 1057 万 t，枢纽建成后 1981～2002 年宜昌站沙质推移质输沙量减小至 137 万 t，减幅达 87%。2003 年 6 月三峡水库蓄水后，长江中游推移质泥沙继续大幅减少。2003～2015 年宜昌站沙质推移质年均输沙量减小至 11.8 万 t，较 1981～2002 年均值减小了 89%。2003～2015 年枝城、沙市、监利、螺山、汉口和九江站沙质推移质年均推移量分别为 260 万 t、258 万 t、330 万 t（2008～2015 年）、143 万 t（2009～2015 年）、164 万 t（2009～2015 年）和 28.4 万 t（2009～2015 年）。

2.3　长江中游江-河-湖泥沙通量变化过程

长江中游江、湖的泥沙主要来自长江上游干支流，洞庭湖澧水、沅江、资水、湘江，鄱阳湖修水、赣江、抚河、信江、饶河，以及汉江、清江、倒水、举水、巴河、浠水等支流。其中宜昌站为长江上游干支流泥沙总量的控制站，湖南四水和江西五河分别采用入湖控制站；汉江以仙桃站作为入汇控制站；清江泥沙较少，且隔河岩、高坝洲电站建成后沙量很少；其他小支流暂不考虑泥沙输移量，河湖水系及主要水文控制站的分布如图 1.2-2

所示。以下以这些控制站的实测数据作为基础,分析近 60 年江湖泥沙来量和来源,以及河、湖和入海泥沙分配格局变化。

以宜昌至湖口干流段和洞庭湖湖区、鄱阳湖湖区作为长江中游江湖体系,其泥沙总来源(W_T)和总变化量(ΔW_T)的计算式分别如下:

$$W_\text{T} = S_\text{YC} + W_\text{SS} + S_\text{XT} + W_\text{WH} \tag{2.3-1}$$

$$\Delta W_\text{T} = W_\text{T} - S_\text{DT} \tag{2.3-2}$$

式中,S_YC、S_XT、S_DT 分别指宜昌站、仙桃站、大通站输沙量,万 t;W_SS、W_WH 分别指湖南四水和江西五河的输沙量总和,万 t。

1956～2015 年,长江上游、汉江及两湖地区径流量总体变化不大,但来沙量均呈持续减少的态势,进入长江中游江湖系统的水流含沙量也不断降低(图 2.3-1)。输入长江中游江、湖系统的沙量由 1956～1960 年的 6.42 亿 t/a 逐步减小至 1991～2002 年的 4.34 亿 t/a、2003～2015 年的 0.675 亿 t/a。其中,不同区域的沙量减小过程不尽一致:1991～2002 年,长江上游宜昌站输沙量大幅减小至 3.92 亿 t/a,较 1950～1990 年的 5.21 亿 t/a 减少了 25%,三峡水库蓄水后宜昌站沙量骤减,2003～2015 年仅为 0.404 亿 t/a,减幅超过 90%;两湖水系沙量减小始于 1985 年前后,主要是受水库拦沙和水土保持工程的影响,1991～2002 年均值与 1971～1980 年均值相比,湖南四水和江西五河年均输沙量分别减小约 44% 和 34%,2003～2015 年均值较 1991～2002 年均值则进一步减小了 58% 和 45%;汉江中下游沙量减小始于丹江口水库的蓄水运用(1968～1971 年),1972～1980 年均值与 1961～1967 年均值相比减小约 67%。因此,近期长江中游江、湖泥沙出现明显减少,大中型水库拦沙、水土保持工程的陆续实施是主要原因,尤以三峡水库拦沙作用最为突出。

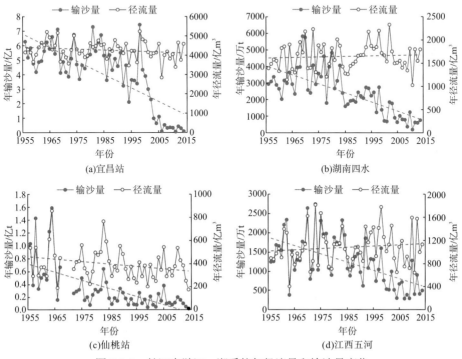

图 2.3-1　长江中游江、湖系统年径流量和输沙量变化

　　江、湖泥沙来源发生变化：三峡水库蓄水前，长江中游江湖 80%以上的泥沙来自宜昌以上干支流，两湖水系泥沙来量占比不足 10%(其中湖南四水来沙占比约为 6%，江西五河来沙占比不足 3%)，汉江来沙量约占 10%(1968 年丹江口水库蓄水前占比超过 10%，之后占比小于 5%)；三峡水库蓄水后，2003～2015 年，受水库群拦沙、水土保持工程、河道采砂和径流变化等影响，长江上游进入三峡水库的泥沙进一步减少(2003～2015 年三峡年均入库沙量仅为 1.645 亿 t，分别较 1956～1990 年和 1991～2002 年均值减小 66.5%和 54.0%)，加之来自宜昌以上干支流超过75%的泥沙被拦截在水库中，只有少部分粒径较细的泥沙排送至下游河道，长江中游江、湖沙量大幅减少，宜昌以上来沙占江湖泥沙总来源的比重也下降至 59.9%，汉江来沙占比增至 19.6%，两湖水系来沙占比增大至 20.5%(表 2.3-1)。

表 2.3-1　长江中游江湖系统泥沙来源及分布格局变化

阶段划分	主要驱动因子	系统来沙量占比/%				系统泥沙分配比/%			
		长江上游	洞庭湖水系	鄱阳湖水系	汉江	干流河道	洞庭湖	鄱阳湖	入海
江平湖淤 1956～1980 年	湖区围垦，下荆江系统裁弯，丹江口水库运用	83.0	5.5	2.5	8.9	1.6	22.3	0.8	75.3
江湖同淤 1981～2002 年	水土保持，平垸行洪，葛洲坝、柘溪等水库运用，河道整治	89.5	4.2	2.4	3.8	10.9	15.6	0.8	72.7
江冲湖平 2003～2015 年	三峡水库等大型梯级水库运用，河湖采砂，河道(航道)整治工程	59.9	12.1	8.4	19.6	-87.4	-2.3	-9.9	211

　　特殊水情条件下，水量时空分布不均也会带来江湖沙量来源的差异。例如，2006 年长江干流水量极枯，宜昌以上来沙量仅占江湖泥沙输入总量的 25%，两湖流域来沙量占比达到48.2%；1998 年为特大洪水年，大水带大沙，宜昌以上来沙量占江湖泥沙输入总量的92.6%。

　　从长江中游江湖系统年均沙量总体变化情况和泥沙交换与分配格局来看，可分为干流河道相对平衡、湖泊淤积(简称江平湖淤)，干流河道、湖泊均以淤积(简称江湖同淤)为主，干流河道和湖泊均出现冲刷(简称江冲湖平)三个阶段(表 2.3-1、图 2.3-2)。其中，三峡水库蓄水前可分为 1956～1980 年和 1981～2002 年两个时段，历时分别为 25 年和 22 年，其间长江中游江、湖系统年均沉积量分别为 1.45 亿 t 和 1.40 亿 t，基本相当，但江湖泥沙交换与分配格局有所不同，1956～1980 年总体表现为江平湖淤，1981～2002 年则主要表现为江湖同淤；三峡水库蓄水后的 2003～2015 年，与此前各时段泥沙交换规律不同的是，江、湖系统年均向大通站补充 0.713 亿 t 泥沙，且江、湖均表现为冲刷，但两者冲刷强度有所差异，以干流河道冲刷为主。

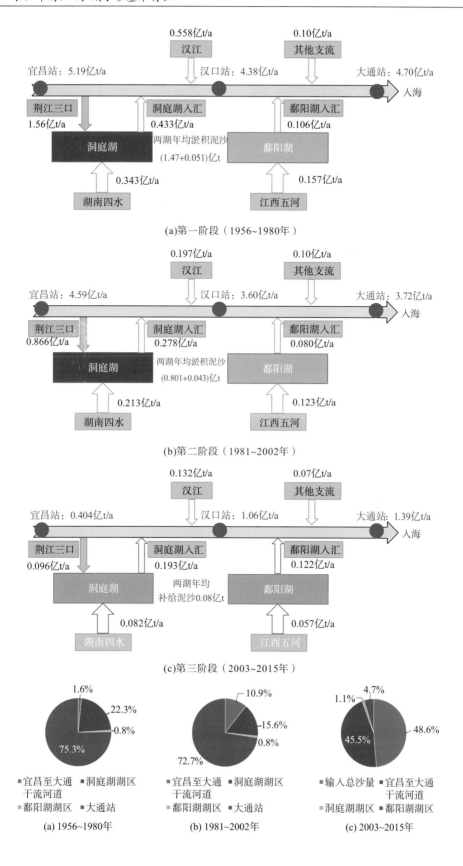

(a)第一阶段（1956~1980年）

(b)第二阶段（1981~2002年）

(c)第三阶段（2003~2015年）

(a) 1956~1980年   (b) 1981~2002年   (c) 2003~2015年

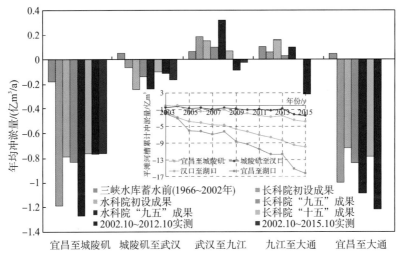

图 2.3-2　长江中下游江河湖库三阶段泥沙分布格局、干流河道冲淤变化

综上所述，近 60 年来长江中游江、湖泥沙变化特点的主要表现如下：一方面，受降雨(径流)变化、大中型水库群拦沙、水土保持工程、河道采沙等影响，长江中下游江、湖沙量总体均呈持续减少的态势，且以大型水利枢纽工程拦沙的影响最为明显，如丹江口水库、三峡水库等，分别拦截了汉江和长江上游 65%以上的来沙；另一方面，江、湖泥沙来源发生了变化，三峡水库蓄水前，宜昌以上干支流、两湖水系和汉江水系来沙占长江中游江湖泥沙的比重基本为 8∶1∶1，进入江、湖系统的泥沙约 75%随水流入海，约 25%的泥沙沉积在江、湖内，且随着江湖系统内、外部条件的变化，江湖泥沙的分配格局在不同阶段呈现出不同的特点；三峡水库蓄水后，2003～2015 年比重则变为 6∶2∶2，长江上游干支流的泥沙被大量拦截在三峡水库内，干流河道剧烈冲刷，湖泊也开始出现出湖沙量大于入湖的现象，在长江入海泥沙中，进入江、湖系统的泥沙和河床冲刷补给的泥沙的比例接近 1∶1。此外，在一些水情特殊的年份，受径流时空变化影响，长江中游江湖泥沙来源也会发生新的变化。

江湖泥沙格局的调整既是影响江湖关系变化的重要因素，也是江湖关系变化的重要内容，因此可以相应地将长江中游江湖关系的演变过程大致分为三个阶段：江平湖淤对应江湖关系的调整期，江湖同淤对应江湖关系的相对稳定期，江冲湖平则是江湖关系的新调整期。

2.4　本　章　小　结

本章首先简要介绍了长江中游江湖系统的基本格局、河道的基本形态及江湖连通状态。以长系列的水文泥沙观测数据为基础，系统分析了近 60 年江湖控制性测站的水文泥沙基本特性，对于干流河道，着重对比了三峡水库蓄水前后水沙条件的变化特征。概括性地梳理了江湖水系历史演变过程及其不同时期的主要特点，以及江湖分汇流重点区域、湖区内的主要人类活动类型和强度等。

其次，通过重新定义江湖关系的概念，明确江湖关系的主要内涵，详细解析了江湖关系系统的物质、能量和信息流相互作用过程，分别阐明了双连通和单连通江湖关系的系统结构和功能，提出了表征长江中游系统结构和功能的指标体系，系统结构指标包含水沙指标、环境指标和生物指标三个方面。

最后，从泥沙交换通量和分布格局的角度出发，揭示了近 60 年来长江中游江湖泥沙通量变化的三个主要阶段。第一阶段江平湖淤(1956~1980 年)：宜昌以上干支流、两湖水系、汉江等支流年均来沙量之和约为 6.25 亿 t；长江干流河道输沙相对平衡，75.3%的泥沙随水流入海，22.3%、0.8%的泥沙分别沉积在洞庭湖、鄱阳湖湖区。第二阶段江湖同淤(1981~2002 年)：宜昌以上干支流、两湖水系、汉江等支流年均来沙量之和约为 5.13 亿 t，较第一阶段年分别减少 0.60 亿 t、0.15 亿 t、0.37 亿 t。72.7%的泥沙随水流入海，10.9%、15.6%、0.8%的泥沙分别沉积在长江干流、洞庭湖湖区、鄱阳湖湖区。第三阶段江冲湖平(2003~2015 年)：三峡等水库蓄水后，拦截了长江上游近 90%的沙量，宜昌站年均沙量减少至 0.404 亿 t。长江中下游年均总来沙量减少至 0.675 亿 t，较第二阶段年均减少 86.8%。长江干流滩槽冲刷加剧，尤以荆江河段冲刷最为明显；洞庭湖、鄱阳湖进、出湖沙量相对平衡；入海沙量约为江湖总来沙量的 2.1 倍。

第 3 章　长江中游江湖分流分沙关系变化研究

长江中游江湖分流分沙主要是指荆江三口分流分沙。荆江经由三口分流分沙入洞庭湖，是洞庭湖水沙的重要来源。受水沙条件变化及荆江河势控制工程等的影响，荆江三口分流段及河道内冲淤变化频繁，局部形态调整显著，这种调整既是对水沙及外部条件变化的响应，也会作用于局部水动力条件，进而对分流分沙产生一定影响。为系统掌握其冲淤变化特性，本书根据已有实测地形资料，以及分流口门局部重点观测的水动力资料，开展松滋口、太平口、藕池口口门附近河段以及三口分流洪道的冲淤演变分析，研究其局部水沙输移特性，梳理分流口门河段及洪道近几十年河势调整的过程及基本规律，试图基于水动力因子的不同来说明荆江 3 个口门分流比变化的差异性。同时，针对长江-洞庭湖关系的重点内容——荆江三口分流分沙，通过对其近 60 年变化过程及规律的研究，提出影响其变化的控制性因子及作用机理，初步探讨三口分流分沙的变化趋势。

3.1　荆江三口分流口门河道演变

历史时期洞庭湖的演变，与江汉平原和荆江的演变密切相关。据郦道元著、陈桥驿校证的《水经注校证》记载，在南北朝时期，自枝江县而下至岳州有 21 个分流水口。唐宋朝时期(616～1279 年)，"九穴十三口"形成。元代，部分穴口自然淤塞。明嘉靖时(1542 年，另说为 1524 年)，荆江结束了南北两侧分流的历史。之后荆江南侧原有的分流口进一步扩大——调弦口于 1570～1684 年扩大，太平口于 1675～1679 年(另说为 1572～1582 年)扩大。藕池溃口于 1852 年，1860 年冲成藕池河。松滋口于 1870 年溃决，堵塞后于 1873 年再次溃决成河，四口与四水汇注入湖的格局从此形成，至 1958 年调弦口建闸控制。荆江南岸分流四口的演变，是历史上荆江地区水沙关系、地质运动等自然因素的变迁与社会生产发展的结果。

3.1.1　松滋口口门

据史料记载，松滋口以下河段在 1830 年以前为南江北沱的水系格局。江沱分汊口和南江中有大小洲滩顺流分布，北沱中无洲滩分布。1830 年之后，南江逐渐淤积，北沱则相应展宽，主流北移。经 1860 年大洪水，北汊进一步展宽，北江南沱的格局基本形成。随后南沱逐渐淤积，其中的洲滩发育并逐渐靠岸，最终与上百里洲合并。北江展宽后水流放缓，大量砂卵石在松滋口下逐渐淤积成滩，其后不断发展，至 1970 年前后达到较大规模。1970 年后在江水冲刷下滩体逐渐萎缩，即为芦家河浅滩。

1. 深泓变化

1）平面变化

长江干流段深泓在关洲汊道走右汊，至陈二口附近水流转折由右向左过渡，进入枝江河段，其深泓平面变幅为 50～180 m；关洲至芦家河的过渡段河床束窄深泓位置稳定；芦家河浅滩段汛期走石泓、枯季走沙泓，1986～2011 年沙泓深泓平面最大摆幅约为 180 m，石泓于 1986 年前后冲刷形成，深泓最大平面摆幅在 1000 m 以上。1975～2002 年，沙泓深泓上提约 740 m，并且在松滋河口形成石泓；1986～2002 年，沙泓深泓继续上提约 270 m，石泓深泓下挫 740 m；三峡水库蓄水后，2002～2008 年沙泓深泓下挫 500 m、石泓深泓线上提 340 m，2008～2013 年沙泓深泓上提 1390 m、石泓深泓继续下挫 330 m（图 3.1-1）。

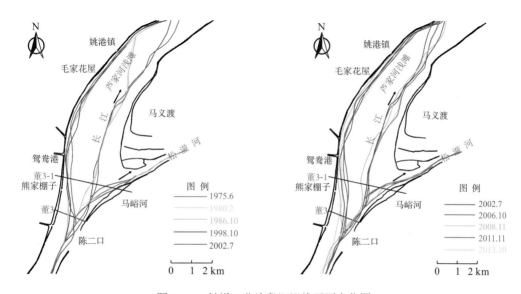

图 3.1-1　松滋口分流段深泓线平面变化图

长江干流水沙分流入松滋河之后，深泓先贴近右岸侧经历一段较短的束窄段，后进入杨家洲分汊段，水面放宽，水流分走两泓，之后进入杨家场弯道，河心仍有小规模滩体存在，深泓并不单一。1995～2011 年松滋河洪道口门段深泓位置基本稳定，深泓变幅为 50～90 m；深泓主要变化表现为分汊段（松 07 至松 3 断面）分汇流点的上提下移，其最大幅度达 1000 m 以上（图 3.1-2）。

2）纵向变化

（1）长江干流段。长江分流点与松滋口口门深泓纵剖面如图 3.1-3 所示。长江段和松滋口口门段历年来主要呈冲刷状态，尤其是分流段，深泓高程下降十分明显。分时段来看，三峡水库蓄水前 1975～2002 年，长江干流段呈冲刷状态，深泓点高程最大下降幅度约为 5.3 m，平均冲刷下切了 4.7 m 左右，松滋口口门上段淤积，下段呈冲刷状态，深泓点高程最大下降幅度约为 8 m，平均冲刷下切 1.1 m。三峡水库蓄水后，2002～2008 年，干流长江段呈冲刷状态，平均冲刷约 1.6 m，松滋口口门段上段变化不大，下段呈淤积状态，平均淤积幅度约为 0.4 m；2008～2013 年，长江段和松滋口口门段都呈剧烈冲刷状态，长江段最大冲刷幅度约为 7.8 m，平均冲刷约 4 m，松滋口口门段最大冲刷幅度约为 14 m，平均冲刷约 9.1 m。据有关部门资料及实地踏勘显示，这一时段内，松滋口口门附近干支流河床大幅度的冲刷变形与局部采砂活动有关。

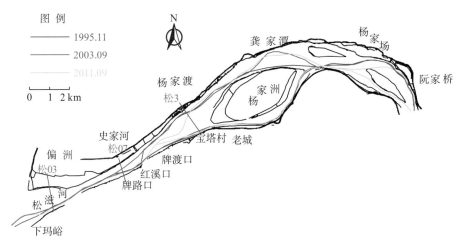

图 3.1-2　1995～2011 年松滋河洪道口门段深泓平面变化图

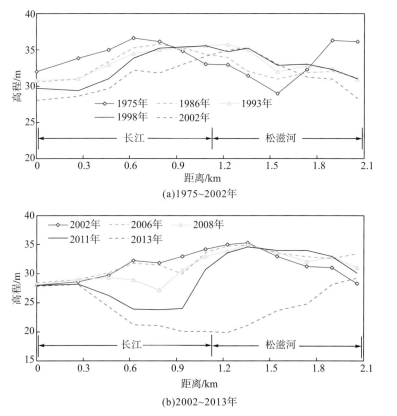

(a)1975～2002年

(b)2002～2013年

图 3.1-3　长江段分流点与松滋口口门深泓纵剖面变化图

(2)松滋河段。1995 年以来松滋口口门深泓纵剖面沿程起伏不大,且中下段较为稳定。1995~2011 年松滋口口门段深泓点高程呈冲刷状态,深泓点高程平均下降 0.7 m,最大下降幅度达 2.8 m。沿程冲刷主要集中在口门下游约 15 km 内,平均冲深约 2 m,往下游深泓冲淤变幅不大。分时段来看,1995~2003 年的冲刷幅度略大于 2003~2011 年(图 3.1-4)。

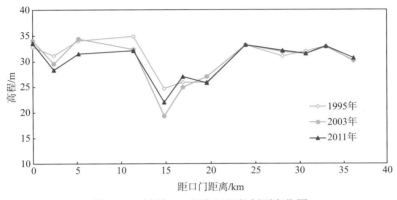

图 3.1-4 松滋口口门段深泓纵剖面变化图

2. 边滩、心滩变化

松滋口口门 35 m 等高线年际变化如图 3.1-5 所示。1975~2013 年口门左岸等高线逐渐后退,最大后退幅度达 1.3 km,口门主河槽沿干流方向往下游方向移动。三峡水库蓄水前,1975~1986 年,松滋口口门附近 35 m 等高线口门左岸与右岸线贯通;1986~2002 年,松滋口口门内 35 m 等高线淤积断开,口门左岸等高线后退,最大后退幅度达 990 m。三峡水库蓄水后,2002~2008 年由于三峡清水下泄,口门冲刷扩展,高程有所降低,松滋口进口 35 m 等高线形成的河槽再次冲开贯通;2008~2013 年,35 m 等高线形成的河槽继续扩宽,门口左岸侧 35 m 等高线继续冲刷后退,最大后退幅度达 665 m。

松滋河洪道口门段主要有杨家洲及下游 1#、2#洲滩,其 40 m 等高线变化如图 3.1-6 和表 3.1-1 所示。1995~2011 年杨家洲冲淤变化不大,下游 1#、2#洲滩呈冲刷状态,主要表现为洲头冲刷后退,最大冲刷后退幅度达 540 m,洲长及面积均有所减小,其中 1#洲滩 40m 等高线 2011 年面积较 2003 年减小 30.2%,2#洲滩 40 m 等高线 2003 年面积较 1995 年减小 18.5%。

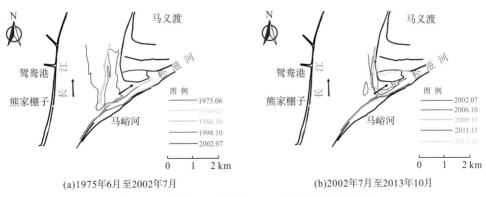

(a)1975年6月至2002年7月 (b)2002年7月至2013年10月

图 3.1-5 松滋口口门附近 35 m 等高线年际变化图

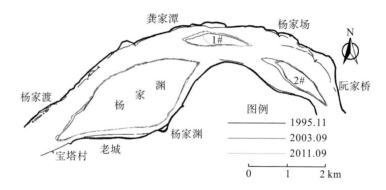

图 3.1-6　松滋河洪道口门段洲滩 40 m 等高线变化图

表 3.1-1　杨家洲及下游 1#、2#洲滩特征值变化统计

年份	杨家洲(40 m 等高线)			杨家洲下游 1#(40 m 等高线)			杨家洲下游 2#(40 m 等高线)		
	最大洲长/m	最大洲宽/m	面积/km²	最大洲长/m	最大洲宽/m	面积/km²	最大洲长/m	最大洲宽/m	面积/km²
1995	4240	1640	3.96	1610	320	0.33	2110	410	0.54
2003	4240	1610	3.99	1800	400	0.43	1750	390	0.44
2011	4230	1510	4.00	1320	330	0.30	1710	390	0.41

3. 典型横断面变化

1) 长江干流段

董 3 断面距下游松滋口口门约 1.9 km(各典型断面位置如图 3.1-1 所示)。断面呈偏 U 形,深槽偏右,历年来断面呈现冲刷状态。具体为 1975～2002 年断面总体冲刷下切,最大冲刷幅度约为 6.1 m,河床平均高程下降 3.28 m;2002～2008 年断面呈左淤右冲状态,最大淤积幅度约为 5 m;2008～2013 年,断面呈左边冲刷右边不变的状态,左边最大冲刷幅度约为 10 m(图 3.1-7)。

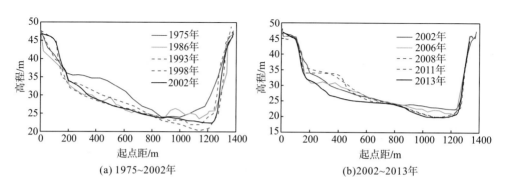

图 3.1-7　松滋口口门附近长江干流段董 3 断面年际变化图

董 3-1 断面距下游松滋口口门约 0.4 km。断面呈偏 U 形，深槽偏右，历年来断面总体呈冲刷状态。具体为 1975～2002 年，断面总体冲刷下切，最大冲刷幅度约为 4 m；2002～2008 年，断面左岸侧河床变化不大，右侧河槽冲深，最大冲深幅度约为 8 m；2008～2013 年，断面左岸侧河床变化不大，右侧河槽继续冲深，最大冲深幅度约为 13 m（图 3.1-8）。

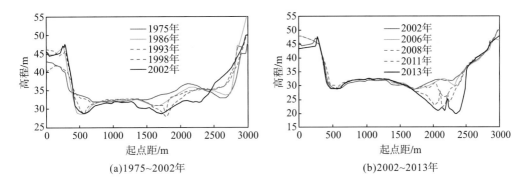

(a)1975～2002年　　　　(b)2002～2013年

图 3.1-8　松滋口口门附近长江干流段董 3-1 断面年际变化图

松 03 断面位于口门下约 1 km 处，断面形态较稳定，1975 年为偏 U 形，后形成不对称的 W 形，左槽窄小，右槽宽深，中部成滩。1975～2002 年左岸百里洲头边滩冲刷后退，最大后退幅度约为 50 m；右槽冲刷，最大冲刷幅度约为 4 m；三峡水库蓄水后 2002～2008 年，断面左岸百里洲头边滩继续冲刷崩退，最大崩退幅度约为 100 m，其余变化不大；2008～2013 年，因局部河道采砂影响，河底高程大幅降低，最大降低幅度达 17 m（图 3.1-9）。

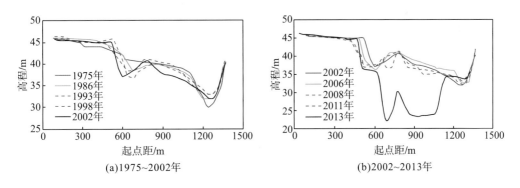

(a)1975～2002年　　　　(b)2002～2013年

图 3.1-9　松滋口口门内松 03 断面年际变化图

2）松滋口口门段

松滋口口门附近断面较宽，断面形态为偏 U 形（图 3.1-10），断面位置如图 3.1-2 所示。断面在横向上总体呈扩展的态势，三峡水库蓄水前，松 07 断面左淤右冲，整体右移，松 3 断面左侧冲刷，右侧淤积，断面整体左移；三峡水库蓄水后，两断面形态保持稳定，深槽部分有所刷深，2003～2011 年，松 07、松 3 断面最大冲深分别为 1.5 m、5.5 m。

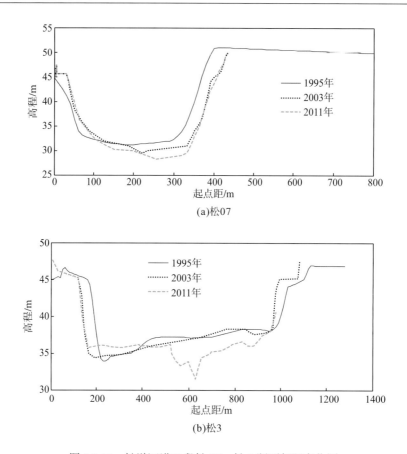

图 3.1-10 松滋河进口段松 07、松 3 断面年际变化图

松滋口口门段断面变化主要集中在三峡水库蓄水后,尤其是 2011~2013 年受采砂活动的影响,口门局部断面河床高程大幅度下降。现场调研情况显示,除去采砂活动的影响,坝下游河道冲刷带来的断面形态调整幅度相对较小。

4. 河床冲淤变化

从松滋口口门附近河道平面冲淤分布图(图 3.1-11)来看,1986~2013 年口门附近河道总体呈冲刷状态。三峡水库蓄水前,1986~2002 年长江段口门附近河道呈冲刷状态,最大冲刷幅度约为 11 m,松滋口口门附近呈淤积状态,最大淤积幅度约为 2 m;三峡水库蓄水后,2002~2013 年口门附近河道仍呈冲刷状态,长江干流段最大冲刷幅度约为 13 m,松滋口口门最大冲刷幅度超过 10 m,这种剧烈冲刷与人工采砂活动有一定关系。

1995~2011 年松滋口口门段平滩河槽冲刷泥沙 689 万 m³,枯水河槽冲刷泥沙 434 万 m³,占平滩河槽冲刷量的 63%(表 3.1-2)。其中,三峡水库蓄水前后枯水河槽分别冲刷 307 万 m³ 和 127 万 m³,分别占总冲刷量的 70.7%和 29.3%;平滩河槽分别冲刷 409 万 m³ 和 280 万 m³,分别占总冲刷量的 59.4%和 40.6%。可见,三峡水库蓄水后松滋口口门段滩体冲刷强度有所加大。

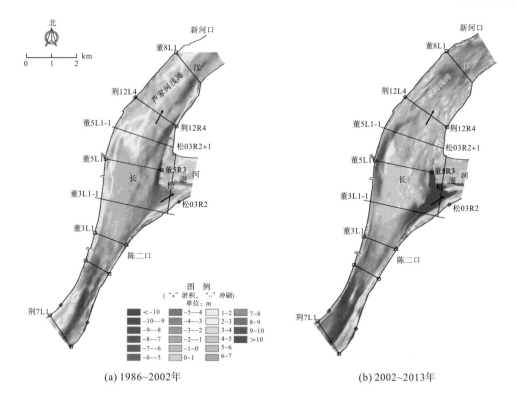

(a) 1986~2002年   (b) 2002~2013年

图 3.1-11 松滋口分流河段河床冲淤厚度平面分布图

表 3.1-2 松滋口口门段冲淤计算表 单位：万 m³

时段	枯水河槽(34.92~36.00m)	平滩河槽(37.92~39.00m)
1995~2003 年	−307	−409
2003~2011 年	−127	−280
1995~2011 年	−434	−689

3.1.2 太平口口门

太平口口门位于涴市河湾与沙市河湾之间顺直过渡段右岸，虎渡河进口段与长江干流几乎垂直。据史料记载，1524 年荆江北岸穴口尽塞，南岸只有太平、调弦两口与洞庭湖相通。1860 年、1870 年藕池、松滋先后决口，形成四口分流的态势，后调弦口被封，长江大量的泥沙从荆江三口进入洞庭湖，在人工围垦作用下洞庭湖的面积、容积大幅缩小。

1. 深泓变化

1) 平面变化

太平口口门上游干流河段，1975 年深泓从左岸进入，略右摆后靠左岸下行，之后深泓由单一发展为分汊状并维持至今，分汇流段深泓摆动较为频繁(图 3.1-12)。三峡水库蓄水前，1975~1998 年深泓从右岸进入分汊下行，左汊为主汊。随着太平口心滩头部的冲淤(高水时为潜洲,中低水时露出水面),分流点略有上提下挫,深泓基本稳定。受两岸河势控制工程的作用,1998～2013年太平口分流段河势格局保持不变,深泓分走两汊,右汊深泓平面位置基本稳定,腊林洲头部深泓逐年贴靠洲体。

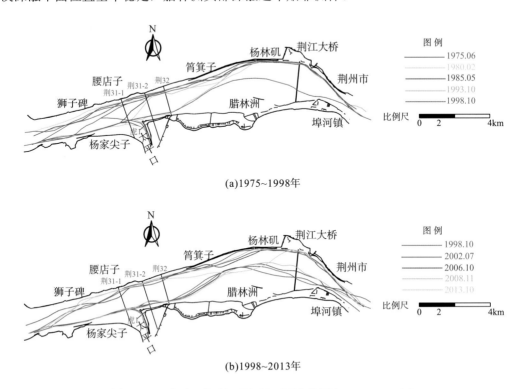

(a)1975～1998年

(b)1998～2013年

图3.1-12　太平口分流河段深泓平面变化图(1975～2013年)

虎渡河分流口门段深泓线在入口段贴走洪道左岸侧,在高家湾附近过渡到右岸侧,随后再次转靠左岸。由于该段河宽较小,1995～2011年深泓线平面位置基本保持稳定(图3.1-13)。

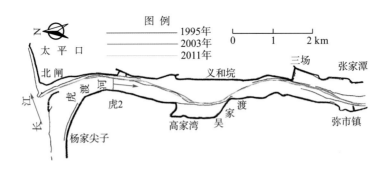

图3.1-13　虎渡河分流段深泓线平面变化图(1995～2011年)

2)纵向变化

太平口分流河段位于长江中游沙质河床起始段,历年来干流段深泓点高程和虎渡河口门段深泓点高程变化都比较剧烈，总体呈冲刷下降状态(图 3.1-14)。三峡水库蓄水前，1975～2002 年，干流段呈冲刷状态，深泓点高程最大下降幅度约为 7 m，平均冲刷下切约 5.5 m，虎渡河口门呈冲刷状态，深泓点高程最大下降幅度约为 9.8 m，平均冲刷下切约 4.9 m；三峡水库蓄水后，2002～2008 年，干流段继续保持冲刷状态，平均冲刷下切幅度约为 3 m，虎渡河口门段呈轻微冲刷状态，平均冲刷幅度约为 1 m；2008～2011 年，长江段和虎渡河口门段分别呈轻微冲刷和轻微淤积状态，长江段最大冲刷幅度约为 3 m，平均冲刷约 0.8 m，虎渡河口门段最大淤积幅度约为 1.2 m，平均淤积厚度约为 0.4 m。

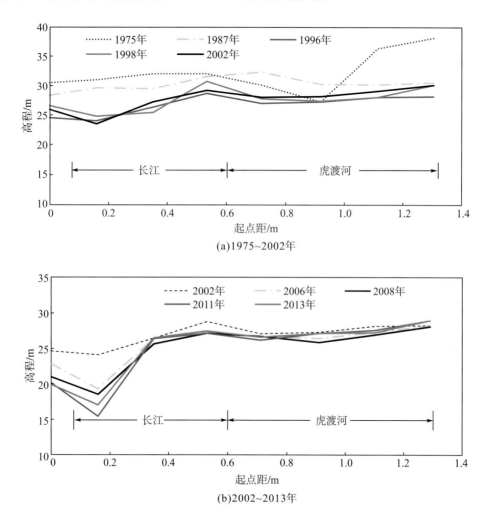

图 3.1-14　长江段分流点至太平口口门深泓纵剖面变化图

2. 边滩、心滩变化

　　太平口口门边滩(30 m 等高线)1975～1986 年与右岸岸边相连挡住口门；1986～1993 年受水流冲刷口门处 30 m 等高线冲开，而口门附近干流段逐渐发展形成相对稳定河槽，且口门左岸边滩大幅后退，最大后退幅度达 590 m；1993～1996 年边滩变化不大；1996～2002 年口门严重淤积，边滩封闭分流口门；三峡水库蓄水后，2002～2006 年由于清水下泄，分流口口门所在沙市河段冲刷剧烈，口门被冲开并有所扩展，2006～2013 年口门两侧边滩基本稳定(图 3.1-15)。

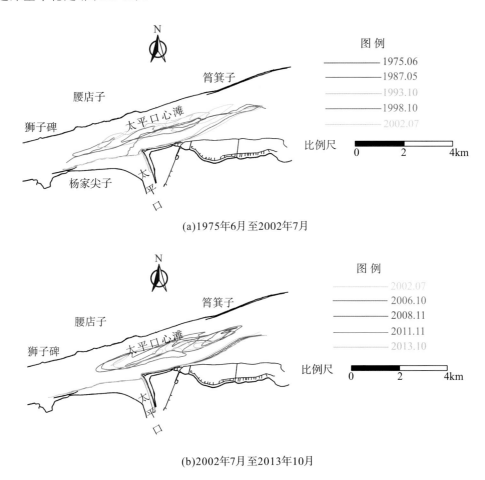

(a)1975年6月至2002年7月

(b)2002年7月至2013年10月

图 3.1-15　太平口分流河段洲滩平面变化图

　　1975 年长江干流主槽偏靠左岸侧,太平口边滩 30 m 等高线与右岸岸边相连(图 3.1-15)。1980～1986 年受水流冲刷作用 30 m 等高线切割,形成面积为 0.27 km² 的太平口心滩;1986～1996 年心滩整体下移并淤积发展,面积增加为 1.5 km²;1996～2002 年心滩受冲刷,切割形成三个心滩,总面积为 0.8 km²;三峡水库蓄水后,2002～2006 年主流多走左岸侧河槽,心滩又逐渐淤积,面积增加为 1.7 km²;2006～2013 年心滩主流偏向右槽,该汊出口受腊林洲边滩控制,水流不畅,在太平口心滩中部形成横流,以致心滩逐渐被水流切割,形成两个心滩,总面积为 1.3 km²,面积减少 0.4 km²(表 3.1-3)。太平口心滩是荆江河段为数不多的在三峡水库蓄水后,面积一度出现较大幅度增长的滩体,但这种增长的趋势在 2008 年之后减弱。

表 3.1-3　太平口心滩特征值统计表

年份	最大长度/m	最大宽度/m	面积/km²
1986	1870	190	0.27
1993	4780	500	1.80
1996	4630	430	1.50
1998	3370	370	0.90
2002	770	70	0.04
	470	150	0.06
	2900	350	0.70
2006	3620	740	1.30
	1890	330	0.40
2008	6170	480	2.10
2011	5750	610	1.84
2013	3280	500	1.20
	1120	200	0.10

从图 3.1-16 可以看出，1995～2011 年虎渡河口门段岸线(40 m 等高线)基本稳定，左右岸线平面最大摆幅为 105 m，且摆动主要发生在进口右岸侧。

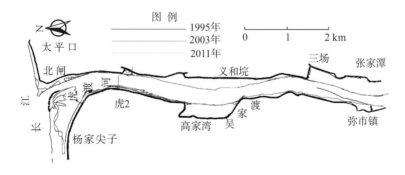

图 3.1-16　虎渡河分流段 40 m 等高线平面变化图(1995～2011 年)

3. 典型横断面变化

荆 31 断面为宽 U 形，断面中部偏右有一个高程较低的心滩，历年来冲淤变化比较大(图 3.1-17)。在三峡水库蓄水前，1975～2002 年，断面由宽 U 形发展为偏 W 形，左、右岸均有所冲刷崩退，左岸最大崩退幅度约为 70 m，右槽冲刷下切，最大冲刷幅度约为 13 m，主泓由居于河心先左移后右移至贴靠岸边。三峡水库蓄水后，2002～2008 年，断面形态基本保持稳定，呈中部淤积，两边冲刷状态，左边最大冲刷幅度约为 2 m，中间最大淤积幅度约为 3 m，右边最大冲刷幅度约为 5 m；2008～2013 年，断面总体仍呈冲刷状态，最大冲刷幅度约为 4 m。

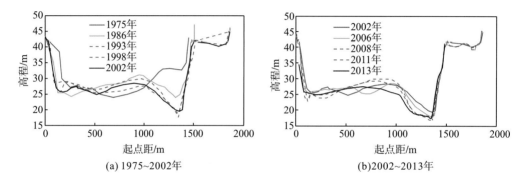

(a) 1975~2002年   (b)2002~2013年

图 3.1-17   太平口口门附近长江干流段荆 31 断面年际变化图

　　荆 31-1 断面为 W 形，断面中部偏右有一个高程较低的心滩，断面总体冲淤幅度比较大（图 3.1-18）。三峡水库蓄水前，1975～2002 年，主槽由一个发展成两个，河道中部心滩淤长发展，最大淤长幅度约为 5 m，右槽最大冲深幅度约为 7 m；三峡水库蓄水后，2002～2008年断面呈中部淤积、两边冲刷状态，左槽最大冲刷幅度约为 3 m，中间最大淤积幅度约为 2 m，右槽最大冲刷幅度约为 7 m，2008～2013 年，断面总体仍呈冲刷状态，最大冲刷幅度约为 3 m，且冲刷主要集中在 2008～2011 年，2011 年后中部滩体仍持续冲刷，两侧河槽则有所淤积。

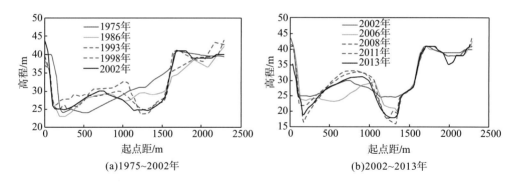

(a)1975~2002年   (b)2002~2013年

图 3.1-18   太平口口门附近长江干流段荆 31-1 断面年际变化图

　　太平口口门内虎 1 断面位于口门下游约 300 m 处，断面形态呈 V 形，2002 年之前断面形态稳定，冲淤主要集中在两岸滩体侧，以冲刷为主，2002 年以后断面形态仍保持稳定，变化很小（图 3.1-19）。三峡水库蓄水前，1975～2002 年，断面主槽冲刷，左、右岸高滩有所淤积，主槽最大冲刷幅度约为 4 m，右侧滩体最大淤高幅度约为 6 m；三峡水库蓄水后，2002～2008 年，主槽几乎没有变化，左、右侧高滩都有所增加，左、右侧高滩的最大淤积幅度都是 2 m 左右，2008～2013 年，主槽仍基本保持稳定，左、右侧高滩均有所冲刷，左侧滩体最大冲刷幅度约为 2 m。

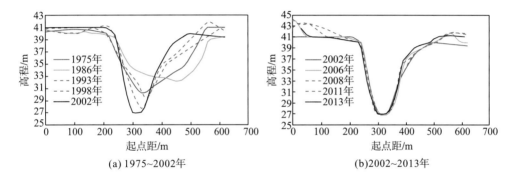

图 3.1-19　虎渡河河口虎 1 断面年际变化图

　　虎 2 断面位于口门下游约 3.2 km 处，断面呈偏 V 形（图 3.1-20）。1995～2011 年断面变化主要表现为断面左侧向河心淤进，河槽冲深，断面左侧最大淤进幅度为 70 m，河槽最大冲深为 1.8 m。

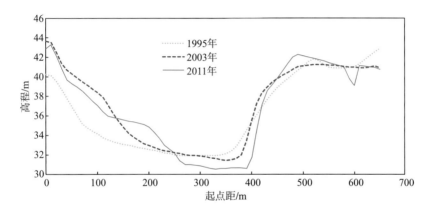

图 3.1-20　虎渡河虎 2 断面年际变化图

4. 河床冲淤变化

　　从太平口口门附近河道平面冲淤分布图（图 3.1-21）中可以看出，历年来口门附近河道呈冲刷状态，干流段最大冲刷幅度约为 14 m，太平口口门最大冲刷幅度约为 8 m。在三峡水库蓄水前，1987～2002 年口门附近河道呈左侧淤积、右侧冲刷的状态，干流段最大冲刷幅度约为 13 m，太平口口门最大冲刷幅度约为 6 m。三峡水库蓄水后，2002～2013 年口门附近河道冲淤变化主要表现为顺直段两侧河槽均有所冲刷，中部滩体略有淤积，太平口口门附近冲淤变幅较小。而下游弯道处三八滩滩体及腊林洲中上段前缘均剧烈冲刷，受水流顶冲影响，使得腊林洲洲头岸线冲刷崩退，最大冲刷幅度约为 23 m，其洲尾河槽内泥沙则大量落淤，最大淤积厚度约为 11 m，同时在荆州市沿岸深槽则表现为冲刷。

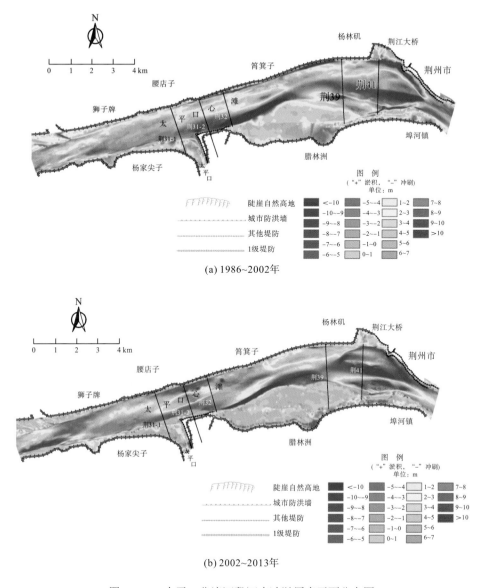

(a) 1986~2002年

(b) 2002~2013年

图 3.1-21　太平口分流河段河床冲淤厚度平面分布图

3.1.3　藕池口口门

藕池口口门位于郝穴河湾与石首弯道之间的过渡段，藕池河进口段与长江干流段的夹角约为 30°。藕池口口门上游的干流蛟子渊至口门为一顺直河段，口门至下游的茅林口段河道较为顺直，经向家洲后进入石首弯道。

1. 深泓变化

藕池口口门上游干流河段深泓线的变化主要体现为分流点上提下挫和平面摆动，左汊深泓最大摆动幅度约为 800 m，右汊深泓基本稳定。三峡水库蓄水前，1975～2002 年，伴随天星洲冲刷后退，分流段深泓线分流点下挫 1600 m。三峡水库蓄水后，天星洲附近泥沙落淤，2002～2008 年，深泓线分流点大幅度上提 2870 m；2008～2013 年，深泓线分流点下挫 1155 m（图 3.1-22）。

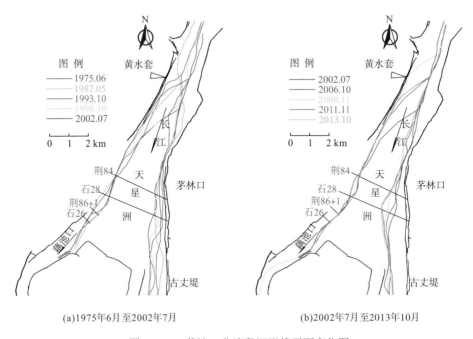

(a)1975年6月至2002年7月　　　　　　(b)2002年7月至2013年10月

图 3.1-22　藕池口分流段深泓线平面变化图

　　从图 3.1-23 中可以看出，藕池河进口段河宽较小，深泓线平面位置基本稳定，深泓最大摆幅为 250 m，位于进口放宽段附近，自圣先庙至杨林寺段，深泓线 1995～2011 年平面位置保持稳定。

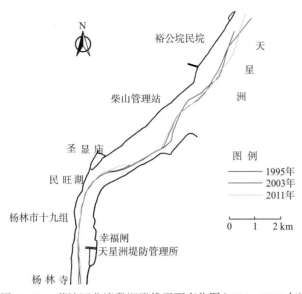

图 3.1-23　藕池河分流段深泓线平面变化图(1995～2011 年)

2. 边滩、心滩变化

藕池口口门洲滩 30 m 等高线平面形态变化如图 3.1-24 所示。三峡水库蓄水前,1975~1980 年藕池口口门上游河段发展出一个大边滩;1980~1996 年该边滩被水流切割下移,在口门附近形成天星洲心滩,面积约为 2.1 km²;1996~2002 年由于大水漫滩淤积,心滩与干流右岸相连。三峡水库蓄水后,2002~2008 年边滩又切割成心滩,同时口门内河道相对稳定;2008~2013 年随着来水不同,心滩略有冲淤,河势格局保持不变。

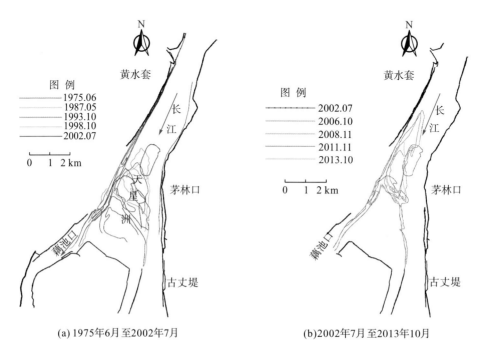

(a) 1975年6月至2002年7月　　　　　　　　(b)2002年7月至2013年10月

图 3.1-24　藕池口口门附近 30 m 等高线年际变化图

3. 典型横断面变化

荆 84 断面位于藕池河入汇的上游,历年变化较剧烈。主流位置由 1980 年紧贴左岸,之后逐渐向右侧摆动累计约 700 m;断面右侧的深槽通向藕池河,多年来有左摆的趋势;断面中部的两个心滩则逐渐合并且淤高。1975~2002 年三峡水库蓄水前,左槽和中间的洲滩冲刷,最大冲刷幅度约为 7 m,右槽转换为淤积,最大淤积幅度约为 8 m。三峡水库蓄水后,2002~2008 年,左槽往江心偏移,偏移幅度约为 400 m,心滩进一步淤积,最大淤积幅度约为 7 m,右槽冲刷,最大冲刷幅度约为 6 m;2008~2013 年,左槽进一步往江心偏移,偏移幅度约为 500 m,心滩冲刷,最大冲刷幅度约为 18 m(图 3.1-25)。

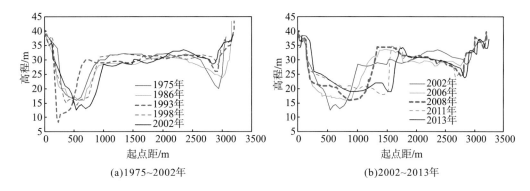

图 3.1-25　荆 84 断面年际变化图

口门内石 28 断面位于口门下游约 1000 m 处,形态呈偏 V 形。自 1975 年以来深槽持续左移,左侧边坡坡脚不断后退陡峭,而右岸边滩不断淤高。其中,1975～2002 年,左槽往江心偏移,偏移幅度约为 350 m,并且呈冲刷状态,最大冲刷幅度约为 6 m,右槽呈淤积状态,最大淤积幅度约为 11 m;2002～2008 年断面形态变化不大;2008～2013 年,左槽继续往江心偏移,偏移幅度约为 200 m,继续冲刷,最大冲刷幅度约为 6 m(图 3.1-26)。

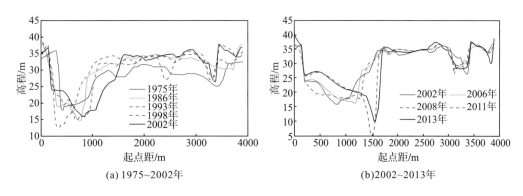

图 3.1-26　藕池口入口段石 28 断面年际变化图

荆 86+1 断面位于口门下游约 2400 m 处,形态呈偏 V 形(图 3.1-27)。自 1975 年以来深槽左右摆动,左侧边坡坡脚不断后退,而右岸边滩不断淤高。断面滩槽差较小,三峡水库蓄水后断面形态比较稳定。1975～2002 年三峡水库蓄水前,深槽从右往左摆动,摆动幅度约为 300 m,左冲右淤,最大冲刷幅度约为 6 m,最大淤积幅度约为 9 m。三峡水库蓄水后,2002～2008 年,左槽有所淤积,最大淤积幅度约为 2 m;2008～2013 年,左槽有所冲刷,最大冲刷幅度约为 3 m。

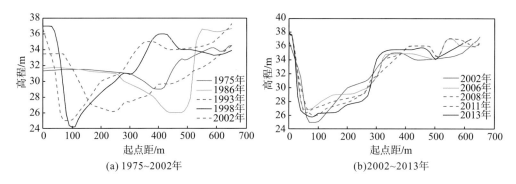

(a) 1975~2002年   (b)2002~2013年

图 3.1-27   藕池口入口段荆 86+1 断面年际变化图

4. 河床冲淤变化

从藕池口口门附近河道平面冲淤分布图(图 3.1-28)中可以看出，历年长江段河道呈冲刷状态，最大冲刷幅度约为 7 m，藕池口口门附近河道呈淤积状态，最大淤积幅度约为 10 m。1987~2002 年三峡水库蓄水前口门附近长江段河道呈冲刷状态，最大冲刷幅度约为 7 m，藕池口口门附近河道呈淤积状态，最大淤积幅度约为 10 m；2002~2013 年三峡水库蓄水后，口门附近河段冲淤变化整体表现为凸岸边滩淤积，凹岸冲刷。受上游来水来沙影响，天星洲洲头岸线不断崩退，则主流逐渐贴向右岸，而左岸岸线不断淤长，其最大淤积厚度约为 13 m，最大冲刷厚度约为 31 m(图 3.1-28)。

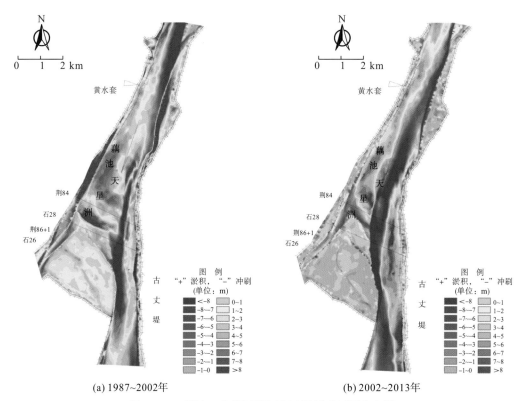

(a) 1987~2002年   (b) 2002~2013年

图 3.1-28   藕池口分流河段河床冲淤厚度平面分布图

3.2　荆江三口分流洪道冲淤演变

连接洞庭湖与荆江三口的河道统称为荆江三口洪道。其中,松滋河入口位于长江南岸松滋市马峪河,出口位于澧水洪道,全长约 189 km。江水入口后东流至大口折向南流,至胡家岗分为东、西两支,西支为主干,并于小望角与东支汇合,称为松滋洪道,于小河口与虎渡河合流后称为松虎洪道。太平口分流河道名为虎渡河,江水自口门流至松虎洪道,形成较早,松滋溃口成河后,夺虎渡河故道,迫使虎渡河东迁。藕池河分入江水后,自石首市管家铺村南流入湖南省,于南县注滋口镇入东洞庭湖,长约 101 km,分为 3 支:东支为主干,中支又名团山河,西支又称安乡河,并于下柴市与中支合流。

依据 2003～2011 年三口洪道 1∶5000 水道地形资料,采用地形图上切割断面数据,利用断面地形法进行冲淤计算和断面形态变化分析,断面平均间距约为 500 m。

3.2.1　河床冲淤变化

计算选取 3 条水面线:第一条水面线(洪水河槽)为三口进口控制站 1998 年最高洪水位降低 1 m;第二条水面线低于第一条水面线 3～4 m;第三条水面线低于第二条水面线 3 m。水面线的选用与 1952～1995 年冲淤量计算的结果基本一致。水面比降按不同的河段取值,介于 0.15×10^{-4}～0.3×10^{-4} 之间。在以上 3 条水面线下,分别计算其相应河床的冲淤变化。

三峡水库蓄水后三口洪道的冲淤量变化与历史时段其高水河槽冲淤量变化比较见表 3.2-1 和表 3.2-2。三峡水库蓄水前,1952～1995 年及 1995～2003 年,三口洪道均表现为淤积,三峡水库蓄水后,三口洪道发生普遍冲刷。

表 3.2-1　三口洪道冲淤量变化表(2003～2011 年)

河名	河段范围	河长/km	洪水河槽/万 m³	平滩河槽/万 m³	枯水河槽/万 m³
松滋口门段	松滋口至大口	24.0	-750	-501	-293
采穴河	大口至杨家脑	18.2	19	6	6
松滋河西支	大口至莲子河	26.2	-385	-317	-223
	莲子河至苏支河	18.3	-222	-92	-28
	苏支河至瓦窑河	32.2	-317	-275	-77
	瓦窑河至张九台	38.5	-292	-234	-115
松滋河西支小计		115.2	-1216	-918	-443
松滋河中支	青龙窖至小望角	31.4	-261	-313	-221
莲子河		4.9	3	3	5
苏支河		10.0	-98	-60	-46
松滋河东支	大口至莲子河	19.4	-232	-116	-93
	莲子河至中河口	38.3	-497	-341	-288
	中河口至瓦窑河	27.2	-138	-71	-15
	官支河	23.3	-227	-119	-79
	瓦窑河至小望角	41.1	-124	-108	-75

河名	河段范围	河长/km	洪水河槽/万 m³	平滩河槽/万 m³	枯水河槽/万 m³
松滋河东支小计		149.3	-1218	-755	-550
松滋河合计		353.0	-3521	-2538	-1542
虎渡河	口门段	8.2	-270	-137	-89
	弥市至中河口	41.9	-269	-166	-92
	中河口至南闸	40.3	-669	-389	-66
	南闸至董家垱	14.7	-1	-21	-17
	董家垱至安乡	29.3	-284	-272	-199
虎渡河合计		134.4	-1493	-985	-463
松虎洪道	新开口至肖家湾	36.0	-737	-715	-604
藕池口门段	口门段	16.6	-227	-226	-135
藕池河东支	管家铺至殷家洲	21.2	-492	-33	-20
	鲇鱼须河	29.8	-154	-37	8
	注滋河	41.4	-90	-91	37
	梅田湖河	26.2	-247	-194	-169
	沱江	41.4	-89	-119	-52
藕池河东支小计		160.0	-1072	-474	-196
藕池河中支	黄金闸至一姓湖	16.3	-186	-33	-5
	团山河	19.2	-84	-70	-26
	一姓湖至五四河坝	20.7	-50	-32	-59
	五四河坝至下柴市	17.5	-242	-245	-43
	下柴市至毛草街	18.3	10	63	57
藕池河中支小计		92.0	-552	-317	-76
藕池河西支	藕池至下柴市	72.0	-470	-294	-263
藕池河合计		340.6	-1769	-994	-594
三口总计		864.0	-7520	-5232	-3203

表 3.2-2 三口洪道高水河槽冲淤量分时段比较 单位：亿 m³

分项	时段	松滋河	松虎洪道	虎渡河	藕池河	三口总计
总冲淤量	1952~1995 年	1.675	0.442	0.708	2.869	5.694
	1995~2003 年	0.035	-0.010	0.132	0.311	0.468
	2003~2011 年	-0.352	-0.074	-0.149	-0.177	-0.752
年均冲淤量	1952~1995 年	0.039	0.010	0.016	0.067	0.132
	1995~2003 年	0.004	-0.001	0.016	0.039	0.058
	2003~2011 年	-0.044	-0.009	-0.019	-0.022	-0.094

（1）1952~1995 年：三口洪道泥沙总淤积量为 5.694 亿 m³，其中松滋河淤积 1.675 亿 m³，约占进口两站同期总输沙量的 10.4%（泥沙干相对密度取 1.3，下同）；虎渡河淤积 0.708 亿 m³，约占弥陀寺站同期总输沙量的 10.7%；松虎洪道淤积 0.442 亿 m³，藕池河淤积 2.869 亿 m³，约占进口两站同期总输沙量的 13.6%。1995~2003 年三口洪道枯水位以下河床冲淤基本

平衡，泥沙淤积主要集中在中、高水河床，总淤积量为 0.468 亿 m³。其中以藕池河淤积最为严重，淤积量为 0.311 亿 m³，占淤积总量的 66.4%，淤积强度为 9.1 万 m³/km；虎渡河次之，淤积量为 0.132 亿 m³，占总淤积量的 28.2%，淤积强度为 9.8 万 m³/km；松滋河淤积量不大，淤积量为 0.035 亿 m³，仅占总淤积量的 7.4%，淤积强度为 1.1 万 m³/km。松虎洪道则略有冲刷，冲刷量为 0.010 亿 m³。

（2）三峡水库蓄水后（2003～2011 年）：三口洪道洪水河槽总冲刷量为 0.752 亿 m³。其中，松滋河总冲刷量为 0.352 亿 m³，占三口洪道总冲刷量的 46.8%；虎渡河冲刷量为 0.149 亿 m³，占三口洪道总冲刷量的 19.9%；松虎洪道冲刷量为 0.074 亿 m³，占三口洪道总冲刷量的 9.8%；藕池河总冲刷量为 0.177 亿 m³，占三口洪道总冲刷量的 23.5%（图 3.2-1）。

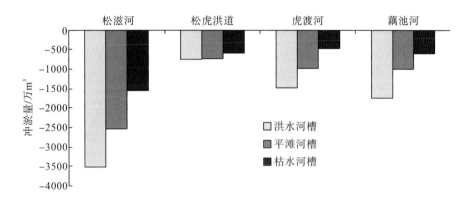

图 3.2-1　三口洪道各水面线下河床冲淤变化（2003～2011 年）

可见，三口洪道在三峡水库蓄水后发生普遍冲刷，冲刷的沿程分布主要表现如下：松滋河水系冲刷主要集中在口门段、松西河及松东河，其支汊冲淤变化较小，采穴河表现为较小的淤积；虎渡河冲刷主要集中在口门至南闸河段，南闸以下河段冲淤变化相对较小；松虎洪道表现为较强的冲刷；藕池河冲淤变化表现为枯水河槽以上发生冲刷，枯水河槽冲淤变化较小，其口门段、梅田湖河等段冲刷量较大。

3.2.2　河床断面形态变化

1. 断面冲淤变化

1）松滋河水系

松滋口进口段：断面较宽，断面形态为不规则的 W 形或偏 U 形（图 3.1-9、图 3.2-2）。进口上段（松 03、松 8 断面）右岸岸坡受山脚边界的影响，其变化较小，断面左侧深槽、岸滩冲淤交替，断面在横向上总体呈现扩展的态势，三峡水库蓄水后，断面深槽有所刷深；下段断面（松 11）横向扩展，尤其是近岸向两边扩展，纵向冲深幅度较小。

松滋河东支：断面形态多呈现为 U 形或偏 V 形，选取松 102、沙道观水文站、松 150

共 3 个断面进行分析(图 3.2-3)。1995~2003 年岸滩受 1998 年大水的影响以淤积为主,2003~2011 年断面冲淤交替,断面主槽向两侧扩展。

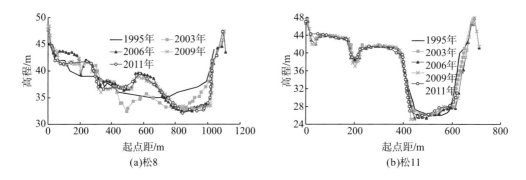

图 3.2-2　松滋河进口段断面冲淤变化图

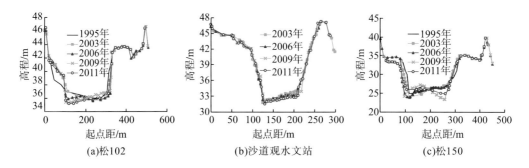

图 3.2-3　松滋河东支断面冲淤变化图

松滋河西支:断面形态多为 U 形或不规则的 W 形,选取松 21、新江口水文站、松 59 共 3 个断面进行分析(图 3.2-4)。不规则的 W 形冲淤变化表现为较低岸滩的淤积(松 59),U 形断面主要表现为近岸岸坡的冲刷后退,深槽有冲有淤。

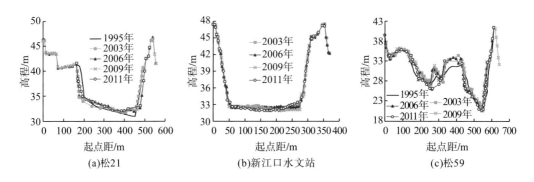

图 3.2-4　松滋河西支断面冲淤变化图

松滋河尾闾段:断面多为不规则的 W 形,选取松 75、松 92 两个断面进行分析(图 3.2-5)。断面的变化多表现为主河槽的横向扩展及支汊的淤积,断面冲深幅度较小。

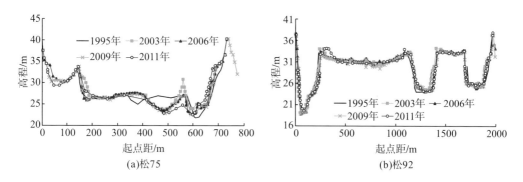

(a)松75　　　　　　　　　　　(b)松92

图 3.2-5　松滋河尾闾断面冲淤变化图

2）虎渡河水系

虎渡河水系断面形态多呈偏 U 形或偏 V 形，选取虎 1、虎 14、虎 24、虎 32、虎 36 共 5 个断面进行分析（图 3.1-19、图 3.2-6）。断面冲淤变化主要表现如下：①偏 V 形断面主槽的平移与岸坡的崩退；②近岸河床发生冲刷，断面主槽逐渐扩展；③2003 年后大部分断面河底高程变化较小，部分断面河底高程略有降低。

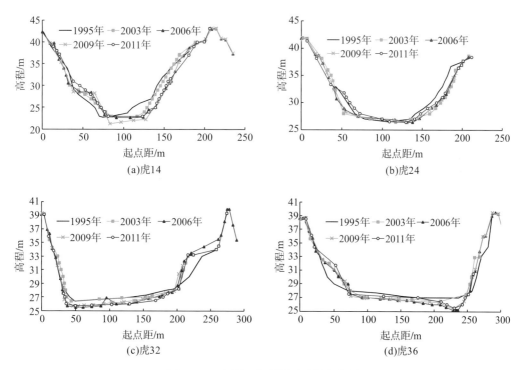

(a)虎14　　　　　　　　　　　(b)虎24

(c)虎32　　　　　　　　　　　(d)虎36

图 3.2-6　虎渡河典型断面冲淤变化图

3）藕池河水系

藕池河进口段：选取荆 86+1、藕 04 两个断面进行分析，断面形态为不规则的 W 形（图 3.1-27、图 3.2-7）。其冲淤变化主要呈岸滩淤积、横向展宽、主槽淤积的态势。

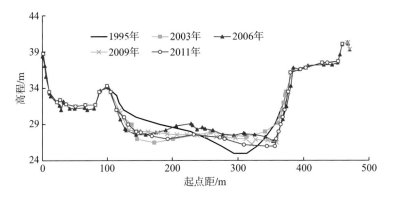

图 3.2-7　藕池河进口藕 04 断面冲淤变化图

藕池河东支选取藕 05、藕 51 断面进行分析；藕池河中支选取藕 08、藕 12、藕 28 断面进行分析；藕池河西支选取藕 30、藕 34、藕 92 断面进行分析。其冲淤变化如图 3.2-8～图 3.2-10 所示。断面变化主要表现如下：①1995～2003 年，受 1998 年大水的影响，岸滩发生较强淤积；②2003 年后藕池河水系典型断面主槽向窄深方向发展，形态由 V 形逐渐转化为 U 形。

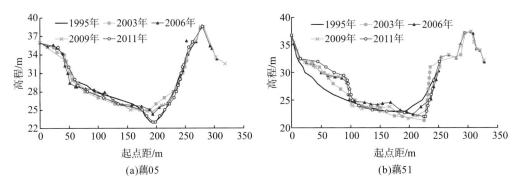

(a)藕05　　　　　　　　　　(b)藕51

图 3.2-8　藕池河东支断面冲淤变化图

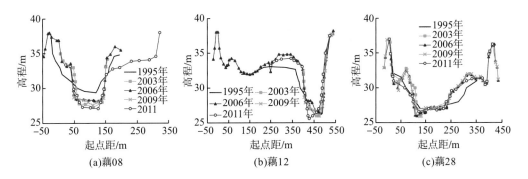

(a)藕08　　　　　(b)藕12　　　　　(c)藕28

图 3.2-9　藕池河中支断面冲淤变化图

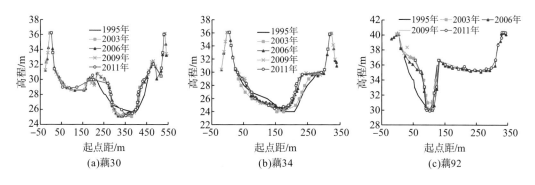

图 3.2-10　藕池河西支断面冲淤变化图

2. 断面要素变化

三峡水库蓄水后，三口洪道总体呈现冲刷态势，同水位下断面面积扩大，由于三个分流口口门河势、分流量变化等都存在差异，不同河段断面的发展趋势不尽相同，故选取三口洪道固定断面统计其要素的变化（表 3.2-3～表 3.2-5），三峡水库蓄水前后的变化对比如下。

（1）松滋河水系：断面面积、河宽总体呈现增大趋势。口门段断面面积、河宽呈现增大状态，宽深比逐渐减小，同水位水深增大，断面纵横向均有所发展。口门段断面面积增大，河宽减小，河床向窄深向发展；松东河断面面积减小，河宽、宽深比减小，河床朝窄深方向发展；松西河断面面积、河宽增大，宽深比减小，同水位水深增大；松澧洪道断面面积、河宽增大，宽深比有增有减。

（2）虎渡河水系：断面要素变化不一致，面积、河宽、宽深比有增有减。其中，太平口—黄山头段（南闸）断面面积、河宽、宽深比均增大，说明该河段横向扩展纵向冲深；黄山头（南闸）—安乡段断面面积、河宽、宽深比均减小，河床向窄深方向发展。

（3）藕池河水系：各分汊河段断面要素变化存在较大差异。其中，口门段断面面积各年份变化有增有减，河宽减小，宽深比减小；管家铺至注滋河断面面积、河宽、宽深比均减小；梅田湖河面积增大，河宽、宽深比减小，河床朝窄深方向发展；藕池河中支面积、河宽、宽深比均减小；安乡河断面面积扩大，河宽变化较小，宽深比减小，河床纵向有所冲深。

表 3.2-3　三口洪道分河段断面形态特征统计表（枯水河床）

河名	河段名称	特征	年份					
			1995	2003	2005	2006	2009	2011
松滋河	口门段	断面面积	707	809	862	935	908	887
		河宽	269	326	282	289	299	299
		宽深比	10.58	10.82	8.72	7.91	8.84	9.9
	松西河	断面面积	766	756	880	874	842	818
		河宽	237	237	249	250	243	240
		宽深比	5.59	5.86	5.27	5.19	5.25	5.34

续表

河名	河段名称	特征	年份					
			1995	2003	2005	2006	2009	2011
松滋河	松东河	断面面积	763	778	789	800	805	749
		河宽	139	138	132	132	131	127
		宽深比	2.10	2.08	1.92	1.90	1.85	1.9
	松澧洪道	断面面积	2888	2929	2990	3128	3135	3197
		河宽	481	469	514	502	516	519
		宽深比	3.67	3.51	3.93	3.60	3.73	3.71
虎渡河	太平口—黄山头	断面面积	717	720	777	749	774	751
		河宽	159	154	163	162	166	170
		宽深比	3.01	2.88	2.99	3.12	3.17	3.26
	黄山头—安乡	断面面积	1046	1028	1008	1000	1012	1008
		河宽	214	204	191	192	190	195
		宽深比	3.16	2.99	2.66	2.70	2.64	2.76
藕池河	口门段	断面面积	545	560	549	514	557	634
		河宽	192	198	232	226	231	212
		宽深比	6.52	7.16	8.31	7.76	7.49	6
	管家铺—注滋河	断面面积	606	627	566	595	587	603
		河宽	178	164	169	172	169	168
		宽深比	5.99	4.82	4.97	5.82	4.96	4.87
	梅田湖河	断面面积	478	455	555	523	554	548
		河宽	200	176	196	197	196	182
		宽深比	5.99	5.20	5.06	5.40	5.02	4.66
	中支	断面面积	206	187	197	203	202	207
		河宽	115	95	105	106	103	100
		宽深比	9.44	6.54	6.44	6.76	5.99	5.64
	安乡河	断面面积	171	129	163	190	189	186
		河宽	90	75	95	98	94	90
		宽深比	6.59	5.52	5.63	5.08	4.77	4.77

注：表中断面面积单位为 m^2；河宽单位为 m；宽深比单位为 $m^{\frac{1}{2}}$；后同。

表3.2-4 三口洪道分河段断面形态特征统计表（中水河床）

河名	河段名称	特征	年份					
			1995	2003	2005	2006	2009	2011
松滋河	口门段	断面面积	1887	2117	2128	2153	2167	2176
		河宽	526	536	519	496	498	496
		宽深比	7.12	6.31	6.06	5.59	5.48	5.4
	松西河	断面面积	1609	1584	1722	1725	1683	1644
		河宽	317	314	309	313	313	304
		宽深比	3.62	3.69	3.26	3.28	3.39	3.29
	松东河	断面面积	1253	1255	1237	1248	1256	1176
		河宽	197	200	176	176	175	163
		宽深比	2.08	2.22	1.86	1.84	1.82	1.74
	松澧洪道	断面面积	4946	4955	5134	5245	5278	5315
		河宽	938	946	963	955	957	946
		宽深比	5.84	5.93	5.92	5.80	5.76	5.61
虎渡河	太平口—黄山头	断面面积	1256	1222	1343	1322	1354	1328
		河宽	209	187	224	224	228	224
		宽深比	2.47	2.13	2.56	2.61	2.62	2.57
	黄山头—安乡	断面面积	1829	1776	1687	1682	1695	1652
		河宽	327	303	273	273	271	240
		宽深比	3.14	2.85	2.68	2.69	2.63	2.26
藕池河	口门段	断面面积	1341	1293	1349	1308	1365	1408
		河宽	329	286	291	293	298	293
		宽深比	4.77	4.20	3.72	3.89	3.80	3.65
	管家铺—注滋河	断面面积	1287	1240	1198	1231	1210	1218
		河宽	286	262	263	269	264	265
		宽深比	4.08	3.82	3.76	3.87	3.80	3.84
	梅田湖河	断面面积	1145	1036	1195	1166	1193	1154
		河宽	249	217	242	240	241	233
		宽深比	3.44	3.09	3.18	3.22	3.16	3.12
	中支	断面面积	739	624	675	685	686	685
		河宽	256	242	235	237	237	238
		宽深比	5.44	5.75	5.04	5.04	5.04	5.05
	安乡河	断面面积	338	278	338	365	362	355
		河宽	133	123	143	139	138	135
		宽深比	4.76	5.02	4.85	4.47	4.52	4.4

注：表中断面面积单位为 m²；河宽单位为 m；宽深比单位为 $m^{-\frac{1}{2}}$。

表 3.2-5　三口洪道分河段断面形态特征统计表（高水河床）

河名	河段名称	特征	年份					
			1995	2003	2005	2006	2009	2011
松滋河	口门段	断面面积	4178	4373	4278	4195	4242	4238
		河宽	679	683	647	622	640	637
		宽深比	4.20	4.04	3.83	3.71	3.83	3.8
	松西河	断面面积	3094	3061	3077	3100	3063	2972
		河宽	478	477	424	438	438	410
		宽深比	3.31	3.35	2.81	2.92	2.96	2.74
	松东河	断面面积	2089	2128	2033	2036	2048	1877
		河宽	254	256	242	239	240	204
		宽深比	1.87	1.84	1.82	1.78	1.78	1.53
	松澧洪道	断面面积	8680	8690	8880	8988	9019	8981
		河宽	1025	1024	1041	1040	1040	1006
		宽深比	3.73	3.71	3.73	3.70	3.68	3.51
虎渡河	太平口—黄山头	断面面积	2442	2338	2570	2547	2575	2527
		河宽	428	427	415	414	412	398
		宽深比	3.64	3.83	3.28	3.29	3.25	3.12
	黄山头—安乡	断面面积	3199	3124	2841	2838	2848	2661
		河宽	404	404	335	344	350	303
		宽深比	2.50	2.57	2.15	2.24	2.30	2
藕池河	口门段	断面面积	3323	3314	3263	3263	3423	3286
		河宽	603	593	619	638	679	559
		宽深比	4.55	4.30	4.71	4.92	5.18	3.98
	管家铺—注滋河	断面面积	3074	2960	3015	3091	3045	2982
		河宽	985	491	527	537	531	481
		宽深比	3.55	3.80	4.17	4.19	4.16	3.65
	梅田湖河	断面面积	2576	2350	2624	2601	2592	2522
		河宽	388	382	401	341	395	374
		宽深比	2.98	3.19	3.08	3.16	3.06	2.9
	中支	断面面积	2315	2150	2128	2140	2091	2102
		河宽	431	426	397	400	373	373
		宽深比	3.84	4.13	3.83	3.87	3.52	3.49
	安乡河	断面面积	1213	1132	1287	1308	1303	1240
		河宽	266	263	286	285	285	259
		宽深比	3.87	4.19	4.12	4.05	4.09	3.74

注：表中断面面积单位为 m^2；河宽单位为 m；宽深比单位为 $m^{-\frac{1}{2}}$。

3.3　荆江三口分流分沙变化

自 20 世纪 50 年代以来，受人类活动及气候变化的影响，长江中游水沙条件均发生了较大变化，荆江三口分流分沙出现沿时递减态势，江湖关系随之调整。特别是三峡水库正常蓄水以及上游干支流梯级水库的建成运用，对长江中游水沙的调控作用进一步增强，三口分流分沙将继续发生新的变化，江湖关系也将面临新的调整。因此，有关三口分流变化的研究众多，很多学者认为未来三口洪道将出现淤积萎缩，三口分流将继续减少，也有部分学者认为三口分流会略有增大，或是维持当前水平。

实测资料表明，三峡水库蓄水后，除 2006 特枯水文年外，2003~2015 年三口分流分沙量有所减少，分流分沙比变化不大，但分流能力尚未发生改变。可见，三口分流实际变化与已有研究成果存在一定差异，主要原因在于以往研究对三口分流变化影响因素的分析多从现象出发，因素繁多，包括三口洪道冲淤、口门附近河势变化、干流河道冲淤及水位变化、洞庭湖淤积萎缩等，但缺乏对关键作用因子的提炼。三口分流变化并非均匀的过程，不同历史时期变化率不尽相同，原因在于不同阶段影响三口分流变化的控制因素及作用程度是有区别的，因而建立在所有影响因素的基础上的三口分流变化趋势分析可能会出现不合理的情况。

作为大型冲积性平原河流，长江中游水沙过程存在阶段性或准周期性变化，加之不同时期人类活动的影响也存在较大差异，因而荆江三口分流比的调整存在明显的时段性。

下荆江系统裁弯以前荆江河床基本上处于冲积河流的自动调整状态，河床冲淤主要取决于来水来沙情况，江湖关系处于一个相对平衡的时期，荆江三口分流、分沙能力与干流水位、流量密切相关。从长年变化来看，荆江三口分流比与干流径流量存在良好的正相关关系(图 3.3-1)，干流来流量越大，三口分流比也越大。

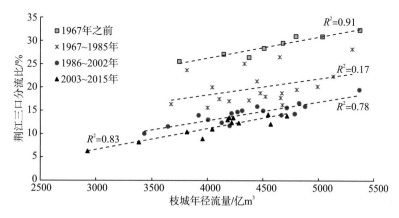

图 3.3-1　不同时期荆江三口分流比与干流来流的相关关系

伴随下荆江系统裁弯与葛洲坝、三峡水库蓄水运用等人类活动的作用，干流及三口洪道河床冲淤均出现了新的调整变化(如荆江河床出现单向冲刷，三口洪道 1955~2003 年淤积萎缩，2003～2011 年则出现一定冲刷），特别是受荆江河床冲刷下切，同流量下水位下降，三口分流道河床淤积，以及三口口门段河势调整等因素影响，荆江三口分流分沙一直处于衰减之中。

下荆江系统裁弯后，荆江河床冲刷通过改变水位、水面比降等水力因素作用于荆江三口，使得影响三口分流的因素趋于复杂，三口分流比与来流的相关关系被扰动，相关性急剧下降，相关系数由此前天然状态下的 0.91 降至 0.21，这一特性主要出现在下荆江系统裁弯至葛洲坝蓄水后 5 年内，即 1967～1985 年。关于葛洲坝蓄水影响的作用期有研究认为可持续到 1993 年，实际上一期工程运用期(1981～1985 年)后其库区淤积量达 1.4 亿 m³，占淤积平衡时总淤积量的 96%，因此，基本可以认为葛洲坝蓄水对荆江三口的主要作用期是 1981～1985 年。1985～2002 年，人类活动的扰动强度有所减弱，三口分流比与来流的关系明显恢复。2003 年三峡水库蓄水后，若按照葛洲坝蓄水运用的影响类比，三峡水库对来水来沙的调节作用更强，坝下游河段河床冲刷强度更大，三口分流比与来流的相关性应该有所减弱，但实际两者相关系数达历史最大值，其主要原因在于葛洲坝蓄水期长江干流与三口洪道冲淤性质相反，干流冲刷、三口洪道淤积，两者累加作用于三口分流变化，三峡水库蓄水期长江干流与三口洪道均表现为冲刷，两者对三口分流的影响存在抵消效应。关于冲淤引起的水位变化对三口分流的作用机理后续章节会进一步分析。

可见，1956～2015 年荆江三口分流变化存在明显的时段性。出现这种变化特征的主要原因在于不同时段影响三口分流的控制因素存在差异。下面在详细分析荆江三口分流年际和年内时段变化特征的基础上，对三口分流变化的诱因进行初步提取。

分沙量、分沙比与分流情况直接相关。荆江三口是直接分走长江干流的水流，因此，两区域水体的性质是一致的，且都具有河道特征，含沙量的变化也具有较好的一致性，这一特征与时期无关(图 3.3-2)。可见，荆江三口分沙量的变化单向取决于分流量，分流比的变化则由三口分沙量和干流输沙量变化共同决定。因此，本书对荆江三口分流分沙比影响因素及作用机理的研究将着重于分流量和分流比两个方面。

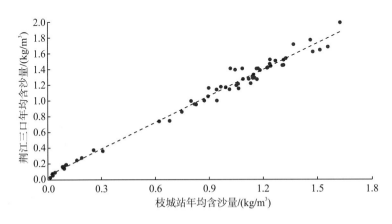

图 3.3-2　1956～2015 年长江干流年均含沙量与荆江三口年均含沙量的相关关系

3.3.1 年际变化

荆江三口分流比呈时段性减小的特征。近 60 年荆江三口分流比的调整可以分为四个阶段(表 3.3-1)。

表 3.3-1 近 60 年三口分流分沙变化情况统计表

时段	阶段划分	年均径流量/亿 m³		年均分流比/%	年均输沙量/万 t		年均分沙比/%
		枝城站	荆江三口		枝城站	荆江三口	
1956~1966 年	①	4520	1330	29.4	56300	19600	34.8
1967~1985 年	②	4470	899	20.1	54200	12800	23.6
1986~2002 年	③	4370	635	14.5	41600	7160	17.2
2003~2008 年		4060	498	12.3	7460	1350	18.1
2009~2015 年	④	4130	463	11.3	2660	611	23.0
2003~2015 年		4100	480	11.8	4880	954	19.5

1. 1967 年以前

三口分流比基本上和来流呈正相关关系,干流来流越大,三口分流比也越大,最大(32.4%)、最小(25.4%)分流比分别出现在径流量最大的 1964 年和最小的 1959 年,来流相近的年份,三口分流比变化较小。1949 年以后,为了缩短湖区防洪堤线,进行了大规模堵支并流合垸,以及蓄洪垦殖工程,特别是 1954~1958 年进入围湖造田的高峰期,总面积超过 600 km²。到 1958 年,湖区面积减小为 3141 km²,减小率达 193.3 km²/a。其间,荆江三口三角洲转而向东北迅速扩展,分流分沙呈减少态势(表 3.3-2、表 3.3-3)。1956~1966 年荆江三口年均分流、分沙量分别为 1332 亿 m³、1.96 亿 t,分流比、分沙比分别为 29.5%、35.4%,以藕池口最大,松滋口次之,太平口最小。受干流来水、分流口门河床演变以及分流洪道演变影响,三口分流、分沙总量总体表现为减少,其中以藕池口衰减较为明显。

三口分流对减轻荆江防洪负担起着重要作用,如藕池口的管家铺站最大分流流量为 11400 m³/s(1958 年 8 月 26 日),占枝城站同期洪峰流量的 20.4%。与 1931~1954 年相比,因受干流来水、分流口门河床演变以及分流洪道演变影响,1956~1966 年三口分洪能力均有所降低。例如,1931 年枝城站最大流量为 69770 m³/s,三口最大分流量达到 40070 m³/s,洪峰分流比达到 57.4%;而 1954 年枝城站最大流量为 71900 m³/s,三口最大分流量 29340 m³/s,洪峰分流比则减小至 40.8%(表 3.3-4)。1956~1966 年,荆江三口洪峰分流比相对变化不大,变化幅度在 40%左右(表 3.3-5~表 3.3-6)。

其间,三口枯水分流显然是不断减小的。除松滋口全年分流外,太平口和藕池口均有断流情况,1956~1966 年太平口年均断流天数为 35 天,藕池口的东支、西支年均断流天数分别为 17 天和 213 天。

表 3.3-2　荆江三口分流与干流水量关系表

年份	枝城	松滋口			太平口			藕池口			三口合计		
	年均径流量/亿 m³	年均径流量/亿 m³	占枝城/%	增减率/%	年均径流量/亿 m³	占枝城/%	增减率/%	年均径流量/亿 m³	占枝城/%	增减率/%	年均径流量/亿 m³	占枝城/%	增减率/%
1956	4278	480.9	11.2		204.4	4.8		670.0	15.7		1355	31.7	
1957	4394	481.3	11.0	-1.8	195.4	4.4	-6.1	657.7	15.0	-3.6	1334	30.4	-3.3
1958	4303	456.3	10.6	-3.7	183.7	4.3	-8.4	633.7	14.7	-3.9	1274	29.6	-4.5
1959	3768	359.8	9.6	-13.0	157.7	4.2	-9.7	439.9	11.7	-23.5	957	25.4	-17.7
1960	4144	399.0	9.6	-12.6	171.0	4.1	-11.7	554.8	13.4	-12.7	1125	27.1	-12.5
1961	4508	462.8	10.3	-6.8	218.1	4.8	3.5	600.4	13.3	-13.3	1281	28.4	-8.4
1962	4795	518.1	10.8	-1.9	234.6	4.9	4.9	733.9	15.3	-0.2	1487	31.0	-0.1
1963	4679	504.4	10.8	-2.2	233.4	5.0	6.6	645.1	13.8	-10.2	1383	29.6	-4.8
1964	5368	631.6	11.8	6.9	268.7	5.0	7.2	836.9	15.6	1.6	1737	32.4	4.3
1965	5031	578.8	11.5	4.5	246.5	4.9	5.1	732.4	14.6	-5.2	1558	31.0	-0.2
1966	4393	464.0	10.6	-4.1	193.2	4.4	-6.0	500.5	11.4	-25.8	1158	26.4	-15.1
1956~1966	4515	485.2	10.7		209.7	4.6		636.8	14.1		1332	29.5	

注：枝城 1956~1966 年资料采用宜昌站+长阳站进行计算得到，下同。

表 3.3-3　荆江三口分沙与干流沙量关系表

年份	枝城	松滋口			太平口			藕池口			三口合计		
	年均输沙量/Mt	年均输沙量/Mt	占枝城/%	增减率/%	年均输沙量/Mt	占枝城/%	增减率/%	年均输沙量/Mt	占枝城/%	增减率/%	年均输沙量/Mt	占枝城/%	增减率/%
1956	639.1	58.9	9.2		26.4	4.1		134.7	21.1		220.0	34.4	
1957	519.6	53.3	10.3	11.3	24.7	4.8	17.1	118.7	22.8	8.1	196.7	37.9	10.2
1958	592.3	56.2	9.5	3.0	25.0	4.2	2.4	133.5	22.5	6.6	214.7	36.2	5.2
1959	478.0	38.1	8.0	-13.5	21.2	4.4	7.3	85.1	17.8	-15.6	144.4	30.2	-12.2
1960	421.6	41.0	9.7	5.5	18.3	4.3	4.9	99.5	23.6	11.8	158.8	37.7	9.6
1961	488.9	45.7	9.3	1.4	22.1	4.5	9.8	112.9	23.1	9.5	180.7	37.0	7.6
1962	501.1	51.8	10.3	12.2	22.2	4.4	7.3	133.5	26.6	26.1	207.5	41.4	20.3
1963	571.9	54.3	9.5	3.0	25.7	4.5	9.8	116.2	20.3	-3.8	196.2	34.3	-0.3
1964	629.3	70.6	11.2	21.7	27.8	4.4	7.3	146.7	23.3	10.4	245.1	38.9	13.1
1965	580.0	58.8	10.1	10.0	24.7	4.3	4.9	117.5	20.3	-3.8	201.0	34.7	0.9
1966	662.1	60.0	9.1	-1.7	26.3	4.0	-2.4	104.3	15.8	-25.1	190.6	28.8	-16.3
1956~1966	553.1	53.5	9.7		24.0	4.3		118.4	21.4		196.0	35.4	

表 3.3-4　大水年长江干流与荆江三口洪峰分流比统计

参数	年份			
	1931	1937	1949	1954
枝城站最大流量/(m³/s)	69770	66850	62750	71900
三口最大分流量/(m³/s)	40070	35110	30950	29340
洪峰分流比/%	57.4	52.5	49.3	40.8

表 3.3-5　1956～1966 年大水期间长江干流与荆江三口洪峰分流比统计

日期	枝城/(m³/s)	松滋口			太平口		藕池口			三口合计	
		新江口/(m³/s)	沙道观/(m³/s)	分流比/%	弥陀寺/(m³/s)	分流比/%	康家岗/(m³/s)	管家铺/(m³/s)	分流比/%	分流量/(m³/s)	分流比/%
1956.6.30	58700	5060	3410	14.4	2930	5.0	2380	11000	22.8	24780	42.2
1957.7.22	51800	4580	2960	14.6	2540	4.9	1920	10500	24.0	22500	43.4
1958.8.25	55800	5350	3280	15.5	2790	5.0	2210	11400	24.4	25030	44.9
1959.8.17	52800	4400	2730	13.5	2890	5.5	1690	10300	22.7	22010	41.7
1960.8.07	52286	4040	2480	12.5	2420	4.6	1590	9820	21.8	20350	38.9
1961.7.03	53336	4980	2700	14.4	2600	4.9	1560	9290	20.3	21130	39.6
1962.7.11	61060	5320	3070	13.7	2920	4.8	1870	10400	20.1	23580	38.6
1963.7.14	45020	3640	2160	12.9	2320	5.2	1010	7700	19.3	16830	37.4
1964.9.18	50454	5010	2840	15.6	2930	5.8	1550	10100	23.1	22430	44.5
1965.7.17	48669	4870	2480	15.1	2740	5.6	1430	9130	21.7	20650	42.4
1966.9.05	59706	5690	3090	14.7	2840	4.8	1540	10200	19.7	23360	39.1

表 3.3-6　1956～1966 年枝城站不同流量级荆江三口分流统计表

枝城流量级/(m³/s)	松滋口		太平口		藕池口		合计分流量/(m³/s)	合计分流比/%
	分流量/(m³/s)	分流比/%	分流量/(m³/s)	分流比/%	分流量/(m³/s)	分流比/%		
70000	9750	13.9	3000	4.3	14400	20.6	27150	38.8
60000	8720	14.5	2950	4.9	13600	22.7	25270	42.1
50000	7350	14.7	2570	5.1	12000	24.0	21920	43.8
40000	5510	13.8	2040	5.1	9340	23.4	16890	42.3
30000	4100	13.7	1750	5.8	6600	22.0	12450	41.5

2. 1967～1985 年

荆江河段先后经历下荆江系统裁弯工程及葛洲坝建成运用的影响,三口分流比与来流量的相关关系被扰乱,与 1967 年之前相比,在干流来流量相同的条件下,三口分流比明显减小,如 1962 年和 1980 年干流径流量分别为 4795 亿 m³ 和 4804 亿 m³,两者相近,但三口分流比减小幅度达到 12 个百分点。时段内也存在这种现象,如 1982 年和 1985 年干流径流量分别为 4670 亿 m³、4675 亿 m³,两者相差不大,但后者三口分流比较前者减小

2.5 个百分点(表 3.3-7、表 3.3-8)。

表 3.3-7　不同时期三口分流比、分沙比变化统计表

起止年份	年均径流量/亿 m³							三口分流比/%
	枝城	新江口	沙道观	弥陀寺	藕池(康家岗)	藕池(管家铺)	三口合计	
1956~1966	4515	323.0	162.0	210.0	48.80	588.0	1332	29.5
1967~1985	4466	327.0	110.0	167.0	15.20	279.0	898.2	20.1
1986~2002	4371	277.0	72.20	125.0	8.86	152.0	635.1	14.5
2003~2015	4099	235.0	52.10	87.10	3.93	101.0	479.1	11.7

表 3.3-8　不同时期三口分沙比变化统计表

起止年份	年均输沙量/万 t							三口分沙比/%
	枝城	新江口	沙道观	弥陀寺	藕池(康家岗)	藕池(管家铺)	三口合计	
1956~1966	55300	3450	1900	2400	1070	10800	19620	35.5
1967~1985	54200	3690	1430	2110	315	5250	12795	23.6
1986~2002	41600	2770	814	1310	131	2140	7165	17.2
2003~2015	4880	387	119	136	13.1	300	955.1	19.6

在下荆江系统裁弯期间,荆江河床冲刷,三口分流比减小至 24%。由于藕池口距离裁弯河段较近,相应受裁弯影响更大,河道内分汊多,相应受洞庭湖水位顶托影响大,加之其分沙比大于分流比,致使其口门和洪道内泥沙淤积明显,导致其分流比、分沙比减小幅度最大,松滋口、太平口变化较小。裁弯后,1973~1980 年,荆江河床继续大幅冲刷,三口分流能力衰减速度有所加快。1981 年葛洲坝水利枢纽修建后,衰减速率逐渐减缓。同时,三口分流比和分沙比的对比情况在不同时期也发生变化。裁弯前,太平口、松滋口分流比大于分沙比,其中太平口分流比比分沙比大 1 个百分点,东支、西支仅相差 0.2 个百分点;太平口相差 0.3 个百分点;藕池口分流比比分沙比小 7.4 个百分点(东支、西支分别相差 0.9 个百分点、6.5 个百分点)。裁弯期及裁弯后的 1973~1980 年,松滋口分流比仍大于分沙比,太平口分流比与分沙比则基本相当,藕池口分沙比与分流比的差值则逐渐减小。

3. 1985 年之后

三口分流比与干流径流量的相关关系逐渐恢复,这一时期三口分流水平较 1967~1985 年整体偏低,在来流量相近的情况下,分流比减小 3~5 个百分点,如 1990 年与 1982 年来流径流量仅相差 3 亿 m³,三口分流比却减少 4.7 个百分点。

4. 三峡水库蓄水后的 2003~2015 年

尽管荆江段河床出现剧烈的冲刷调整,但三口分流比与干流来流的相关关系较好,与 1986~2002 年相比,在来流相近的情况下,三口分流比未出现明显的减小趋势,三口分流比均值偏小的主要原因是来水量偏少,尤其是 2006 年和 2011 年两个枯水年,三口分流

比仅有 6.2%和 8.2%，使得时段平均值略小于蓄水前，三口分流、分沙能力尚未发生变化。总体来看，三口分流比呈时段性减弱的特征，且这种变化主要集中在 1985 年之前，1985 年之后调整幅度相对较小。

实测资料表明，2003 年三峡工程蓄水运用后，三口分流、分沙量有所减少。2003～2015 年与 1986～2002 年相比，长江干流枝城站水量减少了 272 亿 m³（减幅为 6.2%），三口分流量减小了 156 亿 m³（减幅为 24.6%），分流比也由 14.5%减小至 11.7%，干流来水量偏少是以上情况发生的主要原因。其中，分流量减幅最大的为藕池口，减少了 55.9 亿 m³，减幅为 34.7%，分流比则由 3.7%减小至 2.6%；分流量减少最多的为松滋口，减少了 62.1 亿 m³，减幅为 17.8%，分流比则由 8.0%减小至 7.0%；太平口分流量减少了 37.9 亿 m³，减幅为 30.3%，分流比则由 2.9%减小至 2.1%。

三峡水库蓄水后，枝城站 2003～2015 年输沙量较 1986～2002 年减小 88.3%；三口年均分沙量由 7165 万 t 减小为 955 万 t，减幅为 86.7%，分沙比略有增大。

与三口分流比时段性减小相对应，沙道观（松滋口东支）、弥陀寺（太平口）、藕池（管家铺）、藕池（康家岗）四站连续多年出现断流，近年来断流天数增加，断流流量明显增大（表 3.3-9）。目前，三口五站仅新江口站（松滋河西支）尚未出现断流的情况，其他四站年内均有不同历时的断流发生。与 1966 年前相比，下荆江系统裁弯工程和葛洲坝蓄水作用期，三口四站断流天数均大幅增加，断流流量增大，其中藕池（管家铺）站断流天数增加 109 天，增幅达 7 倍以上；1986 年之后，除藕池（康家岗）站断流天数变化不大以外，其他各站断流天数仍持续增加，断流流量也相应增大，但增加幅度小于上一个时段；三峡水库蓄水后，除弥陀寺站外，其他三站断流天数仍小幅增加，断流流量沙道观和藕池（管家铺）站略有增加，其他两站有所减少。可见，三口断流天数和断流流量最大增幅也出现在下荆江系统裁弯和葛洲坝蓄水影响期内，不同时段内，两者增加的幅度差异较大，分时段变化特征与分流比保持一致。

表 3.3-9　1956～2015 年三口断流情况统计表

时段	阶段划分	多年平均年断流天数/d				断流时枝城相应流量/（m³/s）			
		沙道观	弥陀寺	藕池（管家铺）	藕池（康家岗）	沙道观	弥陀寺	藕池（管家铺）	藕池（康家岗）
1956～1966 年	①	0	35	17	213	—	4290	3930	13100
1967～1985 年	②	69	65	126	251	6280	5490	6960	17700
1986～2002 年	③	178	163	172	249	9320	7990	8990	16900
2003～2008 年		198	146	184	254	9730	7490	8910	15400
2009～2015 年	④	191	138	183	283	10400	6810	8940	16200
2003～2015 年		194	142	183	270	10100	7130	8930	15900

同时，为了充分考量三峡水库蓄水带来的影响，结合水库 175 m 试验性蓄水特征，汛后蓄水主要发生在 9～11 月，蓄水会带来长江干流枝城站月均流量的下降，尤其是主蓄水期 10 月，月均流量降幅接近 5000 m³/s，由此导致荆江三口断流天数增加。除弥陀寺站变化不大以外，其他三站的断流天数都有所增加（表 3.3-10）。

表 3.3-10　　1956～2015 年年内(9～11 月)三口断流情况统计表

时段	阶段划分	枝城站月平均流量/(m³/s)			各站分时段多年平均年断流天数/d			
		9 月	10 月	11 月	沙道观	弥陀寺	藕池(管家铺)	藕池(康家岗)
1956～1966 年	①	26000	18800	10500	0	0	0	32
1967～1985 年	②	26700	18700	9990	2	1	4	52
1986～2002 年	③	23700	17400	9770	18	10	16	54
2003～2008 年		24000	13700	9400	32	9	23	58
2009～2015 年	④	20200	11500	8970	38	11	30	76
2003～2015 年		22000	12500	9170	35	10	27	67

3.3.2　年内变化

　　三口洪道的水沙量主要来自长江干流，5～10 月约占全年总量的 90%以上，且愈加集中在主汛期，如 1956～1965 年、1966～1972 年 5～10 月三口分水量占全年的比例均为 92.6%，1973～1980 年增大至 95.2%，1981～2002 年进一步增大至 96.8%，2003～2015 年则在 96.0%左右。从三口年内各月分流比的变化过程(图 3.3-3、表 3.3-11)来看，各月分流比均总体表现为沿时程逐渐递减的趋势，且尤以 7～9 月减小最为明显。特别是下荆江系统裁弯后的 1967～1985 年与 1956～1966 年相比，流量越大，分流比减小幅度就越大，如当枝城站月均流量分别为 10000 m³/s、20000 m³/s、25000 m³/s 左右时，1967～1985 年荆江三口月均分流比分别为 10.5%、21.5%、25.5%，较 1956～1966 年分别减小了 10%、8.2%、11.2%。1985 年之后减幅逐渐减小，至今月均分流关系基本稳定。

表 3.3-11　　不同时段三口各月平均分流比与枝城站平均流量对比表

项目	起止年份	月份												汛期(5～10月)	非汛期(11月至次年4月)
		1	2	3	4	5	6	7	8	9	10	11	12		
枝城平均流量/(m³/s)	1956～1966	4380	3850	4470	6530	12000	18100	30900	29700	25900	18600	10600	6180	22400	5990
	1967～1985	4150	3830	4400	7270	12800	19500	30100	26000	26700	18700	9990	5740	22300	5900
	1986～2002	4550	4220	4800	6940	11500	18600	31100	27100	23700	17400	9770	5870	21500	6030
	2003～2008	4890	4650	5500	7430	11200	17200	26500	23600	24000	13700	9400	5950	19400	6300
	2009～2015	6550	6460	6620	8280	13200	17100	27600	23400	20200	11500	8970	6590	18800	7250
	2003～2015	5780	5630	6110	7890	12300	17100	27100	23500	22000	12500	9170	6300	19100	6810

续表

项目	起止年份	月份												汛期(5～10月)	非汛期(11月至次年4月)
		1	2	3	4	5	6	7	8	9	10	11	12		
三口分流量/(m³/s)	1956～1966	129	57.0	158	688	2770	5380	11900	11200	9510	5780	2170	573	7750	630
	1967～1985	32.8	20.2	78.2	488	1920	4190	8450	6860	6820	3870	1050	188	5350	310
	1986～2002	9.17	6.38	17.8	165	918	2727	7020	5758	4473	2290	533	52.1	3860	130
	2003～2008	7.59	13.3	31.3	159	751	2273	4909	4296	4416	1419	509	50.8	3010	129
	2009～2015	37.1	30.3	42.8	198	1072	2213	5477	4200	3086	739	389	52.0	2800	125
	2003～2015	23.5	22.5	37.5	180	924	2240	5215	4244	3700	1053	445	51.4	2900	127
三口分流比/%	1956～1966	3.0	1.5	3.5	10.5	23.1	29.7	38.5	37.7	36.7	31.0	20.5	9.3	34.6	10.5
	1967～1985	0.8	0.5	1.8	6.7	15.0	21.5	28.1	26.4	25.5	20.7	10.5	3.3	24.0	5.3
	1986～2002	0.2	0.2	0.4	2.4	8.0	14.7	22.6	21.2	18.9	13.2	5.5	0.9	18.0	2.2
	2003～2008	0.2	0.3	0.6	2.1	6.7	13.2	18.5	18.2	18.4	10.4	5.4	0.9	15.5	2.0
	2009～2015	0.6	0.5	0.6	2.4	8.1	12.9	19.8	17.9	15.3	6.4	4.3	0.8	14.9	1.7
	2003～2015	0.4	0.4	0.6	2.3	7.5	13.1	19.2	18.0	16.8	8.4	4.7	0.8	15.2	1.9

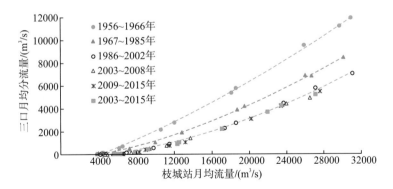

图 3.3-3　不同时期枝城站月均流量与三口月均分流量的相关关系图

3.3.3 分流能力变化

尽管近几十年来，三口分流比年际出现了时段性减小的趋势，但在任何一个时期内，年内三口分流量都与来流成正比，即分流量随着来流的增大而增加(图 3.3-4)。造成此种关系的主要原因在于随着来流的增大，干流水位升高，且速度较三口洪道更快，干流与三口洪道的水位差加大，导致三口分流量相应增加。虽然年内荆江三口分流量随来流增大而增加的总体规律没有发生变化，但同流量下，三口分流比比 1985 年之前有比较明显的减小趋势，而 1985 年之后分流比调整的趋势性明显减弱，这一现象在藕池口尤为显著，太平口同流量下分流量减小的趋势性相对较弱。

根据 1992 年(枝城站由水位站改为水文站)以来的洪峰实测资料分析，1992～2015 年枝城站日均洪峰流量—荆江三口分洪量的相关关系没有明显变化(图 3.3-5)。2003～2015年与 1992～2002 年相比，松滋口(新江口、沙道观)与枝城站洪峰流量关系变化不大；太平口、藕池口分流能力有所减弱，尤以管家铺站变化最明显，但量值变化不大(表 3.3-12)。可见，在近 20 年枝城站同流量条件下，三口分流量并未出现显著的趋势性调整。

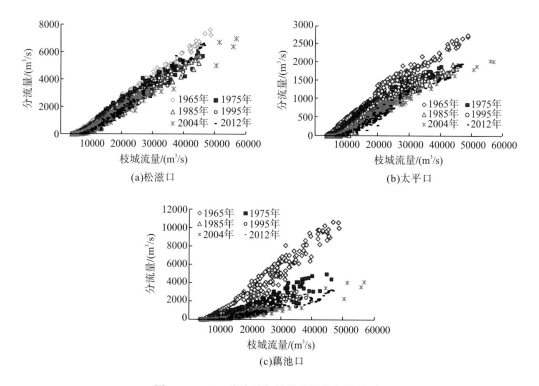

图 3.3-4　三口分流量与枝城流量的相关关系

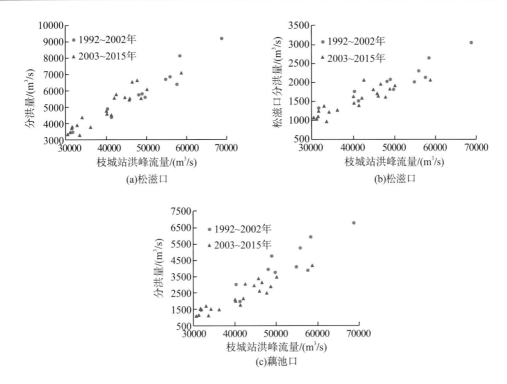

图 3.3-5　1992～2015 年枝城站日均洪峰流量-荆江三口分洪量变化

表 3.3-12　荆江典型洪水过程三口控制站与枝城站洪峰对比统计表

洪　次	枝城/(m³/s)	松滋口		太平口	藕池口		三口合计	
		新江口/(m³/s)	沙道观/(m³/s)	弥陀寺/(m³/s)	藕池(管家铺)/(m³/s)	藕池(康家岗)/(m³/s)	流量/(m³/s)	分洪比/%
19920720	49000	4200	1610	2070	4380	372	12632	25.8
19930831	55900	4890	1950	2290	4800	436	14366	25.7
19940715	31800	2570	885	1320	1370	121	6266	19.7
19950816	40400	3590	1290	1760	2800	242	9682	24.0
19960705	48200	4180	1560	2020	3640	304	11704	24.3
19970717	54900	4940	1760	2010	3790	308	12808	23.3
19980817	68800	6540	2670	3040	6170	590	19010	27.6
19990720	58400	5960	2160	2640	5450	466	16676	28.6
20000718	57600	4680	1710	2130	3610	280	12410	21.5
20010908	41300	3310	1070	1510	1860	123	7873	19.1
20020819	49800	4120	1480	1810	3500	254	11164	22.4
20030713	45800	4000	1450	1710	3170	229	10559	23.1
20030904	48800	4030	1500	1820	2740	179	10269	21.0
20040717	36200	2830	929	1270	1430	84.2	6543	18.1
20040909	58700	5230	1870	2060	3890	297	13347	22.7
20050711	46000	4140	1380	1640	2470	149	9779	21.3
20050831	44800	4090	1490	1810	2790	187	10367	23.1

续表

洪次	枝城/(m³/s)	松滋口		太平口	藕池口		三口合计	
		新江口/(m³/s)	沙道观/(m³/s)	弥陀寺/(m³/s)	藕池(管家铺)/(m³/s)	藕池(康家岗)/(m³/s)	流量/(m³/s)	分洪比/%
20060710	31300	2680	787	1040	1130	53.7	5691	18.2
20070622	41400	3400	1130	1390	1700	97.6	7718	18.6
20070731	50200	4560	1520	1920	3260	211	11471	22.9
20070918	33000	2920	955	1370	1620	92.7	6958	21.1
20080705	33600	2500	770	975	1120	35	5400	16.1
20080817	40300	3410	1190	1450	1920	116	8086	20.1
20090702	30600	2550	795	1070	1060	38.8	5514	18.0
20090805	40100	3550	1220	1620	1990	121	8501	21.2
20100727	42600	4360	1420	2060	2880	180	10900	25.6
20100830	31700	2890	908	1250	1510	71.2	6629	20.9
20110806	28700	2410	671	959	908	24.7	4973	17.3
20120709	42100	4170	1380	1580	2030	134	9294	22.1
20120728	46600	4870	1670	1950	2950	202	11642	25.0
20130723	34200	3280	1090	1220	1460	63.9	7114	20.8
20140920	47800	4850	1780	1610	2400	125	10765	22.5
20150701	31600	2800	900	1100	1500	50.6	6351	20.1
20150910	25400	1980	527	657	695	0.288	3859	15.2

进一步统计枝城站不同流量下荆江三口分流量历年的变化情况(图3.3-6),可见,三口分流量都是在1985年之前有较为明显的减少趋势,而1985年之后,这种减少趋势明显减缓,且干流流量越大,这种变化趋势越不明显。例如,枝城来流量为30000 m³/s,1986～2002年三口分流量约为6400 m³/s,2003～2015年三口分流量约为6070 m³/s,减幅约为5%,年际间三口分流量变化以上下波动为主;而枝城来流量为10000 m³/s时,1986～2002年三口分流量约为570 m³/s,2003～2015年三口分流量约为408 m³/s,减幅达28%,相对减幅明显较高水偏大,但该级流量下,三口分流总量较小,分流比不足5%,部分口门开始出现断流,对年总分流量的影响较小。

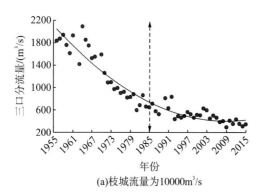

(a)枝城流量为10000m³/s

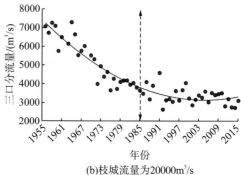

(b)枝城流量为20000m³/s

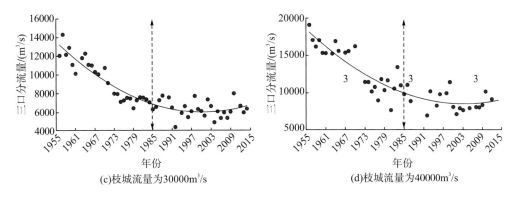

(c)枝城流量为30000m³/s　　　　　(d)枝城流量为40000m³/s

图 3.3-6　枝城站不同流量下荆江三口分流量历年变化

综合上述典型年三口分流多个方面的年内变化特征来看，1985 年前后存在显著差异，这一现象也再次表明，不同时段内，控制三口分流变化的因子必然存在差别，从而造成三口分流量不同时段内的变化幅度不同。

3.3.4　总体变化规律

一直以来，无论三口分流比处在怎样的水平，其与长江干流来流量的正相关关系始终存在，即干流来流量越大，三口分流比越大。然而，这种关系的强弱并不是持续稳定的，1967～1985 年三口分流比与干流来流量的相关关系剧烈调整，干流相同径流量下，三口分流比不断下降。这个时期内荆江河段先后发生了下荆江自然、人工裁弯，葛洲坝水利枢纽运行等大规模的自然及人类活动，受人类活动干扰最为频繁、程度最大，洞庭湖湖区的人类活动则不明显(湖区围湖造田基本集中在 1958 年之前)。大规模人类活动造成荆江河道的冲刷下切和三口洪道淤积，并带来荆江河段水位下降和洪道水位抬升等间接效应，使得干支流水位差持续减小，三口分流比大幅度下降。因此，荆江河段大规模的人类活动无疑是诱发三口分流比变化最主要的因素。

除此之外，从 1956～2015 年三口分流比的变化过程来看，当遭遇特殊水文条件，干流来水量突变时，三口分流比也会改变，尤其是遭遇特大洪水年后，河床冲淤调整剧烈，三口分流比变化显著。1954 年、1998 年大水期间，一方面，荆江河段(尤其是下荆江段)淤积了大量的泥沙，1954 年宜昌至城陵矶河段累积淤积泥沙 2.55 亿 t(输沙法)，1998 年宜昌至螺山河段累积淤积泥沙 2.61 亿 t，下荆江七弓岭弯道狭颈处滩面普遍淤高 1.2～2.0 m，最大达 3 m，淤积物多为细砂。高强度淤积影响下，干流河段同流量下水位大幅度抬升，1998 年宜昌站水位相较于 1997 年抬升约 0.87 m(干流流量为 7000 m³/s)，水位抬高后产生顶托作用，三口分流比显著增大；另一方面，三口分流量与干流来流量呈正相关关系，大洪水期间，三口洪道容易获得更大的分流量，1954 年枝城站最大流量为 71900 m³/s，三口最大分流量为 29340 m³/s，洪峰分流比达 40.8%，1998 年枝城站最大流量为 71600 m³/s，三口最大分流量为 19010 m³/s，洪峰分流比达 26.6%，三口年分流比由 1997 年的 12%增至 1998 年的 20%。大水过后，当淤积层覆盖较厚的河道再经历含沙量偏小的水文过程时，河床容易冲刷,1998~2002 年荆江河道平滩河槽累积冲刷约 1.02 亿 m³(地形法),约合 1.70 亿 t,2002 年宜昌站水位相较于 1998 年下降约 0.84 m(表 3.3-13),与人类活动影响下的干流水位变化规律一致,三口分流出现趋势性调整。

表 3.3-13　1998 年大水前后宜昌站同流量下水位变化统计　　　　　　　　　单位:m

年份	Q=5000 m³/s		Q=6000 m³/s		Q=7000 m³/s	
	水位	累计下降值	水位	累计下降值	水位	累计下降值
1973	40.67	0	41.34	0	41.97	0
1997	39.51	1.16	40.10	1.24	40.65	1.32
1998	40.14	0.53	40.85	0.49	41.52	0.45
2002	39.41	1.26	40.03	1.31	40.68	1.29

　　大规模人类活动和以大洪水为代表的特殊水文条件两类因素把荆江三口分流比近 60 年的调整过程分成了若干个变化子区间。按照三口分流比绝对变化量,这些子区间可以归为两类:一类是趋势调整期;另一类是平衡调整期(图 3.3-7)。

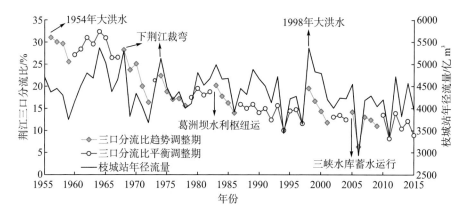

图 3.3-7　荆江三口分流比变化及诱发因素分布

　　三口分流比趋势调整期一般历时 4~5 年(图 3.3-7),分流比持续性减小,诱发趋势性变化的因素有两类。一类是重大人类工程活动,包括下荆江系统裁弯工程,如 1967 年及 1972 年之后都出现了 4~5 年分流比趋势性下降的现象。同样地,除去特枯水年 2006 年,葛洲坝运行、三峡水库蓄水后三口分流比均经历了 4~5 年的趋势调整期,趋势调整期内三口分流比呈持续减小的特征。另一类是特大洪水的作用,长江干流在 1954 年和 1998 年遭遇特大洪水,之后,三口分流比出现了 4~5 年连续减小的趋势性调整期。这两类诱发因素实质上仍然反映的是干支流水位差变化和干流来流量变化对三口分流比的影响,人类活动主要是通过改变水力因素或引发河床冲淤调整作用于三口分流比的变化,往往存在滞后效应,在工程实施后的 1~2 年内发生。相比较而言,特大洪水的造床作用极为剧烈,而且是流域性的,作用更为直接,不存在滞后效应,往往是特大水年分流比大幅度增大,随后即出现趋势性减小的现象。

衔接前后两个趋势调整期的过程称为平衡调整期，这类时期历时长短不一，时期内既无重大工程作用，也无特大洪水发生，三口分流比会进行相对稳定的波动调整。与上一个趋势调整期相比，平衡调整期内三口分流比的均值基本能够恢复至与之持平（表 3.3-14）。例如，1954 年大水过后，三口分流比在趋势调整期内由 31.0%持续下降至 25.6%，此后 1960～1967 年三口分流比出现平衡调整，三口分流比均值恢复至 29.1%，与此前趋势调整期的均值持平；再如，下荆江发生裁弯后，历时 5 年的趋势调整期内，三口分流比由 22.3%下降至 15.6%，均值为 18.3%，其后历时 4 年的平衡调整期内平均分流比恢复至 18.4%。

表 3.3-14　荆江三口分流比诱发因素及时段变化特征统计表

起止年份	诱发因素	所处时期	历时/年	三口分流比/%		
				最大值	最小值	平均值
1956～1959	1954 年大洪水	趋势调整期	4~6	31.0	25.6	29.1
1960～1967	无	平衡调整期	8	32.4	26.5	29.1
1968～1972	下荆江系统裁弯	趋势调整期	5	28.2	16.3	22.7
1973	无	平衡调整期	1	—	—	21.3
1974～1978	下荆江系统裁弯	趋势调整期	5	22.3	15.6	18.3
1979～1982	无	平衡调整期	4	19.5	17.5	18.4
1983～1986	葛洲坝运用	趋势调整期	4	20.2	14.0	17.0
1987～1997	无	平衡调整期	11	15.9	10.0	14.0
1998～2001	1998 年大洪水	趋势调整期	4	19.5	11.7	15.5
2002～2004	无	平衡调整期	3	13.4	12.4	13.0
2005～2009	三峡水库蓄水	趋势调整期	5	14.2	6.2	11.4
2010～2015	无	平衡调整期	5	13.9	8.2	11.4

3.4　三口分流分沙变化机理与趋势探讨

3.4.1　三口分流分沙变化机理

依据荆江三口分流比调整特征，结合长江 1956～2015 年的水沙条件变化以及重大工程的影响，发现不同类别的诱发因素作用于三口分流变化的实现途径不尽一致，一般可分为两类：一类通过影响河床冲淤调整，使得干流与三口洪道的水位差、比降、局部分流格局等发生变化，从而改变三口的分流量，重大人类工程活动的影响属于此类。另一类是来流条件的变化，一方面是三口分流量与干流径流量正相关，干流流量越大，三口的分流比越大；另一方面遭遇特大洪水，年内高水作用时间显著偏长，使得三口获得较大的分流量。相反，特枯水年三口分流量会显著偏小。综合这两类作用方式，提炼出影响三口分流比的控制因子：一是干流与三口洪道的水位差减小，主要体现在 20 世纪 80 年代中期以前；二是干流径流量的减少，主要体现在 20 世纪 80 年代中期以来，尤其是三峡水库蓄水后，长江上游中枯水年份偏多，是三口分流比下降的重要因素之一。下面进一步展开分析两类控制因子对三口分流的作用机理。

1. 长江干流与三口洪道水位差大小及变化的影响

长江干流与三口洪道水位差的大小及变化，是两者河床冲淤演变、水文过程变化等差异大小的直接表现。

1967～1972 年，长江中游干流先后经历了下荆江两次人工裁弯工程和一次自然裁弯，下荆江河道流程缩短约 78 km。流程缩短后，荆江河道水面比降加大，荆江河床溯源冲刷下切明显(1966～1985 年荆江累计冲刷泥沙约 5.90 亿 m³)，同流量下水位下降明显(图 3.4-1)，如 1971～1983 年新厂站河床平均高程较 1961～1969 年下切 1 m 以上，沙市站河段河床平均高程下切 0.66 m。在两个方面的综合作用下，至 20 世纪 80 年代中期，沙市站水位下降 0.5 m，新厂站水位下降 0.65 m，石首站水位下降 1.06 m。

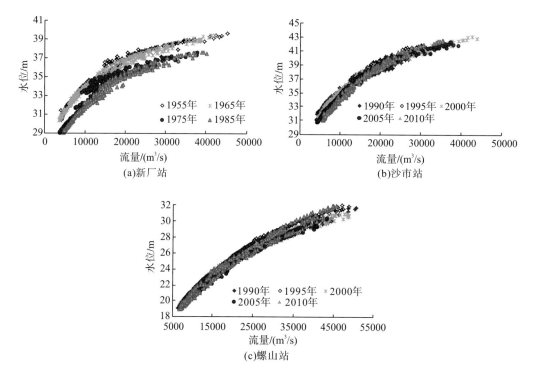

图 3.4-1　长江中游干流水文站水位-流量关系变化

与此同时，1952～1995 年三口洪道泥沙大幅度淤积，总淤积量为 5.694 亿 m³，约占三口控制站同期总输沙量的 12.9%(表 3.2-2)。冲淤分布特征表现如下：松滋河口门段河床冲刷，中下段以淤积为主；虎渡河单向淤积；藕池河沿程淤积，且口门段泥沙淤积强度较上游两个分流口都要大。加之近几十年来，洞庭湖湖区始终处于泥沙沉积状态，湖泊湖盆高程为 27 m 时，洞庭湖的湖泊面积由 1974 年的 2084.74 km² 减小到 1998 年的 1804.15 km²，其中 1974～1988 年，湖泊面积减小 229.03 km²。洞庭湖的淤积导致三口洪道下边界水位抬高，同时三口洪道自身淤积造成过流阻力增大，三口洪道控制站同流量下水位出现了不同幅度的抬升(图 3.4-2)。例如，藕池口管家铺站在流量为 4000 m³/s 左右时，水位由 1955 年的 36.11 m 抬高至 1985 年的 36.56 m。

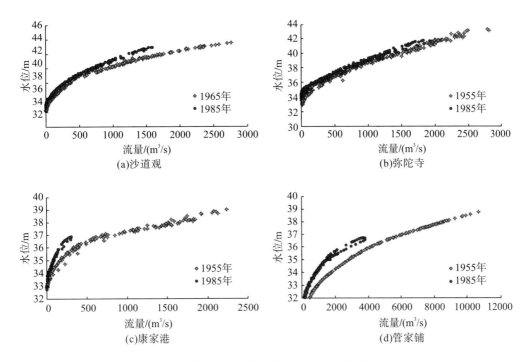

图 3.4-2 荆江三口洪道控制站水位-流量关系变化

下荆江系统裁弯主要影响期(1967～1985 年)，长江干流水位下降，但受洞庭湖水位抬升和三口洪道自身淤积的影响，三口洪道同流量下水位不降反升，干流与三口洪道水位差减小，三口分流量因此大幅度减少。以藕池(管家铺)站为例，该站在 1967～1985 年的分流量累计减幅(相较于 1956～1966 年均值)占三口分流总量减幅的 71.4%。

下荆江系统裁弯影响期，干流各级流量下水位均有一定幅度的下降，在 10000 m³/s、20000 m³/s、30000 m³/s、40000 m³/s 流量下，与 1965 年相比，1985 年新厂站水位分别下降 2.00 m、1.64 m、1.34 m 和 1.52 m(表 3.4-1)。与此同时，管家铺同流量下水位明显抬升(图 3.4-2)，采用 1955 年实测的水位流量关系对各年分流量对应的洪道水位进行还原，干流与三口洪道的实际水位差较还原后的水位差明显偏小，如来流量为 40000 m³/s 时，1985 年干流与三口洪道实际水位差为 0.58 m，若采用 1955 年水位-流量关系对洪道水位进行还原，干流与三口洪道水位差应为 2.03 m，水位差大幅减小，使得管家铺站分流量由 9279 m³/s 减至 3969 m³/s，减幅达 57%。综合来看，在干流流量为 10000 m³/s、20000 m³/s、30000 m³/s、40000 m³/s 的条件下，与 1965 年相比，1985 年管家铺站分流量分别减小 91%、71%、61% 和 54%，藕池口分流能力也大大减弱，与 1956～1966 年相比，其分流比减小了 8 个百分点，减幅在一半以上，分流能力逐渐小于松滋口而居于第二位。因此，20 世纪 80 年代中期以前，造成三口分流比减小的主要控制因子是干流与三口洪道的水位差减小，且两者之间的响应关系在藕池口体现得最为显著。

表 3.4-1   不同来流量下干流水位、管家铺分流量及水位变化情况统计

年份	$Q=10000/m^3/s$						$Q=20000/m^3/s$					
	新厂水位/m	分流量/(m³/s)	水位¹/m	水位²/m	水位差¹/m	水位差²/m	新厂水位/m	分流量/(m³/s)	水位¹/m	水位²/m	水位差¹/m	水位差²/m
1955	33.79	1090	33.32	33.32	0.47	0.47	36.84	4572	36.11	36.11	0.73	0.73
1960	33.80	920	33.31	33.00	0.49	0.80	36.58	3882	35.66	35.69	0.92	0.89
1965	33.79	852	33.58	32.86	0.21	0.93	36.65	3432	35.80	35.42	0.85	1.23
1970	33.52	617	32.92	32.31	0.60	1.21	36.46	2955	35.35	35.15	1.11	1.31
1975	32.58	199	32.05	31.05	0.53	1.53	35.46	1369	34.37	33.76	1.09	1.70
1980	32.46	156	31.54	30.89	0.92	1.57	35.76	1331	34.79	33.70	0.97	2.06
1985	31.79	74	31.45	30.58	0.34	1.21	35.01	998	34.32	33.15	0.69	1.86
年份	$Q=30000 m^3/s$						$Q=40000 m^3/s$					
	新厂水位/m	分流量/(m³/s)	水位¹/m	水位²/m	水位差¹/m	水位差²/m	新厂水位/m	分流量/(m³/s)	水位¹/m	水位²/m	水位差¹/m	水位差²/m
1955	38.22	7493	37.68	37.68	0.54	0.54	39.11	9279	38.07	38.07	1.04	1.04
1960	38.00	6933	37.28	37.48	0.72	0.52	39.06	9178	38.05	38.04	1.01	1.02
1965	37.96	6314	37.40	37.18	0.56	0.78	39.29	8701	38.07	37.94	1.22	1.35
1970	37.99	5658	37.19	36.79	0.80	1.2	38.89	8557	38.07	37.91	0.82	0.98
1975	36.57	3143	35.82	35.26	0.75	1.31	38.22	4865	37.44	36.29	0.78	1.93
1980	37.25	3059	36.34	35.21	0.91	2.04	38.07	5083	37.76	36.43	0.31	1.64
1985	36.62	2404	35.97	34.79	0.65	1.83	37.77	3969	37.19	35.74	0.58	2.03

注："1"为实测水位-流量关系推求值；"2"为采用 1955 年水位-流量关系推求值。

参照管家铺站水位差的还原计算，进一步统计当枝城站流量为 25000 m³/s 时，根据 1956 年、1965 年、1975 年和 1985 年水位-流量关系分别得到干流枝城站、陈家湾站(干流流量为扣除松滋口分流量后的值)、新厂站(干流流量采用新厂站实测值)对应的水位。再分别根据松滋口的沙道观站、新江口站，太平口弥陀寺站，藕池口管家铺站、康家岗站分流比，推算得到沙道观站、新江口站、弥陀寺站、管家铺站、康家岗站的分流量，根据各站 1956 年、1965 年、1975 年和 1985 年实测水位-流量关系分别得到其对应水位，以及基于 1956 年的水位-流量关系还原得到的 1965 年、1975 年、1985 年的对应水位，统计同流量下枝城与沙道观站、新江口站(表 3.4-2)的水位差，陈家湾站与弥陀寺站(表 3.4-3)的水位差，新厂站与管家铺、康家岗站(表 3.4-4)的水位差的实际值和还原值。

可以看出，除新江口站以外，与采用 1956 年水位-流量关系还原的水位差相比，干流与分流口门控制站的实际水位差都偏小，如 1985 年枝城站与沙道观站还原水位差为 5.91 m，而实际水位差为 4.78 m，较还原值偏小 1.13 m，从而使得枝城站流量为 25000 m³/s 时，沙道观站的分流量由 1297 m³/s 减小至 618 m³/s。类似地，1985 年陈家湾站与弥陀寺站还原水位差为 1.21 m，实际值较之小 0.47 m，相应地，太平口分流量由 1472 m³/s 减小至 1006 m³/s；

藕池口更为明显，1985 年新厂站与管家铺站还原水位差为 2.49 m，实际值较之小 1.63 m，其分流量由 4242 m³/s 减小至 1155 m³/s。可见，1985 年之前，同流量下三口分流量大幅减小的主要原因在于干支流水位差下降。

表 3.4-2　枝城流量为 25000 m³/s 时干流与松滋口控制站水位差统计表

年份	枝城水位/m	沙道观					新江口				
		分流量/(m³/s)	水位¹/m	水位²/m	差值¹/m	差值²/m	分流量/(m³/s)	水位¹/m	水位²/m	差值¹/m	差值²/m
1956	43.12	1297	38.80	38.80	4.32	4.32	2033	39.02	39.02	4.10	4.10
1965	43.01	1084	38.77	38.29	4.24	4.72	2117	38.98	39.15	4.03	3.86
1975	42.79	775	38.03	37.30	4.76	5.49	2261	39.19	39.36	3.60	3.43
1985	42.55	618	37.77	36.64	4.78	5.91	2138	39.01	39.18	3.54	3.37

注："1"为实测水位流量关系推求值；"2"为采用 1956 年水位-流量关系推求值；下同。

表 3.4-3　枝城流量为 25000 m³/s 时干流与太平口控制站水位差统计表

年份	陈家湾水位/m	弥陀寺				
		分流量/(m³/s)	水位¹/m	水位²/m	差值¹/m	差值²/m
1956	38.77	1472	37.96	37.96	0.81	0.81
1965	38.76	1399	38.20	37.78	0.56	0.98
1975	38.07	1129	37.32	37.06	0.75	1.01
1985	37.89	1006	37.15	36.68	0.74	1.21

表 3.4-4　枝城流量为 25000 m³/s 干流与藕池口控制站水位差统计表

年份	新厂水位/m	管家铺					康家岗				
		分流量/(m³/s)	水位¹/m	水位²/m	差值¹/m	差值²/m	分流量/(m³/s)	水位¹/m	水位²/m	差值¹/m	差值²/m
1956	35.15	4242	34.31	34.31	0.84	0.84	396	34.05	34.05	1.1	1.1
1965	34.94	3530	34.24	33.93	0.7	1.01	233	33.98	33.31	0.96	1.63
1975	33.81	1513	32.65	31.65	1.16	2.16	33	32.33	32.10	1.48	1.71
1985	33.50	1155	32.64	31.01	0.86	2.49	55	32.58	32.25	0.92	1.25

自 20 世纪 80 年代中期以来，荆江河段持续冲刷，但冲刷主要集中在枯水河槽内。干流中高水水位保持稳定，枯水位（来流量小于 10000 m³/s）下降幅度较大，而荆江三口在该流量下，除松滋口西支外，其他分流口基本开始出现断流的现象，分流能力较弱。与此同时，三口洪道由淤转冲，加之洞庭湖淤积速度大幅减缓，同流量下三口洪道水位无明显变化或出现下降趋势，表明在分流流量下，干流与三口洪道水位差较此前并未出现明显调整。然而，三口分流比仍然延续了减小的变化特征，可见引起三口分流变化的控制因子发生了变化。

2. 径流变化的影响

三峡水库蓄水前的各时段内，三口年分流量、主汛期分流量的减幅均大于长江干流，如 1968～1985 年与 1956～1967 年相比，三口年分流量、主汛期分流量分别减少 440 亿 m³ 和 307 亿 m³，而同期干流枝城站的年径流总量和汛期径流总量仅减少 70 亿 m³ 和 20 亿 m³，表明长江干流径流量变化并非三口分流量减少的主要影响因素。类似的情况在 1986～2002 年也存在，与 1968～1985 年相比，干流年径流总量和汛期径流量分别减少 90 亿 m³ 和 50 亿 m³，而荆江三口年分流量和汛期分流量分别减少 245 亿 m³ 和 157 亿 m³，干流来流变化的影响占比仍较小。而 2003～2015 年则恰好相反（表 3.4-5），期间干流与三口洪道的水位差基本无变化，个别站还存在增大的现象，但三口分流比仍较 1986～2002 年下降 2.6 个百分点，其根本原因在于干流径流量，尤其是高水期径流量的减少。相对偏枯的水文周期内，大水频率显著下降，使得三口可以获得较大分流比的概率大大减小，分流比下降。

表 3.4-5   不同时期枝城站年径流量与三口分流量变化

项目		枝城站		荆江三口	
		年径流总量/亿 m³	汛期径流总量/亿 m³	年分流量/亿 m³	汛期分流量/亿 m³
时段	1956～1967 年	4530	2720	1320	993
	1968～1985 年	4460	2700	880	686
	1986～2002 年	4370	2650	635	529
	2003～2015 年	4080	2370	480	407
时段比较	差值[1]	−70	−20	−440	−307
	差值[2]	−90	−50	−245	−157
	差值[3]	−290	−280	−155	−122

备注：上标"1、2、3"分别为 1968～1985 年与 1956～1967 年，1986～2002 年与 1968～1985 年，2003～2015 年与 1986～2002 年的差值。

2003～2015 年，长江干流段年径流总量相较于上一个时段（1986～2002 年）减少 290 亿 m³，其中主汛期（6～9 月）径流总量减少 280 亿 m³，占全年减少量的 96.6%，由此使得三口年分流量减少 155 亿 m³，占该时期三口年分流量的 32.3%，并且主要集中在主汛期，主汛期三口分流量减少幅度占全年减少量的 78.7%。可见，三峡水库蓄水后，长江干流主汛期径流偏枯是三口分流比减小的主导因素，干流来流量和三口分流量存在显著的相关关系（图 3.4-3）。根据 2016 年 7 月长江干流和荆江三口洪道加密观测的水文数据，枝城站 7 月月均流量为 27700 m³/s，较 2003～2015 年均值略大，荆江三口分流量为 6410 m³/s，较 2003～2015 年均值大 22.8%，三口分流比较之增大 3.9 个百分点。

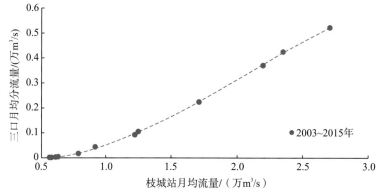

图 3.4-3   2003～2015 年枝城站月均流量与三口月均分流量的相关关系

　　综上来看，不同类别的诱发因素作用于三口分流变化的途径不尽一致，一般可分为两种形式，一种通过作用于河床冲淤调整，或者直接改变水位、比降等因素，使得干流与三口洪道的水位差、比降发生变化，从而影响三口分流比，重大人类工程活动的影响属于此类；另一种是干流来流条件的变化，高水流量下的三口分流比相较于低水流量时要大得多，年内高水流量作用时间显著偏长，使得三口获得较大的分流量，如特大洪水的作用。综合这两类作用方式，认为影响三口分流比的控制因子有两个：①20 世纪 60 年代末至 80 年代中期，干流与三口洪道的水位差减小是三口分流比下降的控制因子，且这种水位差的调整多与下荆江系统裁弯和葛洲坝水利枢纽运行等人类活动有关；②20 世纪 80 年代中期以来，尤其是三峡水库蓄水后，干支流水位差基本稳定，部分甚至出现增大的现象，干流径流偏枯是三口分流比偏小的控制因子。

　　3. 局部水沙输移特性的影响

　　长江干流河道河宽较大，年内随着上游来流变化，断面上主流带的位置会出现摆动，尤其是荆江三口口门均位于分汊河段进口段，主流摆动十分频繁，主流带相对口门的位置变化，会影响荆江三口口门附近水沙输移特性，因而也是分流分沙变化的主要影响因素之一。

　　1) 松滋口

　　松滋口附近长江干流河道微弯分汊。目前，长江干流毛家场附近左汊 (也称沙泓) 为主汊，但在汛期，主流一般有"大水趋直，小水走弯"的规律，同时也受到松滋口分流量较大的影响，主流偏向右汊 (也称石泓) 一侧。从汛期口门局部水流观测资料来看，干支流都存在流量越大，越偏离深槽，向低滩段或者是支汊摆动的现象 (图 3.4-4)，至口门附近荆 12 断面，右汊最大流速为 2.03 m/s，左汊最大流速为 1.66 m/s (干流流量为 40800 m³/s)。干流主流汛期的右摆是促使松滋口保持较大分流量、分流比的水动力机制 (表 3.4-6)。三峡水库蓄水后，松滋口分流量、分流比减小幅度相对较小，与口门处的这一分流水动力特性密切相关。

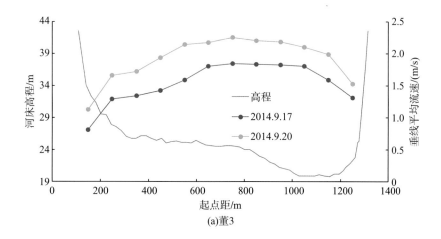

(a)董3

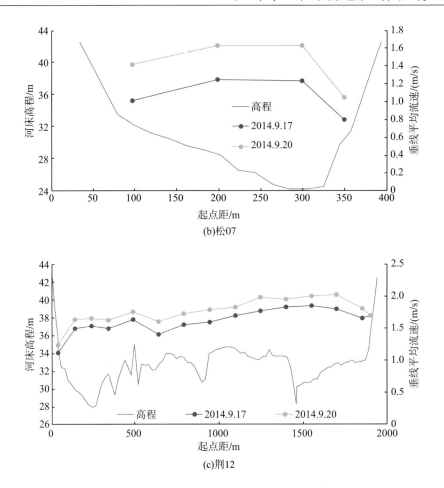

(b)松07

(c)荆12

图 3.4-4　松滋口水文测验断面流速分布图

表 3.4-6　2014 年松滋口施测分流情况统计表

施测时间	断面流量/(m³/s)			松滋口分流比 ($Q_{松07}/Q_{董3}$)/%
	董 3	荆 12	松 07	
2014 年 9 月 17 日	34100	30500	5060	14.8
2014 年 9 月 20 日	47600	40800	7370	15.5

　　表面流向观测(图 3.4-5)也显示出，流量越大，水位越高，干流段流向偏向分流口门的幅度越大，分流口门处的水流流向也越平顺。

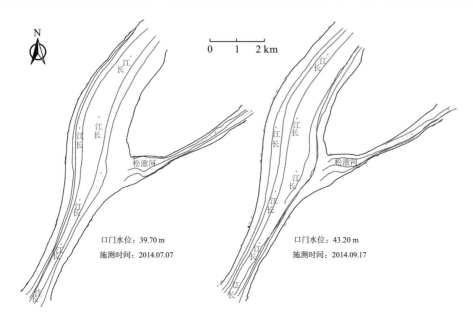

图 3.4-5　松滋口口门段表面流向分布图

2) 太平口

太平口口门水沙输移观测布置及资料收集、整理情况详见 1.2.2 节。太平口所处干流河道平面形态顺直分汊，上接涴市大弯道，目前，长江干流右汊为主汊，但在汛期，受上游主流"大水趋直，小水走弯"的影响，至太平口附近主流偏向左汊一侧。干流段流量越大，主流越偏离深槽区域，向心滩及支汊侧摆动 (图 3.4-6)，偏离分流口口门一侧，至口门附近荆 32 断面，左汊最大流速为 2.14 m/s，右汊最大流速为 1.61 m/s (干流流量为 39000 m³/s)。与松滋口相反，随着流量增大，干流主流汛期的左摆是促使太平口分流比变化不大甚至略有减小的水动力机制 (表 3.4-7)。三峡水库蓄水后，太平口分流量、分流比趋于减小，与口门处这一水动力特性密切相关。

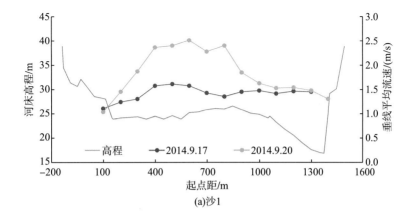

(a) 沙1

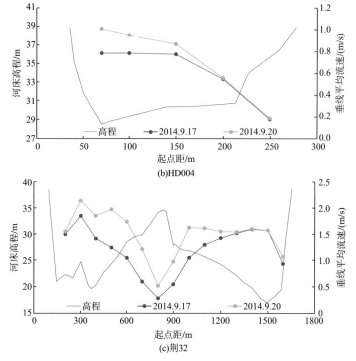

图 3.4-6　太平口水文测验断面流速分布图

表 3.4-7　2014 年太平口施测分流情况统计表

施测时间	断面流量/(m³/s)			太平口分流比 $(Q_{HD004}/Q_{沙1})$/%
	沙 1	荆 32	HD004	
2014 年 9 月 17 日	30500	29200	1160	3.8
2014 年 9 月 20 日	41000	39000	1520	3.7

相较于上游的松滋口，太平口口门段放宽率较小，分入虎渡河的水流在口门处相对集中，且随着流量的增大，水位抬高后，口门附近的入流点会挤压下移，且水流更为集中(图 3.4-7)。因此，相较于松滋口以及下游的藕池口，太平口分流转角偏大，水流不够平顺，这也是太平口分流比一直较松滋口和藕池口小的原因之一。

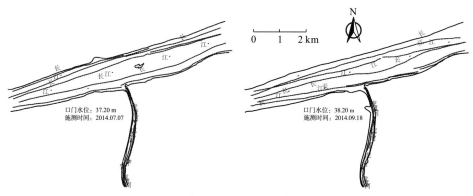

图 3.4-7　太平口口门段表面流向分布图

　　3）藕池口

　　藕池口口门水沙输移观测布置及资料收集、整理情况详见 1.2.2 节。藕池口所处干流河道平面形态顺直放宽分汊，进口有大规模的边心滩，目前，长江干流左汊为主汊，在汛期，随着流量的增大，受上下游河势及藕池口吸流作用的共同影响，至口门附近主流也有向左侧移动的现象，但摆动的幅度不大(图 3.4-8)，偏向分流口口门一侧。

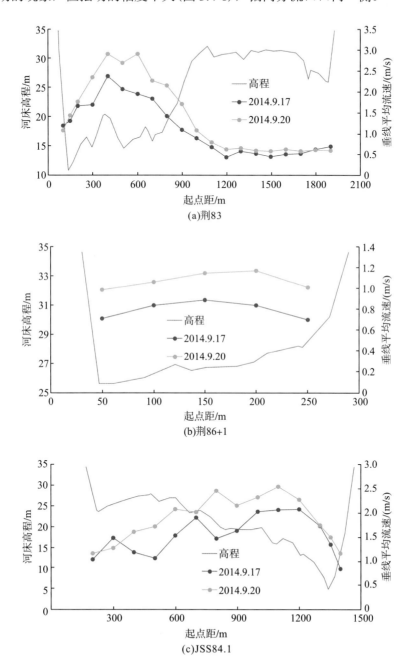

图 3.4-8　藕池口水文测验断面流速分布图

与松滋口类似，随着流量增大，干流主流汛期的右摆是促使藕池口分流量、分流比相应增大的水动力机制（表 3.4-8）。三峡水库蓄水后，藕池口分流量、分流比趋于减小，与口门处这一水动力特性密切相关，根本原因还在于高水出现的频率减小，藕池口能够获得较大分流比的概率相应地减小。

表 3.4-8 2014 年藕池口施测分流情况统计表

施测时间	断面流量/(m³/s)			藕池口分流比 $(Q_{荆86+1}/Q_{荆83})$/%
	荆 83	JSS84.1	荆 86+1	
2014 年 9 月 17 日	29200	28100	1520	5.2
2014 年 9 月 20 日	39200	36900	2400	6.1

藕池口入口边心滩相对发育，低水位时，滩体出露，口门入流段束窄，入流点也相应上提；高水位时，水流漫滩，口门入流段放宽，纳流条件较好（图 3.4-9），藕池河容易获得较大分流量。

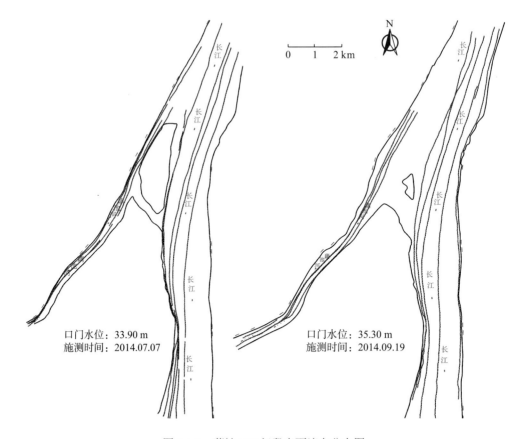

图 3.4-9 藕池口口门段表面流向分布图

3.4.2　三口分流分沙变化趋势探讨

目前，在大量的河势控制工程、航道整治工程等的作用下，荆江三口口门和荆江河道河势、滩槽格局逐渐趋于稳定。基于这样的背景条件，预计今后三口分流分沙的变化趋势集中表现为以下两点。

(1)中高水干流与三口洪道水位差进一步减小的可能性不大。一方面，三峡水库蓄水后的实际情况表明，长江干流水位下降主要集中在中低水位，三口洪道水位流量关系基本稳定，中高水干流与三口洪道的水位差无明显减小的趋势。三峡水库蓄水拦沙作用下，长江干流含沙量大幅减小，同时，三口分流洪道含沙量主要取决于长江干流含沙量的变化(图 3.3-2)，两者也同水平减小，因此，长江干流及三口分流洪道均处于冲刷状态。干流荆江河段冲刷分布相对集中，以枯水河槽为主，三峡水库蓄水后 10 年荆江河段枯水河槽冲淤量占平滩河槽总量的 94.4%，因此，荆江河段中枯水水位沿程下降明显，2003～2015年，当沙市站流量为 6000 m³/s 时，水位累计下降约 1.74 m，当流量为 10000 m³/s 时，水位下降约 1.47 m，中高水水位则基本稳定。当干流流量小于 10000 m³/s 时，三口除松滋口西支以外，基本处于断流状态，因此干流中枯水位下降对三口分流变化的影响并不明显。与此同时，三口洪道自身也处于冲刷状态，不仅如此，由于洞庭湖的泥沙主要来源于三口，三口含沙量减少后，洞庭湖泥沙沉积率大幅度下降，三峡水库蓄水后(2003～2011 年)湖区泥沙沉积率下降为原来的 16.5%，仅占多年均值(1956～2011 年)的 22.9%，湖区除汛前枯水位略有抬高以外，其他时段水位均有所下降，鹿角、小河咀、南咀汛期水位降幅都在1 m 以上，对三口洪道的顶托作用减弱，三口洪道水位流量关系基本稳定，个别站同流量下水位还略有下降。综合干流与三口洪道水位实际变化特征来看，两者的差值基本未出现明显的趋势性调整。另一方面，已有研究表明，三峡水库运行 40 年左右坝下游荆江河段冲刷量将达最大值，宜昌至藕池口河段前 10 年冲刷量达最大冲刷量的 92.8%，占荆江河段最大冲刷量的 45%，10 年后冲刷主要集中在下荆江，冲刷量占最大冲刷量的 55%。枝城来流量为 10000 m³/s、20000 m³/s、30000 m³/s、40000 m³/s 时沙市最大水位降幅分别为 2.38 m、1.82 m、1.55 m 和 0.90 m。三峡水库蓄水 10 年以来，荆江河段冲刷强度及速度均较预测成果偏大，而水位下降值却不及预测值，尤其是流量为 20000 m³/s 以上时水位基本稳定。由此推断，荆江河段达到最大冲刷状态的中高水位降幅将远小于预测情况。另外，中国水利水电科学研究院计算的三口洪道冲刷量与实际发生情况相近，预测 10年后松滋河冲刷约 0.55 亿 m³，2003～2011 年实际冲刷 0.43 亿 m³，预测三口洪道冲刷量基本上也是在蓄水后 40 年达到最大值，前 10 年的冲刷量约占 50%，10 年以后相对冲刷强度与荆江段相当。尽管未能阐述三口洪道水位变化情况，但可以推断伴随冲刷的进行，其水位将有一定幅度的下降。综合干流与三口洪道冲刷计算预测成果来看，两者的发展过程具有一定的相似性，同流量下水位下降主要由河床冲淤引起，由此也可以推断中高水流量下干流与三口洪道水位的差值不会出现明显的趋势性变化。

(2)三峡水库蓄水后，坝下游流量过程发生改变，中高水总径流量趋于减少，不利于三口分流量的维持。三口在中低水期大部分处于断流的状态，年内的分流主要集中在中高水期，随着三峡水库汛期削峰和汛后蓄水等调度方式运行，坝下游河道高水频率下降的现象已经显现，9~10 月断流时间增加也有所体现，这些都不利于三口分流量的维持。以 2012 年为例，汛期为了减小中下游河道防洪压力，三峡水库采用削峰调度方式运行，控制下泄最大流量基本不超过 45000 m^3/s，同时，枯水期在保证通航及生态需水的要求下，下泄流量普遍增加，但补充后流量均不超过 9000 m^3/s，年内流量过程总体出现坦化(图 3.4-10)。这种调整反映到三口分流方面主要表现为，三口开始分流流量下的干流径流量减少，即干流流量超过 10000 m^3/s 对应的径流量减小，对比计算显示，调蓄后 2012 年宜昌站 10000 m^3/s 以上径流总量减小约 58 亿 m^3。按该年同流量下三口分流比折算，相应三口分流量减少约 10 亿 m^3，占年总分流量的 1.6%。可见，在三峡水库汛期削峰、汛后蓄水调度作用下，三口分流量相对减少，减小的幅度与调度作用下流量过程的坦化程度相关。枯期补水调度作用仅针对宜昌站 5500 m^3/s 以下的来流，期间三口除松滋口的西支新江口站以外，其他 4 个站都处于断流状态，因此对于三口分流量的影响较小。

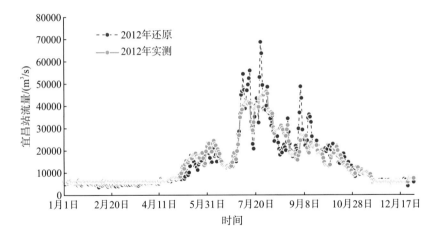

图 3.4-10　三峡水库调蓄前后 2012 年宜昌站流量过程对比

综上所述，三峡水库蓄水后，荆江三口分流变化经历了一个趋势调整期，近几年三口分流比变化显现出了平衡调整期的特征。考虑到干流和洪道同处于冲刷状态，两者水位差不会出现明显的趋势性变化，荆江三口分流比的值将主要取决于来水量的变化。三峡水库的汛期削峰及汛后提前蓄水等调度方式也会对分流比产生一定影响，但同流量下分流比出现趋势性变化的可能性较小。

3.5　本　章　小　结

局部分流河段演变及水沙输移特性既是影响江、湖分流关系变化的重要原因，也是江湖关系调整变化的体现。本章研究内容主要包括松滋口、太平口、藕池口分流段和三口洪道的河床冲淤演变,以及不同流量下分汇流河段的水沙输移变化等。通过分析 1956～2015 荆江三口分流变化特征,归纳了三口分流变化的主要诱发因素,提出三口分流调整时段具有趋势性和平衡性的特性,提炼了不同时段三口分流减少的关键控制因子,预估了三口分流发展趋势。取得的主要认识如下。

(1) 三峡水库蓄水前,松滋口口门附近干、支流河床均处于冲刷状态,分流点下挫、口门边滩冲退、河床冲刷下切,但河床断面形态相对稳定;太平口口门附近河床也处于冲刷状态,干流边滩不断冲退,河心形成心滩,河床断面形态发生改变,口门内断面由宽浅变为窄深,深泓冲刷下切;藕池口口门附近干流段河床冲刷,但局部深泓摆动频繁,口门附近河床淤积成滩(天星洲)且滩体不断淤长。三口口门附近河床冲淤演变与其分流比变化基本相对应,松滋口、太平口分流比衰减程度相对较小,而藕池口衰减幅度最大。三峡水库蓄水后,分流口口门边滩冲淤变幅较大,松滋口口门左岸边滩大幅冲刷后退,藕池口口门左岸天星洲洲头心滩持续淤积。受三口分流比减小及干流沙量减幅进一步增大等影响,分流口口门附近干流河床冲刷强度明显大于三口洪道,特别是松滋口口门附近频繁的采砂活动对其断面变化影响较大。局部水沙输移特性松滋口和藕池口类似,随着干流流量增大,主流带偏向口门一侧,对分流较为有利,太平口主流带则逐渐偏离口门一侧河槽,但左、右槽流速差在减小。

(2) 1952～1995 年,荆江三口分流比持续减小,三口洪道累计淤积泥沙 5.694 亿 m³,其中松滋河淤积 1.675 亿 m³,虎渡河淤积 0.708 亿 m³,松虎洪道淤积 0.442 亿 m³,藕池河淤积 2.869 亿 m³。1995～2003 年,三口分流比相对稳定,三口洪道枯水位以下河床冲淤基本平衡,泥沙淤积主要集中在中、高水河床,总淤积量为 0.468 亿 m³。其中,藕池河、虎渡河、松滋河淤积量分别占淤积总量的 66.4%、28.2% 和 7.4%,松虎洪道略有冲刷。三峡水库蓄水后(2003～2011 年),三口分流比仍略有减小,但水流含沙量减幅更大,三口洪道出现明显冲刷,其洪水河槽总冲刷量为 0.752 亿 m³。松滋河、虎渡河、松虎洪道和藕池河冲刷量别占总冲刷量的 46.8%、19.9%、9.8% 和 23.5%。

(3) 1956～2015 年,荆江三口分流比年际间表现为明显的阶段性递减特征,同流量下三口分流比也沿时递减,其年际、年内变化受下荆江系统裁弯影响最为明显。三口分流的趋势性调整变化主要受人类活动和特大洪水年影响,可分为诱发因素影响期(趋势调整期,4～5 年)和平衡调整期两个时期。三口分流比的影响控制因子主要包括两个方面:一是 20 世纪 60 年代至 80 年代中期,长江干流河床冲刷、水位下降,三口洪道淤积、水位抬高,两者之间的水位差减小,使得三口分流量持续减少;二是 20 世纪 80 年代至今,长江来水量的减少是造成三口分流量与分流比减小的主要原因。三峡水库蓄水后,荆江三口分流比也经历了趋势调整期,三口分流、分沙量(比)的减少主要与上游来水来沙量偏少和三峡水库调蓄有关,但三口分流、分沙能力尚未发生明显变化。三峡水库对径流过程的调节带来的坝下游流量过程坦化(汛期洪峰削减、中水历时延长、汛后流量明显减小和枯季流量增大),导致荆江三口汛后枯水期提前,断流时间延长。

未来一段时期,长江干流、三口洪道仍将以河床冲刷为主,干流与三口洪道之间的水位差不会出现明显的趋势性变化,三口分流比变化主要取决于来水量,但三口分流能力不会出现明显的变化。

第4章　长江中游江湖汇流关系变化研究

长江中游江湖连通状态的不同决定了其水沙分汇流的关系各有特点。长江与洞庭湖是双连通状态，干流的水沙经由荆江三口洪道分入洞庭湖湖区，同时湖区纳入湖南四水的来水来沙后，在城陵矶再度汇入长江，形成荆江—洞庭湖河网结构。因此，为全面反映长江洞庭湖关系所处的状态，除荆江三口分流分沙以外，本章重点研究城陵矶附近汇流段河道演变及水沙输移特征，认识江湖顶托关系变化规律和机理。长江与鄱阳湖仅在湖口单向相连，汇口附近河势较为复杂，演变剧烈，尤其是湖口存在的江水倒灌现象，对鄱阳湖湖区入江水道的水沙输移，甚至汛期湖区的防洪和水力特性都有一定影响，是本章研究长江与鄱阳湖汇流特征关系关注的重点内容之一。

4.1　长江—洞庭湖汇流河道演变

长江干流水流出荆江后，与洞庭湖来水于城陵矶附近交汇，再注入城陵矶以下长江干流河道。汇口上游段长江干流河道弯曲，弯顶凸岸侧分布有高大的洲滩（七姓洲），与洞庭湖入汇侧的东升洲相连，汇口及下游左岸侧系交汇水流的回流区，分布有宽大的边滩。河道与湖泊的出流方向接近垂直，主流汇流点在城陵矶至擂鼓台之间。年内长江干流流量较洞庭湖湖区出流量偏大的历时长，因而汇口下游主泓偏靠右岸侧。1956～2015 年，相对于下游的鄱阳湖汇口而言，洞庭湖交汇段洲滩结构相对简单，河势较为稳定，人类活动的干扰以护岸工程和采砂活动为主。水沙输移集中体现为干流与湖泊的相互顶托效应，年内顶托关系、影响范围等不断随着来流的变化而改变。

4.1.1　深泓变化

1. 平面变化

洞庭湖江湖汇流口上游长江干流河道深泓在七弓岭弯顶紧贴凹岸下行，经过渡段向下游观音洲弯顶摆动，在观音洲弯顶贴岸继续下行，河势格局基本不变。其中，三峡水库蓄水前，1975～2002 年深泓线在七弓岭附近往凹岸偏移，最大偏移幅度约为 800 m，深泓线在洞庭湖汇流点上提约 1450 m；2002～2008 年三峡水库蓄水后，深泓线在七姓洲的凸岸往岸边偏移，最大偏移幅度约为 110 m，深泓线在洞庭湖汇流点下挫 300 m；2008～2013 年，深泓线在七姓洲凸岸往岸边偏移，最大偏移幅度约为 280 m，深泓线在洞庭湖汇流点上提约 300 m（图 4.1-1）。

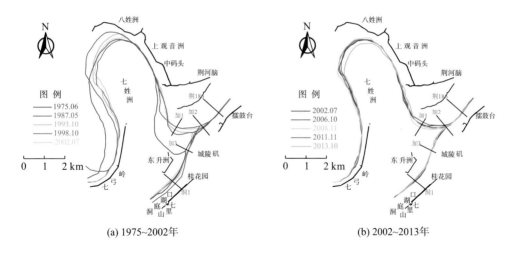

(a) 1975~2002年　　　　　　　　(b) 2002~2013年

图 4.1-1　洞庭湖入汇河段深泓平面变化图

2. 纵向变化

1975 年长江汇流段附近深泓点平均高程约为-1.2 m,洞庭湖出口深泓点平均高程约为 -0.7 m,两者河床高差约为 0.5 m。2013 年长江干流段和洞庭湖出口深泓平均高程均有所抬 高,长江段深泓点平均高程约为-0.4 m,洞庭湖出口深泓点平均高程约为 0.8 m,两者河床 平均高程高差约为 1.2 m。说明 1975～2013 年洞庭湖出口附近长江段与洞庭湖出口河床高 差进一步加大(图 4.1-2)。

三峡水库蓄水前,1975～2002 年,汇流区长江段呈淤积状态,深泓点高程最大淤积 幅度约为 2.4 m,平均淤积抬高约 0.5 m;洞庭湖出口也呈淤积状态,深泓点高程最大淤积 幅度约为 2.4 m,平均淤积抬高了 1.4 m。2002～2008 年三峡水库蓄水后,长江段呈轻微 淤积状态,平均淤积约 0.8 m,洞庭湖出口呈轻微冲刷状态,平均冲刷幅度约为 0.9 m; 2008～2013 年,长江段和洞庭湖出口分别呈轻微冲刷和轻微淤积状态,长江段平均冲刷 约 0.4 m,最大冲刷幅度约为 1.3 m,洞庭湖出口平均淤积约 1 m,最大淤积幅度约为 3.2 m。

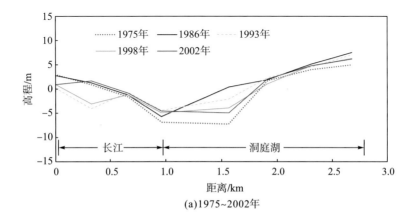

(a)1975~2002年

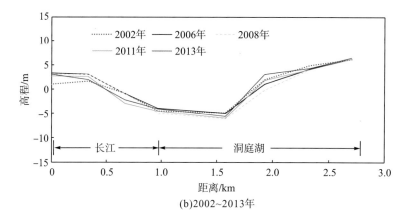

(b)2002~2013年

图 4.1-2　长江段与洞庭湖口门深泓纵剖面变化图

4.1.2　深槽变化

　　洞庭湖汇流口处深槽(0 m 等高线)平面变化如图 4.1-3 所示;特征值统计见表 4.1-1。汇流口上游长江干流深槽仅在 1998 年前出现,1998 年后消失。1975~2013 年洞庭湖汇流口处深槽位置基本不变,面积有小幅变化,主要变化表现在与干流汇流端点附近的刷深与淤退,最低点高程为-9.1 m(1996 年 10 月)。其中,三峡水库蓄水前,1975~2002 年,洞庭湖汇流口门处深槽最大长度减小 240 m,最大宽度减小 125 m,最低点高程增加 2.2 m,面积减小 0.2 km²;2002~2008 年三峡水库蓄水后,洞庭湖汇流口门处深槽最大长度增加 130 m,最大宽度减小 85 m,最低点高程减小 0.5 m,面积减小 0.1 km²;2008~2013 年,洞庭湖汇流口门处深槽最大长度减小 140 m,最大宽度减小 5 m,最低点高程增加 1.1 m,面积增加 0.1 km²。

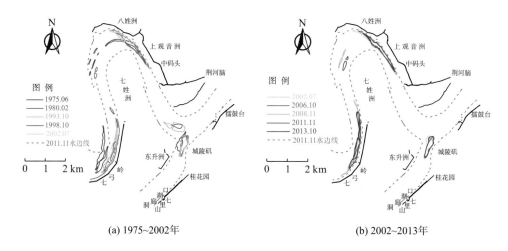

图 4.1-3　洞庭湖汇流口处深槽(0 m 等高线)平面变化图

表 4.1-1 洞庭湖汇流口口门处深槽(0 m 等高线)特征值统计表

年份	洞庭湖				长江			
	最大长度/m	最大宽度/m	最低点/m	面积/km²	最大长度/m	最大宽度/m	最低点/m	面积/km²
1975	1480	515	-10.0	0.5	—	—	—	—
1980	1180	690	-8.4	0.3	—	—	—	—
1986	600	190	-6.2	0.1	340	200	-10.0	0.05
1993	1110	330	-7.1	0.2	720	460	-4.4	0.3
1996	1350	520	-9.1	0.3	450	270	-3.8	0.08
1998	1330	390	-7.5	0.3	625	250	-3.1	0.1
2002	1240	390	-7.8	0.3	—	—	—	—
2006	1230	280	-8.1	0.2	—	—	—	—
2008	1370	305	-8.3	0.2	—	—	—	—
2011	1300	330	-8.0	0.3	—	—	—	—
2013	1230	300	-7.2	0.3	—	—	—	—

4.1.3 典型横断面变化

洞庭湖洞 1 断面位于洞庭湖入汇七里山卡口附近(典型断面平面位置如图 4.1-1 所示),断面呈 U 形,断面形态及深泓位置均相对稳定,深泓有小幅左右摆动。1975~2013 年河槽深度冲淤变化为 1~2 m,其中三峡水库蓄水前,1975~1993 年间河槽冲淤幅度相对偏大,2002~2013 年,该断面仅左右岸有冲淤调整,主河槽保持稳定(图 4.1-4)。

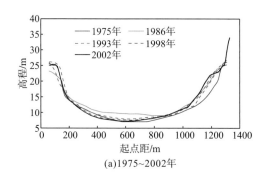
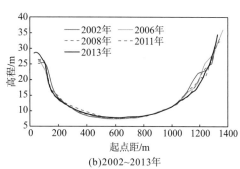

(a)1975~2002 年 (b)2002~2013 年

图 4.1-4 洞庭湖入汇段断面洞 1 断面年际变化图

洞庭湖加 3 断面位于洞庭湖入汇城陵矶附近。断面为窄深的偏 V 形。1975~1986 年断面主要表现为深泓右摆,断面左侧抬高,最大抬高幅度达 10 m;1986~2002 年,断面深槽继续往右摆动,摆动幅度约为 700 m,右岸崩退,最大冲刷幅度约为 22 m;2002~2008 年,深槽淤积,最大淤积幅度约为 10 m;2008~2013 年,断面呈左淤右冲状态,最大淤积幅度约为 5 m,最大冲刷幅度约为 8 m(图 4.1-5)。

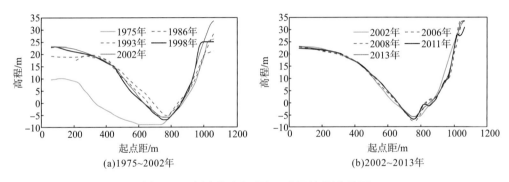

图 4.1-5　洞庭湖入汇段加 3 断面年际变化图

　　洞庭湖加 1 断面位于干流汇流段末端,断面形态复杂,历年冲淤变化幅度剧烈。1975~
1993 年断面主槽大幅度左移,断面右侧则淤积抬高,最大抬高幅度达 10 m,断面宽度束
窄,20 m 高程以下断面宽度由 1975 年的 1280 m 减小至 1993 年的 876 m,1993 年之后断
面继续束窄,至 2002 年基本形成 V 形断面;1986~2002 年,断面深槽继续往右摆动,摆
动幅度约为 700 m,右岸崩退,最大冲刷幅度约为 22 m;2002~2008 年三峡水库蓄水后,
该断面深槽淤积,最大淤积幅度约为 10 m;2008~2013 年,断面呈右淤左冲状态,最大
淤积幅度约为 5 m,最大冲刷幅度约为 8 m(图 4.1-6)。

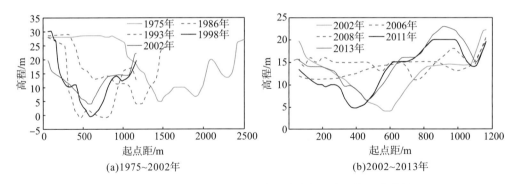

图 4.1-6　洞庭湖入汇段长江干流洞庭湖加 1 断面年际变化图

　　加 2 断面位于洞庭湖入汇口下游干流上,历年来断面变化较大,主要变化表现在断面
左侧反复的崩退及向江中淤进,20 m 高程下河宽的最大变幅达 300 m。其中,三峡水库蓄
水前,1975~2002 年,左岸持续崩退,最大崩退幅度约为 260 m,同时主槽左移并略有冲
深;2002~2008 年三峡水库蓄水后,左岸大幅度淤积,向江心最大淤积幅度约为 300 m,
同时主泓向右侧摆动;2008~2013 年,断面形态变化不大,冲淤仍主要集中在左岸侧,
深泓位置相对稳定(图 4.1-7)。

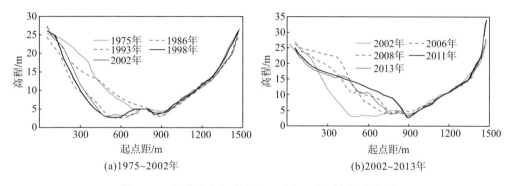

图 4.1-7　洞庭湖入汇段长江干流加 2 断面年际变化图

荆 186 断面位于洞庭湖入汇口下游的干流上。历年来断面变化较大，主要变化表现在断面左侧向江中淤进，20 m 高程下最大淤进达 270 m。其中，三峡水库蓄水前，1975～1980 年断面左侧向江中最大淤进 130 m；1980～1993 年左侧崩退，最大崩退幅度约为 170 m；1993～2002 年左侧崩退，最大崩退幅度约为 200 m；三峡水库蓄水后，2002～2008 年断面左侧向江中最大淤进达 140 m，右侧最大崩退 50 m；2008～2013 年断面左侧和右侧都有小幅淤进，左侧最大淤进约 40 m，右侧最大淤进约 60 m（图 4.1-8）。

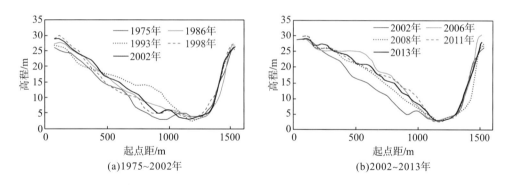

图 4.1-8　洞庭湖入汇段长江干流荆 186 断面年际变化图

4.1.4　河床冲淤变化

从口门附近河道平面冲淤分布图（图 4.1-9）可以看出，历年来口门附近长江段河道呈淤积状态，最大淤积幅度约为 7 m，汇流口口门附近河道呈冲刷状态，最大冲刷幅度约为 5 m。其中，三峡水库蓄水前，1987～2002 年口门附近河道呈冲刷状态，长江段最大冲刷幅度约为 9 m，汇流口口门附近最大冲刷幅度约为 7 m；三峡水库蓄水后，2002～2013 年，汇流口口门附近河段则整体呈现凹岸冲刷，凸岸淤积，最大冲刷厚度约为 19 m，最大淤积厚度约为 13 m，在这期间，2002～2011 年口门附近长江段河道呈淤积状态，最大淤积幅度约为 9 m，汇流口口门附近河道呈冲刷状态，最大冲刷幅度约为 7 m；2011～2013 年口门段河道呈淤积状态，最大淤积幅度约为 7 m。

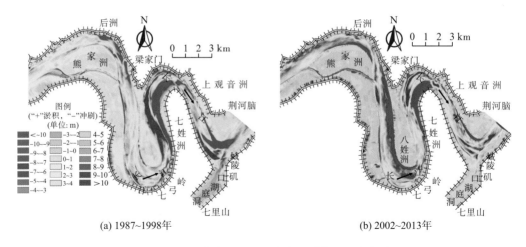

图 4.1-9   洞庭湖入汇段河床冲淤厚度平面分布图

4.2   长江—鄱阳湖汇流段河道演变

鄱阳湖的出口位于张家洲右汊末端,干流张家洲河段上起九江锁江楼,下迄八里江口,干流(含左汊)长约 31 km,最宽处约 6 km,左汊为弯道,长约 22.2 km,右汊较顺直,长约 18.3 km,汊道内有交错分布的官洲和扁担洲(又称新洲)。20 世纪 90 年代以前,张家洲左右汊分流比总体变化不大,分流比维持在各占 50%左右。20 世纪 90 年代以后,左汊口门及上半段泥沙落淤,进水条件恶化,泥沙淤积明显;而右汊冲刷,在中、低流量下,右汊分流比大于左汊。另外,2002～2003 年交通部对张家洲南港水道进行了整治,共修筑了 6 道丁坝、2 道护滩带以及 1090 m 护岸,进一步改善了右汊水流结构。2002～2006 年左汊分流比为 40.4%～43.7%,右汊 2006 年分流比已达 59.6%。湖口口门附近干流河势总体变化不大。

4.2.1   深泓变化

1. 平面变化

从图 4.2-1 中可以看出,长江干流段深泓自分流区偏右岸进入右汊,随后逐渐向左岸过渡,过 ZJR03 断面后贴左岸下行,至 ZJR05 断面后又向右岸过渡并与鄱阳湖出流汇合再靠右岸下行。右汊深泓线 1959～2001 年的变化在官洲尾以上总体为左摆,最大幅度约为 180 m,平均幅度约为 100 m,2001～2013 年变化不大。官洲尾以下由于受鄱阳湖出流顶托的影响,变化较为复杂,历年间的摆动幅度也较大,最大近 400 m。深泓线过柘矶山后基本上沿河道中心下行。

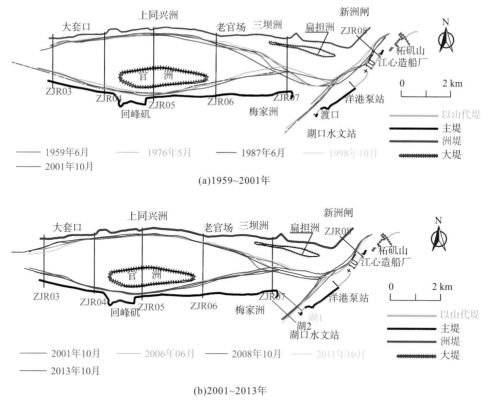

(a)1959~2001年

(b)2001~2013年

图 4.2-1　鄱阳湖入汇段深泓线年际平面变化图

2. 纵剖面变化

从图 4.2-2 中可以看出，1976～2013 年口门段深泓点高程呈冲刷状态，但长江与湖口深泓点高程差变化不大。三峡水库蓄水前，1976～2001 年，鄱阳湖汇流段深泓平均高程由 -3.6 m 下降至 -6.5 m，平均下切约 2.9 m，其中长江干流段平均下切 3.5 m，鄱阳湖入汇段平均下切 2 m，干流段大于湖口入汇段；三峡水库蓄水后，2001～2013 年，鄱阳湖汇流段深泓纵剖面年际间冲淤交替，整体略有冲刷，深泓平均下切 0.3 m，其中干流段平均下切仅 0.1 m，湖口入汇段平均下切约 0.9 m。总体上，1976～2013 年入汇段干支流深泓纵剖面下切幅度相当，因此，两段高程差变化较小。

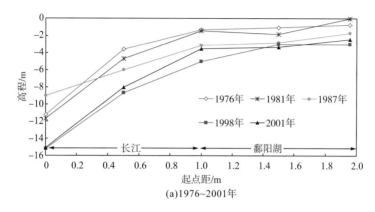

(a)1976~2001年

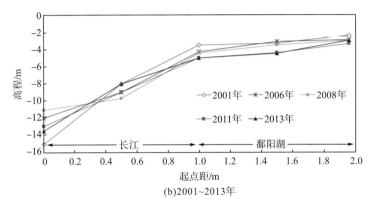

(b)2001~2013年

图 4.2-2　湖口口门段深泓纵剖面年际变化图

4.2.2　滩槽变化

1. 洲滩变化

　　张家洲右汊右岸受多处矶头及较好的边界条件保护，由于汊道内航道浅滩的疏浚工程，主河槽处于一个冲刷发展的过程中。另外，鄱阳湖的出流也对右汊的河床演变有一定影响。口门附近主要有官洲、扁担洲(新洲)两个洲体，取其 10 m 等高线变化情况分析洲滩平面变化情况。洲滩历年面积变化情况如图 4.2-3 和表 4.2-1 所示。

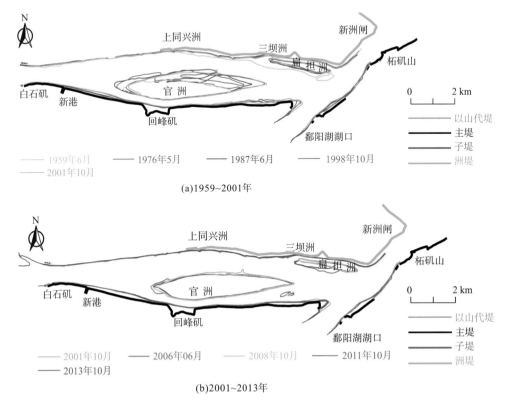

(b)2001~2013年

图 4.2-3　鄱阳湖入汇段 10 m 等高线年际平面变化图

表 4.2-1　官洲、扁担洲洲体 10 m 等高线面积统计表

洲体	10m 等高线面积/km²								
	1959 年	1976 年	1987 年	1998 年	2001 年	2006 年	2008 年	2011 年	2013 年
官洲	2.9	3.4	4.8	5.0	4.9	4.6	4.5	4.2	4.3
扁担洲	—	0.7	0.6	0.5	0.5	0.4	0.4	0.8	0.6

可以看出，官洲 1959～2013 年的变化为右缘较为稳定，冲淤变化较小，洲头随着上游来水来沙的变化上提下延，历年间变化幅度在 1 km 范围内，洲体左缘外淤，ZJR06 断面上外淤幅度约为 600 m，洲尾不断下延，1959～2001 年累计下延约 1.67 km，洲体 10 m 等高线面积于 1998 年达到最大值，约为 5.0 km²。2001～2013 年官洲变化不大，10 m 等高线面积呈略有减小的变化趋势。扁担洲 1959 年时还是依附张家洲的 10 m 等高线倒套，1976 年测图显示其 10 m 等高线面积增至 0.7 km²，发展成为江心洲。之后随着官洲左缘的不断外淤和洲尾下延，深泓线向左摆动，扁担洲右缘及洲头也随之冲刷。1998 年以来洲体形态相对稳定，洲体面积呈总体增加的变化趋势。

2. 深槽变化

鄱阳湖口门附近-5 m 深槽主要分布在官洲对岸大套口至老官场附近及出口段。1959 年，右汊大套口处已有一个长约 300 m、宽约 50 m 的-5 m 深槽，经历 1981 年、1983 年大水后，右岸大套口至老官场一带出现一连串的-5 m 深槽，同时深槽的范围扩大，最长的达到近 900 m。1992 年大套口至老官场一带-5 m 深槽有的上下合并，1992～2001 年深槽处于缓慢发展中，2001～2006 年槽尾下延至三坝洲以下，居中向右位移，并顺延在 ZJR07 断面附近出两个-5 m 深槽，2006～2013 年该处深槽有向下发展和出口段-5 m 深槽连通之势。出口段-5 m 深槽年际变化不大。可见，2001～2013 年，张家洲右汊在经过整治后-5 m 深槽均处于发展中(图 4.2-4)。

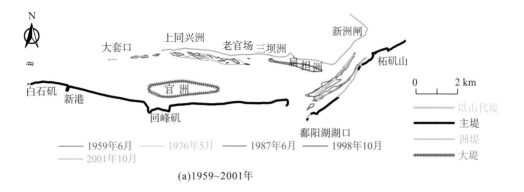

(a)1959～2001年

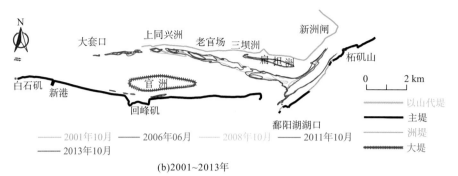

(b)2001~2013年

图 4.2-4 鄱阳湖入汇段深槽-5 m 等高线年际平面变化图

4.2.3 典型横断面变化

鄱阳湖入江口门附近内各典型横断面特征统计见表 4.2-2；典型横断面变化如图 4.2-5～图 4.2-8 所示，断面平面分布如图 4.2-1 所示。可以看出，入汇口口门附近河床断面形态一般呈偏 U 形或不对称的 W 形，1976～2013 年官洲附近张家洲右缘略有冲退，左右岸深槽有所冲深，官洲左缘则略有淤积抬高，断面变化主要表现在河道断面面积、平均水深相对有所增加，河道宽度变化相对不大，断面形态向窄深向发展，断面面积、平均水深的增加幅度分别为 2.3%～20.1%、11.5%～41.1%，ZJR07 断面深泓最低点高程变幅最大，由 0.2 m 冲深至-7.0 m。

表 4.2-2 口门附近典型断面横断面特征统计表

断面名称	年份	断面面积/m²	断面宽/m	平均水深/m	B⁰·⁵/H	平均高程/m	最低高程/m
ZJR07	1976	20174	2201	9.2	5.1	5.5	0.2
	2001	18645	1850	10.1	4.3	4.6	-2.0
	2006	20486	1974	10.4	4.3	4.3	-5.7
	2008	21156	2018	10.5	4.3	4.2	-6.5
	2013	20860	1889	11.0	3.9	3.6	-7.0
ZJR08	1976	19719	1120	17.6	1.9	-3.0	-18.5
	2001	17504	972	18.0	1.7	-3.5	-18.1
	2006	17296	961	18.0	1.7	-3.5	-16.3
	2008	18586	899	20.7	1.5	-6.1	-16.5
	2013	20165	904	22.3	1.4	-7.8	-17.1
湖 1	1976	11700	1164	10.1	3.4	4.6	-1.0
	2001	9847	1012	9.7	3.3	4.9	-3.3
	2006	11151	1134	9.8	3.4	4.8	-3.1
	2008	10916	1019	10.7	3.0	3.9	-3.5
	2013	11517	1045	11.0	2.9	3.6	-4.5
湖 2	1976	12740	1287	9.9	3.6	4.7	-0.7
	2001	11507	1152	10.0	3.4	4.7	-2.4
	2006	12200	1238	9.9	3.6	4.8	-2.8
	2008	12247	1133	10.8	3.1	3.8	-3.0
	2013	12800	1191	10.8	3.2	3.9	-3.0

ZJR07 断面位于鄱阳湖湖口上游约 1.6 km 的长江干流段，断面为不对称的 W 形，河道中部偏靠左岸侧(张家洲右缘)为扁担洲洲体，1976~2013 年，断面冲淤变化较为剧烈。其中，1976~2001 年扁担洲左汊形态保持稳定，以河槽的冲淤变化为主，扁担洲右汊由双槽逐渐演变为单槽，深泓点在距左岸 1100~1700 m 处摆动，最低点高程下切 2.2 m；2001 年以来，断面变化主要集中在扁担洲右汊，主河槽大幅冲刷下切，最低点高程下切 5 m(图 4.2-5)。

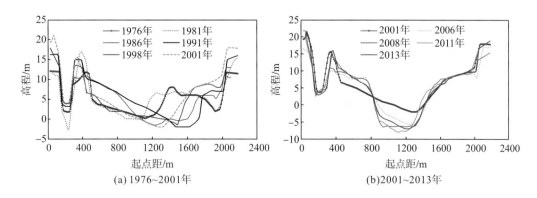

图 4.2-5　鄱阳湖入汇段长江干流 ZJR07 断面年际变化图

ZJR08 断面位于鄱阳湖湖口下游约 3.0 km 的长江干流段，断面为偏 U 形，形态单一。1976~2013 年，断面冲淤主要集中在左岸侧，其中 1976~1986 年断面左岸侧及近岸深槽淤积，1986~1998 年冲刷，最低点高程下切 4.6m，至 2001 年再度淤积恢复接近 1986 年水平。2001~2006 年左岸近岸侧河槽淤积抬高，2006~2013 年仍是该区域内出现持续冲刷的状态，最低点高程下切 0.8 m，而河床平均高程则下降 4.3 m。左岸年际间冲淤变化的同时，右岸侧及近岸河槽则相对保持稳定(图 4.2-6)。

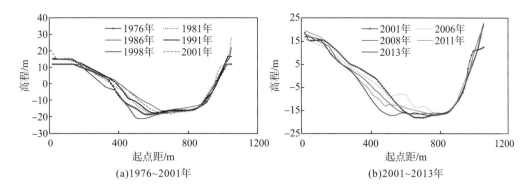

图 4.2-6　鄱阳湖入汇段长江干流 ZJR08 断面年际变化图

湖 2 断面位于鄱阳湖入江水道出口段(近湖口水文站)，断面呈偏 U 形。断面整体冲淤变化主要集中在 2001 年之前，之后断面形态稳定，冲淤变化幅度较小。1976~2001 年，断面左、右岸侧均有所淤积，主槽冲刷，最低点左移，河床平均高程基本无变化，最低点高程下切 1.7 m。2001～2013 年,断面冲淤变化主要集中在右岸滩体侧,深泓位置及主槽高程基本保持稳定(图 4.2-7)。

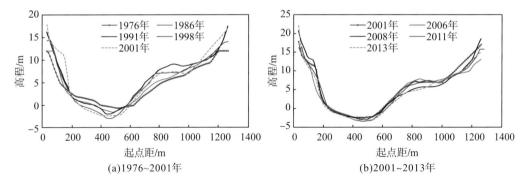

图 4.2-7 鄱阳湖入汇段湖 2 断面年际变化图

湖 1 断面位于鄱阳湖入汇口处,右岸侧为一处边滩,主槽呈 U 形。2001 年之前断面形态有一定幅度的调整,主要表现为右侧滩体的淤积抬高和主槽的冲刷下切,河床平均高程变化不大,最低点高程 1976～2001 年下切 2.3 m。2001～2013 年断面变化较小,主要表现为左岸侧的冲刷(图 4.2-8)。

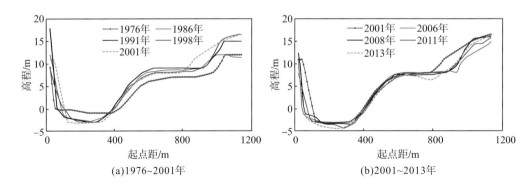

图 4.2-8 鄱阳湖入汇段湖 1 断面年际变化图

4.2.4 河床冲淤变化

从鄱阳湖口门附近河道平面冲淤分布图(图 4.2-9)看,1981～2013 年口门附近河道呈冲刷状态,干流段最大冲刷幅度约为 14 m,湖口口门最大冲刷幅度约为 8 m。其中,三峡水库蓄水前,1981～2001 年口门附近河道主要呈冲刷状态,长江段最大冲刷幅度约为 13 m,湖口口门最大冲刷幅度约为 6 m,口门上游干流右岸侧、下游左岸侧及支流左岸侧略有淤积;三峡水库蓄水后,2001～2013 年口门附近河道仍呈冲刷状态,长江段最大冲刷幅度约为 9 m,湖口口门最大冲刷幅度约为 3 m,口门支流及上游干流淤积部位变化不大,下游干流淤积主要表现在右岸侧。

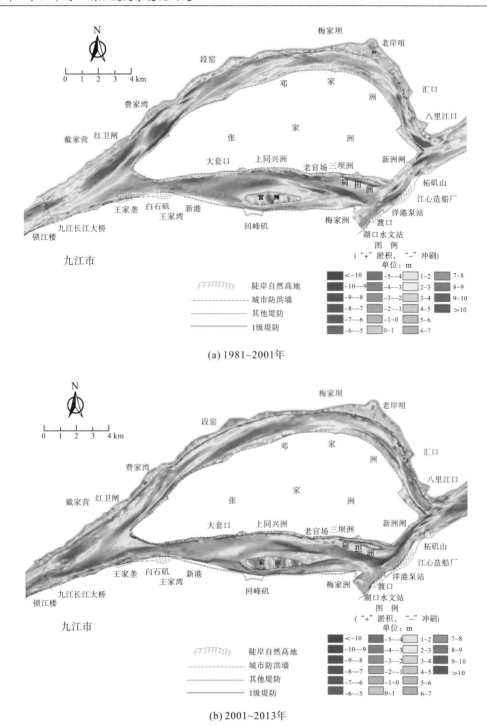

(a) 1981~2001年

(b) 2001~2013年

图 4.2-9　鄱阳湖汇流河段河床冲淤厚度平面分布图

4.3   长江—洞庭湖顶托关系变化

洞庭湖湖区由于湖南四水的洪水一般发生在 4~6 月，湖区水位逐渐抬高；6~8 月，长江干流来水逐渐增大，通过荆江三口分流进入湖区的水量也随之增大，湖区水位继续抬升，至 8 月湖区水位达到最高。此后，出湖水量大于入湖水量，湖区水位逐渐消落。在汛期，长江干流水位上涨速度快，顶托作用逐渐增强，湖区水面比降逐渐变缓，但没有负比降出现，因此也没有出现长江水流倒灌进入洞庭湖的情况。

长江与洞庭湖相互顶托作用明显，但不同来水条件下，其顶托作用有所差别。例如，2014 年 4 月长江干流来流量为 8280 m³/s，城陵矶来流量偏大，为 6940 m³/s，当次江湖汇流比为 45.6%，江湖水流相互顶托，汇流段主流偏靠右岸侧，出湖含沙量大于入湖，对干流泥沙补给比为 56.0%。同年 10 月，干流来水偏大，流量为 10400 m³/s，城陵矶来流量 3900 m³/s，当次江湖汇流比为 27.3%，干流对湖区出流形成明显的顶托。受顶托影响，湖区七里山附近水深与 4 月相比基本无变化，但流速大幅度减小，出湖含沙量仍然大于干流段，但泥沙补给比减小为 32.8%（表 4.3-1，图 4.3-1）。

表 4.3-1   洞庭湖入汇段水文泥沙观测成果统计

实测时间	断面名称	水位/m	流量/(m³/s)	断面平均流速/(m/s)	水面宽/m	平均水深/m	平均含沙量/(kg/m³)	悬移质断面输沙率/(kg/s)
2014.04	七弓岭（荆 181）	21.86	8280	1.20	680	10.2	0.104	858
	城陵矶（七里山）	21.62	6940	0.61	1190	9.6	0.147	1020
	莲花塘（CZ01）	21.36	15500	1.65	960	9.8	0.117	1820
2014.10	七弓岭（荆 181）	22.24	10400	1.18	736	12.0	0.092	956
	城陵矶（七里山）	21.82	3900	0.33	1190	9.8	0.104	404
	莲花塘（CZ01）	21.74	14700	1.32	952	11.7	0.084	1230

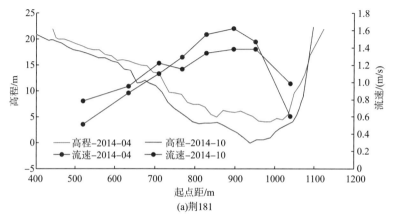

(a)荆181

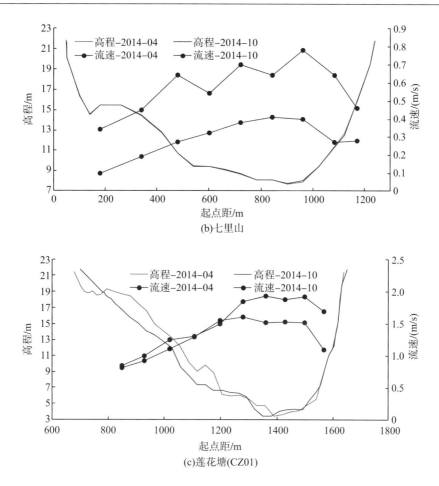

(b)七里山

(c)莲花塘(CZ01)

图 4.3-1　洞庭湖入汇段水文测验断面流速分布图

4.3.1　顶托关系变化特征

1. 年际变化

1955～2015 年，四水汇流比无趋势性变化，城陵矶汇流比略呈减小趋势。城陵矶—螺山段水面比降不同时段其变化特点有所不同：1955～1980 年总体呈增大趋势，1980～1999 年呈减小趋势，1999～2015 年则略有增大。除少数年份(1967 年、1968 年、1982 年、1983 年、2002 年、2012 年)外，监利—城陵矶段水面比降变化过程与城陵矶—螺山段基本一致，其总体略大于城陵矶—螺山段，特别是 1969 年上车湾裁弯完成后至 1979 年，其水面比降明显增大。可见，洞庭湖湖区营田—城陵矶段水面比降除 1955～1960 年有所增大外，总体呈明显减小的趋势，表明干流对洞庭湖的顶托作用明显增大。

20 世纪 50 年代以来，荆江河段先后经历了下荆江系统裁弯、上游河段兴建葛洲坝及三峡工程等重大水利事件，对江湖汇流及顶托会产生一定程度的影响。为便于分析，分 5 个时间段进行水面比降统计：①1955～1966 年，下荆江系统裁弯以前；②1967～1980 年，下荆江系统裁弯及影响期；③1981～1990 年，葛洲坝截流至长江上游大规模水土保持之前；④1991～2002 年，长江上游大规模水土保持至三峡工程蓄水前；⑤2003 年之后，三峡水库蓄水运行后。

表 4.3-2 和表 4.3-3 分别为不同流量级条件下不同时段营田—城陵矶和监利—城陵矶的水面比降。可以看出，营田—城陵矶和监利—城陵矶水面比降的变化趋势大致相反，洞庭湖区水面比降减小，干流区水面比降增大。1967～1980 年，下荆江系统裁弯，30000 m³/s流量级以下洞庭湖营田—城陵矶段水面比降均减小，40000 m³/s 流量级以上水面比降均增大。与此同时，干流监利—城陵矶段各流量级水面比降均增大。2003 年三峡水库蓄水后，营田—城陵矶各级流量级下的水面比降均减小，监利—城陵矶各级流量级下的水面比降均增大。

表 4.3-2　不同时段分级流量下洞庭湖营田—城陵矶水面比降

分级流量/(m³/s)	水面比降/‰					
	1955～1966 年	1967～1980 年	1981～1990 年	1991～2002 年	2003～2015 年	平均
5000	0.595	0.478	0.416	0.372	—	0.490
10000	0.602	0.483	0.324	0.343	0.219	0.397
20000	0.278	0.225	0.237	0.182	0.136	0.210
30000	0.168	0.138	0.100	0.120	0.096	0.125
40000	0.097	0.141	0.107	0.103	0.074	0.106
50000	0.083	0.095	0.080	0.102	0.080	0.091

表 4.3-3　不同时段分级流量下长江干流监利—城陵矶水面比降

分级流量/(m³/s)	水面比降/‰					
	1955～1966 年	1967～1980 年	1981～1990 年	1991～2002 年	2003～2015 年	平均
5000	0.553	0.597	0.516	0.525	—	0.557
10000	0.445	0.452	0.444	0.421	0.448	0.442
20000	0.340	0.384	0.353	0.355	0.370	0.360
30000	0.286	0.334	0.365	0.351	0.351	0.337
40000	0.275	0.300	0.362	0.327	0.352	0.321
50000	0.214	0.270	0.336	0.292	0.324	0.291

图 4.3-2 为点绘的不同时期洞庭湖湖区营田—城陵矶和干流段监利—城陵矶水面比降的日变化。可以看出，不同时期的水面比降较为接近，均为 5 月以前和 9 月以后，营田—城陵矶水面比降在不同时段差异较大，2～3 月差异最大，7～8 月差异最小。1967～1980 年，受下荆江系统裁弯影响，水面比降在 5 月以前和 9 月以后均较 1955～1966 年明显减小，但在 7～8 月则比 1955～1966 年大。1981 年以后，水面比降进一步减小，特别是 2003 年三峡水库蓄水以后，洞庭湖湖区比降明显减小，全年均比以前时段小，且水面比降在年内的变幅减小，水流对洞庭湖的顶托作用进一步增强。

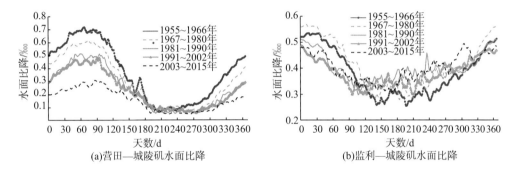

图 4.3-2　不同时段营田—城陵矶和监利—城陵矶水面比降变化

1967～1980 年，受下荆江系统裁弯影响，监利—城陵矶段全年水面比降均较 1955～1966 年明显增大；1981～1990 年，4 月以前水面比降较前两个时段减小，5～8 月水面比降较前两个时段增大；2003 年三峡水库蓄水以后，监利—城陵矶段全年水面比降均较 1991～2002 年增大。与对洞庭湖区影响不同的是，监利—城陵矶干流段水面比降不同时期的变化在全年的差别均较大。

图 4.3-3 为不同时段 5000 m³/s、10000 m³/s 和 20000 m³/s 流量级城陵矶汇流比与营田—城陵矶水面比降的关系。可以看出，在 5000 m³/s 流量级，相同数值的城陵矶汇流比条件下，不同时段的水面比降差异明显。1967～1980 年，营田—城陵矶比降明显低于 1955～1966 年，洞庭湖水流顶托作用增强；1981 年后的时段，营田—城陵矶水面比降进一步减小。不同时段的汇流比与水面比降有较大的差异，同汇流比条件下水面比降减小。在 10000 m³/s 流量级条件下，不同时段的汇流比与水面比降也有较大差异，同汇流比条件下水面比降减小，1967～1980 年营田—城陵矶比降明显低于 1955～1966 年；1981～1990 年和 1991～2002 年两个时段水面比降差别不大；2002 年后，水面比降进一步减小，汇流比也减小。在 20000 m³/s 及以上流量级条件下，各个时段的点据混杂，水面比降一般随汇流比的增大而增大，不能体现水利工程的影响。在 10000 m³/s 及以下流量级条件下，水利工程对营田—城陵矶段水面比降的影响较为明显，同汇流比条件下水面比降从 1955～1966 年到 2003～2015 年在不断减小，水流对洞庭湖的顶托作用变强；而在 20000 m³/s 及以上流量级条件下，水利工程对水面比降的影响不明显。

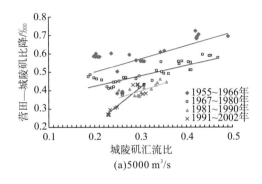

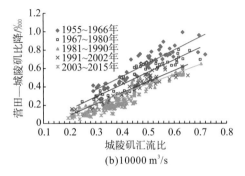

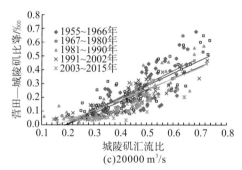

图 4.3-3   5000 m³/s、10000 m³/s 和 20000 m³/s 流量级城陵矶汇流比与营田—城陵矶水面比降的关系

图 4.3-4 为不同时段 5000 m³/s、10000 m³/s 和 20000 m³/s 流量级城陵矶汇流比与监利—城陵矶水面比降的关系。可以看出，在 5000 m³/s 流量级，相同的汇流比条件下，不同时段的水面比降也有明显差异，但与营田—城陵矶的变化不同。1967～1980 年，受下荆江系统裁弯的影响，监利—城陵矶水面比降明显大于 1955～1967 年，与同期洞庭湖湖区水面比降的变化相反，水流对洞庭湖的顶托作用增强；1981 年后的时段，监利—城陵矶水面比降又减小，与洞庭湖湖区的变化一致。在 10000 m³/s 流量级条件下，不同时段的汇流比与水面比降的差异较 5000 m³/s 流量级明显减小，同汇流比条件下，1967～1980 年与 1955～1966 年的水面比降差别不大，荆江裁弯的影响不明显；1981～1990 年和 1991～2002 年两个时段也差别不大，但 1981～1990 年和 1991～2002 年两个时段的水面比降略比 1955～1966 年及 1967～1980 年两个时段小；2003 年三峡水库蓄水运用以后，同汇流比条件下，水面比降较 1991～2002 年增大。在 20000 m³/s 及以上流量级条件下，各个时段的点据混杂，水面比降随汇流比的增大而减小，对干流的顶托作用增强，不能体现水利工程的影响。

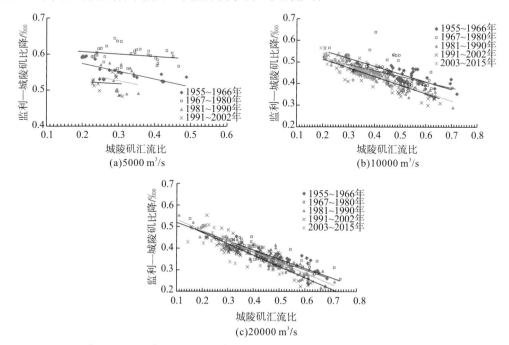

图 4.3-4   5000 m³/s、10000 m³/s 和 20000 m³/s 流量级城陵矶汇流比与监利—城陵矶水面比降的关系

从以上分析可以看出，水利工程对不同流量级水面比降的影响差异较大，对 10000 m³/s 及以下流量级条件下水面比降的影响较大，而对 20000 m³/s 及以上流量级条件下水面比降的影响很小。

同汇流比条件下水面比降的变化既可受上游站水位的影响，也可受下游站水位的影响，或被两者同时影响。图 4.3-5 点绘了不同流量级下不同时段汇流比与城陵矶水位的关系。可以看出，在 5000 m³/s 流量级，1967～1980 年下荆江系统裁弯后，同汇流比条件下城陵矶水位升高，水位差值平均为 0.8～2 m，汇流比越大，城陵矶水位增幅越大。城陵矶水位升高导致营田—城陵矶水面比降减小，洞庭湖湖区受到的水流顶托作用增强。

在 10000 m³/s 流量级，不同时段城陵矶水位的差异也很大，城陵矶水位与汇流比的相关关系也与 5000 m³/s 流量级有较大差别，在 5000 m³/s 流量级，城陵矶水位随汇流比的增大而升高，而在 10000 m³/s 流量级，城陵矶水位随汇流比的增大而降低。1967～1980 年下荆江系统裁弯后，同汇流比条件下城陵矶水位升高，导致营田—城陵矶水面比降减小，洞庭湖湖区受到的水流顶托作用增强；1981～1990 年和 1991～2002 年时段，城陵矶水位较前一时段仍升高，2003 年以后，城陵矶水位较前一时段降低。

在 10000 m³/s 流量级及以下，同汇流比时不同时段城陵矶水位的差异较为明显，而在 20000 m³/s 流量级，不同时段城陵矶水位仍有一定差异，但不及 20000 m³/s 流量级以下明显。1967～1980 年下荆江系统裁弯后，同汇流比条件下城陵矶水位仍升高；1981～1990 年，城陵矶水位与 1967～1980 年基本一致；1991～2002 年城陵矶水位较前一时段略升高，2003～2015 年城陵矶水位与 1991～2002 年基本一致。30000 m³/s 流量级以上，点群更混杂，但城陵矶水位仍较 1955～1966 年升高。

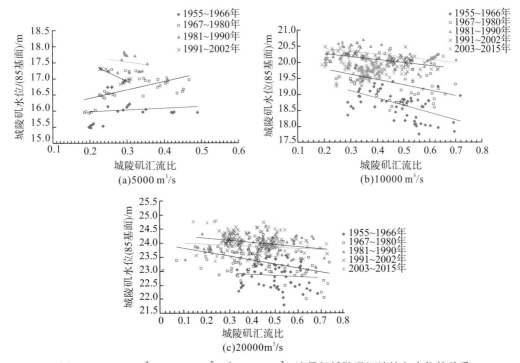

图 4.3-5　5000 m³/s、10000 m³/s 和 20000 m³/s 流量级城陵矶汇流比与水位的关系

　　从汛期(洞庭湖的汛期一般为4～9月,往往比长江干流汛期提前一个月,这里的汛期与干流一致,为5～10月)与非汛期变化情况(图4.3-6)看,汛期四水汇流比无趋势性变化,城陵矶汇流比在1955～1972年明显减小,此后无明显增减变化,非汛期四水汇流比与城陵矶汇流比均无明显的趋势性变化。汛期城陵矶—螺山段与监利—城陵矶段水面比降均略呈增大的趋势,而非汛期的变化趋势则相反,均呈略减小的趋势。洞庭湖区与长江干流水面比降的变化差异很大,汛期洞庭湖区水面比降小于干流段,且变化趋势相反,呈减小的趋势。非汛期洞庭湖区及干流河段水面比降明显大于汛期,洞庭湖区水面比降减小非常明显。1968年以前营田—城陵矶非汛期水面比降大于监利—城陵矶河段,1968年以后则小于监利—城陵矶河段,且自2003年后差值越来越大,2003年后营田—城陵矶水面比降减小趋势更为明显。

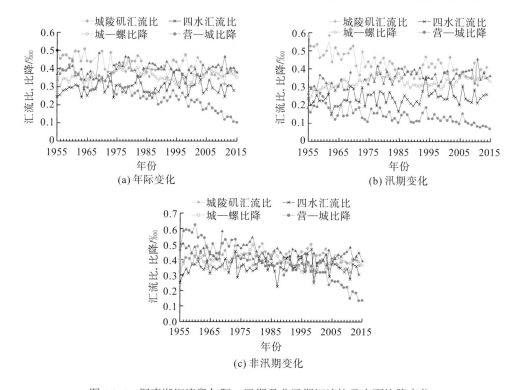

图4.3-6　洞庭湖汇流段年际、汛期及非汛期汇流比及水面比降变化

　　由以上分析可见,流量越大,汇流段上游比降越小,顶托作用越明显。以螺山站日均流量为基准(下同,本节中分级流量均指螺山流量),分5000 m³/s、10000 m³/s、20000 m³/s、30000 m³/s、40000 m³/s、50000 m³/s共6个不同的流量级来进行分析(2003～2015年受三峡水库调节作用,螺山站未出现5000 m³/s的流量)。

　　不同流量级下,营田—城陵矶、监利—城陵矶段水面比降变化特点均有所不同(图4.3-7)。营田—城陵矶段水面比降总体上呈减小趋势,但随着流量级的增大,水面比降减小幅度逐渐变小,特别是高水时其水面比降变化不大;监利—城陵矶河段在枯水时水面比降略呈减小的趋势,中高水时则呈增大的趋势,且流量级越大,增大的趋势越明显,说明洞庭湖出流对干流的顶托作用在高水时有所减弱。

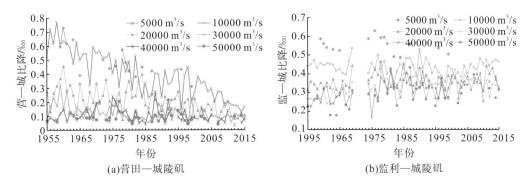

图 4.3-7　营田—城陵矶、监利—城陵矶段不同流量级水面比降变化

2. 年内变化

一般而言，当江湖汇流段上游干流监利—城陵矶段、洞庭湖营田—城陵矶段水面比降增大时，可认为江湖顶托作用减弱；当汇流段上游水面比降减小时，江湖顶托作用增强。当汇流段上游水面比降大于下游的城陵矶—螺山段时，可认为顶托作用不明显或无顶托作用，当汇流段上游水面比降小于下游的城陵矶—螺山段时，顶托作用明显，且汇流段上、下游水面比降之间的差值越大，顶托作用越明显。因此，可以通过汇流段上游干流监利—城陵矶段、洞庭湖营田—城陵矶段日均水面比降及汇流段下游城陵矶—螺山段水面比降的变化关系来分析江湖顶托作用的大小(图 4.3-8)。

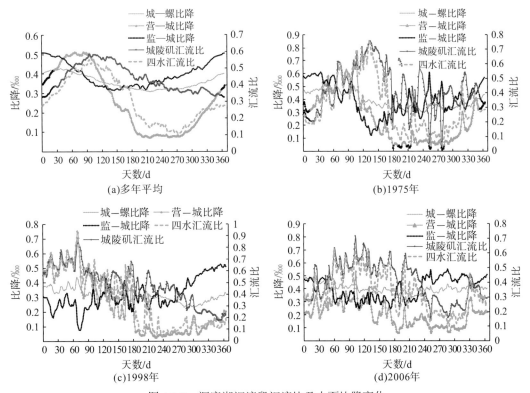

图 4.3-8　洞庭湖汇流段汇流比及水面比降变化

受荆江三口分流因素的影响，四水汇流比与城陵矶汇流比在年内的变化存在一定差异。从多年平均情况看，1~4 月，洞庭湖四水来水量增大，荆江三口分流量小，四水汇流比与城陵矶汇流比差值较小，且同步增大；5~8 月，长江干流来水增多，四水汇流比明显减小，城陵矶汇流比受三口分流量增大的影响，减小幅度明显小于四水汇流比；9~12 月，干流来水减少，三口分流量也减小，四水汇流比逐渐增大，但城陵矶汇流比则相对稳定，两者差值变小。

同时可以看到，汇流比对汇流段水面比降影响较大，但汇流河段水面比降的变化与汇流比年内的变化过程并不完全一致，汇流段上游的监利—城陵矶、营田—城陵矶水面比降变化与下游的城陵矶—螺山段也存在较大的差异。1~2 月为枯水季节，干流流量减小，洞庭湖流量相对增加，汇流比增大，营田—城陵矶段水面比降增大，而干流受洞庭湖汇流比增大的影响，监利—城陵矶段水面比降减小，水流受到顶托，由于流量较小，顶托作用较弱；3 月洞庭湖四水来水及城陵矶汇流比继续增加，营田—城陵矶河段水面比降增大，监利—城陵矶河段水面比降减小，四水流量增加对干流形成顶托；4 月洞庭湖四水来水继续增大，而干流尚未明显涨水，四水汇流比达到最大，营田—城陵矶段水面比降出现最大值，干流水面比降明显减小，小于城陵矶—螺山段的水面比降，受洞庭湖的水流顶托作用明显增强；5~6 月，随着长江上游来水量的增加，洞庭湖汇流比减小，干支流流量都较大，在汇口段相互顶托，洞庭湖营田—城陵矶段及干流监利—城陵矶河段水面比降都减小，干流段水面比降为全年的最小值，低于下游的城陵矶—螺山河段；7 月干流来水量进一步增加，四水来水量减小，四水汇流比及城陵矶汇流比均减小，其中四水汇流比减小更为明显，与城陵矶汇流比的差值增大，干流水面比降增大，洞庭湖水面比降急剧减小，形成干流对洞庭湖的顶托；8~9 月，干流来水量比例进一步增加，四水汇流比及城陵矶汇流比均进一步减小，四水汇流比减小更明显，与城陵矶汇流比的差值更大，干流水面比降略增大，洞庭湖水面比降达到最小值，不再有减小的趋势，维持在 0.08‰左右，形成干流对洞庭湖的明显顶托；10 月后，洞庭湖四水及长江干流来水量均减小，干流来水量减小比例更大，四水汇流比增大，城陵矶汇流比略有减小，干流及洞庭湖四水流量均减小导致干流水位回落，城陵矶—螺山河段、监利—城陵矶河段及洞庭湖区水面比降都增大，监利—城陵矶河段比降大于城陵矶—螺山河段，营田—城陵矶段小于城陵矶—监利河段，水流顶托作用明显减弱。

3. 典型年年内变化

干流对洞庭湖的顶托作用强度及持续时间明显大于洞庭湖对干流的顶托。3~4 月形成洞庭湖对干流的顶托，5~6 月洞庭湖与干流相互顶托，7~10 月形成干流对洞庭湖的顶托，11 月到次年 2 月为退水阶段，顶托作用减弱。但洞庭湖与干流来水的遭遇情况不同，水面比降和江湖相互顶托作用也有所不同，典型的有 1975 年、1998 年和 2006 年（图 4.3-8）。

1975 年为 1955~2015 年洞庭湖四水来水量最大的年份，该年城陵矶至螺山段水面比降为 0.3‰~0.5‰，年内变化不大。1~2 月，三口分流量小，四水来水及城陵矶汇流比同步增大，四水汇流比达 0.6 以上，洞庭湖营田—城陵矶水面比降增大，长江干流监利—城陵矶水面比降减小；3 月监利—城陵矶水面比降小于城陵矶—螺山水面比降，洞庭湖出流对干流的顶托作用明显；4 月洞庭湖四水来水量进一步增大，干流来水量也增大，但水流仍主要来自洞庭湖四水，江、湖水面比降均迅速减小，且均小于城陵矶—螺山段，江、湖水流相互顶托作用明显；5～6 月干流来水增加，四水汇流比减小，三口分流比增大，四水汇流比与城陵矶汇流比之间的差值增大，江、湖虽有相互顶托，但干流对洞庭湖的顶托作用更为明显；7～9 月，洞庭湖四水来水减小，四水汇流比处于年内低值且变化不大，径流以干流来水量为主(占 80%～90%)，干流比降略增大，洞庭湖区比降达到最低，干流对洞庭湖的顶托明显增强；10 月以后，干支流来水量均减小，处于退水过程，干支流比降均变大，顶托作用均有所减弱。

1998 年为 1955～2015 年长江干流来水量最大的年份。1～3 月，洞庭湖来水量明显大于常年，四水及城陵矶汇流比均大于 0.5，最大接近 0.9，干流来水量小，三口分流比小，洞庭湖营田—城陵矶段水面比降大于汇流段下游的城陵矶—螺山段，干流监利—城陵矶段水面比降小于城陵矶—螺山段，洞庭湖对干流的顶托作用十分强烈；4～6 月，洞庭湖四水来水量仍很大，同时干流来水量也增大，汇流比减小但仍在 0.5 左右，来水仍以洞庭湖四水为主，汇流段上游水面比降均小于汇流段下游，江湖水流发生相互顶托；7～9 月，干流来水量明显增大，而四水来水逐渐消退，四水汇流比仅为 0.1 左右，三口分流比增大，四水与城陵矶汇流比差值增大，干流水面比降变化不大，洞庭湖水面比降减小，为 0.04‰～0.05‰，干流对洞庭湖的顶托强烈，洞庭湖出流水流对干流的顶托作用较小；9～10 月，干支流来水量减小，处于退水过程，干流水面比降变大，而洞庭湖水面比降仍很小，干流对洞庭湖的顶托仍较强；10 月以后，干流及洞庭湖区来水量均减小，四水汇流比增大，城陵矶汇流比减小，二者的差值减小，干流及洞庭湖区水面比降均增大，水流顶托减弱。

2006 年，长江干流和洞庭湖均为枯水年份，四水汇流比与城陵矶汇流比相差很小，荆江三口分流量很小，水流顶托作用不强，螺山段与监利段水面比降相差不大，洞庭湖水面比降也不大。1～6 月汇流段上游水面比降均小于汇流段下游，江湖均受到顶托，但因流量较小，顶托强度不大，干流对洞庭湖的顶托主要发生在 8～10 月，洞庭湖对干流的顶托很弱，主要发生在 3～4 月。

4.3.2　顶托作用大小及范围

1. 干流对洞庭湖的顶托作用及范围

1)顶托作用
由于洞庭湖出湖控制站城陵矶(七里山)水文站距离长江干流相对较近，难以直接定量分析长江干流水位变化对城陵矶(七里山)流量的影响，因此在湖区内选择控制水位站，拟定各站以莲花塘站水位为参数的水位-流量关系曲线。

(1)鹿角水位-流量关系。
鹿角水位站距洞庭湖出口城陵矶水文站约 38 km，距洞庭湖汇入长江干流莲花塘水位站约 40 km。鹿角站与城陵矶站相距较近，且两站之间无大的支出流汇入，水量主要来自湘江、资水、沅江、澧水和长江松滋口、太平口、藕池口，可以认为鹿角断面流量与城陵矶断面出湖流量基本一致。

　　根据实测资料，以莲花塘水位（85 基面，下同）为参数，利用鹿角站水位资料与洞庭湖出口城陵矶站流量资料，拟定出不同水位顶托条件下鹿角站的水位-流量关系曲线，成图点线与关系线配合较好（图4.3-9）。受长江干流水位顶托影响的水位-流量关系呈扫把形，随着长江干流莲花塘水位升高，水位-流量关系线逐步出现反曲现象。莲花塘水位对洞庭湖出湖水量影响较直接。当莲花塘水位低于 19.0 m，出湖流量小于 2500 m³/s，对应东洞庭湖鹿角站水位为 20.2 m 时，洞庭湖出流基本不受长江干流的顶托影响；当长江干流水位高于 19.0 m，出湖流量大于 2500 m³/s，鹿角站水位为 20.2 m 左右时，洞庭湖出流受长江干流影响开始显现。且随着长江干流水位升高，洞庭湖出湖流量受长江干流顶托逐步显著，在同一水位条件下，出湖流量相差 15000 m³/s。

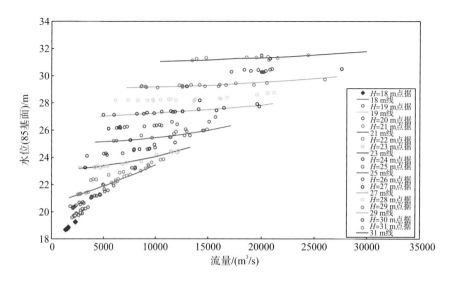

图 4.3-9　鹿角站水位-流量关系图（以莲花塘水位为参数）

　　（2）荷叶湖水位-流量关系。

　　荷叶湖站是南洞庭湖流入东洞庭湖的巡测水文站，距离长江干流莲花塘水位站约 60 km，主要施测水位在 26 m 以上，26 m 以下测验较少，实测资料系列涉及时段为2006～2013 年。荷叶湖站水位既受上游洪水的涨落率影响，又受长江干流变动回水顶托的影响，且受回水顶托的影响比受上游洪水涨落率影响大，水位-流量关系相当复杂。

　　根据荷叶湖站 2006～2013 年实测水位-流量资料，以莲花塘水位为参数，点绘长江干流不同水位顶托条件下的荷叶湖站水位-流量关系曲线，如图 4.3-10 所示。可以看出，荷叶湖站水位-流量关系呈扫把形，随着长江干流莲花塘水位升高，水位-流量关系线逐渐出现反曲现象。当长江干流水位低于 20 m，洞庭湖四水来水较小时，本站水位-流量关系、南洞庭湖出流基本不受长江干流水位顶托的影响；当长江干流水位高于 20 m 时，水位-流量关系、南洞庭湖出流受长江干流水位顶托的影响开始显现，且随着长江干流水位升高，长江干流顶托作用愈发显著。在同一水位条件下，南洞庭湖出湖流量最大相差 20000 m³/s。

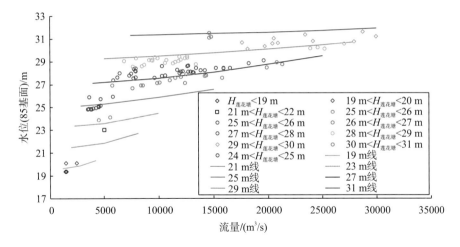

图 4.3-10　荷叶湖站水位-流量关系图（以莲花塘水位为参数）

（3）湘阴站水位-流量关系。

湘阴水文站位于湘江东支东洞庭湖区尾闾，距洞庭湖出口约 75 km，该站具有 1926～1955 年、1975 年不完整实测水位-流量成果，2003～2013 年恢复改为巡测水文站。根据湘阴站 2003～2013 年实测水位-流量资料点绘其水位-流量关系，如图 4.3-11 所示。可以看出，湘阴站水位-流量关系呈扫把形，既受上游洪水涨落率的影响，又受长江干流水位顶托的影响，且受回水顶托的影响比受上游洪水涨落率的影响大。

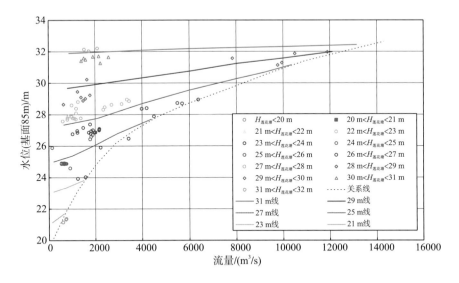

图 4.3-11　湘阴站水位-流量关系图（以莲花塘水位为参数）

当长江干流水位低于 21 m，上游来水小于 500 m³/s 时，湘阴站水位-流量关系不受长江干流莲花塘水位顶托的影响；当长江干流水位高于 21 m，湘阴站水位为 21.50 m 左右时，湘阴出流开始受到长江干流影响，且随着长江干流水位升高，影响更为明显。

长江中游江-河-湖泥沙输移及其对人类活动的响应

(4)草尾站水位-流量关系。

草尾水文站是草尾河控制站,草尾河是南洞庭湖最北端的一个分流洪道,经过分洪道直接流入东洞庭湖。草尾水文站距洞庭湖出口约 138 km,该站具有 1968～2013 年实测水位流量成果资料,本书采用 2003～2013 年实测水位、流量点绘水位-流量关系,如图 4.3-12 所示。可以看出,水位-流量关系点群分布呈现出低水部分点据较稳定的特点,随着水位升高,水位-流量关系点据逐渐出现发散变化,表明本站水位-流量关系既受上游洪水涨落率的影响,又受长江干流变动回水顶托的影响,但受上游洪水涨落率的影响比受回水顶托的影响大。当草尾水位为 27.00 m,相应长江干流莲花塘水位为 24.00 m 时,水位-流量关系点据开始出现发散,当草尾水位在 27.00 m 以上,相应长江干流莲花塘水位在 24.00 m 以上时,水位-流量关系点据受长江干流回水顶托影响较明显。

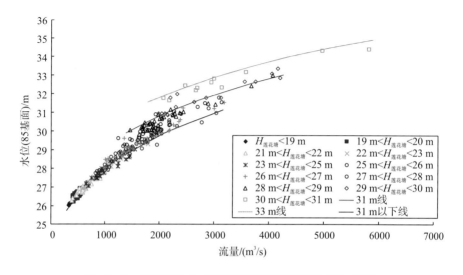

图 4.3-12　草尾站水位-流量关系图(以莲花塘水位为参数)

基于洞庭湖湖区控制站实测水位、流量资料,以长江干流莲花塘水位为参数,拟定了鹿角、荷叶湖、湘阴、草尾站的水位-流量关系,基本涵盖了东、南、西洞庭湖水位-流量关系受长江干流回水顶托影响的范围。同时,结合长江干流莲花塘站与湖区鹿角、荷叶湖、营田、湘阴、杨柳潭、东南湖、南咀、小河咀、草尾站的月平均、逐日平均水位相关分析成果,综合拟定出受长江干流回水顶托影响水位级:①鹿角站代表了东洞庭湖汇入长江干流流量变化情势,当莲花塘水位低于 19 m 时,长江干流水位对鹿角站水位-流量关系无顶托影响,当莲花塘水位高于 19 m 时,长江干流水位对鹿角站水位-流量关系有顶托影响,随着干流水位升高,鹿角站水位-流量关系受顶托影响逐渐增大;②荷叶湖站控制了南洞庭湖流入东洞庭湖流量的变化情势,当莲花塘水位低于 20 m 时,长江干流水位对荷叶湖站水位-流量关系无顶托影响,当莲花塘水位高于 20 m 时,长江干流水位对荷叶湖站水位-流量关系有顶托影响,随着干流水位升高,荷叶湖站水位-流量关系受顶托影响越来越大;③湘阴水文站是湘江东支东洞庭湖湖区尾闾控制站,其水位-流量关系变化直接反映了尾闾的水文情势,当莲花塘水位低于 21 m 时,长江干流水位对湘阴水位-流量关系无顶托影响，当莲花塘水位高于 21 m 时，长江干流水位对湘阴水位-流量关系有顶托影响；④西洞庭湖流入南洞庭湖后，经草尾河分流洪道汇入东洞庭湖，草尾水文站是草尾河控制站，当莲花塘水位低于 24 m 时，长江干流水位对西洞庭湖湖区水位-流量关系无顶托影响，当莲花塘水位高于 24 m 时，长江干流水位对西洞庭湖湖区南咀、小河咀以及草尾站水位-流量关系逐渐形成顶托影响。

2）干流对湖区水流顶托范围

随着来水量及汇流比的变化，水流顶托强度与范围也存在较大的差异，水流顶托范围可以用不同监测站水面比降变化及其与城陵矶站的水位关系来表示。图 4.3-13(a)点绘了洞庭湖湖区不同水位站与城陵矶站之间多年日均水面比降变化情况，从下游到上游方向依次为鹿角、营田、杨柳潭、沅江、小河咀、周文庙、牛鼻滩水文站，包含了东洞庭湖到西洞庭湖的几乎整个湖区范围，同时与城陵矶—螺山比降进行对比。

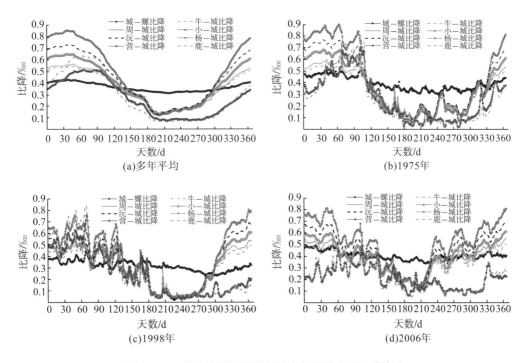

图 4.3-13　洞庭湖湖区不同区域多年平均水面比降变化

洞庭湖湖区不同区域水面比降的变化幅度存在较大差异，受水流顶托的时间和强度随与离城陵矶距离的不同而不同，但总体上讲 7 月湖区水流顶托最明显。4 月以前洞庭湖顶托干流，湖区水面比降大于城陵矶—螺山段，5 月与干流相互顶托，6～10 月以干流顶托洞庭湖为主，湖区水面比降明显小于城陵矶—螺山段；10 月退水后，湖区杨柳潭以上与城陵矶的水面比降大于城陵矶—螺山段，不受水流顶托或受水流顶托影响很小，营田以下水面比降小于螺山段，仍受一定程度的顶托。此外，营田—城陵矶的比降与鹿角—城陵矶的比降变化较为接近，4 月以前洞庭湖的涨水阶段，鹿角—城陵矶的比降大于营田—城陵矶的比降，其余月份两者基本一致，营田段比降略大于鹿角段，鹿角段距离汇口近，水流顶托更明显。营田—城陵矶及鹿角—城陵矶比降较其他区域水面比降差别较大，随与汇口距离的增大，顶托作用变弱，表现为水面比降增大。杨柳潭以上部分在水流顶托最强烈的7月，其水面比降仍略大于营田以下湖区。在5～10月，洞庭湖湖区水面比降小于干流城陵矶—螺山段，水面比降相差很小，干流对洞庭湖顶托影响较大，杨柳塘以上湖区水面比降较枯水期大幅度减小，且水面比降数值很接近，表明水流顶托范围至少达到牛鼻滩水位站。在1～4月洞庭湖对干流的顶托时段，从杨柳塘到牛鼻滩水面比降依次减小，在8月干流对洞庭湖的顶托时段，从杨柳塘到牛鼻滩水面比降依次增大，但其数值很接近。

此外，图4.3-13(b)、图4.3-13(c)、图4.3-13(d)分别点绘了典型年1975年、1998年和2006年的水流顶托情况。随洞庭湖及长江干流来水情况及水流遭遇情况的不同，洞庭湖湖区水流顶托的范围及顶托持续时间都存在较大的差异。2006年水流顶托主要在东洞庭湖范围，南洞庭湖及西洞庭湖仅6～7月有短暂的顶托，顶托范围达到牛鼻滩；1975年洞庭湖4～11月都受水流顶托影响，东洞庭湖受顶托明显，南洞庭湖及西洞庭湖顶托时间也较长；1998年4月以前顶托不明显，6～9月，洞庭湖受顶托作用强烈，不同水位站至城陵矶的水面比降几乎相等，水面比降仅0.04‰左右，顶托范围达到牛鼻滩以上区域，10月以后营田区域仍受较强烈的顶托，杨柳潭以上顶托不明显。

水流顶托情况还可以利用两个水文(位)站的水位关系变化来进行分析。当城陵矶水位在某一数值时，上游站水位变化幅度大，水位不受城陵矶站水位变化影响，认为无顶托或顶托作用很弱；当城陵矶站水位超过这一数值时，上游站水位随城陵矶站水位呈线性变化，两者相关性变好，可以认为这一水位为上游站开始受到顶托的最低水位。

城陵矶站与螺山站多年平均日水位关系如图4.3-14(a)所示。两者相关性很好，城陵矶水位随螺山水位呈线性变化，城陵矶水位受螺山顶托影响大。洞庭湖营田站与城陵矶站的水位关系呈顺时针绳套形，涨水阶段与落水阶段的水位关系存在较大差异，涨水时水位差大，落水时水位差小，且涨水阶段与落水阶段的水位差值较大[图4.3-14(b)]。1月，当城陵矶水位在18m左右时，相应营田水位在21m左右，城陵矶在同一水位时，两站水位差值变化幅度较大，营田水位受长江干流顶托影响较小；2月至4月初，城陵矶水位为21m左右时，洞庭湖顶托长江干流，城陵矶水位随营田水位等比例上升；4月中下旬至7月上中旬，城陵矶水位高于21m，城陵矶水位增幅大于营田水位增幅，洞庭湖受干流水流顶托逐渐明显；7月城陵矶与营田水位均达到最大值，城陵矶水位几乎与营田水位相当，营田水位升高主要由长江干流顶托所致；7月下旬至10月上旬，城陵矶水位回落，城陵矶水位在25m以上时，营田水位随之等幅回落；10月下旬以后，当城陵矶水位在23m左右时，城陵矶水位比营田水位回落更快，干流对洞庭湖的顶托作用减弱。

从南洞庭湖杨柳潭站与城陵矶站的水位关系[图4.3-14(c)]可以看出，两者的水位关系呈顺时针绳套形。1月，当城陵矶水位在18m左右时，相应杨柳潭水位在26m左右，城陵矶在同一水位时，两站水位差值变化幅度较大，杨柳潭水位不受长江干流顶托影响；2～5月，城陵矶水位在24.5m以下时，洞庭湖顶托长江干流，城陵矶水位随杨柳潭水位上升而上升，同时，干流来水也增加，城陵矶水位增幅大于杨柳潭增幅；6月至7月上中旬，城陵矶水位高于24.5m，杨柳潭水位增幅加大，洞庭湖受干流水流顶托逐渐明显；7月城陵矶与杨柳潭水位均达到最大值，城陵矶水位与杨柳潭差值最小，为0.4m左右，杨柳潭水位升高主要由长江干流顶托所致；7 月下旬至 10 月上旬，城陵矶水位回落，水位在 24.5 m 以上时，杨柳潭水位也随之回落；10 月下旬以后，当城陵矶水位在 24.5 m 以下时，水位的回落出现一个转折，城陵矶水位回落更快，干流对洞庭湖的顶托作用减弱。

　　从西洞庭湖牛鼻滩站与城陵矶站的水位关系图［4.3-14(d)］来看，两者的水位关系呈顺时针绳套形，城陵矶在同一水位时，牛鼻滩涨水期与落水期水位相差很大。1 月，当城陵矶水位在 18 m 左右时，相应牛鼻滩水位在 28 m 左右，城陵矶在同一水位时，牛鼻滩水位变化幅度大，不受长江干流顶托影响；2~5 月，城陵矶水位在 25.5 m 以下时，洞庭湖顶托长江干流，城陵矶水位随营田水位上升而上升，同时，干流来水也增加，城陵矶水位增幅大于牛鼻滩；6 月上中旬，城陵矶水位高于 25.5 m，牛鼻滩水位增幅加大，水位达年内最高值；6 月下旬至 7 月上中旬，城陵矶水位继续升高，而牛鼻滩水位因沅江来水量减小而降低，维持高水位主要是由长江干流顶托所致；7 月下旬以后，城陵矶水位回落，城陵矶水位在 25.5 m 左右时，牛鼻滩水位的回落存在一个转折，城陵矶水位在 25.5 m 以下时，牛鼻滩水位的回落明显较城陵矶水位在 25.5 m 以上时慢，显示干流对洞庭湖的顶托作用减弱。

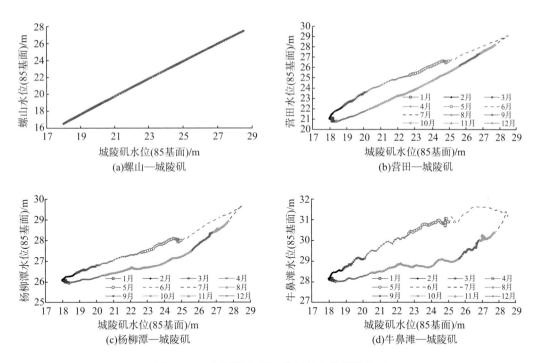

图 4.3-14　城陵矶与湖区控制站水位相关关系

2. 洞庭湖对干流的顶托作用及范围

　　图 4.3-15 为荆江干流不同水文(水位)站至城陵矶站的水面比降变化情况,其变化与洞庭湖湖区水面比降的变化存在较大差异。长江干流从监利、调弦口、新厂、沙市到枝城,水面比降依次增大,非汛期各站比降大且差值小,汛期各站比降小且差值大。1~4 月各站到城陵矶的水面比降减小,6~7 月比降达最小,此时为洞庭湖与干流相互顶托阶段,8

月后各站到城陵矶的水面比降增大。从多年平均日均值的变化情况看，除调弦口和监利到城陵矶水面比降在受到顶托时小于城陵矶—螺山水面比降外，其他站到城陵矶的水面比降均大于城陵矶站到螺山站的水面比降。3月初到5月中旬，调弦口—城陵矶水面比降小于城陵矶—螺山水面比降，表明干流调弦口以下河道受洞庭湖水流顶托明显，调弦口以上则受洞庭湖水流顶托不明显。6～7月汇流口以上河段水面比降与4～5月变化不大，但汇口以下河段水面比降减小，干流仍受到一定程度的顶托，这种顶托主要由流域来水量大所致，与洞庭湖来水量造成的顶托关系有一定差异。

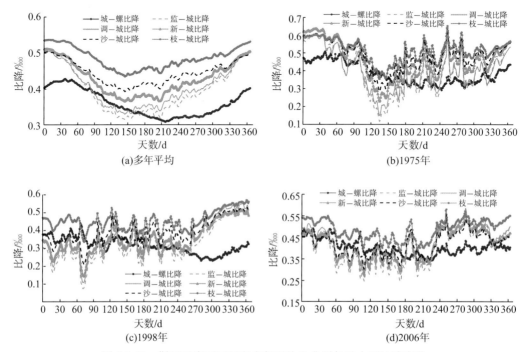

图4.3-15　荆江干流不同河段多年平均及典型年份水面比降变化

图4.3-15(b)、图4.3-15(c)、图4.3-15(d)分别为点绘的干流1975年、1998年和2006年的水流顶托情况。随洞庭湖及长江干流来水情况及水流遭遇情况的不同，洞庭湖湖区水流顶托的范围及顶托持续时间都存在较大差异。1975年为洞庭湖来水量最大的一年，对干流顶托的范围也很大，顶托主要发生在3～6月，其中5月顶托范围达到枝江，枝江—城陵矶水面比降小于城陵矶—螺山水面比降。另外，7～10月，调弦口以下河段也受到洞庭湖来水的短暂顶托作用。1998年长江干流受洞庭湖来水顶托的时间较长，延伸距离也长，1～6月，长江干流都有受到洞庭湖洪水过程的顶托，顶托范围达到沙市，其中3月的顶托范围达到枝城；6～9月，顶托范围达到新厂。2006年干流来水量小，洞庭湖对干流顶托时间较长，从3月中旬一直到8月中旬都有顶托，顶托范围均达到沙市。

从水面比降的大小及持续时间比较，洞庭湖对长江干流的顶托作用明显比干流对洞庭湖的顶托作用要小。

从多年平均情况看，洞庭湖对干流的顶托范围达到调弦口，图4.3-16为点绘的干流监利站及调弦口站与城陵矶站的水位关系。城陵矶与监利站涨水阶段与落水阶段水位关系呈逆时针绳套形，1～7 月为涨水阶段，7 月以后为回落阶段。监利涨水阶段水位低，落水阶段水位高，与洞庭湖的绳套关系相反，且在城陵矶水位一定的条件下，涨水水位与落水水位的差值较营田与城陵矶关系的差值小。当城陵矶水位在 18 m 左右时，相应监利水位在 22.5 m 左右，城陵矶同一水位时，两站水位差值变化较大，监利水位受洞庭湖水流顶托影响较小；当城陵矶水位在 21 m 以下时，城陵矶水位升高时，监利站水位也升高，但升高幅度不及城陵矶，水位受到一定的顶托；当城陵矶水位在 23 m 左右时，监利站水位与城陵矶增幅相当，水位受到明显顶托。

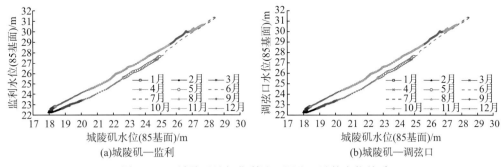

图 4.3-16　城陵矶站与监利站、调弦口站的水位关系

调弦口站水位的顶托情况与营田站相似，当城陵矶水位在 18 m 左右时，相应调弦口水位在 24 m 左右；当城陵矶水位在 23 m 左右时，调弦口水位与城陵矶水位增幅相当，水位受到明显顶托。

4.3.3　顶托影响因素

倪晋仁等（1992）的研究表明，交汇河段水流顶托主要受入汇角、上游水深、汇流比及干流或支流流量的影响，当入汇角给定时，上游水深、汇流比及干流或支流流量三个变量是核心影响因素。除此之外，交汇河段水流顶托还与河道糙率、河宽、底坡等因素有关（范平等，2004）。另外，河道冲淤也会对上游的水流顶托造成一定影响，而水利工程可能造成以上各个因素的变化，从而影响水流顶托。

1. 水位

一般情况下，某一水文站的水位与流量具有较好的相关关系时，流量与水位的影响实质上是一致的。选取螺山流量和城陵矶水位与汇流段上游水面比降进行分析。

从螺山流量与监利—城陵矶及营田—城陵矶水面比降的关系［图 4.3-17(a)］看，监利—城陵矶与螺山流量呈逆时针绳套形关系，营田—城陵矶与螺山流量呈顺时针绳套形关系，同一流量对应不同的水面比降，涨水过程和落水过程的水面比降存在较大差异，干流涨水过程水面比降小，落水过程水面比降大，洞庭湖则相反，涨水过程水面比降大。

类似地，监利—城陵矶水面比降与城陵矶水位呈反时针绳套形关系，营田—城陵矶水面比降与城陵矶水位呈顺时针绳套形关系［图 4.3-17(b)］，同一水位对应不同的水面比降，涨水过程和落水过程的水面比降存在较大差异，干流涨水过程水面比降小，落水过程水面比降大，洞庭湖则相反，涨水过程水面比降大。

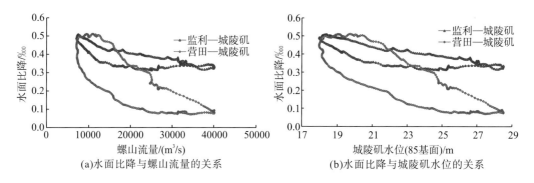

(a)水面比降与螺山流量的关系　　　　　　　　(b)水面比降与城陵矶水位的关系

图 4.3-17　水面比降与螺山流量、城陵矶水位的关系

2. 江湖汇流比

　　汇流比是影响水流顶托的核心因素之一。根据上述分析，洞庭湖进口的四水汇流比与出口的城陵矶汇流比存在较大差异，主要受荆江三口分流比变化的影响。关于三口分流比变化及其影响原因的研究已较为透彻，最为关键的是荆江裁弯及三峡水库蓄水运用等因素，这里不再赘述。营田—城陵矶段水面比降有减小的变化趋势，顶托增强，与三峡水库蓄水后干流河道下切，三口分流比减小有很大的关系。一般情况下入汇角越大，水流顶托越明显。洞庭湖的入汇角远大于鄱阳湖的入汇角，但从日平均情况看，鄱阳湖有倒灌现象，表明顶托强烈，而洞庭湖却无倒灌现象，这主要是因为荆江三口分流改变了干支流的水流比例。

　　汇流比直接影响水流的顶托，汇流比的变化引起洞庭湖水位的变化，但汇流比与其上游水面比降的相关性较差。图 4.3-18 为城陵矶汇流比与营田—城陵矶水面比降的关系，两者的关系为顺时针椭圆形，水面比降与汇流比成正比。1～3 月洞庭湖开始涨水，汇流比不断增大，洞庭湖水面比降也随之增大，形成对干流的顶托；4 月为洞庭湖主要的涨水阶段，汇流比达到年内最大，多年均值在 0.58 左右，形成洞庭湖对干流的顶托，当汇流比减小时，表明干流水流比例增加，洞庭湖水面比降减小，干流对洞庭湖的顶托逐渐显现，这一阶段水面比降随汇流比的减小而减小；4 月下旬至 7 月上旬，洞庭湖来水减小，干流来水最大，汇流比减小，洞庭湖水面比降随汇流比的减小而减小，形成干流对洞庭湖的顶托；7 月中旬至 10 月上旬，汇流比为 0.35～0.45，水面比降不随汇流比的变化而变化，洞庭湖水面比降在年中也达最小，干流对洞庭湖的顶托强烈；10～12 月，干流和洞庭湖来水均减小，但洞庭湖来水减小比例更大，汇流比减小，湖区水面比降增大，顶托作用减弱。汇流比大幅度增大或减小，表明洞庭湖流量或干流流量大幅度增大，无论是干流还是洞庭湖湖区，来流量很大时，必然形成顶托关系。可见，在相同的汇流比条件下，年内不同时段洞庭湖湖区的水面比降差异很大，洞庭湖涨水阶段湖区水面比降大，形成对干流的顶托，落水阶段水面比降小，形成干流对洞庭湖的顶托。

　　基于多年均值与实测值反映的水面比降关系有一定差异。基于实测值，建立 1998 年城陵矶汇流比与营田—城陵矶水面比降的关系，汇流比与水流比降的相关性较差，当汇流比在 0.3 以下时，处于 10～12 月的落水期，湖区水面比降较小，水面比降随汇流比的减小而增大；7～10 月，汇流比为 0.3～0.5 时，水面比降几乎不随汇流比的变化而变化，水面比降达到年内最小值，水流对洞庭湖形成强烈顶托；1～6 月，汇流比大于 0.5 时，水面比降与汇流比呈正相关关系，洞庭湖水面比降随汇流比的增大而增大，洞庭湖来水对干流的顶托作用增强。

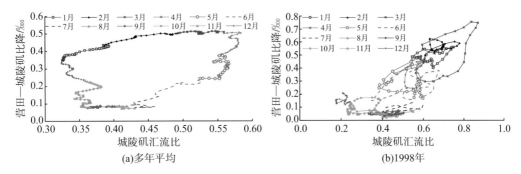

图 4.3-18　多年平均、1998 年城陵矶汇流比与营田—城陵矶水面比降的关系

城陵矶汇流比与监利—城陵矶水面比降的关系也为顺时针椭圆形，但与洞庭湖湖区不同的是，干流水面比降与汇流比大致成反比（图 4.3-19）。在 3 月以前，随汇流比增大，干流水面比降减小，形成洞庭湖水流对干流的顶托；4 月汇流比达到年内最大，多年均值在 0.58 左右，水面比降也达年内最小，洞庭湖对干流的顶托作用最为强烈；5 月至 10 月上旬，汇流比减小，干流水流比例增加，干流水面比降增大，形成对洞庭湖的顶托，干流水面比降随汇流比的减小而增大；10～12 月洞庭湖与干流均为落水阶段，汇流比减小，水面比降增大，水流顶托作用减弱。

基于实测值，建立 1998 年城陵矶汇流比与监利—城陵矶水面比降的关系，两者有较好的相关关系，水面比降与汇流比成反比，城陵矶汇流比越大，干流水面比降越小，洞庭湖对干流的顶托作用越明显。

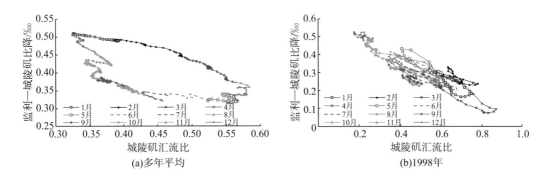

图 4.3-19　多年平均、1998 年城陵矶汇流比与监利—城陵矶水面比降的关系

上述城陵矶汇流比与汇流段上游水面比降的关系受流量大小及洪水涨落的影响，导致

相同汇流比条件下水面比降相差很大。分析不同流量级条件下汇流比与交汇段上游比降的关系可在一定程度上抵消流量的影响。

图 4.3-20 为点绘的长江干流螺山站 6 个流量级下城陵矶汇流比与湖区营田—城陵矶水面比降(日均值的多年均值)的关系。由图 4.3-20(a)可以看出，营田—城陵矶水面比降总体上随城陵矶汇流比的增大而增大，但在不同流量级，这种关系存在较大的差异，一般地，流量级越大，水面比降越小。在 6 个流量级中，除 5000 m³/s 流量级外，随着流量的增大，相关关系拟合线的斜率减小，即随着汇流比的增大，水面比降的增幅随流量级的增大而减小。在 6 个流量级中，10000 m³/s 流量时的城陵矶汇流比与营田—城陵矶水面比降相关关系最好。

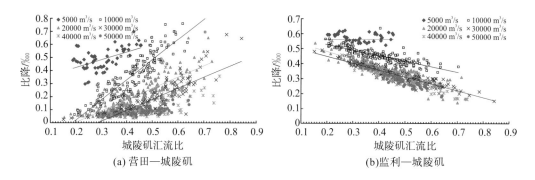

图 4.3-20   不同流量级下汇流比与营田—城陵矶、监利—城陵矶水面比降的关系

从长江干流螺山站 6 个流量级下城陵矶汇流比与长江干流段监利—城陵矶段水面比降的关系［图 4.3-20(b)］可以看出，两者总体上有较好的相关关系，水面比降随城陵矶汇流比的增大而减小，且流量级越大，比降越小，但不同流量条件下差异较小，除 5000 m³/s 流量级外，各流量级关系拟合线的斜率相差不大。5000 m³/s 和 10000 m³/s 流量级相关关系点据与 20000~50000 m³/s 流量级相差相对较大，而 20000~50000 m³/s 流量级的相关关系点据难以区分。如果合并为 3 个流量级：5000 m³/s、10000 m³/s 和 20000~50000 m³/s，则其拟合线斜率的绝对值随流量的增大而依次增大。

3. 河道冲淤变化

河道冲淤变化对水位变化有一定的影响，从而可能影响汇流段上游水面比降。本书以螺山和城陵矶水文站大断面的变化来反映汇流段河道的冲淤变化。

图 4.3-21 为螺山和城陵矶水文站大断面的变化情况。可以看出，螺山断面主河槽分两汊，冲淤交替变化比较强烈，1975 年下荆江系统裁弯完成后，左岸主河道淤积；1985 年葛洲坝水库运行后，左岸主河道冲刷，但右岸发生剧烈淤积；1995 年左岸主河道淤积，左岸主河道冲刷；2005 年左岸主河道冲刷，右岸发生剧烈淤积；2015 年断面形态与 2005 年接近。城陵矶大断面为单一河道，断面冲刷较小。

表 4.3-4 为 25 m(85 基面)水位下螺山和城陵矶断面不同时段大断面参数统计表。可以看出，1975 年下荆江系统裁弯后，螺山断面面积减小，河宽基本保持不变，最大水深增

大，平均水深减小，平均河底高程抬高了 1.28 m；城陵矶断面面积减小，河宽保持不变，最大水深和平均水深均减小，平均河底高程抬高了 0.54 m，导致城陵矶水位抬高，从而使汇流段上游水面比降减小，水流顶托作用增强。2005 年，三峡工程运行后，螺山断面面积减小，河宽减小，最大水深和平均水深均减小，平均河底高程较 1995 年抬高了 0.75 m；城陵矶断面面积减小，河宽保持不变，最大水深和平均水深均减小，平均河底高程较 1995 年抬高了 0.44 m，导致城陵矶水位略抬高，但对上游水面比降变化的影响较小。

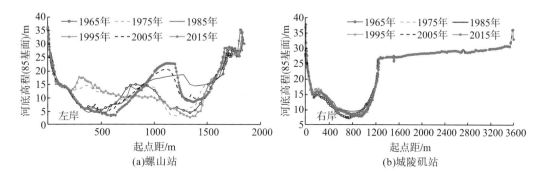

图 4.3-21　螺山、城陵矶站历年大断面变化图

表 4.3-4　不同时段螺山、城陵矶大断面参数统计

控制站	年份	断面面积/m²	水面宽/m	最大水深/m	平均水深/m	平均河底高程/m
	1965	23894	1662	20.72	14.38	10.62
	1975	21766	1661	21.94	13.10	11.90
螺山	1985	19501	1633	21.19	11.94	13.06
	1995	22053	1627	22.36	13.56	11.44
	2005	20628	1610	21.15	12.81	12.19
	2015	20870	1611	21.96	12.95	12.05
	1965	15866	1213	15.85	13.08	11.92
	1975	15218	1213	14.38	12.54	12.46
城陵矶	1985	14832	1216	13.65	12.20	12.80
	1995	15223	1219	15.04	12.49	12.51
	2005	15796	1222	15.56	12.93	12.07
	2015	15644	1223	15.30	12.79	12.21

　　从上述分析可以看出，受涨水和落水过程影响，两站之间水位差存在较大的差异。7～10 月，洞庭湖的落水过程实际上伴随荆江干流的涨水过程，形成对洞庭湖的强烈顶托，使落水过程水面比降变小，水位-流量关系发生变化。

　　在水深、汇流比及干流或支流流量三个核心影响因素中，任何单一因素与水面比降的关系均较差。本书采用日均数据的多年均值，并进行极差标准化处理，尝试建立水面比降与汇流比、干流或支流流量及汇流段水位的多元线性模型，其表达式为

$$y = a + bx_1 + cx_2 + dx_3 \tag{4.3-1}$$

式中，y 为水面比降；a、b、c、d 为关系系数；x_1、x_2、x_3 分别为待定汇流比、干流或支流流量及汇流段水位。

分不同的时段，采用试错法，选择复相关系数较大的模型。结果表明，在营田—城陵矶比降的关系式中，x_1、x_2、x_3 分别为城陵矶汇流比、螺山流量及螺山水位；在监利—城陵矶比降的关系式中，x_1、x_2、x_3 分别为城陵矶汇流比、荆江干流流量（螺山流量与城陵矶流量之差）及螺山水位。不同时段营田—城陵矶比降与城陵矶汇流比、螺山流量及螺山水位关系各系数及复相关系数 R 见表 4.3-5；监利—城陵矶比降与城陵矶汇流比、荆江干流流量及螺山水位关系各系数及复相关系数 R 见表 4.3-6。

表 4.3-5   营田—城陵矶比降与汇流比流量-水位关系系数

时段	a	b	c	d	R
1955～1966 年	0.75675	0.78271	0.78088	−1.93365	0.9963
1967～1980 年	0.61157	0.78851	0.77119	−1.78934	0.9957
1981～1990 年	0.41650	0.98564	1.06245	−1.66117	0.9556
1991～2002 年	0.37071	1.02114	1.23711	−1.92726	0.9958
2003～2015 年	0.22876	1.14159	1.42025	−2.02087	0.9932
1955～2015 年	0.61510	0.82086	1.09991	−2.05004	0.9981

表 4.3-6   监利—城陵矶比降与汇流比流量-水位关系系数

时段	a	b	c	d	R
1955～1966 年	1.04493	−0.45967	0.28063	−1.00367	0.9980
1967～1980 年	1.05885	−0.44777	0.57275	−1.28436	0.9940
1981～1990 年	1.14788	−0.75091	0.97907	−1.47074	0.9845
1991～2002 年	1.09037	−0.84510	1.03128	−1.46482	0.9883
2003～2015 年	1.13517	−0.74051	0.69511	−1.15231	0.9923
1955～2015 年	1.05578	−0.58768	0.85615	−1.52214	0.9984

可以看出，营田—城陵矶比降与城陵矶汇流比、螺山与城陵矶流量差值呈正相关关系，与螺山水位呈负相关关系，在这三个因素中，水位的影响更大；监利—城陵矶比降与螺山流量呈正相关关系，与城陵矶汇流比及螺山水位呈负相关关系，在这三个因素中，同样也是水位的影响更大。城陵矶汇流比对营田—城陵矶及监利—城陵矶段水面比降的影响方向相反，城陵矶汇流比越大，营田—城陵矶比降越大，监利—城陵矶比降越小，对干流的顶托越明显。

上述不同时段的多元线性拟合模型拟合效果较好，复相关系数均在 0.95 以上。图 4.3-22 为 1955～2015 年多年均值的营田—城陵矶比降及监利—城陵矶比降预测模型预测值与观测值的关系，拟合效果较好，表明汇流比及干流或支流流量、汇流段水位是影响汇流段上游水面比降，决定水流顶托作用的核心因素。

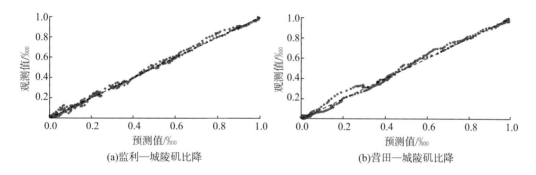

(a)监利—城陵矶比降　　　　　　　　　　　(b)营田—城陵矶比降

图 4.3-22　1955～2015 年监利—城陵矶、营田—城陵矶比降预测模型预测值与观测值的关系

4.4　长江—鄱阳湖倒灌关系变化与机理

鄱阳湖是长江中游两大通江湖泊之一，具有枯水流急，洪水流缓的基本特征，受长江及五河来水影响，长江对鄱阳湖存在顶托与倒灌现象，这种现象从形态上可分为重力型、顶托型和倒灌型。重力型是指湖水有规则地沿湖道自南向北流入长江，是鄱阳湖第一大湖流形态，其发生频率最高，流速以主槽主线方向最大，两侧逐渐减小；顶托型发生时间与长江和五河涨水基本同步或在五河涨水结束之时，每年均有发生，此时，全湖流速变小，大部分湖区流速甚至为零；倒灌型多出现在五河来水基本结束、长江水位上涨或长江水位高于同时期湖水水位时，倒灌范围取决于倒灌流量、倒灌周期及湖水水位。

4.4.1　长江倒灌鄱阳湖基本特征

作为长江中下游典型的通江湖泊，鄱阳湖出流特征及水位涨落受流域五河来水及长江径流的双重影响，江水倒灌鄱阳湖是江湖相互作用对比关系直接影响的结果。每年 4～6 月是鄱阳湖流域的多雨期，湖泊水位随五河洪水入湖流量的增加而上涨。长江中上游汛期较鄱阳湖流域偏晚 1～2 个月，7～9 月，随着长江中上游主汛期的到来，长江干流水位上涨造成对鄱阳湖湖水的强烈顶托作用。当长江干流对湖口的顶托作用大于湖水出湖压力时，长江对鄱阳湖顶托作用强烈，将出现江水倒灌现象。江水倒灌是长江顶托过程的极端现象，是江湖相互作用关系的一种最强烈的表现，在一定时期决定性地影响着鄱阳湖独特的水量和水位波动。

例如，2012 年 9 月下旬观测到，当长江干流来流量为 31100 m^3/s、湖口水位为 13.55 m 时，湖泊来水量较大，无江水倒灌现象，湖口处干流和湖泊出流相互顶托，使得干支流水位均较高，入江水道水面比降较小，老爷庙至白浒塘水位落差仅 0.06 m，干流段比降也较小，同时干支流主流带基本位于主河槽内，八里江断面受湖口出流顶托影响，最大流速偏靠左岸侧；断面含沙量干流八里江大于湖口，入江水道沿程增大，增幅较小（表 4.4-1，图 4.4-1），出湖输沙率占干流的 6.7%。

又如，2013 年 9 月下旬观测到，当长江干流来流量为 30500 m^3/s 时，湖区来流较小，江水倒灌进湖，影响范围到达白浒塘附近。虽然湖口观测到的流量值为-364 m³/s，倒灌流量不大，但是倒灌发生的特征相对明显，在干流来流量相较于 2012 年同期偏小的情况下，倒灌使得干流、入江水道水位偏低，湖口水位为 11.43 m，但干流段流速、比降却显著偏大，尤其是汇口上游张主 1 至张右 1 断面，水位落差为 0.27 m，2012 年同期仅为 0.11m。同时也发现，倒灌发生时，入江水道的水流状态相对混乱，倒灌呈潮汐状态上溯，中部可能观测到顺流的情况。同样地，入江水道的断面含沙量沿程仍然增大，且增幅较大，考虑可能仍然和局部采砂活动有关(表 4.4-2)。

表 4.4-1　　2012 年 9 月鄱阳湖汇流观测断面水文泥沙特征因子

特征因子	断面名称									
	张主 1	张左 1	张右 1	湖口	八里江	老爷庙	星子	螺丝山	南北埂	白浒塘
测时水位/m	13.92	13.84	13.81	13.55	13.37	13.58	13.58	13.56	13.53	13.52
流量/(m³/s)	31100	12900	18300	4460	35500	4990	5090	5150	5190	5140
输沙率/(kg/s)	—	—	—	173	2590	—	193	—	—	144
平均含沙量/(kg/m³)	—	—	—	0.039	0.073	—	0.038	—	—	0.028
平均流速/(m/s)	1.16	0.96	1.17	0.41	1.20	0.15	0.18	0.17	0.15	0.20

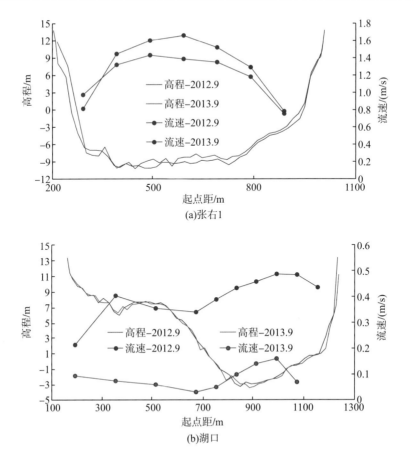

(a)张右1

(b)湖口

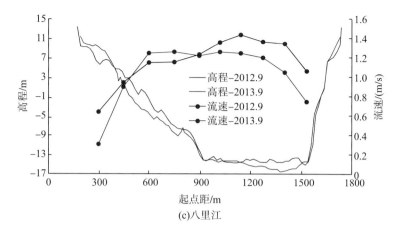

图 4.4-1　鄱阳湖湖口附近断面流速分布图

表 4.4-2　2013 年 9 月鄱阳湖汇流观测断面水文泥沙特征因子

特征因子	断面名称									
	张主1	张左1	张右1	湖口	八里江	老爷庙	星子	螺丝山	南北埂	白浒塘
测时水位/m	12.20	11.95	11.93	11.43	11.34	11.25	11.26	11.27	11.26	11.46
流量/(m³/s)	30500	13200	17400	-364	30100	-400	374	-14	-201	54
输沙率/(kg/s)	—	—	—	-14.3	3830	—	113	—	—	3.70
平均含沙量/(kg/m³)	—	—	—	0.039	0.127	—	0.302	—	—	0.069
平均流速/(m/s)	1.30	1.18	1.30	-0.042	1.09	-0.018	0.025	-0.001	-0.014	0.003

1. 倒灌的一般特性

1) 倒灌频率

(1) 年际变化。

差异性的湖泊流域和长江中上游来水作用，为特定时间内江水倒灌的发生提供了条件。据鄱阳湖湖口站 1956～2015 年共 60 年资料统计，除 1972 年、1977 年、1992 年、1993 年、1995 年、1997 年、1998 年、1999 年、2001 年、2006 年、2010 年、2015 年这 12 年未发生倒灌外，其余 48 年均发生倒灌(图 4.4-2)，且就最大倒灌流量发生的时间来看，3～10 月均有分布，且绝大部分发生在 4～7 月，而并非在长江干流的主汛期内。就年代来看，20 世纪 90 年代期间倒灌发生的频率最低。

1956～2015 年，共 725 天出现长江倒灌入鄱阳湖的现象，其中 1956～2002 年倒灌 618 天，年均倒灌天数约为 13 天；2003 年后鄱阳湖倒灌现象减少，2003～2015 年倒灌天数为 107 天，年均倒灌天数约为 8 天，较 1956～2002 年减少 5 天。特别是 2009～2015 年(三峡水库 175 m 试验性蓄水阶段)倒灌强度明显减弱，发生倒灌天数分别为 0 天、0 天、4 天、3 天、6 天、3 天和 0 天，倒灌流量最大为 4750 m³/s(2012 年 6 月 28 日)。

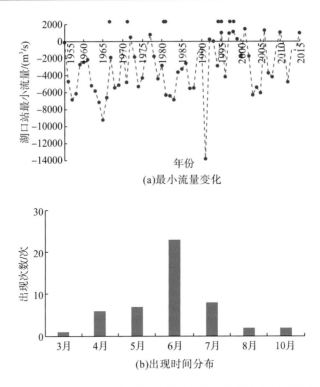

(a)最小流量变化

(b)出现时间分布

图 4.4-2　1956～2015 年湖口站最小流量变化及出现时间分布

　　进一步探讨长江倒灌鄱阳湖倒灌天数的年际年代变化，发现长江倒灌入湖的天数在不同年代间呈现一多一少的相间分布格局(图 4.4-3)。20 世纪 60 年代和 80 年代江水倒灌最为频繁，70 年代次之，90 年代江水倒灌现象较少，2000～2005 年来江水倒灌又呈增加趋势，而 2006 年以来倒灌现象最少。

　　1956～2015 年来江水倒灌频率的年际变化总体呈长期的减小趋势，但年间一多一少的变化过程，反映出江湖作用强度在年代尺度上存在此消彼长的波动过程。江水倒灌及其所反映的江湖关系相互作用的演变过程，与长江流域气候波动背景下长江中上游来水量和鄱阳湖流域来水量的差异密切相关。虽然 2003 年后，三峡水库的运行并没有改变长江与鄱阳湖相互作用的基本特征(倒灌现象仍然出现)。但是水库的蓄水或放水在一定程度上影响了江湖作用的季节变化和鄱阳湖流域的旱涝机遇，一定程度上减少了长江对鄱阳湖的倒灌频次。

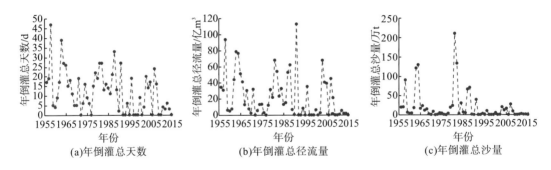

(a)年倒灌总天数　　　　　　　　(b)年倒灌总径流量　　　　　　　　(c)年倒灌总沙量

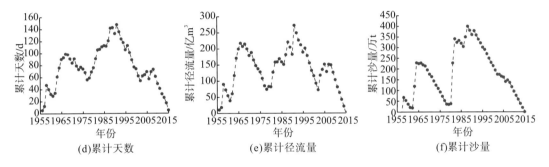

图 4.4-3　鄱阳湖湖口站历年倒灌天数及水沙量年际变化

对相关数据进行 MK 趋势检验,倒灌天数和倒灌量的年际变化均通过 95%置信度检验,表明倒灌现象呈现显著的下降趋势(图 4.4-4)。对于长序列的江水倒灌趋势,江水倒灌的长期变化过程在 1985 年后发生了突变,并在 2004 年以后倒灌天数和倒灌量变化均通过 95%置信度检验。特别在 1992 年以后江水倒灌频率明显减小。大量的前期研究指出,20 世纪 90 年代是鄱阳湖流域径流增加最突出的年代,五河水系径流系数增大显著,流域出现了多次大的洪水灾害,从而降低了长江对鄱阳湖的倒灌作用。

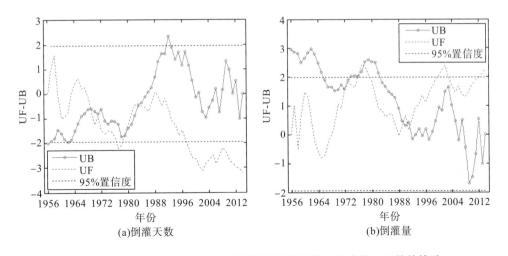

图 4.4-4　1956~2015 年长江倒灌鄱阳湖倒灌天数及径流量 MK 趋势检验

鄱阳湖与长江水力关系密切,历年江水倒灌鄱阳湖径流量及天数的变化发展过程,反映出长江与鄱阳湖相互作用的强弱变化过程。发生江水倒灌少的年代(如 20 世纪 70 年代和 90 年代),正是长江中上游来水对鄱阳湖作用较弱的时期,而此时鄱阳湖对长江的作用较强。相反,发生江水倒灌多的年代(如 20 世纪 60 年代和 80 年代),则表示长江上中游来水对鄱阳湖的作用相对强烈,而鄱阳湖对长江的作用较弱。2011~2015 年来鄱阳湖倒灌强度最弱,间接表明鄱阳湖对长江作用最强。

(2)年内变化。

进一步从年内分配上进行分析,长江倒灌鄱阳湖现象主要发生在汛期 7~9 月,占总倒灌天数的 87.8%。1956~2015 年 7 月、8 月、9 月长江倒灌鄱阳湖天数分别为 206 天、

182 天及 250 天，分别占倒灌总天数的 28.4%、25.1%、34.5%，其余月份仅占年倒灌总天
数的 12.0%，图 4.4-5 为湖口站各月倒灌天数及所占比例。

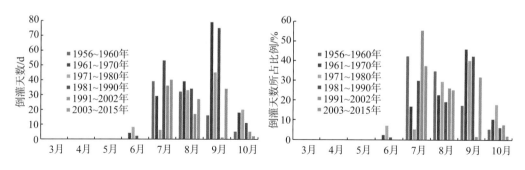

图 4.4-5　鄱阳湖湖口站各月倒灌天数及所占比例

　　鄱阳湖流域五河洪水自每年 7 月开始消退，而相应长江径流达到最大，长江水位上涨
较快，其对鄱阳湖出流的顶拖作用也在不断增强，在流域来水不能大量补给湖泊加大湖水
下泄压力时，江水倒灌现象开始频繁发生，同时湖泊水位上涨到最大。从 7 月末到 8 月末
开始，长江洪水有一个相对快速的消退过程(汉口径流量削弱 146.5 亿 m³)，湖泊水位也随
之下降(水位下降 0.96 m)，但是由于鄱阳湖前期蓄存了大量水体，水位高，湖水下泄压力
大，使得这段时间内的江水倒灌频率有所降低。从 8 月末到 9 月末，长江洪水的消退速度
缓慢(汉口径流量削弱 110.8 亿 m³)，但流量总体仍然较大(汉口 9 月平均流量为 865 m³/s)，
而流域入湖流量很低(湖区入流为 61.6 m³/s)，此时的江水顶托作用对湖泊水位的壅阻十分
明显。尤其在 9 月中下旬左右，湖泊排水能力小，江水倒灌最为频繁。

　　鄱阳湖流域 10 月来水进入枯水期，同时长江洪水也快速消退，此时湖泊水位快速下
降，江水倒灌的频率也随着长江顶托作用的减小而降低。

　　2)倒灌水量、沙量变化

　　1956～2015 年长江倒灌入湖总径流量为 1370 亿 m³，平均每年约为 22.8 亿 m³；倒灌
入湖总沙量为 1210 万 t，年均倒灌约 20.17 万 t，占湖口站多年平均输沙量的 2.02%；倒灌
发生时九江站与湖口站的水位差为 0.7～1.1 m。从不同年代来看，1956～1960 年年均倒灌
径流量、年均倒灌沙量分别为 34.0 亿 m³、27.90 万 t，1961～1970 年年均倒灌径流量、年均
倒灌沙量分别为 35.3 亿 m³、34.10 万 t，1971～1980 年年均倒灌径流量、年均倒灌沙量分别
为 13.2 亿 m³、6.43 万 t，1981～1990 年年均倒灌径流量、年均倒灌沙量分别为 32.9 亿 m³、
52.40 万 t，1991～2002 年年均倒灌径流量、年均倒灌沙量分别为 13.8 亿 m³、4.73 万 t，2003～
2015 年年均倒灌径流量、年均倒灌沙量分别为 17.2 亿 m³、6.72 万 t(表 4.4-3)。

　　与上述倒灌频率变化规律基本一致，20 世纪 70、90 年代长江倒灌鄱阳湖的水量和
沙量都较其他时段显著偏小，三峡水库蓄水后，倒灌水量和沙量与多年平均情况相比也
偏小。

表 4.4-3　鄱阳湖不同时段湖口倒灌特征

时段	天数/d		倒灌径流量/亿 m³		倒灌沙量/万 t		湖口站		倒灌期平均水位/m		
	总数	年均	总量	年均	总数	年均	年均径流量/亿 m³	年均输沙量/万 t	九江	湖口	星子
1956~1960 年	92	18	170	34.0	139.0	27.90	1240	1190	14.43	13.72	13.59
1961~1970 年	172	17	353	35.3	341.0	34.10	1350	1060	15.16	14.43	14.35
1971~1980 年	112	11	132	13.2	64.3	6.43	1420	989	14.74	13.97	13.88
1981~1990 年	177	18	329	32.9	524.0	52.40	1430	895	15.58	14.50	14.71
1991~2002 年	65	5	165	13.8	56.8	4.73	1750	726	16.39	15.69	15.57
2003~2015 年	107	8	224	17.2	87.3	6.72	1450	1220	14.75	14.06	13.94
1956~2015 年	725	12	1370	22.8	1210	20.17	1470	1000	15.17	14.35	14.32

2. 典型倒灌年特性分析

根据水文分析，选取 1964 年、1991 年以及三峡水库蓄水后的 2008 年为鄱阳湖倒灌较大的典型年份。典型年份湖口站日径流变化过程如图 4.4-6 所示。

1956~2015 年鄱阳湖湖口站 9 月多年平均流量为 3750 m³/s，而 1964 年 9 月倒灌天数达 21 天，9 月平均流量为-2300 m³/s，为 1956~2014 年系列中各月平均流量的最小值。同时该年发生连续倒灌 21 天，年总倒灌天数为 27 天，主要集中在 9~10 月，最大倒灌流量为 7090 m³/s，发生在 9 月 21 日，总倒灌量达 76.6 亿 m³，总倒灌沙量为 129.4 万 t [图 4.4-6(a)]。

1991 年湖口倒灌同样较为典型。1956~2015 年鄱阳湖湖口站 7 月多年平均流量为 5860 m³/s。其中，1991 年 7 月，湖口站有 17 天流量为负值，月平均流量为-1450 m³/s，为 1954~2015 年系列中各月平均流量的次小值，也为 1956~2015 年系列中 7 月平均流量的最小值。自 1991 年 7 月 3~19 日发生连续倒灌，年总倒灌天数为 27 天，主要集中在 7~8 月，最大倒灌流量为 13600 m³/s，发生在 7 月 11 日，总倒灌水量达 113.8 亿 m³，总倒灌沙量为 38.8 万 t [图 4.4-6(b)]。

三峡水库蓄水后湖口站最大倒灌流量为 4160 m³/s，出现在 2008 年 [图 4.4-6(c)]。1956~2015 年鄱阳湖湖口站 8 月多年平均流量为 4830 m³/s。其中，2008 年 8 月，湖口站流量为负值的有 9 天，月均流量为 2290 m³/s，是 2003~2015 年 8 月平均流量的次小值。该年自 2008 年 8 月 17~24 日连续倒灌 8 天，总倒灌天数为 16 天，总倒灌水量约为 21.8 亿 m³，总倒灌沙量为 8.7 万 t。

2016 年汛期长江干流水量偏大，7 月 3 日湖口出现三峡水库蓄水以来的最大倒灌流量，达到 8830 m³/s，此时干流九江站流量为 64300 m³/s（三峡水库蓄水后九江站最大实测流量），与湖口站的水位差约为 0.54 m。

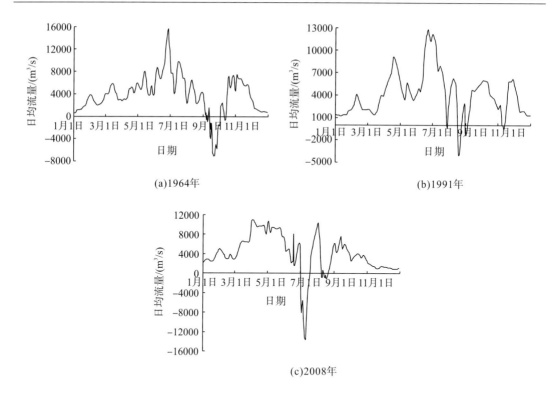

图 4.4-6　典型年份湖口站日均流量变化过程

4.4.2　倒灌水流平面二维数值模拟

1. 模型基本情况

为了进一步研究倒灌对鄱阳湖湖区水流条件的影响，本书建立了含鄱阳湖湖区和入江水道在内的大范围平面二维水动力模型，开展了鄱阳湖长江水倒灌机理、条件及影响范围等模拟计算工作。

模型模拟计算的范围较广，东西跨度约为 185 km，南北跨度约为 200 km，包括长江干流九江段、鄱阳湖湖区段和五河尾闾段三部分。其中，长江干流九江段上起湖北省武穴市，下至江西省彭泽县，包括九江市、张家洲、湖口县等，长约 126.1 km，流域面积为 365 km^2，代表了研究区域内长江上、下游河段特征；鄱阳湖湖区段包括整个鄱阳湖湖盆区域，湖域面积为 3260 km^2；五河尾闾段包括赣江四支、抚河、信江东西支、乐安河、昌江、修水等，其中赣江尾闾上至外洲、抚河上至太平渡、信江上至梅港、乐安河上至虎山、昌江上至渡峰坑、修水上至柘林水库。

鄱阳湖水位年内变化很大，枯水期水位较低，仅湖区东、西航道及入江航道内或内湖洼地过水，湖泊面积严重萎缩，"河相"特征明显。为精确模拟鄱阳湖枯水期的水动力变化过程，模型采用三角形网格，并对枯季河槽内网格进行加密，网格总数为 901245 个。如图 4.4-7 所示，模型计算网格的尺寸为 30~1200 m，其中长江段为 100~300 m，湖区航道内为 30~100 m，湖区边滩网格在 300~1200 m 之间过渡，尾闾各河为 30~120 m。

局部网格示意如图 4.4-8 所示。

　　模型共设置 9 条开边界,包括 8 条流量控制边界,1 条水位控制边界。长江九江段上游武穴、修水、潦河、赣江、抚河、信江、乐安河及昌江均给定流量边界,长江九江下游彭泽给定水位边界。流量、水位边界数据取自距离模型边界最近的控制站水文年鉴。

　　由于模型范围较广,地形资料的搜集存在一定困难,故模型地形采用 1998~2011 年的地形资料拼接组成,其中长江干流段采用 2006 年、2010 年实测地形,鄱阳湖湖区大部分采用 2010 年、2011 年实测地形,远离航道处用 1988 年地形补充,赣江尾闾采用 2005~2011 年地形,昌江采用 1986 年地形。模型中枯季河道的地形资料基本上与要模拟的时段相匹配。

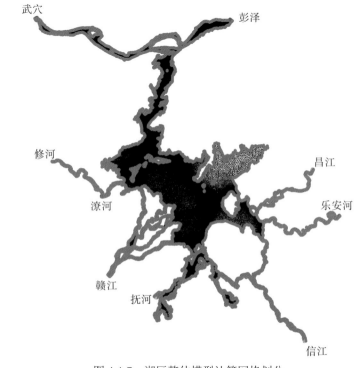

图 4.4-7　湖区整体模型计算网格划分

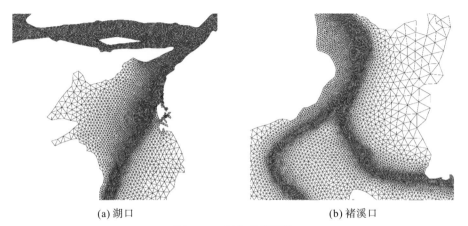

(a) 湖口　　　　　　　　　　　　　　(b) 褚溪口

图 4.4-8　局部模型网格

　　通过建立的数学模型，全面验证了长江与鄱阳湖 2012 年、2013 年顺流及倒灌不同状态下江湖水位、流速特征(图 4.4-9)。由验证结果可知，建立的平面二维水流数学模型能较好地模拟长江干流段、鄱阳湖湖区及五河尾闾的水流运动特性，倒灌期水位、断面流速分布、断面流量与实测资料具有较好的相似性，说明所建立的平面二维水流数学模型能较好地复演该河段天然状态下的水流运动规律。

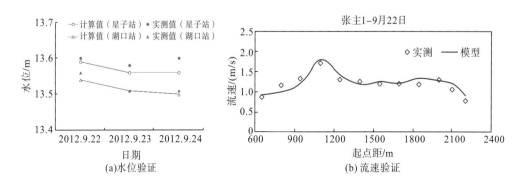

图 4.4-9　长江与鄱阳湖 2012 年、2013 年顺流及倒灌不同状态下江湖水位、流速特征

2. 倒灌流模拟计算结果分析

　　二维数学模型模拟计算了 2008 年 4 次倒灌中历时最长、倒灌强度最大的一次——2008 年 8 月 17~24 日，倒灌历时 8 天。为保证模型计算稳定并能完整模拟顶托、倒灌过程，模型计算时间段从 8 月 7 日 0:00:00 开始至 8 月 25 日 0:00:00 结束。

　　1) 顶托、倒灌的水位变化特征

　　图 4.4-10 给出了计算时间段内九江、彭泽、湖口、星子、都昌、棠荫、康山各站水位过程线，九江站、彭泽站水位过程代表了长江干流的水位特征，湖口站、星子站水位过程代表了湖口水道的水位特征，都昌站、棠荫站、康山站为湖区水位站，可代表鄱阳湖湖区的水位特征。

　　模拟计算结果显示，7 个水位站水位过程趋势相同。8 月 13 日前，7 个水位站水位逐渐降低，14~16 日九江、彭泽水位先于湖口、湖区水位缓慢升高，17 日后各站水位上升较快，到 24 日水位上升速度减慢，九江水位维持在 17.4 m(吴淞高程，下同)、彭泽水位维持在 15.4 m、湖口水道及湖区水位维持在 16.7 m 的高水状态。水位的相对变化与水流条件所处时期密切相关，8 月 7~14 日为顺流期，8 月 15~16 日为顶托期，8 月 17~24 日为倒灌期。顺流期，湖区水位依次高于湖口水道水位，即 $Z_{康山} > Z_{棠荫} > Z_{都昌} > Z_{星子} > Z_{湖口}$，鄱阳湖作用强于长江作用，湖水由湖区经湖口水道流入长江；顶托期，湖区和湖口水道水位基本相同，即 $Z_{康山} \approx Z_{棠荫} \approx Z_{都昌} \approx Z_{星子} \approx Z_{湖口}$，长江作用增强、鄱阳湖作用减弱，两者基本相当；倒灌期，长江作用持续增强，江水倒灌湖口水道，使得 $Z_{康山} < Z_{棠荫} < Z_{都昌} < Z_{星子} < Z_{湖口}$。

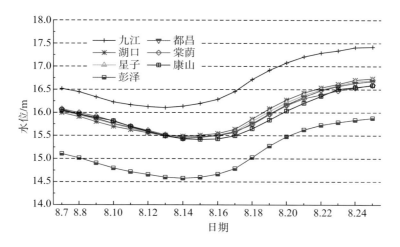

图 4.4-10　顶托、倒灌下前后各站水位过程(吴淞高程)(2008 年 8 月 7～25 日)

从入江水道的水面线变化来看，8 月 14 日湖口水道水位由外江向内湖沿程升高，即湖口水位低、湖区水位高，发生顺流；15 日湖口水道沿程水位仍表现为沿程升高，16 日水位却表现为沿程降低，说明 15～16 日湖口水道水面线存在趋于水平的临界情况，即发生顶托现象；16～21 日，湖口水道沿程水位均呈下降趋势，即湖口水位高于湖区水位，发生倒灌现象；22 日后，湖口水道沿程水位重现沿程抬高，湖口水位又低于湖区水位，有顺流出现。对比倒灌前后湖口水道水面线变化特征(图 4.4-11、图 4.4-12)，可以发现倒灌前水面比降为正，倒灌后水面比降为负，说明倒灌发生前后湖口水道水面比降经历了由正比降变为零后，又变为负比降的过程。

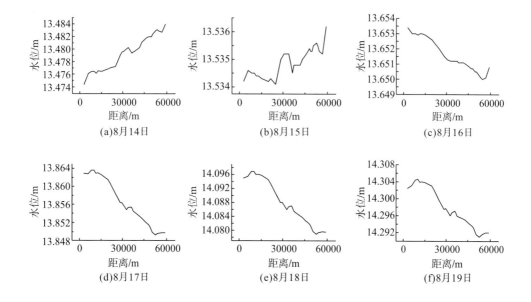

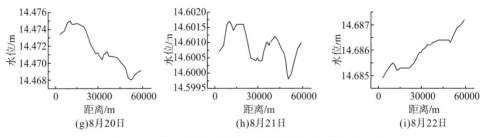

图 4.4-11　模型计算时段水面线变化过程(距湖口距离)

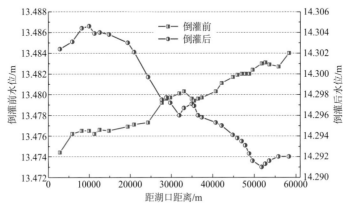

图 4.4-12　湖口水道倒灌前后水面线模型计算值比较

倒灌和非倒灌现象在水位差上的体现也十分明显。由图 4.4-13 可以看出，湖口水道都昌—星子—湖口水位差的模型计算值与实测值误差为±0.03 m，误差很小。发生顺流时 $Z_{湖口} < Z_{星子} < Z_{都昌}$，即 $\Delta Z_{星子-湖口} > 0$、$\Delta Z_{都昌-星子} > 0$；顶托时 $Z_{湖口} \approx Z_{星子} \approx Z_{都昌}$，即 $\Delta Z_{星子-湖口} \approx 0$、$\Delta Z_{都昌-星子} \approx 0$，湖口水道水位接近相等；倒灌时 $Z_{湖口} > Z_{星子} > Z_{都昌}$，即 $\Delta Z_{星子-湖口} < 0$、$\Delta Z_{都昌-星子} < 0$。$\Delta Z_{星子-湖口}$ 先于 $\Delta Z_{都昌-星子}$ 由正变负，说明湖口—星子段先发生倒灌，都昌—星子段后发生倒灌。水位差负的最大值均发生在 8 月 19 日，说明此时倒灌作用最强，这与实际情况 8 月 19 日倒灌流量、倒灌流速最大一致。

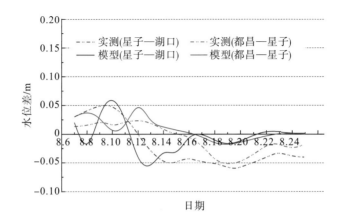

图 4.4-13　湖口水道水位差过程

2) 顶托、倒灌的流场变化特征

倒灌前，长江干流各断面平均流速逐渐增加，上游武穴、九江、张家洲右汉流速增加相对较快；顶托倒灌期间，上游武穴、九江及张家洲流速迅速增加，下游八里江、彭泽流速增加较慢。上游河段于倒灌强度最大时流速最大，下游稍后于上游 4～5 天流速达到最大。倒灌作用减弱后，干流流速随流量变化过程相应减小(图 4.4-14)。

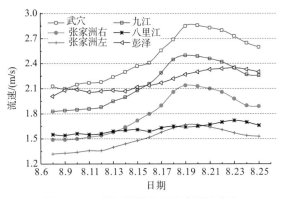

图 4.4-14　长江倒灌前后最大流速变化

对整个湖区的流场进行区域划分(图 4.4-15)，分别分析各个区域在顺流、顶托和倒灌作用最强时的流场与水深变化情况。

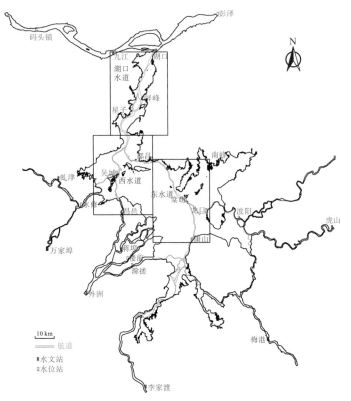

图 4.4-15　湖区流场区域划分

(1)湖口水道航道内流速、流场变化特征：顺流期(8 月 8～14 日)，随着长江作用的持续增强，湖口水道航道内水流顺流入江的动力逐渐减弱，断面平均流速每天在逐渐减小，航道内沿程平均流速由 0.25 m/s 逐渐降为 0.20 m/s 左右；水道内湖口邻近段流速最大，距湖口 3500～4200 m 段的流速也较大，距湖口 3300 m 处断面平均流速相对最小；顶托期(8 月 15～16 日)湖口水道航道内流速为 0.04～0.10 m/s；水道内湖口邻近段流速最大，距湖口 3500～4300 m 段的流速也相对较大，距湖口 3300 m 处断面平均流速仍然相对最小；倒灌时(8 月 17～24 日)航道内流向反转出现负值，随着长江作用的继续增强，倒灌强度逐渐增加，水流倒灌动力也逐渐增强，倒灌流速逐渐增大，倒灌流速由 8 月 17 日的-0.02～-0.03 m/s 逐渐增大至 8 月 19 日的-0.2～-0.5 m/s，19 日后倒灌流速逐渐减小，直到转为正值，恢复以前顺流状态(图 4.4-16、图 4.4-17，表 4.4-4)。

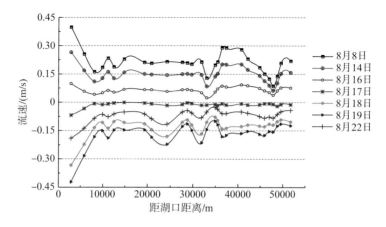

图 4.4-16　湖口水道航道内流速沿程变化

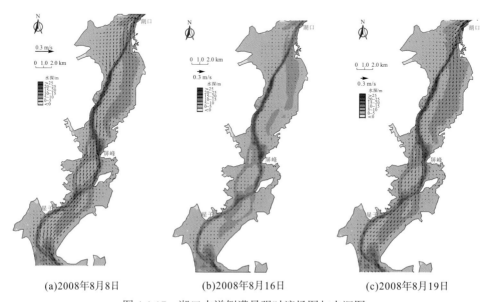

(a)2008年8月8日　　　　　　(b)2008年8月16日　　　　　　(c)2008年8月19日

图 4.4-17　湖口水道倒灌最强时流场图与水深图

表 4.4-4　湖口水道流速统计表(2008 年模型计算时段)　　　　　　　　单位：m/s

位　置		顺流期(8.8～8.14)	顶托期(8.15～8.16)	倒灌期(8.17～8.24)
湖口附近	航道内	0.22～0.48	0.04～0.10	-0.22～-0.70
	两侧边滩	0.01～0.13	0～0.03	0～-0.10
屏峰附近	航道内	0.19～0.30	0.03～0.09	-0.16～-0.22
	两侧边滩	0.01～0.12	0～0.02	0～-0.09
星子附近	航道内	0.17～0.32	0.04～0.09	-0.12～-0.19
	两侧边滩	0.01～0.11	0～0.03	0～-0.08

(2)湖区西水道流速、流场变化特征：顺流期 8 月 8～14 日，西水道昌邑—吴城段航道内流速为 0.56～0.95 m/s，吴城—褚溪口航道内流速为 0.23～0.51 m/s，修河航道内流速为 0.34～0.65 m/s，东水道的一部分褚溪口—都昌段航道内流速为 0.11～0.20 m/s，两侧边滩流速为 0.01～0.06 m/s。至 8 月 16 日前后除西水道(赣江、修河)航道内外，其他大部分地区流速接近 0 m/s，此时江水顶托湖口水道，赣江、修河流速仍为顺流，但流速减小，昌邑—吴城段流速为 0.23～0.70 m/s，吴城—褚溪口段流速为 0.22～0.43 m/s，修河内流速为 0.12～0.48 m/s。随着顶托时间延长和作用增强，江水逐渐倒灌入湖，湖区出现逆流，西水道内流速不断减小，湖区逆流流速增大，到 8 月 19 日倒灌流速达到最大，褚溪口—都昌段航道内倒灌流速相对较大，为-0.23～-0.11 m/s，赣江口流速减小为 0.12～0.32 m/s，修河口流速减小为 0.02～0.11 m/s，边滩流速为-0.02～0 m/s(表 4.4-5，图 4.4-18)。

(3)湖区东水道流速、流场变化特征：顺流期 8 月 8～14 日，东水道都昌—棠荫段航道内流速为 0.04～0.12 m/s，赣江北支流速较大，为 0.12～0.25 m/s，饶河和信江流速较小，均为 0.03～0.05 m/s，湖区边滩流速为 0～0.02 m/s。至 8 月 16 日前后除赣江北支外，其他大部分地区流速接近 0 m/s，此时江水顶托湖口水道，赣江北支的顺流动力减弱，流速由 0.12～0.25 m/s 减小为 0.08～0.23 m/s。顶托一定时间后湖区发生倒灌，倒灌最强时棠荫处有负流，龙口、康山等处流速接近 0 m/s，棠荫倒灌流速为-0.15～-0.06 m/s，赣江北支的顺流动力明显减弱，流速由 0.12～0.25 m/s 减小为 0.04～0.15 m/s(表 4.4-6，图 4.4-19)。

表 4.4-5　湖区西水道流速统计表(2008 年模型计算时段)　　　　　　　　单位：m/s

位置				顺流期(8.8～8.14)	顶托期(8.15～8.16)	倒灌期(8.17～8.24)
西水道	赣江	昌邑—吴城	航道内	0.56～0.95	0.23～0.70	0.12～0.32
			两侧边滩	0.01～0.06	0～0.01	-0.02～0
		吴城—褚溪口	航道内	0.23～0.51	0.22～0.43	0.12～0.32
			两侧边滩	0.01～0.06	0～0.01	-0.02～0
	修河		航道内	0.34～0.65	0.12～0.48	0.02～0.11
			两侧边滩	0.01～0.06	0～0.01	-0.02～0
东水道一部分	褚溪口—都昌		航道内	0.11～0.20	0.01～0.05	-0.23～-0.11
			两侧边滩	0.01～0.06	0～0.01	-0.02～0

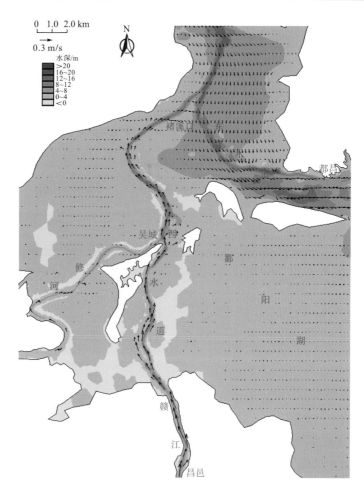

图 4.4-18 湖区西水道倒灌最强时流场图与水深图(2008 年 8 月 19 日 00:00:00)

表 4.4-6 湖区东水道流速统计表(2008 年模型计算时段) 单位：m/s

	位 置		顺流期(8.8～8.14)	顶托期(8.15～8.16)	倒灌期(8.17～8.24)
东水道	都昌—棠荫	航道内	0.04～0.12	0～0.01	-0.15～-0.06
		两侧边滩	0～0.02	0～0.01	-0.01～0
	饶河	航道内	0.03～0.05	0～0.01	-0.01～0
		两侧边滩	0～0.02	0～0.01	0
	信江	航道内	0.03～0.05	0～0.01	-0.01～0
		两侧边滩	0～0.02	0～0.01	0
西水道一部分	赣江北支	航道内	0.12～0.25	0.08～0.23	0.04～0.15
		两侧边滩	0～0.02	0～0.01	0

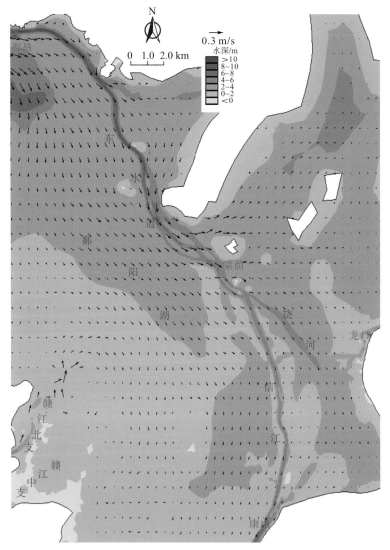

图 4.4-19　湖区东水道倒灌最强时流场图与水深图(2008 年 8 月 19 日 00:00:00)

3) 倒灌影响范围计算分析

图 4.4-20 为 2008 年 8 月模型计算期湖区内±0.01 m/s 流速覆盖面积及距湖口里程变化过程；图 4.4-21 是发生倒灌前后±0.01 m/s 流速范围图(红色为流速绝对值大于 0.01 m/s 区域，蓝色为流速绝对值小于 0.01 m/s 区域)。可以看出，8 月 10 日顺流时 0.01 m/s 流速范围位于棠荫附近，倒灌面积为 789.48 km²，倒灌里程为 103.44 km；8 月 16 日顶托前后 0.01 m/s 流速范围缩小到赣江主支和湖口水道航道内，湖区其他地区流速基本为 0 m/s；顶托开始于 8 月 17 日，由于湖口倒灌流量第一天即为 1890 m³/s，倒灌强度与历时相对较大，故流速-0.01 m/s 倒灌范围扩散至棠荫附近，并随时间不断扩大，8 月 19 日湖口倒灌最强，倒灌流量为 4080 m³/s，此时倒灌范围扩大到康山附近，倒灌面积为 901.69 km²，倒灌里程为 116.61 km。8 月 19 日后倒灌减弱，流速-0.01 m/s 倒灌范围缩小，8 月 23 日 -0.01 m/s 流速范围已经基本消失，8 月 24 日湖口部分地区出现顺流，0.01 m/s 流速范围

又不断增大。倒灌前 0.01 m/s 流速范围逐渐减小，倒灌开始，-0.01 m/s 流速范围逐渐增大，直到倒灌结束，湖区恢复顺流（表 4.4-7）。

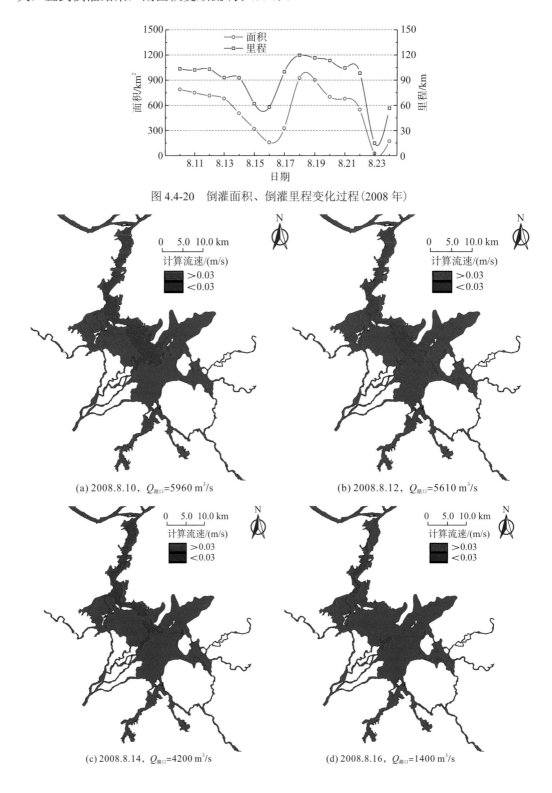

图 4.4-20　倒灌面积、倒灌里程变化过程（2008 年）

(a) 2008.8.10，$Q_{湖口}$=5960 m³/s   (b) 2008.8.12，$Q_{湖口}$=5610 m³/s

(c) 2008.8.14，$Q_{湖口}$=4200 m³/s   (d) 2008.8.16，$Q_{湖口}$=1400 m³/s

(e) 2008.8.17，$Q_{湖口}=-1890\ \mathrm{m^3/s}$　　　　　　(f) 2008.8.18，$Q_{湖口}=-3390\ \mathrm{m^3/s}$

(g) 2008.8.19，$Q_{湖口}=-4080\ \mathrm{m^3/s}$　　　　　　(h) 2008.8.20，$Q_{湖口}=-3990\ \mathrm{m^3/s}$

(i) 2008.8.21，$Q_{湖口}=-3550\ \mathrm{m^3/s}$　　　　　　(j) 2008.8.22，$Q_{湖口}=-2070\ \mathrm{m^3/s}$

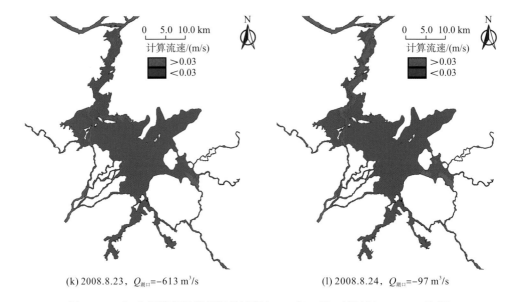

(k) 2008.8.23，$Q_{湖口}$=−613 m³/s   (l) 2008.8.24，$Q_{湖口}$=−97 m³/s

图 4.4-21　江水倒灌鄱阳湖范围及过程(2008 年 8 月，流速以±0.01m/s 为界)

表 4.4-7　倒灌面积、里程统计表(2008 年，±0.01 m/s 范围，距湖口里程)

类别	日期	面积/km²	里程/km	类别	日期	面积/km²	里程/km
顺流	8.10	789.48	103.44	倒灌	8.17	327.02	99.89
	8.11	750.16	102.02		8.18	925.84	119.81
	8.12	715.72	103.02		8.19	901.69	116.61
	8.13	680.40	93.00		8.20	700.77	113.48
	8.14	505.28	92.75		8.21	678.78	104.50
顶托	8.15	321.42	61.85		8.22	549.59	98.34
	8.16	156.81	57.80		8.23	26.25	14.90

4.4.3　长江倒灌鄱阳湖基本条件

在 60 年的时间尺度里，长江对鄱阳湖顶托、倒灌作用的产生主要有两个原因：一是长江中上游降水量的增加，使长江流量持续增大，水位持续升高，对鄱阳湖产生顶托或倒灌作用；二是鄱阳湖流域五河水系上游来水减少，鄱阳湖干旱，湖水位降低，间接使长江水位相对鄱阳湖水位增大，长江对鄱阳湖的作用增强。如前所述，20 世纪 60、80 年代倒灌现象偏多，20 世纪 90 年代、21 世纪初期与早期年代相比，倒灌天数和倒灌水量减少，但顶托、倒灌的发生对鄱阳湖湖区的影响仍值得深入研究。

考虑到今后上游来流条件受三峡水库调节的影响，本书以 2008 年为典型年，分析顶托、倒灌形成过程及具体原因。图 4.4-22 给出了 2008 年长江干流段九江站、湖口水道湖口站及五河尾闾各站全年流量过程线；表 4.4-8 给出了顶托、倒灌流量特征表；图 4.4-23 给出了九江与湖口水位差 ΔH 的变化过程。

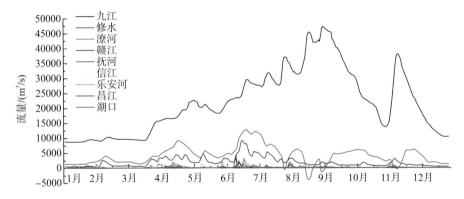

图 4.4-22　2008 年各站全年流量过程

表 4.4-8　顶托、倒灌流量特征表（2008 年流量数据）

流量特征		时段			
		7.27～7.28	8.17～8.24	8.31～9.4	11.9～11.13
倒灌历时/d		2	8	5	5
湖口倒灌最大流量/(m³/s)		−573	−4080	−1450	−477
倒灌期九江流量特征	最大流量/(m³/s)	37000	45400	47300	38100
	平均流量/(m³/s)	36950	43675	46340	36160
	每天最大变幅/(m³/s)	3000	3700	2500	2200
	累计最大变幅/(m³/s)	3000	5400	3200	2700
倒灌期五河流量特征	最大流量/(m³/s)	2233	2326	3200	6764
	平均流量/(m³/s)	2166	1801	2887	4802
	每天最大变幅/(m³/s)	−134	−480	−252	−1161
	累计最大变幅/(m³/s)	−134	−749	−715	−2455

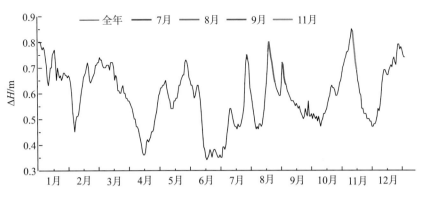

图 4.4-23　2008 年倒灌时段九江与湖口水位差变化过程

（1）从图 4.4-22 可以看出，鄱阳湖相继发生的四次倒灌均为长江流量逐渐增加、五河流量逐渐减少期间。2008 年 4～6 月为五河主汛期，7 月后五河流量开始减少，赣江 7～11 月日平均流量为 1500 m³/s，其他四河 7～11 月日平均流量仅为 140 m³/s，此时长江干流汛期开始,流量不断增加,分别于 8 月 20 日(流量为 45400 m³/s)和 9 月 2 日(流量为 47300 m³/s)达到流量极大值。

　　长江及五河之间的相互作用,导致湖口顺逆流交替,流量过程线呈波动曲线,部分时段出现负流量。可见九江流量的不断增加及五河尾闾流量的不断减少,是造成 2008 年 7～11 月鄱阳湖湖口水道出现倒灌的部分原因。

　　(2)从表 4.4-8 可以看出,九江流量增加越快且日流量增幅较大、五河流量减少越快时,倒灌越容易发生。倒灌期间九江最大流量为 37000～47300 m³/s,每天流量最大增幅为 2200～3700 m³/s,累计每天最大流量增幅为 2700～5400 m³/s;五河最大流量为 2233～6764 m³/s,每天流量最大增幅为-1161～-134 m³/s,累计每天最大流量减幅为 134～2455 m³/s。可见,8 月 17～24 日倒灌强度最大,是九江流量快速增加、五河流量快速减少共同作用的结果,若五河流量相对九江流量增加来说减少过快,同样易发生顶托倒灌。

　　倒灌历时取决于长江流量增加过程及五河来水减少过程持续的时间,倒灌的强度(倒灌流速、倒灌流量、倒灌范围)取决于长江流量增幅及五河来水减幅,长江流量增幅及五河来水减幅越大,长江作用越强,倒灌流量越大,倒灌流速度越大,倒灌范围越广,反之亦然。

　　(3)2008 年九江与湖口水位变幅为 0.34～0.85 m,7～9 月、11 月发生倒灌的时段均为水位差出现极大值后,即在长江与湖口水位差不再增加反而突然减小的时段。统计表明,倒灌时水位差变化率为 0.016～0.043 m/d,说明九江与湖口水位差变化过快也是造成倒灌的原因之一。

　　进一步分析图 4.4-23 中水位差出现极大值的时段并非只有四次倒灌期间,如 1 月 13～19 日、2 月 12～21 日、4 月 22 日～5 月 8 日、5 月 15～28 日、7 月 5～11 日时段后水位差也出现极大值,这五个时段水位差变化率为 0.014～0.023 m/d,但无倒灌发生。选表 4.4-9 中典型情况进行分析,表明:①②说明在湖口流量、水位变化率近似的情况下,九江流量小时不会发生倒灌;②⑦对比说明在湖口流量、水位变化率近似的情况下,九江流量 Q 随时间 t 减少的过程不会发生倒灌;③④对比说明九江流量大且 Q 随时间 t 增加时,即使在九江与湖口水位差变化较快的情况下,湖口流量较大也不会发生倒灌。

表 4.4-9　2008 年各时段特征值统计

序号	时段	九江			湖口			水位差变化率/(m/d)	时段后是否倒灌
		流量增加过程	流量减少过程	时段平均流量/(m³/s)	流量增加过程	流量减少过程	时段平均流量/(m³/s)		
①	1.13～1.19	√		8843		√	1353	0.020	否
②	2.12～2.21		√	10006	√		2647	0.020	否
③	7.5～7.11	√		28829	√		8907	0.023	否
④	7.21～7.27	√		30786	√		4137	0.042	是
⑤	8.11～8.17	√		34629	√		4207	0.040	是
⑥	8.27～8.31	√		42640	√		2514	0.043	是
⑦	10.24～11.8	√		17050	√		2452	0.016	是

充分利用数学模型强大的插补功能，结合 2008 年、2011 年、2012 年三年顶托倒灌情况及模型模拟计算结果，进一步补充提炼得出鄱阳湖湖口江水倒灌发生的具体条件如下。

①倒灌多发生在每年的 7～9 月，11 月发生的概率相对较小，即使发生倒灌，强度也不高。

②倒灌在长江流量不断增加、五河流量不断减少时发生。

③长江日流量增幅是否等于湖口当日流量对倒灌的发生无明显影响，但长江流量增加过快，五河流量减少过快时，易发生倒灌。

④倒灌与九江、湖口水位无关，高低水位时均可发生，倒灌的发生取决于九江与湖口水位差及其变化过程。当九江与湖口水位差为 0.60～0.75 m 时，水位差不再继续增大，即出现水位差极大值后的一段时间，会发生倒灌现象。

综上所述，在九江流量较大并且流量快速增加、湖口流量小于一定值、五河流量快速减小且九江与湖口水位差达到极大值后突然减小的某一时段内，易发生江水倒灌鄱阳湖的现象。九江流量增幅越大，倒灌的历时越长，五河流量减幅越大，倒灌的强度越大。

4.5　本　章　小　结

本章对江湖分汇流特征关系变化及机理的研究主要包含三个方面，双连通的洞庭湖分流分沙与顶托分开讨论，单连通的鄱阳湖长江干流水倒灌和湖水入汇作为一个整体进行。关于分流分沙，通过分析 1956～2015 年荆江三口分流变化特征，归纳了三口分流变化的主要诱发因素，提出三口分流调整时段具有趋势性和平衡性的特性，提炼了不同时段三口分流减少的关键控制因子，预估了三口分流发展趋势；关于长江—洞庭湖的顶托关系，主要从现状的顶托现象出发，分析了水流顶托的变化特征，研究了顶托对湖区、干流的影响范围，揭示了影响水流顶托的主要因素，重点辨析了河湖主要整治工程对江湖顶托关系的影响；对长江倒灌鄱阳湖的研究，以梳理 1956～2015 年倒灌发生的一般特性、典型年份的特征为基础，建立和验证了含鄱阳湖湖区和干流汇流段在内的大范围平面二维水流数学模型，通过模型模拟研究了倒灌影响的范围，倒灌期江湖水流流速、水位等变化特征，结合分析和数学模型成果，初步提出了长江倒灌鄱阳湖的成因。

（1）三峡水库蓄水前，长江—洞庭湖汇流段出湖水流入汇点大幅度下移，汇流段内侧区域河床大幅淤积，外侧则以冲刷为主，主槽右摆；三峡水库蓄水后，洞庭湖受干流顶托作用明显，汇流段河床明显淤积。三峡水库蓄水前后，长江—鄱阳湖汇流段河床均以冲刷为主，且干流冲刷强度大于湖口入汇段，三峡水库蓄水后干流段河床冲刷更为明显。汛期干流、湖泊出流相互顶托，汇流段水位抬高，上游河道水面比降较小，若江水倒灌进湖，干流、入江水道水位偏低，干流段流速、比降明显增大，入汇段水流紊乱，倒灌水流上溯。受采砂影响，入江水道含沙量沿程增大。

（2）洞庭湖出湖汇流比、汇流段水位是江湖水流顶托作用的决定性因素，长江干流对洞庭湖顶托作用的强度及持续时间均明显大于洞庭湖对干流的顶托。3～4 月洞庭湖对干流的顶托作用明显，5～6 月洞庭湖与干流相互顶托，7～10 月干流对洞庭湖的顶托作用明显，11 月到次年 2 月为江湖退水阶段，顶托作用减弱。洞庭湖湖区均可受到干流顶托作用的影响，且影响程度表现为沿程增大。下荆江系统裁弯后，干流对洞庭湖的顶托作用有所增强，汇流区水位抬升较为明显。洞庭湖对长江干流顶托作用的影响范围一般可达下荆江的调弦口(位于江湖汇合口上游约 120 km)，但大水年份时，顶托作用最大影响范围可达枝城(位于江湖汇合口上游约 347 km)，干流对湖泊的顶托作用范围包含东洞庭湖到西洞庭湖的几乎整个湖区范围。三峡水库蓄水后，洞庭湖湖区水面比降减小，长江干流水面比降有所增大，干流对洞庭湖的顶托作用有所增强，尤以中枯水表现最为明显。

(3) 1956～2015 年，长江干流倒灌进入鄱阳湖的频率总体呈减小趋势，主要取决于九江与湖口水位差及其变化过程，7～8 月当九江与湖口水位差为 0.60～0.75 m，干流流量较大且快速增加，湖口流量较小时，容易发生倒灌，2016 年汛期长江干流水量偏大，7 月 3 日湖口出现三峡水库蓄水以来的最大倒灌流量 8830 m³/s。三峡水库蓄水运用，使得汛后干流流量减少，鄱阳湖出流加快，一定程度上减少了长江对鄱阳湖的倒灌频次。

第5章 江湖关系调整期泥沙交换及响应

水沙交换是江湖关系变化的核心和表现形式。从水沙交换的角度出发，1956～2015年江湖关系变化可分成三个阶段，分别为 1956～1980 年、1981～2002 年、2003～2015年。本章要阐述的是第一个阶段(1956～1980 年)，从江湖关系变化的特征来看，这一时期长江对湖泊的影响强，湖泊对长江的作用逐步减弱，江湖关系调整较为剧烈，荆江与洞庭湖的关系调整尤其显著。荆江三口分流分沙处于缓慢的自然衰减过程，1967～1972 年实施的下荆江裁弯增大了其衰减速度，使得荆江三口分流、分沙比分别由裁弯前的 29%、34%减小至裁弯后的 19%、22%。三口分流量减少后，荆江干流河道泄量加大 4600～6300 m^3/s，干流对洞庭湖的出流顶托作用增强。鄱阳湖倒灌特征变化不明显。

长江与洞庭湖、鄱阳湖的水沙交换关系显著变化，加之下荆江裁弯、湖泊围垦等人类活动，同时长江中游河湖冲淤调整也较为显著，尤其是湖泊的面积、容积变化较大，由此带来湖泊调蓄能力减弱等水情效应。首先，荆江河床冲刷(1966～1980 年平均冲深约 0.79 m)，江湖汇流段以下河床明显淤积抬高(1970～1980 年城陵矶至汉口河段平均淤高约 0.35 m)，汇流区水位抬升，对洞庭湖的顶托作用增强。其次，大规模围垦(1949～1978 年洞庭湖围湖造田的面积达 1659 km^2)和湖区泥沙大量沉积(1956～1980 年两湖年均淤积泥沙 1.44 亿 t)导致湖泊调蓄能力降低，湖泊面积、容积分别由 1949 年的 4350 km^2、293 亿 m^3 减小至1978 年的 2691 km^2、174 亿 m^3，对入湖洪峰的年均削减率由 1954～1965 年的 29.7%减小至1966～1980 年的 26.6%。最后，鄱阳湖大规模围垦(1954～1997 年围垦面积约为 1301 km^2)和湖区泥沙大量沉积导致湖泊调蓄能力降低，湖泊面积由 1949 年的 5200 km^2 减小至 1983年的 3840 km^2，江水倒灌入湖频繁。

5.1 江湖系统内、外部条件变化

影响江湖关系变化的因素可以分为自然因素和人类活动两种，自然因素决定江湖关系演变的方向，人类活动更多的是延缓或者加速江湖关系变化的进程。考虑到气候、下垫面条件等自然因素变化的时间尺度大，在 1956～2015 年江湖关系演变的过程中，自然因素的作用从未停止过并将长时间持续，其对江湖关系变化的作用往往是延续性的。与之不同的是，人类活动的作用往往存在节点效应，具有突发性特征，且外在的表现更为明显，可控性也较强。因此关于江湖系统内外部条件的变化，将主要阐述代表性的人类活动，第 6章和第 7 章也沿用这个模式。

1956～1980 年，长江中游江湖关系发生剧烈调整，其间江湖系统内、外部条件均发生了一定变化(图 5.1-1),其中外部条件主要包括汉江丹江口水库,洞庭湖水系资水的柘溪水库和鄱阳湖水系修水的柘林水库等大型水库的修建运用,导致进入江湖系统的泥沙略有减少。内部条件的变化调整,则主要包括下荆江的 1 处自然裁弯和 2 处人工裁弯(统称下荆江系统裁弯,3 处裁弯共缩短河长约 78 km),不仅导致荆江河段河床发生大幅冲刷、城陵矶以下长江干流河床明显淤积,且加速了荆江三口分流分沙的衰减,洞庭湖湖区泥沙淤积有所减轻。同时,沿江两岸实施了护岸加固和河势控制工程,在一定程度上稳定了河势,洞庭湖、鄱阳湖湖区大范围、高强度的联圩并垸和围垦等工程,导致湖泊调蓄能力明显减弱。这些内部条件的变化,对江湖泥沙分配格局的影响更为突出。

图 5.1-1　1956～1980 年长江中游江湖系统内外部条件简化图

5.1.1　水利枢纽工程

据调查统计,20 世纪 50～70 年代,为了充分开发和利用长江的水能资源,长江上游地区共修建大中小型水库 10491 座,水库总库容达 139.2 亿 m³。其中,大型水库 9 座,总库容为 43.4 亿 m³,中型水库 146 座,总库容为 35.5 亿 m³,小型水库 10336 座,总库容为 60.3 亿 m³。这些水库大多位于干、支流的上端或末端,对长江上游输沙量并未产生明显的影响,修建前后宜昌站年输沙量基本在 5.15 亿 t 上下波动,未出现明显变化[图 2.3-1(a)]。

其间,在汉江干流、洞庭湖水系资水、鄱阳湖水系修水干流先后修建了控制性水利枢纽工程,具体如下。

(1)丹江口水库。位于湖北省丹江口市汉江干流与支流丹江汇合处下游约 0.8 km,坝址控制面积约为 9.52 万 km²,约占汉江流域面积的 60%。丹江口水利枢纽于 1958 年开工,1968 年正式蓄水运用,1973 年建成初期规模,坝顶高程为 162 m,正常蓄水位为 157 m,水库总库容为 174.5 亿 m³,属不完全年调节水库。

为了满足南水北调中线工程的取水需求,丹江口大坝加高工程自 2005 年 9 月 26 日开工建设,2010 年 3 月 31 日加高至 176.6 m。加高后,水库正常蓄水位为 170 m,库容为 290.5 亿 m³。丹江口水利枢纽的首要任务是防洪,截至 2008 年,水库拦蓄洪峰流量大于 10000 m³/s 的洪水 82 次。同时,水库将水流挟带的绝大部分泥沙拦截在水库内,1968～2008 年水库共淤积约 17.66 亿 t 泥沙(年均淤积泥沙约 0.44 亿 t),水库下游基本为清水下泄,如坝下游干流黄家港、襄阳、皇庄站多年平均含沙量分别由建库前的 3.25 kg/m³、2.58 kg/m³、2.60 kg/m³ 减小为 0.02 kg/m³、0.12 kg/m³、0.35 kg/m³;黄家港、皇庄站年均输沙量也分别由建库前(1955～1959 年)的 1.27 亿 t、1.33 亿 t 减小至滞洪期(1960～1967 年)的 0.726 亿 t、1.13 亿 t,1968～2015 年则进一步减小至 0.007 亿 t、0.148 亿 t;仙桃站年均输沙量则由滞洪期(1963~1967 年)的 0.896 亿 t 减小至 1968~2015 年的 0.183 亿 t(图 5.1-2)。

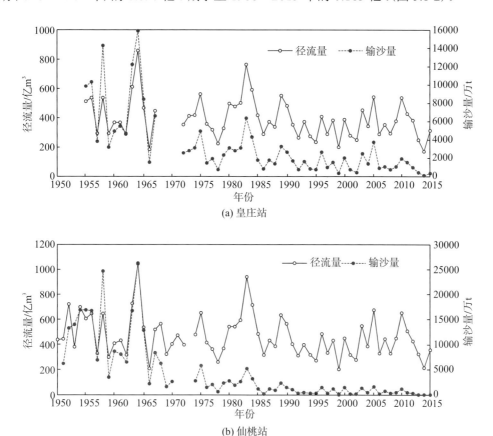

图 5.1-2　汉江干流主要控制站年径流量、输沙量历年变化过程

　　(2)柘溪水库。位于资水中游,水库总库容为 35.7 亿 m³。大坝于 1958 年 7 月动工,1961 年 2 月蓄水,1962 年 1 月发电。坝址控制面积为 2.264 万 km²,占资水流域总面积的 80%。水库建成后,资水桃江站年均输沙量由 1950~1962 年的 477 万 t 减小至 1963~1980 年的 190 万 t,1981~2002 年减小至 149 万 t,但遇大水年含沙量仍较大〔图 5.1-3(a)〕。

　　(3)柘林水库。位于修水干流中游,坝址控制流域面积为 9340 km²,占修河全流域面积(14700 km²)的 63.5%。水库正常蓄水位为 65.0 m,相应库容为 50.17 亿 m³,设计洪水位为 70.13 m,相应库容为 67.71 亿 m³,校核洪水位 73.01 m 下水库总库容为 79.2 亿 m³,其中兴利库容为 34.7 亿 m³,调洪库容为 32 亿 m³,为多年调节水库。1958 年 8 月动工兴建,1975 年建成投产,建库后,对修水输入鄱阳湖的水流含沙量影响较小〔图 5.1-3(b)〕。

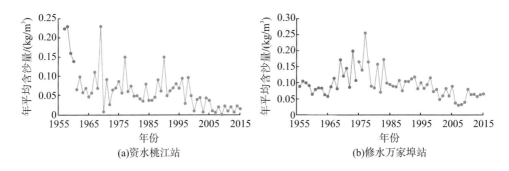

图 5.1-3　资水、修水控制性水利枢纽工程修建前后含沙量变化

可见，这一时期，长江中游江湖系统外部条件的变化以汉江丹江口水库的建成运用最为显著，水库建成后将汉江上游 90%以上的泥沙拦截在库内，对汉江汇入长江干流的泥沙影响程度较大，而洞庭湖、鄱阳湖水系的水利枢纽工程对下游泥沙的影响相对较小。

5.1.2　河（航）道整治工程

1. 下荆江系统裁弯及河势控制工程

下荆江河道蜿蜒曲折，为典型的蜿蜒型河段，河道抗冲能力差，是长江中游河道演变最为剧烈的河段，经历了从分流分汊型发展为蜿蜒型河道的历史演变过程。魏晋南北朝时期，江心沙洲连绵，两岸穴口众多，属于分流分汊型河道，或称网状水系；唐宋至元明时期，荆江穴口减少，形成九穴十三口分、汇江流；至明中后期，分流穴口大多淤塞，江心沙洲逐渐消失或靠岸形成河漫滩，汊流相应减少。元明之际，下荆江主干河道的蜿蜒段开始在监利东南江段出现，然后逐渐向上游发育河曲；至明中叶，监利东南江段典型的河曲弯道已发育完成；至明末清初，石首河段河曲开始发育，至清道光年间（1821～1850 年），下荆江蜿蜒型河道已上溯发展至石首；清后期，自 1860 年以后，下荆江蜿蜒型河道已全线发展，河道愈加蜿蜒曲折，横向位移明显，仅 19 世纪初以来西部摆幅形成的河曲带达 20 km，东部则在 30 km 以上。

历史上，下荆江在河曲发育过程中，自然裁弯发生频繁，近百年来发生了古长堤（1887 年）、尺八口（1909 年）、河口（1910 年）、碾子湾（1949 年）等处的自然裁弯（表 5.1-1）。自 1949 年以来，下荆江有 3 次裁弯，其中有 2 次人工裁弯和 1 次自然裁弯，即为下荆江系统裁弯工程，包括 1966 年和 1968 年实施的中洲子和上车湾两处人工裁弯，沙滩子裁弯工程由于种种原因而未能按计划实施，于 1972 年 7 月发生自然裁弯，三处裁弯共缩短下荆江河道长度约 78 km（表 5.1-2，图 5.1-4）。下荆江系统裁弯工程的目的在于缩短河长，扩大荆江的排洪能力，减轻洪水的威胁。同时，裁弯工程也使上下荆江经历了较长时间的河床调整过程。

表 5.1-1　下荆江自然裁弯和人工裁弯发生时间统计表

裁弯地段	裁弯时间	裁弯地段	裁弯时间
东港湖	明末	古丈堤	1887 年
老河	明末	尺八口（熊家洲）	1909 年
西湖	1821～1850 年	碾子湾	1949 年
月高湖	1886 年	中洲子	1967 年（人工裁弯）
街河	1886 年	上车湾	1969 年（人工裁弯）
大公湖	1887 年	沙滩子	1972 年

表 5.1-2　1967～1972 年下荆江系统裁弯工程基本情况统计

裁弯河段	裁弯时间（形式）	引（新）河长度/km	平均弯曲半径/m	老河长度/km	裁弯比
中洲子	1967 年（人工裁弯）	4.30	2500	36.7	8.5
上车湾	1969 年（人工裁弯）	3.50	200	32.7	9.5
沙滩子	1972 年（自然裁弯）	1.35	—	20.3	15.0

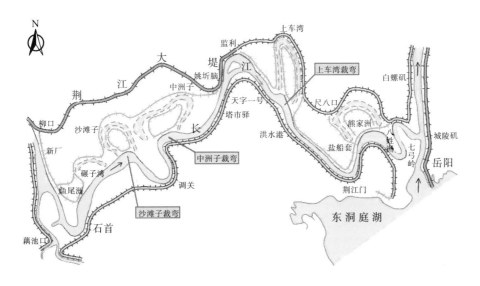

图 5.1-4　下荆江系统裁弯及河势控制工程分布图

在下荆江实施中洲子、上车湾人工裁弯和沙滩子发生自然裁弯以后，当时仅在引河凹岸局部护岸，裁弯段上下游河段的河势因受裁弯影响发生剧烈变化，江岸冲淤位置改变，崩岸增多，已经缩短的河曲又有所增长，影响到裁弯效益的继续发挥。

为巩固裁弯成果，长江流域规划办公室（现长江水利委员会）于 20 世纪 70 年代开始进行下荆江河势控制规划工作，指导思想如下：控制有利河势，全面规划，统筹安排，按照"先急后缓，保证重点，集中力量，分段建成，全面照顾"的原则，进行工程的规划、设计与施工。工程规划的要求如下：有足够的断面可以畅泄洪水，河宽不小于 1300 m；应整治为有利于防洪和航运的微弯河道，航槽最小宽度为 80 m，弯曲半径大于 1500 m。长江流域规划办公室于 1974 年提出《下荆江河势控制规划初步意见》并上报，经多次修改补充，1983 年提出《下荆江河势控制规划报告》，1984 年水电部批准实施。1984～1990 年，完成石方 253.39 万 m³，守护岸线长 32.05 km。

2. 堤防与护岸工程

长江中下游水患频发，沿江两岸堤防的历史就是人民群众防止洪水灾害、保障生命财产安全、发展经济社会的历史。早在战国时期，人们就开始在沿江滨湖地区进行人工围垦。尤其是中华人民共和国成立之后，不断地兴建、加高、加固堤防，形成了长江沿江两岸长达 3000 余千米的堤防工程。

长江中下游大规模的护岸工程建设始于 20 世纪 50 年代。20 世纪 50 年代，荆江的沙市河段和郝穴河段，武汉的青山镇，安徽无为大堤安定街、芜湖河段裕溪口、马鞍山河段恒兴洲，以及江苏省南京市的下关浦口和大厂镇等地均大规模地实施了沉排护岸工程。20世纪 60 年代，长江中下游广泛采用抛石护岸，包括荆江大堤护岸工程加固，下荆江系统裁弯新河控制，临湘江堤护岸，武汉市区险工段加固，九江永安堤护岸，同马、无为大堤护岸工程加固，马鞍山、南京、镇扬等分汊河段的护岸及加固等。例如，荆江河段，随着两岸堤防的兴建，荆江河道平面变形总体得到控制。据资料统计，1956 年荆江崩岸总长为 179.2 km，且主要集中在下荆江，其崩岸长约 136.4 km。至 1980 年，荆江总护岸长度为 161.86km（占两岸总长的 24%），1950～1980 年完成石方 1098.34 万 m³，崩岸总长减至102.7 km，荆江河道横向展宽和河曲蜿蜒发展得到基本控制，也是河道外形自 1980 年以来保持基本稳定的重要因素。城陵矶至九江河段，护岸工程总长度为 100.6km，占崩岸总长度的 63%。

3. 航道整治工程

1）长江干流航道整治

中华人民共和国成立后，长江中下游干流航道治理经历了四个阶段：1949～1957 年为第一阶段，以清障、恢复通航为主；1958～1965 年为第二阶段，在清除封锁线沉船和水雷的同时，开始重点浅滩的试点整治，首次开辟进江海轮航道；1966～1978 年为第三阶段，继续推进航道整治；1979～1998 年为第四阶段，中下游航道建设在改革中迅速发展。

由于长江中下游为平原冲积型河流，河床冲淤频繁、演变复杂，浅滩整治的难度和工程量很大，除少数重点地段进行炸礁、清障、筑坝等工程外，一般都采取疏浚挖泥或调整航标等措施，以维护航道。据初步统计，1953～2000 年长江干流共完成疏浚挖泥39039 万 m³，年最大挖泥量超过 2000 万 m³。

1953～1957 年的历年枯水期间，航道部门先后在宜都、芦家河、周公堤、天星洲、姚圻脑、监利、大马洲、戴家洲、张家洲、贵池等浅水道施工，改善了枯水期的航行条件。同时，还疏浚了宜昌、九江、安庆、芜湖、镇江等港口，共挖泥约 460.4 万 m³。除此之外，还在观音洲、大马洲、道人矶、白洋、关洲、芦家河、刘家巷、黑瓦屋、窑集老、马当南槽等水道进行了引爆水雷、清除沉船、炸除礁石等工程。

1958～1978 年，航道部门主要在天星洲、监利水道采用沉树、沉船、堵流吹填和疏浚、挖泥的方法进行整治,使通航条件得到一定改善;先后进行了界牌水道、武汉河段、张家洲水道的航道维护疏浚工作,如界牌水道 1977~1978 年枯水期疏浚量为 43.8 万 m³,1975 年、1978 年武汉河段航道疏浚量分别达到 103 万 m³、201.7 万 m³;1978~1979 年枯水期长江中游出现了特枯水位,宜昌、沙市出现有记录以来的最低水位值。干流中游航道变化十分剧烈,浅情严重,20 余处水道情况恶化,1978 年 8 月中旬至 1979 年 4 月中旬,挖泥量超过 300 万 m³,其中以监利水道、藕池口水道最为突出。

20 世纪 80 年代葛洲坝枢纽工程截流蓄水以后,引起坝下游河段水流条件、洲滩演变与岸线等一系列变化,分别在尺八口、大马洲、窑集老、藕池口、沙洲、武汉港区、嘉鱼、陆溪口、马家咀、太平口等各主要浅水道挖泥浚深,拓宽航道,以维护各水道的正常通航。1983 年长江中下游发生大洪水,汛后水位迅速下落,11 月中下旬,中游芦家河、马家咀、天星洲、碾子湾、大马洲、铁铺、界牌、武桥、罗湖州 9 处水道相继出现浅情,其中以界牌水道最为严重。1984 年为中水丰沙年,汛后水位急速下落,众多浅滩浅垴冲刷不及,航槽水深普遍较浅,芦家河、枝江、马家咀、碾子湾、塔市驿、大马洲、界牌、罗湖州、巴河 9 处水道相继发生浅情,航道部门采用爆破清障、挖泥疏浚等手段,保证了航道畅通。

其间,最为典型的为界牌河段整治工程和道人矶航道整治工程。界牌河段整治工程包括固滩导流及丁坝工程,护岸工程及洪湖港航道疏挖工程等部分,其中固滩导流及丁坝工程在河段右岸上边滩布置丁坝 15 座,坝长 170~710 m,坝顶宽 3 m,固滩导流工程则包括新淤洲头鱼嘴工程(守护岸线长度约为 2200 m)和南门洲夹江锁坝等。工程于 1994 年 11 月开工,2000 年 3 月竣工。道人矶水道位于城陵矶港下游约 8 km,江中磨盘石等散乱礁石林立,1994 年 12 月航道部门开始进行航道整治工程,对磨盘石、河心石、猴子石和江中零星礁石进行钻孔爆破,于 1996 年 11 月完工。

2) 洞庭湖水系航道整治

1950 年洞庭湖水系开始进行航道整治。1953~1957 年,大规模整治了沅江和资水,新开辟了航道,整修了部分支流航道;20 世纪 70 年代重点整治了沅江和澧水;湘江 500 t 级的开湖航道于 1985 年基本建成通航,初步形成了四水下游和湖区 300 t 级航道网,据湖南省航道部门统计,1950~1985 年航道疏浚、炸礁和筑重型导流坝等航道整治工程工程量达 1983.15 万 m³。

3) 鄱阳湖水系航道整治

鄱阳湖水系自唐代起即有一些局部的治理。中华人民共和国成立后,航道建设逐步加强,由初始的零星工程整治、临时性疏浚维护逐步形成全面规划和整体开发,应用现代工程技术整治浅滩,建设水利枢纽,综合利用兼顾航运与防洪发电,其中以赣江航道整治为重点,抚河、信江、饶河、修水也进行了整治,饶河支流昌江实现了渠化。在五河尾闾及鄱阳湖湖区,水利和交通部门进行了大量的河道整治工程,包括整修堤防、疏浚河道、塞支强干、裁弯取直等,航道条件得到改善。1989 年 9 月至 1992 年 9 月,交通部、江西省人民政府对南昌至湖口段四级航道开展整治工程,其中鄱阳湖湖区的碍航浅滩治理项目包括:沙湾滩护岸 1180 m,火烧坪滩筑坝 3 座,疏浚航槽 3275 m,工程量为 209950 m³;满天星滩挖槽 920 m,工程量为 34860 m³;炉子窑滩筑坝 7 座,挖槽 1400 m,工程量为 42753 m³。

5.1.3　湖区围垦与治理工程

历史上，长江中下游沿江两岸通江湖泊星罗棋布，对洪水有较大的调蓄作用。随着干支流来水夹带泥沙的逐年淤积，使得湖泊调蓄洪水的能力逐年降低，为适应沿江两岸人口增长和经济发展以及消灭血吸虫病害等需要，对一部分湖泊实行蓄洪垦殖或建闸控制，也有一些湖泊无计划围垦。长江中下游通江湖泊以 20 世纪 50～60 年代减少最快。截至 1984 年底，主要的通江湖泊面积尚有 6605 km² (其中洞庭湖湖泊面积为 2691 km²，鄱阳湖湖泊面积为 3914 km²)，至今，尚存通江湖泊有洞庭湖和鄱阳湖。长江中下游各控制站以上不同时期通江湖泊面积统计见表 5.1-3。

表 5.1-3　长江中下游各控制站以上不同时期通江湖泊面积统计表　　　　　单位：km²

年份	松滋河	城陵矶以上	汉江	汉口以上	九江以上	湖口以上	大通以上
1949	120	4725	1292	8470	9793.8	15133.8	17198
1954	120	4155	612	7139	8258.8	13448.8	15328.6
1971	0	2820	0	2820	2820	6886	6886
1977	0	2740	0	2740	2740	6806	6806
1980	0	2691	0	2691	2691	6605	6605

1. 洞庭湖

1) 湖区围垦

洞庭湖湖区垦殖的历史，可以上溯到新石器时代。近 100 年中围垦强度较大，进入 20 世纪以来，四口在将大量洪水宣泄于洞庭湖中导致湖面扩大的同时，也将大量的泥沙倾泻入湖，导致湖底淤浅及北岸沙洲的增长。随着北岸堤垸不断伸长，南岸堤垸时有溃废，洞庭湖发生南靠。由于修堤围垸迅速发展，1918～1931 年，大约修筑垸田 26.7 万 hm²，其规模之大相当于今天洞庭湖的全部天然湖面积。北岸堤垸不断向南发展，逐渐与赤山接近，洞庭湖被分割为东、西两部分。北岸沙洲在向东南方向发展的过程中，受水流交汇的影响，转向正东方向后又折向东北，这样从东洞庭湖中分割、包围出一个大通湖。同时，原在沅江境内的万子湖和湘阴县境内的横岭湖因垸田的溃废而扩大、连通而形成南洞庭湖。到 1949 年，洞庭湖的湖泊面积尚有 4350 km² (高俊峰等，2001)。

1949 年以后，为了缩短湖区防洪堤线，又进行了大规模堵支并流合垸以及蓄洪垦殖工程，特别是 1954～1958 年进入了围湖造田的高峰期，围湖造田总面积超过 6 万 hm²，平均每年围湖 1.2 万 hm² (合 120 km²) (卞鸿翔和龚循礼，1985)，湖容缩减十分迅速。到 1958 年，湖区面积减小为 3141 km²，年均减小率达到 193.5 km²。与此同时，四口三角洲转而向东北迅速扩展 (图 5.1-4)。1962 年汛后枯水期，岳阳湖汊灭螺围垦万石湖 3750 亩(1 亩≈666.67m²)、辽原垸 2267 亩、大明湖 1951 亩，湘阴湖汊灭螺围垦洋沙湖 14637 亩，建洋沙湖闸，1963 年汛后枯水期湘阴围垦三汊港 10922 亩、白泥湖 41960 亩等，围垦一直持续到 1978 年秋后。1978 年之后围垦基本停止，根据有关资料统计，1896～1978 年，洞庭湖湖泊面积由 5400 km² 缩小到 2691 km²，面积减小 2709 km²，年均减少 32.6 km²。湖区的大范围围垦主要发生在 1949~1958 年，其间湖泊面积年均减少 134.3 km²。洞庭湖的容积由 1896 年的 420 亿 m³ 减少到 1978 年的 174 亿 m³。1980 年后，国家禁止围湖造田，同时由于下荆江裁弯引起三口入湖泥沙量减少，洞庭湖萎缩速度明显变缓。

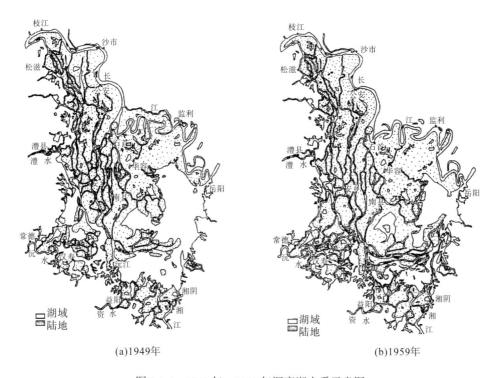

(a)1949年　　　　　　　　　　　　　　　(b)1959年

图 5.1-4　1949 年、1959 年洞庭湖水系示意图

2）治理工程

国家历来高度重视洞庭湖湖区的治理、开发和保护。中华人民共和国成立后，在湖区进行了大规模水利建设，现有一线防洪大堤 4427.88 km。湖南省一线防洪大堤长 3473.57 km，其中重点垸堤长 1192.10 km，蓄洪垸堤长 1175.35 km，一般垸堤长 1106.08 km；湖北省防洪大堤长 954.35 km，其中四河河堤长 706.04 km、一般垸堤长 248.31 km。

湖南省洞庭湖湖区的治理经历了三个阶段：第一阶段，1949~1985 年，进行了堵支并垸、撇洪河配套的初期治理，湖区堤垸数由 933 个减少到 226 个，一线堤防长度由 6400 km 缩短到 3471 km，基本形成了目前的防洪格局；第二阶段，1986~1996 年，实施洞庭湖湖区一期治理，主要对湖区 11 个重点垸 1191 km 堤防进行了除险加固，对 24 个蓄洪垸安全建设、洪道整治进行了阶段性建设；第三阶段，1996 年至今，实施洞庭湖湖区重点设施治理工程。

经过多年的建设，①按设计已基本完成二期治理三个单项工程，松澧垸、长春垸等 11 个重点垸的防洪能力和标准基本达到 10 年一遇，险工险段明显减少，理顺了南洞庭湖草尾河、黄土包河、东南湖—万子湖—横岭湖洪道，对藕池河系注滋口河进行了疏挖、扫障和扩卡，在支流沱江建闸控制；②对 142 km 长江干堤，按二级堤防标准全面加高加固，防洪能力基本达到 10~20 年一遇；③基本完成澧南、围堤湖、西官三个蓄洪垸的蓄洪安全建设；④结合堤防加固，对部分河湖进行了清淤疏浚；⑤实施平垸行洪、退田还湖工程，完成了 333 个巴垸和堤垸的平退任务，搬迁 15.8 万户 55.8 万人，高水位时，还湖面积可达到 779 km²；⑥利用外资，长沙、岳阳等 21 个城市防洪工程建设和 29 处大型排涝泵站更新改造已基本完成；⑦2009 年启动了洞庭湖湖区大型灌排泵站更新改造和洞庭湖治理近期实施项目。根据统计，1998~2009 年，中央和地方先后安排 116 亿元资金投入洞庭湖治理的各项工程建设，经过长期建设，湖区防洪减灾能力得到了显著提高，在防御历次大洪水中发挥了重要作用。

湖北省在 20 世纪 50 年代进行了以整险加固堤防为主的水利建设，并于 1952 年兴建荆江分洪工程和进行分洪区内安全区、台、楼的建设，为战胜 1954 年洪水发挥了重要作用；20 世纪 60~70 年代开展了防洪、灌溉工程建设，以电力排灌和兴建、改建沿江涵闸为重点，结合兴建水库，合堤并流；20 世纪 80 年代以后根据洞庭湖湖区水情变化，进行了以防洪保安为重点的工程建设，特别是通过 1998 年大水后的防洪建设，荆南长江干堤已全面达标，对大型排涝泵站进行了更新改造，启动了荆南四河堤防加固工程建设。

2. 鄱阳湖

鄱阳湖目前为我国第一大淡水湖，湖周有赣江、抚河、信江、饶河、修水 5 条河流汇入，北端与长江相通。湖泊的面积，在唐代初期约为 6000 km²，后由于围垦及泥沙淤积，1949 年鄱阳湖面积为 5340 km²（水面高程为 22 m，吴淞基面，下同），之后主要由于人类活动影响，使其湖泊面积在 20 世纪 70~80 年代缩小为 3993.7 km²，湖泊容积为 295.9 亿 m³。据统计，1954~1983 年，"围湖造田"使得鄱阳湖面积减小约 1270 km²，容积减小约 79 亿 m³；20 世纪 90 年代湖泊面积缩小至 3572 km²，湖泊容积为 280.5 亿 m³。其间，湖泊大规模垦殖是其面积、容积减小的关键因素。

5.2 江湖泥沙交换

1956~1980 年，江湖泥沙交换与分配格局的显著特征是长江中游江、湖系统外部条件变化对江湖泥沙的影响相对较小，而发生在江、湖系统内部的重大人类活动，如下荆江系统裁弯（1967~1972 年）、洞庭湖湖区围垦（主要集中在 1949~1978 年）、鄱阳湖湖区围垦（主要集中在 1949~1976 年）等，虽对江、湖泥沙量的大小影响较小，但对江、湖泥沙交换与分配格局的影响明显。

1956~1980 年，宜昌以上干支流、湖南四水、汉江、江西五河等进入长江中游江、湖的泥沙总量约为 156.2 亿 t（年均约 6.25 亿 t）。其中，宜昌以上干支流、汉江和两湖水系来沙量占总量的比例分别为 83.1%、8.9% 和 8.0%，接近 8∶1∶1。泥沙进入长江中游江、湖后，在空间上进行重新分配，其显著特征主要表现如下：长江干流宜昌至大通长约 1130 km 的河道输沙相对平衡，来沙量仅有 1.6% 淤积在干流河道内，泥沙总量的 75.3% 随水流入海，

22.3%的泥沙沉积在洞庭湖湖区，年均沉积量约为 13900 万 t，0.8%的泥沙淤积在鄱阳湖湖区，年均沉积量约为 515 万 t(图 5.2-1)。

按 1967~1972 年下荆江系统裁弯、1968 年丹江口水库建成蓄水等人类活动的影响程度，又可划分为 1956~1966 年和 1967~1980 年两个时期，其年均输入长江中游江、湖系统的泥沙分别为 6.69 亿 t 和 5.90 亿 t，年均沙量偏少 0.785 亿 t(减幅为 11.7%)，主要是长江干流来沙和汉江来沙偏少，宜昌、仙桃站年均输沙量分别由 5.48 亿 t、0.773 亿 t 减小至 4.97 亿 t、0.389 亿 t，减幅分别为 9.3%、49.7%；两湖水系来沙量则略有增加，湖南四水和江西五河年均来沙则偏多 0.110 亿 t。

从两个时期的泥沙交换与分配情况来看，下荆江系统裁弯后，一方面，长江干流通过荆江三口进入洞庭湖的年均沙量由 1.96 亿 t 大幅减小至 1.24 亿 t，洞庭湖湖区泥沙沉积量明显减少；另一方面，下荆江系统裁弯后，河道缩短了近 1/3(长约 78 km)，水面比降增大，三口分流量减小、干流河道流量加大，荆江河床自上而下出现了明显的冲刷，但进入城陵矶以下的河道泥沙有所增多，河床出现大幅淤积，长江干流河道总体由泥沙冲刷转变为泥沙淤积(图 5.2-1)。

图 5.2-1　1956~1980 年长江中游江湖泥沙分配格局

5.2.1　长江干流沿程泥沙交换

长江干流河道泥沙沿程交换主要包括两个方面：一是上、下游河道泥沙发生交换，即沿程交换，主要表现为泥沙冲淤特性的不同；二是水流与河床之间泥沙的交换，既有沿程交换也有当地交换，这种交换则主要表现为输沙量的大小及粒径变化。

1956~1980 年，长江干流河道泥沙交换的典型特征是沿程冲淤交替，但总体冲淤平衡。以城陵矶为界，荆江河床冲刷，导致城陵矶以下输沙量增大(图 5.2-2)。同时，水流与河床泥沙之间也存在双向交换关系，床沙补给量与来沙量存在较好的相关关系，且以粒径大于 0.1 mm 的河床质泥沙为主。

按输沙量法统计，1956~1980 年长江干流宜昌至大通段年均仅沉积泥沙约 1025 万 t，总体处于冲淤相对平衡的状态，其中宜昌—螺山、汉口—大通河段年均冲刷量分别为 1940 万 t、

2120 万 t，螺山—汉口河段则年均淤积 5080 万 t。

从不同时期变化来看，下荆江系统裁弯前后，长江干流泥沙交换特点发生明显变化，主要表现为 1956～1966 年、1967～1972 年、1973～1980 年宜昌—螺山河段冲刷强度逐渐增强，年均冲淤量分别为 253 万 t、2840 万 t、3580 万 t，螺山—汉口河段泥沙淤积则逐渐增多，其年均冲淤量分别为 2840 万 t、6510 万 t、7090 万 t（图 5.2-2）。与此同时，洞庭湖泥沙淤积则有所减少，但螺山—汉口河段和洞庭湖湖区年均淤积基本在 1.8 亿 t 左右（图 5.2-3），汉口—大通河段年均冲淤量则有所减小，其年均冲淤量分别为 2830 万 t、1680 万 t、1490 万 t。

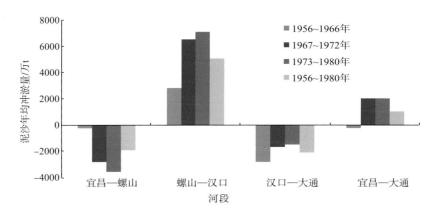

图 5.2-2　1956～1980 年宜昌—大通河段泥沙年均冲淤量

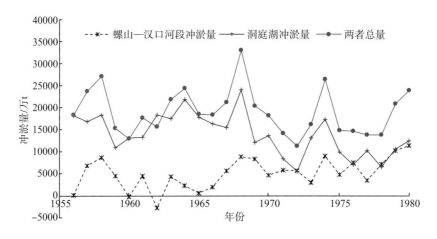

图 5.2-3　1956～1980 年螺山—汉口河段和洞庭湖泥沙冲淤量变化过程

泥沙沿程的补给与交换则主要是通过水流与河床中泥沙不断进行的双向交换来实现的。这种双向交换的特点是，当水流流速较大时，水流冲刷河床补给泥沙并挟带至下游河道，而当流速较小时，水流挟带的泥沙将沉积在河床上。对于某一个河段，在特定的时段内，这个过程一般会表现出三种状态：若水流冲刷河床上扬的泥沙数量大于沉积在河床上的泥沙时，河床处于泥沙补给状态，反之，河床处于泥沙沉积状态，而当两者基本相当时，交换就达到了一种平衡状态。水流中的泥沙与河床泥沙之间的双向交换或相互补给关系，可通过来沙量与河床补给量之间的相关关系体现。

从长江中下游干流主要控制站悬移质泥沙级配沿程变化来看，其悬沙粒径自上游向下游明显变细，宜昌、螺山、汉口、大通站悬移质泥沙中粒径大于 0.05 mm 的分别为 32.6%、29.1%、25.8%、25.6%，其中值粒径 d_{50} 分别为 0.031 mm、0.026 mm、0.024 mm、0.025 mm（表 5.2-1）。从年内变化来看，由于流量、沙量主要集中于汛期，枯季悬沙粒径一般大于汛期，如宜昌站汛期悬移质泥沙中值粒径 d_{50} 为 0.030 mm，枯季则为 0.041 mm；荆江河段河床枯期冲刷，导致河床质粒径也有所变粗（表 5.2-2），但城陵矶至九江河段河床有冲有淤，河床质年内变化特点也有所不同（表 5.2-3）。

表 5.2-1　长江中下游干流主要控制站悬移质泥沙级配特征统计

站名	不同粒级 (mm) 沙重百分数/%								d_{50}/mm
	<0.007	0.007～0.01	0.01～0.025	0.025～0.05	0.05～0.1	0.1～0.25	0.25～0.5	0.5～0.1	
宜昌	14.50	7.68	19.76	25.39	20.75	9.04	2.76	0.08	0.031
新厂	16.90	9.20	21.20	19.70	19.20	10.70	3.10	0.00	0.028
监利	22.20	8.00	22.60	20.80	15.50	8.90	2.00	0.00	0.022
洪山	20.80	8.10	20.70	19.20	19.10	10.50	1.60	0.00	0.025
七里山	27.20	10.50	24.80	19.60	14.90	2.60	0.20	0.00	0.016
螺山	17.15	8.38	22.54	22.84	18.33	9.69	1.04	0.01	0.026
汉口	20.41	8.02	23.21	22.53	18.50	6.75	0.55	0.00	0.024
大通	17.67	9.40	22.79	24.56	20.21	4.83	0.52	0.00	0.025

注：宜昌站统计年份为 1960～1980 年；新厂站统计年份为 1956～1981 年（缺 1958 年）；洪山站统计年份为 1970～1974 年；监利站统计年份为 1956～1957 年、1966～1969 年、1973～1981 年；七里山站统计年份为 1960～1981 年；螺山站统计年份为 1960～1965 年、1976～1980 年；汉口站统计年份为 1960～1980 年；大通站统计年份为 1960～1967 年、1971 年、1974 年、1976～1980 年。

表 5.2-2　沙市三八滩分汊河段河床质粒径年内变化

断面	悬移质 d_{50} 平均值/mm		河床质 d_{50} 平均值/mm		统计年份
	汛期	枯季	汛期	枯季	
荆 33、荆 32（分汊前）	0.021	0.049	0.195	0.209	1956～1961、1976～1978
荆 41-2、荆 W40（分汊段）	0.028	0.031	0.185	0.200	1956～1961、1964、1967、1972～1979
荆 42-3、沙 6（汇流后）	0.024	0.066	0.184	0.172	1956～1958、1960～1961、1976～1978

表 5.2-3　城陵矶—九江河段河床质粒径年内变化

河段	断面	测量日期	水位/m	中值粒径/mm	平均粒径/mm	年内变化
新堤	S01	1959.03.26	19.62	0.250	0.332	枯粗汛细
		1959.08.25	26.76	0.123	0.122	
陆溪口	L0	1959.08.23	26.33	0.118	0.118	枯粗汛细
		1959.11.02	19.18	0.125	0.134	

河段	断面	测量日期	水位/m	中值粒径/mm	平均粒径/mm	年内变化
嘉鱼	K01	1959.08.21	26.00	0.140	0.156	枯粗汛细
		1959.11.04	19.05	0.172	0.257	
簰洲	P42	1959.08.11	21.78	0.120	0.124	枯粗汛细
		1959.11.07	18.15	0.137	0.146	
金口	金1	1959.08.28	22.26	0.207	3.82	汛粗枯细
		1959.11.11	17.78	0.174	0.975	
汉口	CS1	1959.07.18	22.22	0.164	0.194	枯粗汛细
		1959.10.19	15.54	0.205	0.228	
团风	CH2	1959.04.02	15.66	0.165	0.163	枯粗汛细
		1959.07.13	22.52	0.157	0.237	
黄州	F2	1959.05.20	18.95	0.118	0.267	枯粗汛细
		1959.10.15	13.67	0.132	0.355	
戴家洲	D06	1959.07.02	21.48	0.127	0.163	枯粗汛细
		1959.11.29	12.75	0.139	0.187	
韦源口	V1	1959.05.29	18.65	0.220	0.343	汛粗枯细
		1959.10.04	14.21	0.131	0.177	
龙坪	龙2	1959.05.31	17.04	0.163	0.166	汛粗枯细
		1959.11.24	11.14	0.135	0.140	
人民洲	人1	1959.06.01	16.70	0.160	0.467	汛粗枯细
		1959.09.26	11.89	0.120	0.138	

由图 5.2-4 可见,1956~1980 年宜昌—螺山河段河床以冲刷为主,不同粒径级的泥沙河床补给量与来沙量基本上均呈负相关关系,即上游来沙量越大,河床冲刷补给量就越小,反之亦然。螺山—汉口河段则不然,其河床始终处于泥沙沉积状态,其来沙量与河床补给量的相关性较差。

长江干流泥沙沿程的泥沙交换,主要表现为干流河段河床冲淤沿程有所差异。实测地形观测资料分析表明,1959~1980 年,宜昌—大通河段平滩河槽累积淤积量为 1.037 亿 m³,年均淤积量为 494 万 m³,与输沙法结果基本相当。

1959~1980 年,宜昌—城陵矶河段平滩河槽冲刷量为 4.872 亿 m³,下荆江裁弯后,其冲刷强度逐渐增大,1959~1966 年、1966~1975 年、1975~1980 年冲刷量分别为 0.786 亿 m³、1.956 亿 m³、2.130 亿 m³,其年均冲刷量分别为 0.098 亿 m³、0.217 亿 m³、0.426 亿 m³;城陵矶—汉口段 1959~1981 年平滩河槽淤积量为 4.909 亿 m³,1959~1966 年、1966~1975 年、1975~1981 年淤积量分别为 3.775 亿 m³、0.803 亿 m³、0.331 亿 m³,其年均淤积量分别为 0.472 亿 m³、0.089 亿 m³、0.055 亿 m³,淤积强度逐渐减小。

1959~1981 年,汉口—九江河段平滩河槽淤积量为 1.782 亿 m³,1959~1970 年、1970~1975 年淤积量分别为 0.118 亿 m³、1.725 亿 m³,1975~1981 年则冲刷 0.061 亿 m³。

1959~1981 年,九江—大通河段平滩河槽淤积量为 4.127 亿 m³,1959~1966 年、1966~1975 年淤积量分别为 1.648 亿 m³、0.933 亿 m³,1975~1981 年则冲刷 0.158 亿 m³。

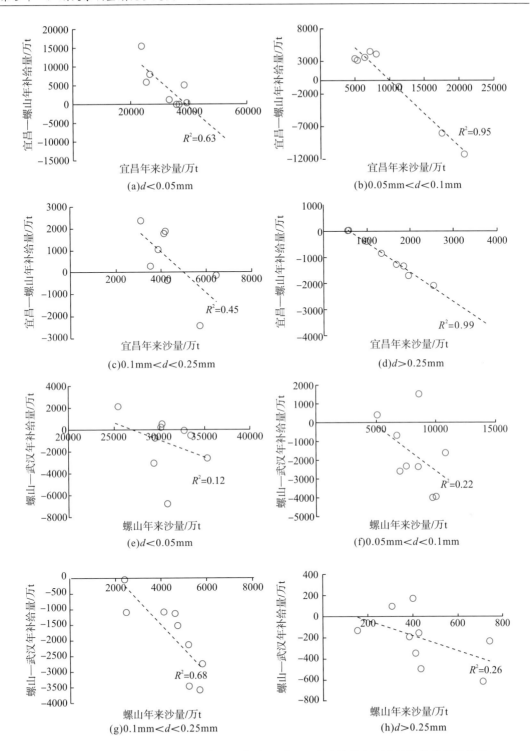

图 5.2-4 1956～1980 年宜昌—螺山、螺山—武汉河段来沙量与河床补给量的相关关系

5.2.2　长江—洞庭湖泥沙交换

1956～1980 年，洞庭湖年均入湖泥沙约为 1.90 亿 t，其中来自荆江三口的泥沙约为 1.56 亿 t（占长江枝城站沙量的 29.3%），占三口、四水总入湖泥沙的 82%，长江与洞庭湖之间的泥沙交换以湖区泥沙大量沉积为主要特征。荆江三口入湖泥沙粒径较粗，中值粒径为 0.026～0.034mm，出湖泥沙粒径较细，中值粒径为 0.016mm（表 5.2-4）。

表 5.2-4　长江中下游干流主要控制站悬移质泥沙级配特征统计

站名	不同粒级(mm)沙重百分数/%								d_{50}/mm
	<0.007	0.007～0.01	0.01～0.025	0.025～0.05	0.05～0.1	0.1～0.25	0.25～0.5	0.5～0.1	
新江口	15.00	7.60	24.80	31.30	16.40	3.20	1.70	0.00	0.026
沙道观	12.40	7.80	23.20	29.30	22.00	3.60	1.70	0.00	0.030
弥陀寺	12.80	7.30	21.80	30.50	23.00	3.10	0.50	0.00	0.030
管家铺	10.00	6.90	20.30	28.00	23.30	7.40	0.10	0.00	0.034
康家岗	9.50	6.90	24.20	32.30	21.00	5.60	0.50	0.00	0.032
七里山	27.20	10.50	24.80	19.60	14.90	2.60	0.20	0.00	0.016

注：新江口站统计年份为 1960～1981 年；沙道观、弥陀寺、康家岗站统计年份为 1960～1965 年；管家铺站统计年份为 1960～1974 年、1976～1981 年。

其间，洞庭湖年均出湖沙量为 0.511 亿 t，三口洪道和湖区平均沉积率（淤积量/入湖沙量，下同）为 73.1%，洞庭湖的排沙比（出湖沙量/入湖沙量，下同）为 26.9%。经由荆江三口进入洞庭湖的泥沙，约有 11%淤积在三口洪道内。根据实测地形计算，1952～1995 年三口洪道泥沙总淤积量为 5.694 亿 m^3，其中松滋河淤积 1.675 亿 m^3，约占沙道观、新江口站同期总输沙量的 10.4%；虎渡河淤积 0.708 亿 m^3，约占弥陀寺站同期总输沙量的 10.7%；松虎洪道淤积 0.442 亿 m^3，藕池河淤积 2.869 亿 m^3，约占康家岗、管家铺站同期总输沙量的 13.6%。

进入湖区后，水流流速骤减，挟沙能力大幅度下降，使得绝大部分泥沙在湖区沉积，仅有约 26.9%的泥沙被置换出湖。1956～1980 年，洞庭湖年均出湖沙量为 0.511 亿 t，占螺山站同期年均沙量 4.34 亿 t 的 11.8%，即洞庭湖对长江干流的泥沙补给率（城陵矶输沙量/螺山站输沙量，下同）为 11.8%，也为螺山—汉口河段泥沙淤积提供了来源。其间，洞庭湖出湖水量占螺山站水量的比例为 47.3%，远大于沙量所占比例。

从螺山站 1956～1980 年输沙量变化来看，下荆江裁弯后，荆江河段河床大幅冲刷，螺山站输沙量有所增大，如 1956～1966 年、1967～1972 年、1973～1980 年年均输沙量分别为 4.14 亿 t、4.31 亿 t、4.62 亿 t，而洞庭湖出湖沙量则有所减小，其年均输沙量分别为 0.596 亿 t、0.525 亿 t、0.384 亿 t，洞庭湖出湖泥沙的补给率也有所减小，分别为 14.4%、12.2%、8.3%（图 5.2-5），而三个时段出湖水量占螺山站的比重分别为 49.8%、47.3%、44.0%。

因此，1956～1980 年长江与洞庭湖之间泥沙交换的特征主要表现如下：长江上游泥沙的 29.3%通过荆江三口进入洞庭湖，其中 73.1%的泥沙沉积在三口洪道和洞庭湖湖区内，荆江冲刷下移的泥沙和洞庭湖出湖泥沙则输移、沉积在城陵矶—汉口的干流河道内。

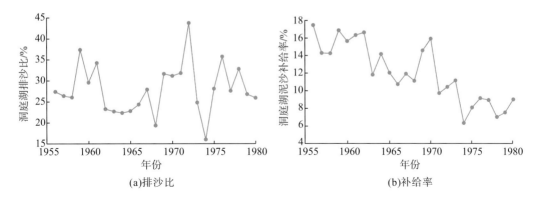

(a)排沙比　　　　　　　　　　　(b)补给率

图 5.2-5　1956～1980 年洞庭湖排沙比、补给率变化

5.2.3　长江—鄱阳湖泥沙交换

1956～1980 年，长江与鄱阳湖之间的泥沙交换，多以鄱阳湖出湖泥沙汇入干流为主，但汛期长江干流泥沙也随倒灌水流进入鄱阳湖，倒灌沙量的大小主要与长江干流及出湖的水文过程有关，且倒灌进入湖区的沙量较小。

鄱阳湖出湖水量主要集中在 4～7 月，约占年出湖水量的 56.6%，其中 5～6 月尤为集中，占年出湖水量的 33.6%；而长江中下游干流主汛期在 7～9 月，湖区比长江干流汛期提前 1～3 个月。特别是 7～9 月江西五河来水量较小，但长江中下游干流来水量较大，因此江水倒灌入湖的现象频繁发生。据统计，1950～1971 年发生倒灌 43 次，共 229 天，其中 1963 年倒灌次数（7 次）最多，出现月份主要在 8～9 月，有 14 年出现在 9 月，倒灌天数以 1958 年的 46 天为最多，倒灌流量以 1952 年 9 月 8 日的 9450 m³/s 为最大，倒灌水量以 1958 年的 93.1 亿 m³ 为最大。

实测资料表明，1956～1980 年赣江、抚河、信江、饶河、修水年入湖泥沙 382 万（1963年）～2750 万 t（1973 年），出湖泥沙-372 万（1963 年）～2170 万 t（1969 年），年均入湖沙量为 1600 万 t，年均出湖沙量为 1060 万 t，占同期大通站年均输沙量的 3.4%（同期出湖水量占大通站水量的 16.1%）。从总体来看，入湖泥沙中，年均沉积在鄱阳湖的泥沙为 540 万 t，沉积率为 33.8%，66.2%的泥沙则随出湖水流汇入长江；在汛期，长江与鄱阳湖之间则存在一定的泥沙交换，长江年均倒灌入湖的沙量为 182 万 t。

从湖区泥沙沉积率年际变化来看，除 1969 年出湖沙量大于入湖沙量外，湖区有所冲刷和 1957 年、1966 年、1972 年、1978 年、1979 年入、出湖沙量基本相当外，其他各年份湖区泥沙沉积率年际变幅较大（图 5.2-6），最小的为 9.4%（1959 年），最大的为70.5%（1977 年）。其中，1963 年鄱阳湖出现历史罕见枯水，五河入湖水、沙量分别为 402.9亿 m³、382 万 t，分别仅为 1956～1980 年均值的 38.7%、23.9%，出湖水量为 566.4 亿 m³，仅为 1956～1980 年均值的 41.5%；长江干流汉口站来水与多年均值基本相当。因此，长江干流倒灌入湖现象十分明显，湖口站实测年输沙量为-372 万 t，为历年之最，尤以汛期倒灌最为明显，其倒灌泥沙约为 810 万 t。1963 年，鄱阳湖湖区泥沙淤积约 754 万 t，约为入湖泥沙的 2 倍。

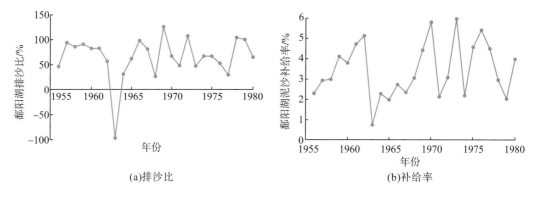

(a)排沙比   (b)补给率

图 5.2-6   1956～1980 年鄱阳湖排沙比、补给率变化

5.3   长江干流河道泥沙冲淤及响应

5.3.1   河床冲淤变化

长江中下游属于大型冲积型平原河流，其河道冲淤演变既取决于来水来沙条件，又受人类活动的影响。1956～1980 年人类活动不断增强，并且大致可以分为两个阶段：第一阶段是 20 世纪 60 年代中期以前，人类活动主要是沿江干堤加固与新建、重点河段护岸工程加固与新建、滩地围垦以及下荆江调弦口分流口门堵口建闸；第二阶段为 20 世纪 60 年代中期至 70 年代，除堤防和护岸工程加固外，实施了下荆江裁弯工程、分汊河段堵汊工程、重点河段河势控制工程，以及码头、取水口、桥梁等工程。在河势控制工程的作用下，长江中下游总体河势虽保持相对稳定，但局部河段的河势仍不断调整，有的河段河势变化还相当剧烈。

从各河段河势变化来看，宜枝河段、上荆江的枝城—江口段两岸多为丘陵和阶地，河床由卵石夹沙组成，河道平面形态长期稳定，河床冲淤变化主要集中在主河槽和中低洲滩、边滩，局部主流有一定摆动；上荆江的江口至藕池口段受两岸大堤、护岸工程的控制作用，河势总体稳定，但河床冲淤变化较为剧烈。

下荆江是这一时期演变最为剧烈的河段，先后经历了 1972 年沙滩子自然裁弯，1967 年和 1969 年的中洲子、上车湾人工裁弯，1972 年监利乌龟洲汊道主支易位以及 20 世纪 60 年代碾子湾下游黄家拐撇弯切滩等引起的河势调整，河床冲淤变化十分频繁。

城陵矶以下的分汊河段具有主支汊兴衰交替周期较长的特点，且随着河势控制工程和护岸工程的实施，汊道段总体河势也较为稳定。44 个汊道中，这一时期内发生主支汊原位交替的汊道主要有武汉河段天兴洲汊道、南京河段新济洲汊道，发生主支汊摆动交替的汊道有陆溪口、团风和官洲汊道。

从河床冲淤情况来看，长江中下游河道在自然条件下长期不断调整，河道总体冲淤相对平衡。实测地形资料表明，1966～1981 年宜昌—大通河段总体冲淤平衡，且以城陵矶为界，表现为"上冲、下淤"。其中，1967～1972 年下荆江裁弯后，缩短河长约 78km，上游水面比降增大，引起了自下而上的溯源冲刷，1966～1981 年宜昌—城陵矶河段平滩河槽累计冲刷泥沙 4.09 亿 m³，导致城陵矶以下河道输沙量大幅增加、河床淤积，1966～1981 年城陵矶—大通段平滩河槽累计淤积泥沙 3.57 亿 m³（图 5.3-1）。

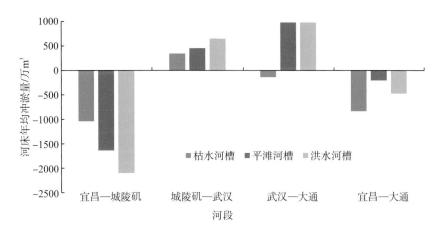

图 5.3-1　1966～1981 年长江中下游河道冲淤情况

5.3.2　河床形态响应特征

1. 典型横断面及纵剖面形态响应

1）宜枝河段

宜枝河段两岸为山体和阶地，河道两岸抗冲性较强，河道平面形态较为稳定。据有观测资料以来的数据统计，1970～1980 年，河道平滩流量下的河宽以增大为主，但幅度不大，宜昌河段的增幅大于下游宜都河段。从河床高程来看，河床以冲刷为主，且主要发生在 1975 年以来，断面宽深比略有减小（表 5.3-1）。该段受两岸控制，河道展宽有限，洲滩、河漫滩并不发育，断面形态以单一的 U 形和偏 V 形为主，断面的冲淤调整主要集中在主河槽内，白洋弯道弯顶附近主槽冲刷、展宽的现象较为明显，其他断面形态稳定，冲淤变幅较小（图 5.3-2）。

表 5.3-1　1970～1980 年宜枝河段平滩河床断面特征值统计

河段	年份	平均河宽/m	平均高程/m	最低高程均值/m	宽深比($\sqrt{B}/H$)
宜昌河段	1970	1088	33.48	25.77	2.48
	1975	1080	34.08	25.43	2.59
	1980	1137	32.84	24.31	2.42

续表

河段	年份	平均河宽/m	平均高程/m	最低高程均值/m	宽深比($\sqrt{B/H}$)
宜都河段	1970	1185	31.95	23.75	2.62
	1975	1198	31.49	23.62	2.54
	1980	1218	31.40	23.77	2.56
宜枝河段	1970	1144	32.59	24.59	2.56
	1975	1149	32.57	24.38	2.56
	1980	1183	32.03	24.01	2.50

宜枝河段深泓纵剖面沿程呈锯齿状分布，其中白洋弯道附近深泓点高程最低，其他段高低交错变化。1970~1980 年，宜枝河段总体冲刷，深泓平均高程下切 0.58m，个别区域深泓冲刷幅度较大，如白洋弯顶附近深泓点高程由 2.4m 抬升至 12.0m，胭脂坝尾部深泓最大冲刷下切 5.3m；深泓高凸的区域相对稳定(图 5.3-3)。

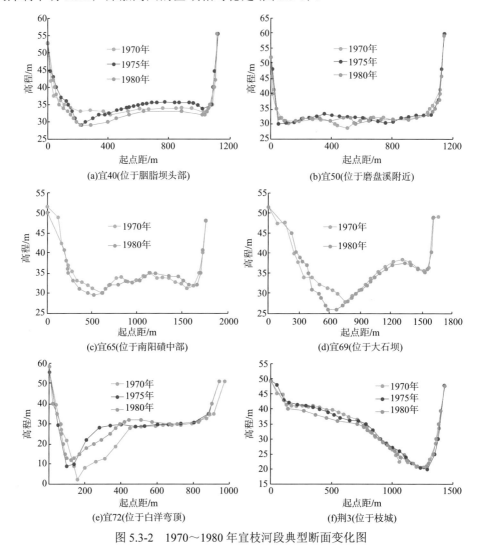

图 5.3-2　1970~1980 年宜枝河段典型断面变化图

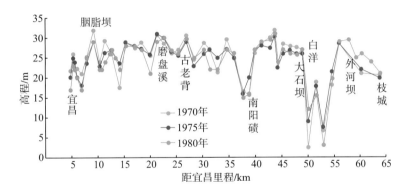

图 5.3-3　1970～1980 年宜枝河段深泓纵剖面变化图

2) 荆江河段

1956～1980 年，随着长江中下游干流河道河势控制工程和两岸护岸工程的陆续兴建，河道总体河势逐渐趋于稳定，但在人类活动和河床的自适应调整作用下，局部河段河势调整较为剧烈，河道平面形态、横断面形态、滩槽格局均发生一定的变化，以荆江河段最为明显。

下荆江裁弯后，一方面，上游河道及裁弯段水面比降增大，根据 1958 年 8 月 26 日、1981 年 7 月 19 日洪峰时水位资料统计，上、下荆江平均水面比降分别由 0.47×10^{-4}、0.39×10^{-4} 增大至 0.60×10^{-4}、0.54×10^{-4}，增幅分别为 27.7%、38.5%，荆江河段平均水面比降也由 0.41×10^{-4} 增大至 0.54×10^{-4}，增幅为 31.7%；另一方面，荆江三口分流比减小，干流河道流量增大，如在城陵矶水位相近的情况下，上荆江新厂站 20 世纪 50 年代、60年代和裁弯后平滩流量分别平均为 37000 m^3/s、39600 m^3/s、45000m^3/s，与 20 世纪 60 年代相比，裁弯后流量增大了 5400 m^3/s；下荆江 3 个时期则分别为 22000 m^3/s、25000 m^3/s、31500m^3/s，与 20 世纪 60 年代相比，裁弯后流量增大了 6500 m^3/s。相应地，荆江河道泄洪能力明显增大，如上荆江的沙市站，当水位为 42.5 m 时，裁弯后扩大泄量约 5200 m^3/s；下荆江的调关站，当水位为 35.5 m 时，裁弯后扩大泄量约 9150 m^3/s。

因此，下荆江裁弯后，荆江水流造床作用有所增强，且下荆江增加幅度比上荆江大，导致河床断面形态变化有所不同。根据荆江历年固定断面资料分析，荆江河段河床在纵向冲刷下切的同时，横向展宽也较为明显，过水断面增大，下荆江断面扩大幅度大于上荆江，上荆江主河槽的扩大以冲深为主，下荆江则以展宽为主。其中，1980 年上荆江平滩河宽较裁弯前的 1966 年平均增加 56 m，下荆江 1980 年新河平滩河宽相对于 1966 年增大 209 m；河床断面的宽深比总体有所增大(表 5.3-2)。可见，下荆江系统裁弯后，荆江的河势调整较为剧烈，多以弯道段的横向展宽为主，近岸河床冲刷下切、岸坡变陡(图 5.3-4)。

表 5.3-2　1966～1980 年荆江河段平滩河床断面特征值统计

河段	年份	平均河宽/m	平均高程/m	最低高程均值/m	宽深比($\sqrt{B}/H$)
上荆江	1966	1494	27.67	19.40	3.98
	1970	1561	27.81	19.14	4.12
	1975	1534	27.64	18.43	4.02
	1980	1550	27.88	19.26	3.83

河段	年份	平均河宽/m	平均高程/m	最低高程均值/m	宽深比（$\sqrt{B}/H$）
下荆江	1966	1200	19.18	9.05	3.57
	1970	1247	18.90	7.45	3.55
	1975	1288	18.82	8.56	3.52
	1980	1409	19.14	9.17	3.80
荆江	1966	1298	22.01	12.50	3.71
	1970	1368	22.32	11.82	3.77
	1975	1389	22.44	12.61	3.72
	1980	1474	23.14	13.79	3.81

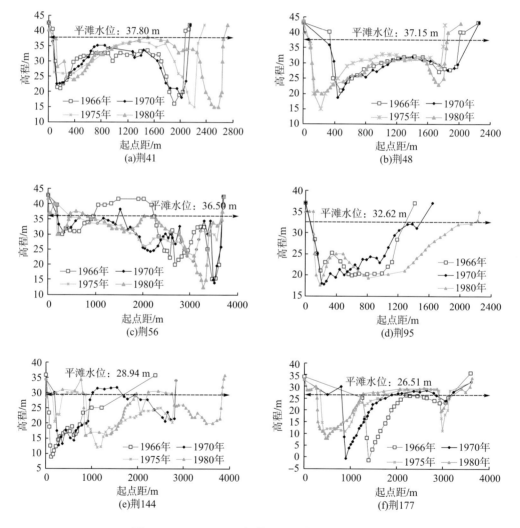

图 5.3-4　1966～1980 年荆江河段典型断面变化图

从荆江河段河床平均高程纵剖面变化来看，在裁弯初期(1966～1975 年)，上荆江冲淤幅度均较小，公安至石首发生明显冲刷，但公安以上至枝城冲淤相间；下荆江沿程冲淤十分复杂，冲淤幅度较大，荆江门以上河床平均高程总体降低，荆江门以下河床平均高程则有所抬高，说明荆江门以上河床总体冲刷，而荆江门以下河床总体淤积（图 5.3-5、图 5.3-6）。1975～1980 年，上、下荆江沿程冲淤相间，总体均呈冲刷态势。

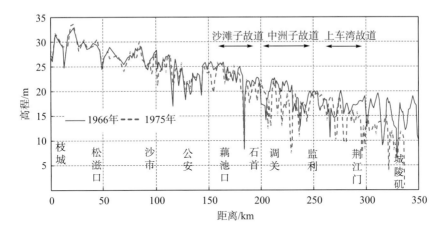

图 5.3-5　荆江平均河底高程纵剖面变化（1966～1975 年）

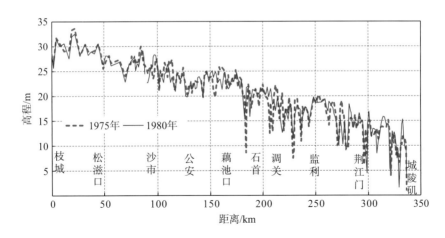

图 5.3-6　荆江平均河底高程纵剖面变化（$Q_宜$=30000 m³/s）（1975～1980 年）

2. 滩槽平面形态响应

这一阶段，受下荆江系统裁弯的影响，宜昌至城陵矶河段内总体呈冲刷状态，且表现为滩槽均冲。河床冲刷出现展宽、河床下切等响应的同时，局部滩槽格局也有所调整。从洲滩形态特征值统计来看，除个别滩体，如南阳碛心滩、太平口边滩、金城洲边滩略有淤积，滩体面积增大以外，其他大部分滩体面积均有所减小，如三八滩 35 m 等高线面积由 1972 年的 4.59 km² 减小至 1980 年的 1.90 km²，同时滩体向河道左岸侧摆动，向家洲边滩 25 m 等高线面积由 4.63 km² 减小至 0.15 km²（表 5.3-3）。

表 5.3-3　1980 年前长江中下游洲滩特征值统计表

河段	滩体及形式	时间	最大长度/m	最大宽度/m	面积/km²	统计等高线/m
宜枝河段	三马溪边滩	1970.11	5387	710	2.39	
		1972.7	4231	605	1.57	
		1980.10	4600	570	1.34	
	向家溪和曾家溪边滩	1970.11	7826	790	1.58	
		1972.7	7525	792	1.54	35
		1980.10	7560	390	1.15	
	大石坝边滩	1970.11	4500	505	1.02	
		1972.7	4438	528	0.98	
		1980.10	4400	515	0.94	
	南阳碛心滩	1970.11	2324	1115	1.48	
		1972.7	2330	1090	1.52	33
		1980.10	2540	1075	1.75	
荆江河段	太平口边滩	1975	5900	1140	4.66	30
		1980	7830	1450	6.84	
	三八滩江心滩	1972	3530	1400	4.59	
		1975	3690	1190	2.89	35
		1980	2640	1050	1.90	
	金城洲边滩	1972	6570	1140	4.26	
		1975	8240	1240	6.38	30
		1980	6950	1200	4.53	
	突起洲江心洲	1956.3	17700	2850	17.00	
		1960.3	—	2820	—	
		1965.7	8500	2600	9.70	30
		1970.10	7600	2200	8.90	
		1975.6	8400	2000	9.00	
		1980.7	9900	2500	12.90	
	向家洲边滩	1965	6000	1920	4.63	
		1975	3750	850	1.63	
		1980	1700	150	0.15	
	北门口边滩	1966	7860	1300	4.62	25
		1975	15900	1560	14.21	
		1980	6100	1050	3.42	

　　宜昌—城陵矶河段大部分滩体冲刷的同时,平面形态也不断变化,如三八滩由最初依附在河道右岸的边滩逐步切割成心滩,右岸形成新的河槽,乌龟洲也由贴靠左岸的边滩切割逐步右移形成心滩。相反地,城陵矶以下的河道滩槽均有所淤积,洲滩则有冲有淤,如螺山河段的南阳洲原位缩小,武汉的天兴洲头部则淤积上延(图 5.3-7)。

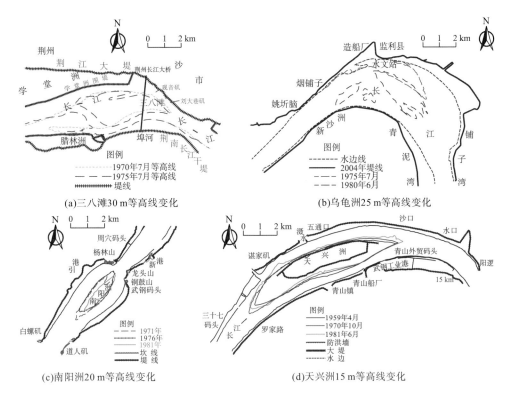

图 5.3-7　1980 年前长江中下游典型洲滩平面形态变化图

5.3.3　水位变化

　　水位变化是河道冲淤变化与水文过程相互影响、相互作用的最直接体现，而同流量下水位变化则更为直接地反映河床冲淤变化。

　　下荆江裁弯后，荆江河段沿程各站水位均有不同程度的降低，比降普遍增大，并且随着流量的不同，水位降低值差别较大。一般情况下，中、洪水期水位下降幅度小于枯水期，因而比降变化也随流量的增大而逐渐减小。由表 5.3-4 可知，下荆江裁弯后至 20 世纪 70 年代末，石首河段枯水位有较大幅度降低，且水位下降值自下而上逐渐减小，主要是下荆江裁弯后引起的溯源冲刷所致。20 世纪 80 年代中后期，受葛洲坝水利枢纽蓄水的影响，相同流量情况下，高水位没有继续降低，中、枯水位继续保持下降的趋势，水位下降值自上而下逐渐减小，如流量为 4000 m³/s 时，郝穴、新厂、石首各站水位分别降低 0.75 m、0.55 m 和 0.15 m，降幅明显小于下荆江裁弯工程对该河段的影响，比降较裁弯后有所减小。

表 5.3-4　流量为 4000 m³/s 时各站水位变化

项目	水文站					
	枝城	陈家湾	沙市	郝穴	新厂	石首
时段	1966～1978 年					
下降值/m	—	1.20	1.40	1.40	1.80	1.80

续表

项目	水文站					
	枝城	陈家湾	沙市	郝穴	新厂	石首
时段	1970~1994 年	1978~1994 年				
下降值/m	0.65	0.95	1.00	0.75	0.55	0.15

　　另外，从长江干流河道控制站月平均水位-流量关系变化(图 5.3-8)来看，下荆江系统裁弯前后，宜昌、汉口站水位-流量关系基本无变化，变化主要集中在裁弯工程上、下游一定范围的河段内，其中以上游的新厂站同流量下水位下降最为明显。同时，裁弯引起的高强度溯源冲刷，给下游的城陵矶—汉口河段输送了大量的泥沙，加上洞庭湖汇入的泥沙，城陵矶—汉口河段持续性淤积，导致螺山站同流量下水位(以中枯水位为主)略有抬升。

　　因此，新厂站水位的变化兼有工程和河床冲刷的双重影响，螺山站水位的变化更多的是对河道冲淤的响应。实测的 1956 年、1967 年和 1980 年宜昌站、监利站、螺山站和汉口站的水位-流量关系存在类似的变化规律，宜昌站 20000 m³/s 流量以下的水位略有下降，监利站水位-流量关系受到洞庭湖出流顶托的影响，较为散乱，下荆江系统裁弯带来的水位下降、下游河道河床淤积及洞庭湖顶托作用变化综合作用于监利站，使得其水位变化趋势不明显，螺山站在 20000 m³/s 流量以下时水位有较为明显的抬升现象，汉口站的水位-流量关系稳定(图 5.3-9)。

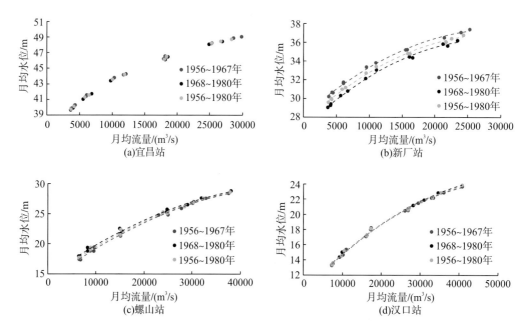

图 5.3-8　1956~1980 年长江中游干流控制站月均水位-流量关系

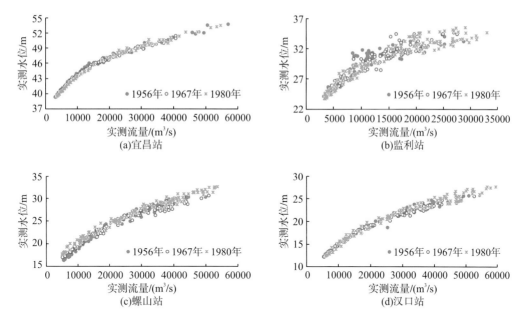

图 5.3-9　1956 年、1967 年、1980 年长江中游干流控制站实测水位-流量关系

无支流入汇的情况下，水位差和水面比降的年内变化过程与流量过程基本相对应，枯水期水位差相对偏小，汛期偏大，如宜昌—新厂段和螺山—汉口段，且河道自山区河流过渡至平原河流，水位差的年内变幅呈逐渐减小的规律。但一旦有较大的支流入汇，如新厂—螺山段，中间有洞庭湖汇入，且洞庭湖的汛期主要集中在 4～10 月，对干流有较强的顶托作用，使得汛期干流河道的水位差相对枯期偏小，与上下游河道相反。下荆江系统裁弯工程及河道冲刷双重影响下，新厂站水位下降明显，使得上游宜昌—新厂段水位差增大，而下游新厂—螺山段水位差减小，螺山站中枯水位抬高后，螺汉河段的水位差也相应地有所增加(图 5.3-10)。水位差发生变化后，又会反过来作用于河道的冲淤调整，如宜昌—新厂段在水位差和比降均增大的情况下，冲刷持续历时延长。

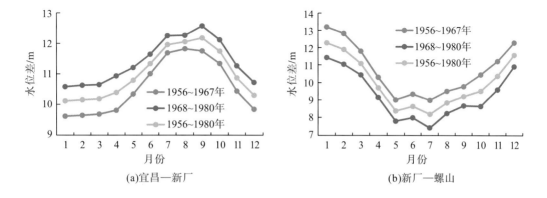

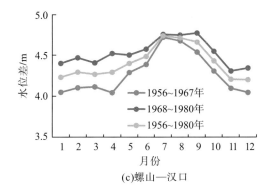

图 5.3-10　1956～1980 年长江中游干流控制站月均水位差

5.4　洞庭湖、鄱阳湖泥沙冲淤及响应

5.4.1　洞庭湖

　　1956～1980 年，洞庭湖湖区泥沙年均沉积量达到 1.39 亿 t(表 5.4-1)。其间，年均入湖沙量为 1.90 亿 t(82.1%来自荆江三口)，年均出湖沙量为 0.511 亿 t。下荆江裁弯后，荆江三口年均入湖沙量较裁弯前减小 0.73 亿 t，湖区泥沙年均沉积量则相应减少 0.48 亿 t (表 5.4-1)。可见，下荆江系统裁弯减少了长江入湖沙量，湖区泥沙年均沉积量距平变化也出现明显减少。但从泥沙沉积率来看，尽管湖区围垦活动较多、湖泊面积和容积减少，但泥沙沉积率基本稳定在 73%左右，泥沙沉积量与来沙量之间的相关关系也基本稳定 (图 5.4-1)。可以看出，该阶段内洞庭湖泥沙大量沉积，下荆江系统裁弯虽显著地减少了经由三口分入湖区的泥沙量，泥沙沉积量相应地减少，但洞庭湖内的围垦活动没有改变湖区泥沙沉积特性。

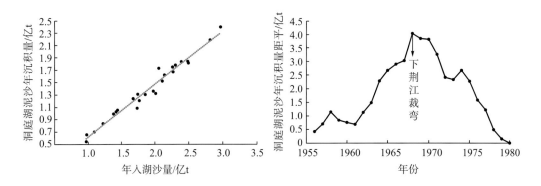

图 5.4-1　1956～1980 年洞庭湖泥沙年沉积量与入湖沙量关系及沉积量距平变化

表 5.4-1 1956~1980 年洞庭湖泥沙沉积量年际变化统计表

时段	年均入湖水量/亿 m³		年均入湖沙量/万 t		年均出湖水沙量		年均洞庭湖泥沙变化		
	荆江三口	湖南四水	荆江三口	湖南四水	水量/亿 m³	沙量/万 t	沉积量/万 t	沉积率/%	排沙比/%
1956~1967 年	1320	1540	19400	3000	3140	5960	16400	73.4	26.6
1968~1980 年	890	1710	12100	3830	2840	4330	11600	72.8	27.2
1956~1980 年	1100	1630	15600	3430	2980	5110	13900	73.1	26.9

1956~1980 年内 5~9 月洞庭湖入湖、出湖水沙量变化见表 5.4-2。由表可见，洞庭湖泥沙淤积主要集中在汛期 5~9 月，入湖泥沙超过 83.0%沉积在湖区，其沉积量超过全年总量，表明洞庭湖湖区年内变化规律一般表现为汛期淤积、枯期冲刷。其主要原因在于汛期入湖沙量占全年的 87.9%，但汛期长江干流水位高，对湖区顶托作用较强，泥沙易于落淤，出湖沙量占全年的 53.2%；而枯水期，入湖沙量大幅减少，干流水位逐步消落，顶托作用减弱，湖区水面比降增大，流速增大，湖区泥沙易于冲刷。

表 5.4-2 1956~1980 年洞庭湖泥沙沉积量年内变化统计表

时段	汛期入湖水量/亿 m³		汛期入湖沙量/万 t		汛期出湖水沙量		汛期洞庭湖泥沙变化		
	荆江三口	湖南四水	荆江三口	湖南四水	水量/亿 m³	沙量/万 t	沉积量/万 t	沉积率/%	排沙比/%
1956~1967 年	1070	901	18000	2420	2090	3070	17300	85.0	15.0
1968~1980 年	730	1080	11100	3220	1910	2400	11900	83.2	16.8
1956~1980 年	894	994	13900	2830	2000	2720	14000	83.7	16.3

另外，受湖泊泥沙沉积和大规模围垦的共同作用，湖泊面积、容积均明显减小，湖泊的调蓄能力降低，在汛期来流量差异较小(6 月略偏丰)的情况下(表 5.4-3)，洞庭湖湖区水位控制站 5~7 月水位均有所抬升(图 5.4-2)。加之下荆江系统裁弯工程实施后，荆江三口分入洞庭湖的水量减少，长江干流洪水更多地通过河道下泄，干流对湖区的顶托作用增强，也导致了湖区汛期水位的抬高。汛后 11 月、12 月湖区水位有所下降，则主要是与水量偏小有关。

表 5.4-3 1956~1980 年洞庭湖区控制站月均流量统计 单位：m³/s

站点	时段	1 月	2 月	3 月	4 月	5 月	6 月	7 月	8 月	9 月	10 月	11 月	12 月
南咀	1956~1967 年	326	333	733	1810	3520	3640	3940	3480	2600	2380	1750	843
	1968~1980 年	210	220	441	1380	3010	3890	4520	3580	3420	2810	1450	400
	1956~1980 年	265	274	581	1580	3250	3770	4240	3530	3030	2600	1590	612
小河咀	1956~1967 年	582	741	1152	2240	4130	4210	5960	5050	3730	2660	1580	917
	1968~1980 年	637	858	1161	2630	4330	5040	5910	3960	3320	2120	1460	715
	1956~1980 年	611	802	1157	2445	4240	4640	5940	4480	3520	2380	1520	812

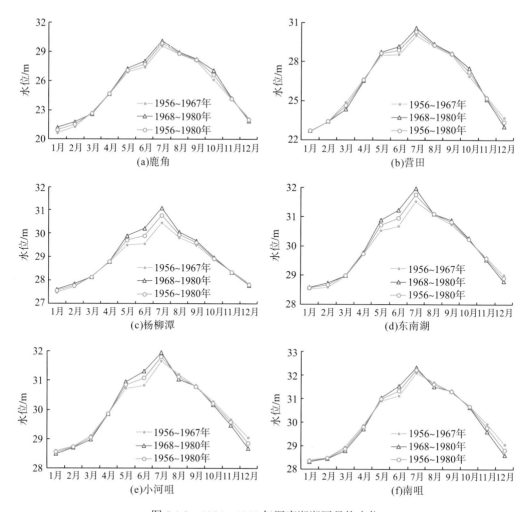

图 5.4-2　1956～1980 年洞庭湖湖区月均水位

5.4.2　鄱阳湖

鄱阳湖的泥沙主要来自江西五河和区间，长江干流倒灌泥沙相对较小。1956～1980 年，五河年均入湖沙量为 1570 万 t，年均出湖沙量(考虑倒灌沙量)为 1060 万 t，湖区年均沉积泥沙约 510 万 t，沉积率仅为 32.5%。与洞庭湖不同的是，鄱阳湖入湖大部分泥沙都随水流汇入长江，排沙比为 67.5%(表 5.4-4)。

表 5.4-4　1956～1980 年鄱阳湖泥沙沉积量年际变化统计表

时段	五河年均入湖水沙量		湖口年均出湖水沙量		年均鄱阳湖泥沙变化	
	水量/亿 m³	沙量/万 t	水量/亿 m³	沙量/万 t	沉积量/万 t	沉积率/%
1956～1967 年	953	1460	1260	1010	450	30.8
1968～1980 年	1120	1680	1460	1100	580	34.5
1956～1980 年	1040	1570	1360	1060	510	32.5

年内 4～9 月鄱阳湖入湖、出湖泥沙和湖区泥沙沉积量分析表明，汛期泥沙沉积率均超过 60%（表 5.4-5），接近全年沉积率的 2 倍，鄱阳湖湖区汛期淤积、汛后走沙的现象更为明显。枯期 1～4 月鄱阳湖为河相，比降较大，流速相对较快，且由于五河处于涨水阶段，入湖流量增加，泥沙通过鄱阳湖进入长江，主要冲刷淤积在主河道附近的泥沙，出湖沙量大于入湖沙量；4 月起，五河进入汛期，入湖的水、沙骤增，鄱阳湖呈湖相，比降减小，流速减缓，泥沙大量落淤，出湖沙量小于入湖沙量，但出湖沙量的比重仍较大；7～9月为长江干流汛期，湖水受顶托，入湖泥沙大部分淤积在湖内，倒灌的江沙则主要淤积在湖口水道内；10 月以后，长江水位消落、出湖水量增加，水流逐渐归槽、流速增大，鄱阳湖又呈河相，湖区泥沙开始冲刷。因此，鄱阳湖泥沙年内冲淤变化规律一般为"低水冲、高水淤"。

表 5.4-5　1956～1980 年汛期鄱阳湖泥沙沉积量年内变化统计表

时段	五河汛期入湖水沙量		湖口汛期出湖水沙量		汛期鄱阳湖泥沙变化	
	水量/亿 m³	沙量/万 t	水量/亿 m³	沙量/万 t	沉积量/万 t	沉积率/%
1956～1967 年	720	1110	906	325	785	70.7
1968～1980 年	840	1240	1030	470	770	62.1
1956～1980 年	783	1180	970	401	779	66.0

此外，鄱阳湖湖区泥沙沉积量与入湖沙量（含五河及长江倒灌沙量）相关关系较差，这主要与发生在湖区的大规模垦殖有关。20 世纪 50 年代至 80 年代初期，湖区人口快速增长，"围湖造田"活动频繁，导致湖泊面积、容积减小，调蓄能力降低，改变了湖区的水动力特征和水沙输移关系，且使其具有不规律性和多发性（图 5.4-3）。

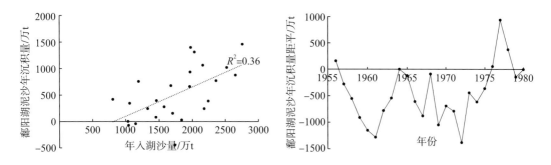

图 5.4-3　1956～1980 年鄱阳湖泥沙年沉积量与入湖沙量关系及沉积量距平变化

据有关资料统计，1952～1984 年鄱阳湖多年平均沉积厚度约为 2.6 mm/a。冲刷区大体上与枯水期河道位置一致，棠荫以南枯水期冲刷、洪水期淤积，但全年仍以淤积为主；棠荫以北冲刷作用增强，以星子—湖口水道最甚，最大冲刷速率超过 5 mm/a。但局部因江水顶托和倒灌，沉积作用也较强。湖泊沉积区以五河尾闾和入湖三角洲的沉积速率最大，一般大于 20 mm/a，其中南部青岚湖 1952～1984 年淤厚 1.79 m，平均沉积速率达 69 mm/a，湖盆和湖湾沉积速率相对较小，一般不超过 2 mm/a。

　　湖区水位变化是对来流条件及湖盆形态变化的响应。从湖区月均水位变化情况来看，在湖泊自然淤积及以围垦为主的人类活动共同影响下，鄱阳湖湖泊面积、容积减小，同时也受水文过程差异的影响，1968～1980 年五河来水较 1956～1967 年偏大，且主要集中在汛期 7 月和 8 月（表 5.4-6），因此湖区汛期同期水位略偏高（图 5.4-4）。

表 5.4-6　1956～1980 年江西五河月均来水量统计　　　　　　　　　　单位：m³/s

时段	1 月	2 月	3 月	4 月	5 月	6 月	7 月	8 月	9 月	10 月	11 月	12 月
1956～1967 年	949	1870	3020	5090	7700	8070	2970	1740	1800	1160	1070	853
1968～1980 年	1210	1780	3250	6010	8090	8170	5110	2660	1870	1800	1390	1200
1956～1980 年	1090	1820	3140	5570	7900	8120	4080	2220	1840	1490	1230	1030

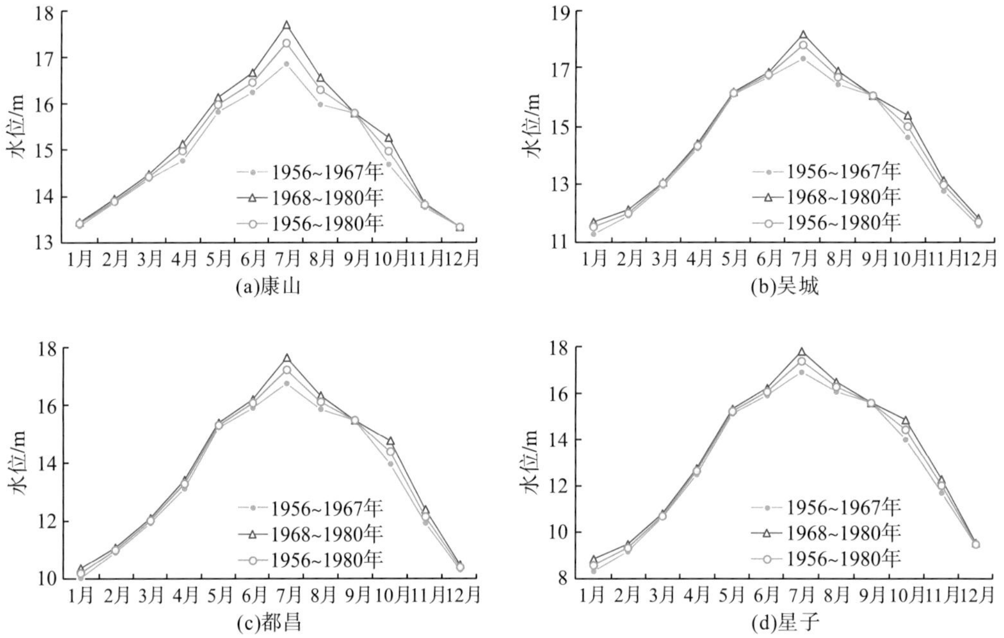

图 5.4-4　1956～1980 年鄱阳湖湖区月均水位

5.5　本章小结

　　基于长江中游江湖泥沙输移、交换和分配等规律的主要特征，将 1956～1980 年定义为江湖关系调整相对剧烈的时期。结合第 3 章、第 4 章关于江湖分流分沙和汇流关系的研究来看，这一时期内，在江湖系统内部大规模的湖区围垦工程、河势调整等作用下，江湖分、汇流关系都有显著的改变，并与泥沙分布格局的调整相互影响，促使江湖关系调整，总体呈现江对湖泊的强影响和湖泊对江的弱影响特征。首先，下荆江系统裁弯后，荆江三口分流分沙衰减速度加快，松滋口和太平口更是在这一时期开始出现断流现象；其次，长江干流水面比降增大、流量增大，湖泊调蓄能力有所减弱，洞庭湖出流对干流的顶托作用减弱；最后，经荆江三口汇入洞庭湖的泥沙大幅减少，但宜昌—城陵矶河段河床冲刷的泥沙，更多地输送至城陵矶—汉口河段，并在河道内沉积下来。从泥沙交换及其带来的河湖冲淤及主要影响来看，有以下主要特点。

(1)影响江湖关系演变的外部条件相对稳定，长江支流及两湖水系部分河流水利枢纽工程开始建设，但对输入江湖的总沙量影响较小，江湖系统的泥沙主要来源于长江上游、两湖水系和汉江流域，三者比例基本为 8∶1∶1。这一时期，江、湖泥沙分配格局发生变化主要受下荆江裁弯、湖泊围垦、河势控制工程等内部条件影响。

(2)江湖泥沙分布格局呈现江平衡、湖淤积的总体特征。1956~1980 年，进入长江中游江、湖的泥沙总量约为 156.2 亿 t(年均为 6.25 亿 t)，长江干流河道泥沙输沙相对平衡，75.3%的泥沙随水流入海，22.3%的泥沙在洞庭湖沉积，年均沉积泥沙 13900 万 t，并呈逐渐减少的趋势，0.8%的泥沙在鄱阳湖淤积，年均沉积泥沙 515 万 t。长江干流河道沿程冲淤交替，以城陵矶为界表现为"上冲下淤"。

(3)洞庭湖约 82%的泥沙来自荆江三口，长江与洞庭湖的泥沙交换以湖区泥沙大量沉积为主要特征，湖泊沉积多发生在汛期，洞庭湖排沙比小于 30%。下荆江系统裁弯后，湖区泥沙淤积量向城陵矶以下干流转移，湖区淤积大为减轻，城陵矶以下河床淤积明显。长江与鄱阳湖的泥沙交换以湖区单向补给干流为主，鄱阳湖排沙比为 67%。

(4)干流河道宜昌—城陵矶河床形态的响应以河道展宽为主要特征，同时伴有河床的冲刷下切，滩槽格局发生调整，大部分滩体表现为冲刷，河道冲刷使得干流同流量下水位下降。城陵矶以下干流河段、洞庭湖和鄱阳湖均处于高强度淤积状态，且洞庭湖少淤的泥沙不断向干流河道转移，使得洞庭湖与长江汇流区水位抬升明显，干流中高水位也略有抬升。受泥沙淤积和湖区围垦的双重影响，洞庭湖、鄱阳湖湖泊面积、容积大幅度减小，调蓄能力减弱，湖区同期水位抬高。

第6章 江湖关系相对稳定期泥沙交换及响应

经历 1956～1980 年的调整期后，长江中游江湖关系进入相对稳定的时期。这一时期内，江湖内、外部环境仍不断地变化，主要表现如下：随着大中型水利枢纽工程的兴建，以及长江上游、洞庭湖水系和鄱阳湖水系水土保持综合治理工程的相继实施，江湖来沙量减少，江湖泥沙格局继续调整；长江干流河道总体淤积，河床冲刷范围由宜昌至城陵矶下延至汉口，以汉口为界"上冲下淤"，三口分流分沙仍逐步衰减，但衰减速度有所下降；洞庭湖和鄱阳湖泥沙淤积明显减少。相对于前一时期和后一时期，这一阶段内，江湖关系变化相对缓慢，属于衔接前后两个变化较大的时期的过渡期，本章主要对这一时期内的江湖泥沙交换及响应进行研究，进一步明确江湖关系相对稳定期的主要特征。

这一时期，长江中游江湖相互作用强度继续减弱，江湖关系缓慢调整，特殊水情是这一时期江湖关系变化的主要驱动力。江湖相互作用强度继续减弱同时江湖关系调整缓慢体现在多个方面。首先，荆江三口分流、分沙比分别为15%、19%，相较于时段初，呈现缓慢的衰减趋势，但速度明显小于上一时期；长江倒灌鄱阳湖的频率出现下降，20 世纪 80 年代江水倒灌入湖的频率显著小于其他时段，这就意味着长江输入两湖的水沙通量在下降。其次，两湖湖泊泥沙的年内、年际沉积规律基本稳定，仅受制于输入泥沙总量的减少，湖泊泥沙沉积量有所下降，两湖湖区年均泥沙淤积量为 8430 万 t，较上一阶段年均减少 5970 万 t，减幅为 41.4%。最后，长江干流在这一时期经历了多个水量偏丰的年份，同时荆江河段河床平均冲深约 0.33 m，江湖汇流段以下河床平均淤积约 0.23 m，两段冲淤规律没有变化，仅强度有所减弱，两个方面的作用使得长江对洞庭湖的顶托效应增强，尽管如此，这种增强效应并未改变洞庭湖泥沙沉积率。

特殊水情对于这一时期江湖关系变化的驱动作用明显。这一阶段内长江干流河道先后经历 1981 年、1983 年、1996 年、1998 年和 1999 年等大水作用，宜昌站有 8 个年份的最大流量超过 55000 m³/s。根据我们的研究，干流水量偏丰是这一时期三口分流比维持较缓下降速度的重要原因，大水带大沙，也是造成长江干流泥沙堆积的主要因素，进而使得长江干流与两湖同处于淤积状态，冲淤的同向性是江湖关系相对稳定的基础之一。除此之外，外部输入沙量变化缓慢、内部调整规模和区域上的有限性等都是江湖关系相对稳定的影响因素。

6.1 江湖系统内、外部条件

据调查统计，20 世纪 80 年代至 90 年代末，长江上游地区共修建大中型水库 124 座，水库总库容为 259.1 亿 m³。其中，大型水库 19 座，总库容为 232.3 亿 m³，中型水库 105

座，总库容为 26.8 亿 m³。特别是 1991～2002 年一些大中型水库的建成(其间共建成大中型水库 101 座，水库总库容为 199.9 亿 m³，其中大型水库 15 座，总库容 177.2 亿 m³，中型水库 86 座，总库容 22.7 亿 m³)，导致长江上游输沙量出现明显减小。如寸滩站年均输沙量由 1981～1990 年的 4.80 亿 t 减少至 1991～2002 年的 3.37 亿 t，年均输沙量减少了 1.43 亿 t，减幅为 29.8%(同期径流量仅偏少 5.1%)，输沙量减少主要集中在嘉陵江流域(表 6.1-1)；宜昌站年均输沙量由 1981～1990 年的 5.41 亿 t 减少至 1991～2002 年的 3.91 亿 t，减幅达 27.7%(年均径流量仅偏少约 3.3%)。

表 6.1-1　长江上游主要水文站不同时期年均径流量和输沙量变化

参数		金沙江 屏山	横江 横江	岷江 高场	沱江 富顺	长江 朱沱	嘉陵江 北碚	长江 寸滩	乌江 武隆
集水面积/km²		458800	14781	135378	23283	694725	156736	866559	83035
径流量/ 亿 m³	1956～1980 年	1412	91.8	862	123	2648	674	3452	499
	1981～1990 年	1419	86.7	888	132	2682	763	3519	455
	变化率	0.5%	−5.6%	3.0%	7.3%	1.3%	13.2%	1.9%	−8.8%
	1991～2002 年	1506	76.71	815	108	2672	529	3339	532
	变化率	6.7%	−16.4%	−5.5%	−12.2%	0.9%	−21.5%	−3.3%	6.6%
	2003～2015 年	1357	74	786	110	2504	650	3262	428
	变化率	−3.9%	−19.4%	−8.8%	−10.6%	−5.4%	−3.6%	−5.5%	−14.2%
输沙量/ 万 t	1956～1980 年	23700	1230	4830	1200	30600	14600	44200	3260
	1981～1990 年	26300	1640	6160	1090	33400	13500	48000	2250
	变化率	11.0%	33.3%	27.5%	−9.2%	9.2%	−7.5%	8.6%	−31.0%
	1991～2002 年	28100	1390	3450	372	29300	3720	33700	2040
	变化率	18.6%	13.0%	−28.6%	−69.0%	−4.2%	−74.5%	−23.8%	−37.4%
	2003～2015 年	10900	527	2540	477	13900	2870	15900	505
	变化率	−54.0%	−57.2%	−47.4%	−60.3%	−54.6%	−80.3%	−64.0%	−84.5%
含沙量/ (kg/m³)	1956～1980 年	1.68	1.34	0.560	0.976	1.16	2.17	1.28	0.653
	1981～1990 年	1.85	1.89	0.694	0.826	1.25	1.77	1.36	0.495
	1991～2002 年	1.87	1.81	0.423	0.345	1.1	0.703	1.01	0.384
	2003～2015 年	0.803	0.716	0.323	0.434	0.555	0.441	0.487	0.118

注：1.变化率为各时段均值与 1956～1980 年均值的相对变化；2.朱沱站缺 1967～1970 年数据，横江站缺 1956 年、1961～1964 年数据；3.北碚站于 2007 年下迁 7 km，集水面积增加 594 km²；4.屏山站 2012 年下迁 24 km 至向家坝站(向家坝水电站坝址下游 2.0 km)，集水面积增加 208 km²；5.李家湾站 2001 年上迁约 7.5 km 至富顺。

　　20 世纪 80～90 年代，葛洲坝水利枢纽等大中型水库陆续兴建，水土保持工程逐步实施，湖南四水和江西五河水系水利枢纽相继建成，长江中游江湖系统外部条件发生明显变化，江湖系统内部洞庭湖、鄱阳湖均实施了一定的平垸行洪、退田还湖工程，江湖泥沙来量及分配格局均发生明显变化(图 6.1-1)。

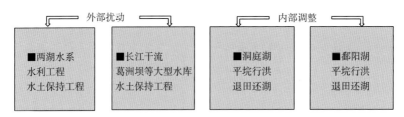

图 6.1-1   1981～2002 年长江中游江湖系统内外部环境简化图

6.1.1   水利枢纽工程

1981～2002 年，长江中游江湖水系陆续修建了大量的大中小型水库，这些水库的修建不仅改变了江湖的径流时空变化过程，而且对江湖泥沙变化也产生了明显影响。其中尤以长江干流葛洲坝水利枢纽工程、清江隔河岩水电站、汉江王甫洲水利枢纽和洞庭湖水系的五强溪水库、鄱阳湖水系的万安水库等影响最为明显。

(1) 葛洲坝水利枢纽工程：位于长江三峡出口南津关下游 2.3 km 处，上距三峡水库坝址约 40 km，水库库容约为 15.8 亿 m³。工程于 1970 年 2 月开工兴建，1981 年建成蓄水。水库蓄水后，回水长度为 110～180 km，库区具有"汛期是河道，枯季是水库"的基本特性，即枯季库区水力因素减弱较多，其水流挟沙能力较小，开阔段比峡谷段更小；而汛期虽有减少但较蓄水前而言减少甚微，仍保持着天然河道的水流特性。根据库区实测固定断面和泥沙淤积观测资料分析，1981～1998 年库区共淤积泥沙 1.01 亿 m³，1998～2002 年库区淤积泥沙约 0.545 亿 m³，库区实测平均干密度为 0.958 t/m³。因此，1981～2002 年葛洲坝库区淤积泥沙 1.49 亿 t，年均淤积泥沙约 0.068 亿 t，对宜昌站输沙量影响不大。

其间，宜昌站年均输沙量由 1950～1980 年的 5.15 亿 t 减少至 1981～2002 年的 4.59 亿 t，减幅为 10.9%(年均径流量分别为 4378 亿 m³、4353 亿 m³，变化不大)，主要是长江上游来沙减少，寸滩站年均输沙量由 1950～1980 年的 4.52 亿 t 减少至 1981～2002 年的 4.02 亿 t，年均输沙量减少了 0.50 亿 t，占宜昌站输沙减少量的 89.3%。

(2) 隔河岩水电站：位于清江干流上，下距清江河口约 62 km。工程于 1987 年 1 月开工，1993 年 6 月第一台机组发电，1995 年竣工。坝址以上流域面积为 14430 km²，占清江流域面积的 86.4%；水库正常蓄水位为 200 m，相应库容为 34 亿 m³，工程主要目的是发电，兼顾防洪，水库留有 5 亿 m³ 的防洪库容，既可以削减清江下游洪峰，也可错开与长江洪峰的遭遇。坝址实测多年平均输沙量为 1020 万 t，工程运行后其下游长阳站年输沙量基本下降至数十万吨级或几万吨级。

(3) 王甫洲水利枢纽：为大(2)型低水头径流式电站水利工程，工程位于汉江干流上，上距丹江口水利枢纽约 30 km，为汉江中下游衔接丹江口水利枢纽的第一级发电航运梯级。王甫洲水利枢纽主体工程于 1995 年 2 月正式开工兴建，2000 年 5 月第一台机组发电。枢纽控制流域面积为 95886 km²，正常蓄水位为 86.23 m(黄海高程)，校核洪水位为 89.3 m，总库容为 3.1 亿 m³。工程建成后，对汉江下游输沙量影响不大。

(4) 五强溪水库：截至 2001 年，洞庭湖湘江、资水、沅江、澧水流域兴建大中小型水库 13318 座(含大型水库 19 座，见表 6.1-2)，总库容为 369 亿 m³，兴利库容为 248 亿 m³，占四水 1956～2000 年多年平均径流量(1662 亿 m³)的 14.9%。2002 年湖南省水利水电厅"十五"期间水旱灾害发展趋势及防灾减灾对策研究成果表明，四水流域 12825 座大中小型水库在 20 世纪 60～80 年代累计拦截泥沙 9.549 亿 t；另据《2002 年湖南省水土流失与治理情况公告》，1950 年以来，四水流域水土流失综合治理面积达 22296.4 km²，其中修建基本农田 2832.1 km²，营造水土保持林 10035.3 km²，经果林 122.2 km²，种草 1046.6 km²，封禁治理 1041.9 km²，拦沙坝等措施治理 5218.3 km²。在水库拦沙和水土保持措施的综合影响下，湘江、资水、沅江、澧水泥沙输移比减小至 0.020～0.025，使洞庭湖年均减少泥沙约 60 万 t。

表 6.1-2　洞庭湖水系大型水库基本情况统计表（截至 2001 年）

水系名称	流域面积/km²	水库数量/座	总库容/亿 m³	兴利库容/亿 m³	控制面积/km²	占流域面积/%
湘江	94660	10	118.97	66.28	25963	27.43
资水	28142	2	36.86	22.54	22640	80.45
沅江	89163	4	67.00	34.76	85054	95.39
澧水	18496	2	20.46	13.57	4195	22.68
湖区	39354	1	6.35	3.83	493	1.25
总计	269815	19	249.64	140.98	138345	51.27

五强溪水库位于洞庭湖水系沅江下游。工程于 1986 年 4 月正式动工，1994 年 12 月 25 日第一台机组发电，1997 年 12 月竣工。水库总库容为 42.0 亿 m³，正常水位 108 m 以下预留防洪库容 13.6 亿 m³，为季调节水库。坝址控制流域面积为 8.38 万 km²，占沅江流域总面积的 93.5%。水库建成后，加之水土保持工程的作用，沅江入湖控制站桃源站含沙量减小的现象比较明显（图 6.1-2）。其他各支流来沙则变化不明显。

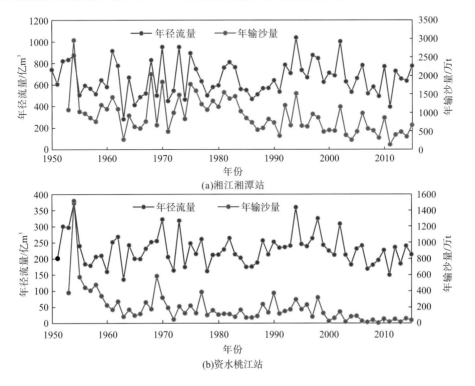

(a)湘江湘潭站

(b)资水桃江站

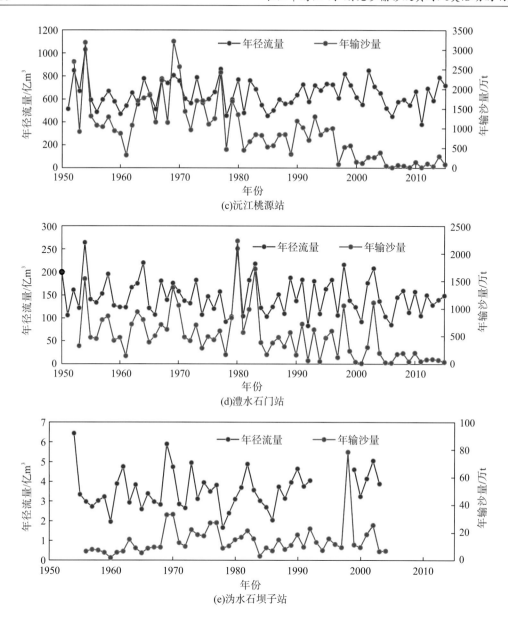

图 6.1-2　洞庭湖水系水文控制站年径流量和输沙量变化过程

(5) 万安水库：位于鄱阳湖水系水沙量最大的支流——赣江中游。工程于 1958 年 7 月 1 日动工兴建，几经停工复工，1993 年 5 月 30 日下闸蓄水。坝址控制流域面积为 3.69 万 km²，占赣江流域面积的 45.2%。水库总库容为 22.14 亿 m³，调节库容为 10.19 亿 m³。根据赣江上游四支峡山、居龙滩、翰林桥、坝上和棉津等水文站实测资料统计，1959～1993 年万安水库年均入库沙量约为 700 万 t，1994～2011 年年均入库沙量则为 1180 万 t，水库建成后，1993～2011 年水库共淤积泥沙约 4460 万 t，其下游约 2 km 的西门水文站年均输沙量由蓄水前 1965～1993 年的 733 万 t 减小为 1994～2011 年的 186 万 t(减幅为 74.6%)，年均含沙量则由 0.248 kg/m³ 减小至 0.059 kg/m³；下游约 110 km 的吉安水文站年均输沙量由蓄水前 1964～1993 年的 880 万 t 减小为 1994～2011 年的 280 万 t，减幅为 68.2%，年均含沙量则由 0.192 kg/m³ 减小至 0.056 kg/m³。外洲站年均输沙量也由蓄水前 1956～1993 年的 1060 万 t 减小为 1994～2011 年的 400 万 t，减幅为 62.3%，年均含沙量则由 0.162 kg/m³ 减小至 0.057 kg/m³（图 6.1-3）。

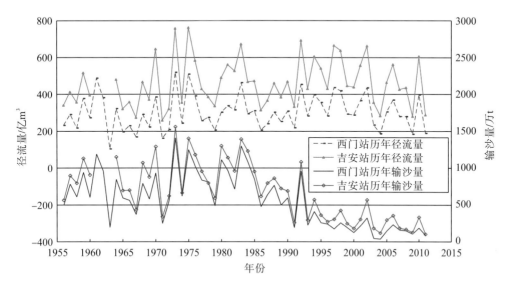

图 6.1-3　鄱阳湖水系赣江西门站、吉安站历年径流量与输沙量过程

6.1.2　河（航）道整治工程

1. 河道整治工程

1998 年长江大洪水后，国家加大了对大江大河的治理力度，下荆江河势控制工程得以大规模地实施。

石首河弯上起茅林口，下迄南碾子湾，全长 31 km。河段左岸有荆江大堤，其外有人民大垸堤和合作垸堤；右岸为荆南长江干堤和石首市胜利垸堤。石首河弯切滩撇弯后，石首河段河势剧烈变化调整，其中尤以向家洲、北门口、鱼尾洲三段岸线崩塌严重。石首河弯整治工程范围自茅林口至鱼尾洲，全长 31 km，守护长度为 17.32 km，其中新护为 12.66 km，加固为 4.66 km。鱼尾洲下段崩岸严重，堤外局部已无滩，在对此段进行守护的同时，退堤范围为(3+780)—(4+850)，新堤长 1430 m。

下荆江河势控制工程(湖北段)位于湖北省石首市、监利县境内，分布在从石首市北碾子湾至城陵矶长约 150 km 的长江两岸。该河控工程为平顺抛石护岸形式，护岸总长 25.7 km；湖南段护岸工程规划了 10 处 27 段自然岸段，总长约 122 km，其中加固改造 56.66 km，新护 65.66 km。河控工程规划 5 处 5 段，总长 99 km，其中卡口展宽 2 处 8.22 km，河道清淤 2 处 65.0 km，防淤堤 1 处 6.0 km。

2. 航道整治工程

1998 年、1999 年洪水后,有关部门于 2001～2002 年枯季采用疏浚与整治相结合的措施,对周公堤水道过渡段浅埂进行疏浚,在蛟子渊边滩中上段修建 1～4#四道护滩建筑物。

1) 碛子湾水道

碛子湾水道全长 18 km,在其上游石首弯道切滩前,该水道为一过长的顺直段,滩槽形态不稳定。1994 年石首弯道切滩撇弯后,大量泥沙下泄,深槽淤积,沙埂滩脊刷低,碛子湾浅滩演变成交错滩型,浅滩段河床向宽浅方向发展,成为严重碍航浅滩,每年枯季均需进行重点维护。

1994 年石首弯道发生自然切滩后,碛子湾水道发生超常淤积,枯水期航道形势急剧恶化,加上超吃水深度船舶在航道内搁浅造成局部淤积,堵塞航道,使得该水道 1995 年 2～4 月两次出现严重浅情,虽经全力维护,其间仍有 28 天未能达到计划维护尺度,给长江航运造成了重大损失,并产生了极为不良的社会影响。紧接着的 1995～1996 年、1996～1997 年和 1997～1998 年三届枯水期,航道形势仍很严峻,每年汛后都要对该河段进行重点观测、分析和研究,并专门成立现场领导小组,派驻挖泥船守槽、挖泥。

1998 年汛后,随着北门口和鱼尾洲以下北碛子湾的崩岸发展,碛子湾河段河势发生了很大变化,浅滩形势也发生转化:下边滩形态变得完整,倒套内淤积萎缩,浅滩由交错型转为正常型,航道条件好转。与此同时,仍存在过渡段航槽继续下移、下边滩头部冲刷后退、北碛子湾至寡妇夹一带崩岸等不利之势。为了保证航道维护的正常进行,2000～2003 年先后实施了以下航道整治工程:一是在左岸建 7 道丁坝及 2 道护滩带、右岸建 5 道护滩带,以稳定过渡航槽的平面位置,防止上、下深槽交错;二是在右岸南堤拐(即寡妇夹)一带布置 2 km 护岸,防止过渡段向下游发展;三是在左岸柴码头一带布置 500 m 护岸,与北碛子湾河势控制工程相衔接(图 6.1-4)。

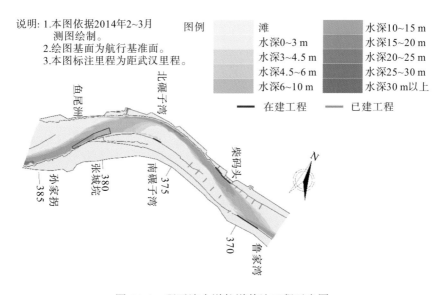

图 6.1-4　碛子湾水道航道整治工程示意图

2）监利水道

监利弯道乌龟洲南、北两汊呈周期性冲淤变化，洲滩和汊道平移，弯道素不稳定。20世纪 60 年代上车湾、中洲子裁弯后，由于流程缩短、水面比降加大，致使乌龟洲右槽逐渐受到冲刷，1971 年冬发展成主航道。但 1972～1973 年枯水期，航道恶化，航槽变化不定，经常出现浅情，1972～1973 年枯季疏浚泥沙 50.2 万 m^3。1975 年冬，主泓又出现由南归北迹象，航道部门在北槽进口拓宽、浚深，形成北槽航道。

监利河段航道整治一期工程的主要目的是稳定河道基本格局（图 6.1-5），工程于2008～2009 年施工，之后，乌龟洲洲头心滩得到守护，洲头及右缘崩退得到遏制。2010年和 2011 年枯水测图表明，工程河段枯水期航道条件明显改善，整治已取得初步效果。

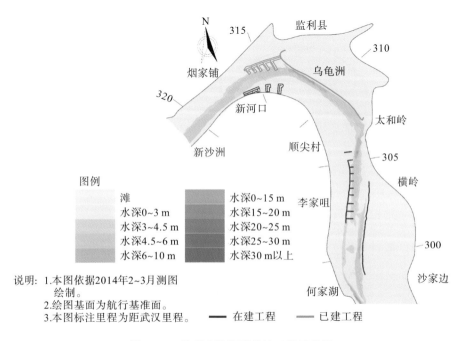

图 6.1-5　监利水道航道整治工程示意图

3）界牌河段

长江中游界牌河段位于武汉上游 180 km 处，上起杨林山，下止石码头，全长 38 km，左岸为湖北省洪湖市，右岸为湖南省临湘市。该河段整治前为长江中游重点碍航浅滩之一，以河势不稳定著称，河段内还存在较大范围的堤防险工段、港口淤塞等问题。河段为顺直展宽分汊型河段，以谷花洲为界，上段顺直单一，下段分汊。进口为杨林山、龙头山节点控制，河宽仅 1100 m，以下逐步放宽至新堤一带，最大河宽达 3400 m，出口处河宽又缩窄为 1670 m。其中杨林山—螺山段呈藕节状，河段内两岸交替发育边滩，螺山附近主流摆动，多数年份居左。螺山—复粮洲河宽沿程变化不大，平均宽度约为 2200 m，通常沿左岸为深槽，右岸为边滩，即右边滩。下复粮洲以下河道逐渐展宽并出现江心洲（新淤洲、南门洲）分汊。一般情况下左汊（新堤夹）为支汊，右汊为主汊，两汊在石码头处汇合。在右边滩尾与新淤洲洲头之间，主流自左岸向右岸过渡，称为过渡段。

界牌河段航道整治工程于 1994 年冬季开始正式施工，于 2000 年枯季完工，该工程包括新淤洲洲头鱼嘴、新淤洲和南门洲之间的锁坝、右岸边滩上的 14 道丁坝、洪湖港进港航道疏浚工程 4 个工程区(图 6.1-6)。工程实施后，右岸边滩淤高、完整，过渡段缩窄，水流得以集中，使得枯水航深增加；左汊(新堤夹)分流比增加，河槽刷深。

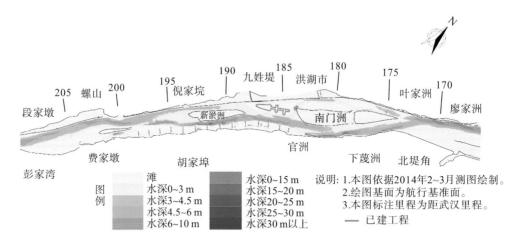

图 6.1-6   界牌河段整治工程示意图

6.1.3   水土保持工程

长江流域是我国水土流失严重的区域之一。流域内水土流失类型以水力侵蚀为主，兼有风力侵蚀、冻融侵蚀、重力侵蚀，以及泥石流、崩岗等混合侵蚀。长江流域水土流失面积达 53.08 万 km^2(仅包括水力侵蚀和风力侵蚀)，占流域面积的 29.5%，其中水力侵蚀 52.41 万 km^2，风力侵蚀 0.67 万 km^2，年土壤侵蚀量达 19.35 亿 t，水土流失面积和年土壤侵蚀量均居我国各大江河流域之首。水土流失主要分布在长江上中游地区，面积约为 52.25 万 km^2，占全流域水土流失面积的 98.4%。其中，上游地区集中分布在金沙江下游、嘉陵江、沱江、乌江流域及三峡库区，中游地区的汉江上游、沅江中游、澧水和清江上中游、湘江资水中游和赣江上中游、大别山南麓等区域水土流失问题较为突出，水土流失较严重的省(市)有四川、湖北、重庆、贵州、云南、湖南、陕西、江西等。

1)长江上游

1989 年国家启动了长江上游水土保持重点防治工程(简称"长治"工程)，在金沙江下游及毕节地区、嘉陵江上游的陇南和陕南地区、嘉陵江中下游、三峡库区"四大片"首批实施重点防治，总面积为 35.10 万 km^2，其中水土流失面积为 18.92 万 km^2。1998 年洪水后，国家又实施长江上游天然林资源保护工程(简称"天保"工程)和退耕还林还草工程，即对坡度在 25°以上的坡耕地全部要求退耕还林。

"长治"工程主要通过土地利用结构的调整，因地制宜地配置各项水土保持措施，实施以小流域为单元的山水田林路综合治理开发，以改善生态环境和农业生产条件。"长治"工程采取的主要技术措施为工程措施和植物措施，包括坡面工程和沟道工程，以及造林、种草和保土种植措施。

"长治"工程实施 20 年来，防治范围不断扩大，治理进度逐步加快。年治理水土流失面积由最初的不足 3000 km²，增大到 7000 km² 以上，重点防治县由最初的 61 个扩展到 185 个。根据长江水利委员会水土保持局和长江年鉴统计资料，截至 2005 年，"长治"工程已完成长江上游地区水土流失治理面积 6 万 km² 以上，人工造林 600 万 hm² 以上，长江流域水土流失最严重的"四大片"(金沙江下游及毕节地区、嘉陵江上游的陇南和陕南地区、嘉陵江中下游、三峡库区)已治理 1/3，植被覆盖度明显提高，生态环境有效改善，水土流失减轻，拦沙蓄水能力有所提高，从整体上扭转了长江流域水土流失加剧和生态环境恶化的趋势。

2) 洞庭湖

洞庭湖流域是长江中游地区水土流失最严重的地区之一。根据 1997 年统计，洞庭湖流域水土流失面积为 46739.59 km²，年土壤侵蚀量达 1.7 亿 t，高度集中于湘江、资水、沅江、澧水四水中上游山丘区，多年的水土流失，使土壤薄层化，流失泥沙淤积山塘、水库、农田和江湖，水旱灾害交替频繁且严重。其水土流失的基本特点主要表现如下：①流失面积大，且以中强度流失为主。目前四水中上游区水土流失面积达 33747 km²，占该区土地总面积的 22.8%。以流失程度而言，中轻度流失面积为 8904 km²，中度流失面积为 15456 km²，强度流失面积为 7259 km²，极强度和剧烈流失面积分别为 1358 km² 和 770 km²，中度及以上流失面积占总流失面积的 73.6%。②水土流失以面蚀为主，兼有沟蚀、崩岗、泥石流等多种形式。面蚀面积约占全区总流失面积的 95% 以上，崩岗主要发生在湘江、资水两流域中上游的风化花岗岩、紫色砂页岩区。例如，位于湘江中游区的桂东县刘公山，1996 年一次降雨 300 mm，在 27 km² 范围内发生崩岗 3700 处，下泄泥沙达 95 万 m³。泥石流、滑坡主要发生在澧、沅两水中上游山丘区临空条件好、物质稳定性差的大断裂带和沟谷陡坡悬崖地带。在侵蚀动力和侵蚀环境的相互作用下，土壤水力侵蚀和土壤重力侵蚀在时间上呈现同步或交替，在空间上复合。③径流侵蚀在年内的分布与降雨同步。受该区降雨年内分布的影响，水力侵蚀集中于 3～9 月，其间土壤侵蚀量约占全年侵蚀总量的 80%，其中 5～7 月为水力侵蚀高峰期，径流侵蚀量、侵蚀次数分别占 3～8 月总值的 60.3% 和 65.7%。这表明土壤水力侵蚀过程在时间尺度上主要表现为一次侵蚀过程和年内侵蚀过程，且一年内的土壤侵蚀量主要来自 5～7 月几次高强度暴雨径流的侵蚀。

从 1990 年开始，湖南省在 31 个工程县(市、区)实施长江中上游防护林体系建设，至 1998 年年底，共完成营造林面积 114.23 万 hm²，在四水流域初步形成了以长防林为主体的生态防护林体系基本框架，1990～1999 年森林覆盖率由 36.7% 上升至 51.7%。

截至 2009 年，湖南省洞庭湖区累计治理水土流失面积 1184 km²。首先为封禁治理，面积为 471 km²，占总治理面积的 39.78%。其次为水土保持林和种草，其中营造水土保持林面积为 230 km²，占总治理面积的 19.43%；种草 207 km²，占总治理面积的 17.48%；营造经果林 148 km²，占总治理面积的 12.50%；基本农田改造 128 km²，占总治理面积的 10.81%。湖南省洞庭湖区水土保持工程措施主要是小型水保工程，包括蓄拦工程和沟渠防护工程两类。湖南省洞庭湖区共修建蓄拦工程 4986 座，工程量为达到 59.83 万 m³，沟渠防护工程 135.7 km，工程量为 16.28 万 m³；湖北省洞庭湖区累计治理水土流失面积 16 km²，占湖北省湖区水土流失总面积的 2.89%，各项水土流失治理措施中，水土保持林面积最大，有 8 km²，占总治理面积的 50%；其次为经果林，面积为 3 km²，占总治理面积的 37.50%；基本农田和种草各 2 km²，封禁治理 1 km²。水土保持工程措施中，蓄拦工程 560 座，工程量为 6.72 万 m³；沟渠防护工程 35.41 km，工程量为 4.25 万 m³。

此外，工程活动使侵蚀面积扩大、产沙量增加，随着社会经济的发展，开矿、修路、建厂、采石及其他工程建设迅猛发展，使水土流失面积增大，江湖增加新的产沙来源。主要表现在如下几个方面：①湖南省大中小型矿山和个体矿点多集中于四水中上游两岸山丘区，开矿现象较为普遍，因个体矿点乱挖滥采，每年新增水土流失面积约 1.34 万 hm²。②20 世纪 80 年代以来，新建、扩建公路、铁路及水利工程等基本建设项目，由于未把防治水土流失纳入工程建设之中，造成地表破坏，土壤严重流失，如郴州市近十几年来新建、扩建、改建公路 17 条，里程 203 km，破坏地表植被 353.3 hm²，泥沙下泄量约为 180 万 t，堵塞溪河 46.8 km²，淤废水利工程 34 处，水冲沙压农田 60.2 hm²；岳阳县新建大小渠道 460 km，开挖土石方 490 万 m³，破坏植被 200 hm²，造成水冲沙压农田 18.3 hm²。③市、镇不断扩建城区，由于水土保持法治意识淡薄，造成新的水土流失，据益阳市调查，全市 1569 个生产建设单位，共破坏植被 160 hm²，乱堆、乱放废弃物 2795 万 t，新增水土流失面积约 100 hm²。

3）鄱阳湖

20 世纪 80 年代以前，鄱阳湖流域的水土流失呈发展趋势。据估算，20 世纪 50 年代流域内水土流失面积为 1.10 万 km²，至 1984 年普查结果统计，鄱阳湖区水土流失总面积为 3.261 万 km²，占土地总面积的 16.4%，其中轻度、中度和强度水土流失面积分别占 63.9%、22.9% 和 13.2%。鄱阳湖水土流失主要有如下特点。

(1) 水土流失面积集中。五大水系中，以赣江流域水土流失面积最大，其水土流失面积为 17723 km²，其次是抚河为 4026 km²，信江为 3786 km²，湖区为 3011 km²，修水、饶河分别为 2981 km²、1083 km²。水土流失主要分布在各水系中游及上游下段的丘陵和低山地区，下游的岗地也有分布。

(2) 类型多样。流域水土流失以水蚀为主，也有土地利用不合理造成的各种形式的面蚀，如鳞片状面蚀、坡耕地面蚀和全垦造林地面蚀；部分地方还有沟蚀。此外，湖区还是风蚀的主要区域。据调查，流域内有沙丘地 1.32 万 hm² 以上，大部分植被稀少，冬季沙地干燥疏松，时常刮偏北大风。据初步统计，8 级以上的大风(风速大于等于 17.0 m/s)，庐山市年平均有 35 天，最多可达 79 天，当风速达 4～5 m/s 时，便发生风蚀。除上述类型外，岸蚀也比较普遍，这也是入湖泥沙的重要来源之一。一些山地陡坡，表层有疏松风化的固体物质，沟道平直且有大量巨砾，往往因暴雨引起滑坡、崩塌，激发泥石流。据庐山附近明清时期地方志记载，历史上曾多次"出蛟"。1975 年 8 月 13 日和 1984 年 8 月 8 日、9 月 1 日，都因特大暴雨而发生泥石流。

(3) 坡耕地较多。流域内仅进贤、余干、新建、庐山等市(县)有坡耕地 2.65 万 hm²，占湖区耕地的 6.1%，每年土层流失厚度可达 1～5 mm。

(4) 采矿、人口增长造成的水土流失有所加剧。例如，庐山市一度乱挖瓷土、长石，使 220 多个山头、33 km² 的范围内出现了不同程度的水土流失；人口增长过快，如鄱阳湖区 11 个县，1953～1984 年人口由 278.27 万人增长至 554.61 万人，增长了近 1 倍，人均耕地面积减少了 56.2%，毁林毁草开荒、顺坡耕种现象增多，仅余干、进贤县坡耕地达 2.07 万 hm²，导致水土流失面积有所扩大；森林过度砍伐、毁林毁草造林和能源紧缺也导致水土流失有所加剧。

根据最新的土壤侵蚀遥感调查成果，鄱阳湖湖区现有水土流失总面积达 4686.78 km²，占土地总面积的 17.8%，其中水力侵蚀面积为 4557.90 km²（含崩岗），风力侵蚀面积为 128.88 km²。水力侵蚀面积中，轻度侵蚀面积占 37.6%，中度侵蚀面积占 37.5%，强度以上侵蚀面积占 24.9%（表 6.1-3）。鄱阳湖湖区主要侵蚀类型为水力侵蚀，水土流失整体以轻度和中度为主，平均土壤侵蚀模数约为 3200 t/(km²·a)，年平均土壤侵蚀量约为 1500 万 t。崩岗主要分布于丰城、都昌、万年、庐山、鄱阳、新建和湖口 7 个市（县），共 773 处，面积为 212.6 hm²（表 6.1-4）。

20 世纪 80 年代初以来，鄱阳湖湖区先后实施了鄱阳湖流域水土保持重点治理工程、长江上中游水土保持重点防治工程等一批水土保持工程，并取得了一定成效。积极总结了 20 世纪 80 年代就开始实施的封禁治理的成功经验，探索出了建设基本农田、改善农村能源结构、退耕还林、封禁治理等多措并举的生态修复技术路线，为鄱阳湖湖区开展生态修复提供了宝贵的经验。

表 6.1-3　鄱阳湖湖区市（区、县）水土流失现状统计表　　　　　　　单位：km²

水系或行政区划	水土流失总面积	水力侵蚀						风力侵蚀				
		合计	轻度	中度	强度	极强度	剧烈	合计	轻度	中度	强度	极强度
江西省	33418.2	33289.3	12247.5	10314.8	7463.5	2039.4	1224.2	128.9	38.5	48.1	40.8	1.46
鄱阳湖湖区	4686.78	4557.90	1712.73	1707.72	980.07	88.15	69.23	128.88	38.48	48.14	40.8	1.46
丰城市	567.82	549.88	306.34	113.17	83.82	35.33	11.22	17.94	4.72	7.11	5.22	0.89
余干县	525.47	519.36	203.56	206.75	100.28	8.77	—	6.11	1.46	1.57	3.08	—
鄱阳县	888.31	887.61	292.58	332.37	261.70	0.96	—	0.70	—	0.70	—	—
万年县	88.07	88.07	27.58	17.68	35.13	6.02	1.66	—	—	—	—	—
九江市辖区	133.26	132.41	66.44	47.39	1.30	—	17.28	0.85	—	0.85	—	—
永修县	376.68	347.17	74.71	191.31	43.73	7.48	29.94	29.51	0.95	2.18	26.38	—
德安县	166.32	159.89	65.51	80.66	10.76	0.77	2.19	6.43	—	6.43	—	—
庐山市	123.24	122.82	41.54	67.74	5.23	3.58	4.73	0.42	—	—	—	0.42
都昌县	260.19	259.01	86.44	154.58	16.62	1.37	—	1.18	0.75	0.43	—	—
湖口县	131.38	117.28	36.92	60.91	15.96	3.38	0.11	14.10	0.31	13.79	—	—
南昌市辖区	81.24	77.99	46.01	17.08	10.49	3.24	1.17	3.25	2.11	0.59	0.55	—
南昌县	30.53	9.65	5.30	3.45	0.74	0.16	—	20.88	14.31	6.09	0.48	—
新建县	402.59	383.30	157.23	93.66	117.48	14.74	0.19	19.29	10.19	6.29	2.81	—
进贤县	672.65	669.04	204.28	252.09	212.67	—	—	3.61	2.92	0.69	—	—
乐平市	239.03	234.42	98.29	68.88	64.16	2.35	0.74	4.61	0.76	1.42	2.28	0.15

表 6.1-4　鄱阳湖区各县(市)崩岗分布表

序号	市(县)	崩岗数量/处	崩岗面积/hm²
1	丰城市	436	107.4
2	都昌县	141	24.8
3	万年县	52	27.5
4	庐山市	46	5.2
5	新建县	37	15.6
6	鄱阳县	32	25.1
7	湖口县	29	7.0
8	合　计	773	212.6

6.1.4　退田还湖、平垸行洪工程

　　长期以来，由于泥沙逐年淤积，河道、洲滩、湖泊被不断围垦开发利用，形成圩垸，致使长江中下游干支流河道及湖泊行洪蓄洪能力下降，洪灾频繁。有关资料统计显示，截至 21 世纪初，长江中下游干流枝城—大通河段及洞庭湖、鄱阳湖湖区有大小圩垸千余个。为确保重点城市、地区的安全，尽可能减免洪水造成的危害。《长江流域防洪规划》指出，除在长江干流及一些支流兴建具有一定防洪库容的水库外，对部分圩垸实施平垸行洪、退田还湖。这是防御洪水、减少损失的一项重要举措。

　　长江中下游地区平垸行洪与退田还湖主要涉及湖北、湖南、江西、安徽 4 省 1405 个圩垸，对其中严重影响行洪的洲滩民垸实施平垸行洪、退田还湖，对其他的圩垸遇较大洪水时，才有计划地分蓄洪水。据统计，1998～1999 年已实施平垸行洪、退田还湖圩垸 1009 个。1996 年至今，洞庭湖湖区实施平垸行洪、退田还湖工程，完成了 333 个巴垸和堤垸的平退任务，搬迁 15.8 万户 55.8 万人，高水位时，还湖面积可达到 779 km²。

　　1998 年大水后，江西省在鄱阳湖湖区实施了"平垸行洪、退田还湖、移民建镇"工程，鄱阳湖及五河尾闾地区共平退圩堤 340 座，其中双退圩堤 148 座、单退圩堤 192 座，退出耕地面积 81.6 万亩，加上堤外滩地及蓄滞洪区搬迁移民，22 m 高程以下居民全部搬出。

　　1. 防洪工程

　　鄱阳湖湖区现有圩堤 155 座(3000 亩以上)，堤线长度约为 2460 km，保护农田约 586 万亩，保护人口约 690 万人。除赣抚大堤、富大有堤 2 座重点圩堤外，尚有重点圩堤 44 座，3000～50000 亩的一般圩堤 109 座。

　　目前，赣抚大堤和富大有堤 2 座特等圩堤的防洪标准已达到 50 年一遇；南昌县红旗联圩等 12 座保护耕地面积 10 万亩以上的重点圩堤和成朱联圩等保护耕地面积 5 万亩以上及圩内有重要设施的 15 座重点圩堤的防洪能力已达到规划标准(即湖堤防御相应湖口水位 22.5 m，河堤防御 20 年一遇洪水)；药湖联圩等保护耕地面积 5 万亩以上的 9 座重点圩堤作为鄱阳湖湖区二期防洪工程第五个单项工程于 2005 年开工建设，于 2009 年全面完成建设任务；畲湾联圩等保护耕地面积 5 万亩以上的 5 座重点圩堤作为鄱阳湖湖区二期防洪

工程第六个单项工程的建设内容正在开展前期工作。

1998 年大水后，对康山蓄滞洪区内的隔堤、黄湖及方洲斜塘蓄滞洪区内隔堤上的穿堤建筑物进行了除险加固，对康山及珠湖区内的 7 处垭口进行了封堵建设；4 处分洪口门完成了裹护；建设了电站保护圈 1 处，圈堤长度为 0.6 km；新建安全区围堤 5.65 km、指挥楼 1 处 2110 m²、分洪码头 1 座、转移道路 10 条 131.7 km、桥涵 303 座 2.41 km、通信预警设施 264 台套。

2. 治涝工程

鄱阳湖湖区共兴建了撇洪渠 153 处，撇洪面积为 2137 km²，撇洪渠总长度为 853 km；内涝堤防 354 处，总长为 1559 km；排涝渠系总长为 5371 km，其中主排水沟 1938 km。蓄涝区总面积为 411 km²，蓄涝容积为 3.23 亿 m³；排水涵闸 1593 座，设计流量为 8935 m³/s；电力排涝站 810 座，总装机容量为 291.5MW，相应设计排涝流量为 2716 m³/s。大部分圩区的排涝标准为 3～5 年一遇，少部分达到 10 年一遇。

3. 灌溉供水工程

鄱阳湖湖区共建成各类蓄、引、提水工程 5.34 万座(处)。其中：水库工程 4.45 万座，兴利库容为 56.9 亿 m³，引水工程 1123 处，现状供水能力为 13.1 亿 m³；提水工程 7261 处，电力提灌装机容量为 180.48MW，机械提灌动力为 96.11MW，现状供水能力为 40.6 亿 m³。受湖区地形的影响，鄱阳湖湖区供水、灌溉主要以提水工程和蓄水工程为主，供水水源类型均为地表水。

至 2007 年年底，鄱阳湖湖区建成 30 万亩以上的灌区 4 座，分别为赣抚平原灌区、丰东灌区、柘林灌区、鄱湖灌区，设计灌溉面积为 188.19 万亩，有效灌溉面积为 144.32 万亩；5 万～30 万亩的中型灌区 26 座，设计灌溉面积为 231.7 万亩，有效灌溉面积为 180.45 万亩；1 万～5 万亩的灌区 58 座，设计灌溉面积为 102.54 万亩，有效灌溉面积为 78.03 万亩；万亩以下灌区 6665 座，设计灌溉面积为 377.59 万亩，有效灌溉面积为 293.71 万亩。湖区灌区总设计灌溉面积为 900 万亩，总有效灌溉面积为 696.5 亩。

6.2　江湖泥沙交换

1981～2002 年，长江中游江湖累计纳入来自宜昌以上干支流、湖南四水、汉江、江西五河的泥沙总量约为 112.8 亿 t(年均 5.13 亿 t)，其中宜昌以上干支流来沙、汉江来沙和两湖水系来沙量占总量的比例分别为 89.60%、3.80% 和 6.55%，宜昌以上干支流与两湖水系、主要支流来沙量比例接近 9∶1。泥沙进入长江中游江、湖系统后进行重分配，其显著特征为长江干流和两湖地区均以泥沙沉积为主，来沙总量的 72.7% 随水流入海，27.3% 的泥沙沉积在长江干流和两湖湖区，其中长江干流、洞庭湖、鄱阳湖沉积量分别占 39%、58%、3%。

依据本阶段人类活动及其影响程度的大小，可划分为两个时期：1981～1990 年水土保持工程处于逐步实施阶段，主要为葛洲坝和五强溪等大型水利枢纽工程的影响；1991～2002 年，随着大中型水库的陆续建成和水土保持工程的全面实施，长江与洞庭湖、鄱阳湖水系沙量均出现明显减少。与 1956～1980 年相比，1981～2002 年长江中游江、湖泥沙分配最为显著的变化是入海量和洞庭湖沉积量占比均有所减少，两者减少的幅度与长江干流沉积量增加的幅度基本相当。其间，长江上游来沙量有所减小（宜昌站年均输沙量由1950～1980 年的 5.15 亿 t 减小至 1981～2002 年的 4.59 亿 t，减幅为 10.9%），荆江三口分流分沙量持续减少，洞庭湖泥沙沉积量下降，长江干流河道内沉积的泥沙则有所增多，20世纪 90 年代以来长江上游来沙量明显减少（宜昌站 1991～2002 年年均输沙量减少为 3.91亿 t），洞庭湖和长江干流泥沙沉积量均相应有所减小（图 6.2-1）。

图 6.2-1   1981～2002 年长江中游江湖泥沙分配格局

6.2.1   长江干流沿程泥沙交换

1981～2002 年，长江干流河道泥沙沿程交换的典型特征为，以汉口为界，表现为上淤、下冲，宜昌至汉口河段处于泥沙单向沉积状态，汉口以下则处于冲刷状态，但河道总体淤积，总淤积量为 12.3 亿 t（年均淤积量为 0.586 亿 t），占江湖系统总来沙量的 11%。同时，水流与河床泥沙之间存在双向交换，床沙补给量与来沙量存在较好的相关关系，且以粒径大于 0.1 mm 的河床质泥沙为主。

葛洲坝水利枢纽工程建成后，1981～1990 年宜昌—螺山河段河床处于冲刷补给泥沙的状态，向下游螺山—汉口河段补给泥沙；同时，与 1956～1980 年相比，1981～1990 年长江通过荆江三口分入洞庭湖的年均沙量减少了 4670 万 t，螺山—汉口河段河床出现明显淤积，其年均淤积量达到 8360 万 t；进入 20 世纪 90 年代后，长江中游干流河段均以淤积为主，特别是 1998 年长江干流出现了特大洪水，宜昌站年输沙量达到 7.43 亿 t（仅次于 1954年的 7.54 亿 t），宜昌—螺山河段泥沙淤积明显，其淤积量高达 2.61 亿 t，占 1991～2002年该河段总淤积量的 77.5%（图 6.2-2）。

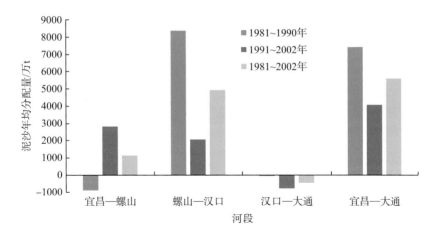

图 6.2-2　1981～2002 年宜昌—大通河段泥沙年均分配量

由图 6.2-3 可见，当河床淤积强度较大时，细颗粒泥沙河床补给量与来沙量的相关关系较差，但河床质泥沙补给量与来沙量之间仍呈较明显的负相关关系。由此可以说明，在河床处于冲淤调整过程中时，水流中挟带的悬移质泥沙与河床中的泥沙均存在双向交换，而其交换强度直接决定了河床冲淤强度的大小。

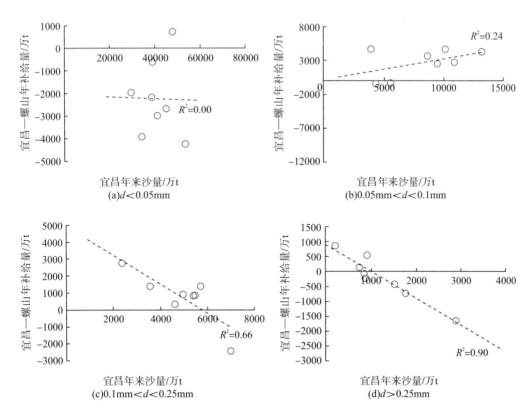

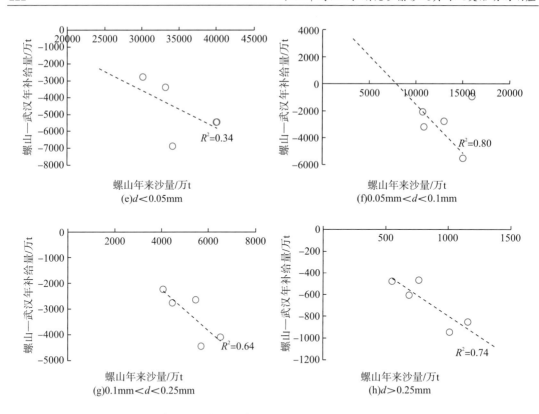

图 6.2-3　1981～2002 年宜昌—螺山、螺山—汉口河段来沙量与河床补给量的相关关系

6.2.2　长江—洞庭湖泥沙交换

1981～2002 年，洞庭湖年均入湖泥沙约为 1.08 亿 t，较 1956～1980 年减小了 43.2%。其中，来自荆江三口的泥沙约为 0.867 亿 t(占长江枝城站沙量的 18.6%，同期分流比为 15.4%)，占三口、四水总入湖泥沙的 80.2%(同期，三口分流量占总入湖水量的 28.4%)。与 1956～1980 年相比，湖南四水年均入湖水量略有增多(由 1629 亿 m³ 增至 1724 亿 m³，增幅为 5.8%)，但年均入湖沙量则由 3430 万 t 减少至 2130 万 t，减幅约为 37.9%。

随着三口分沙量减少和洞庭湖平垸行洪、退田还湖工程的实施，湖区淤积明显减轻，其年均淤积量为 0.801 亿 t，较 1956～1980 年的 1.39 亿 t 减少了 42%。其间，洞庭湖年均出湖沙量为 0.278 亿 t，三口洪道和湖区平均沉积率为 74.2%，洞庭湖的排沙比为 25.8%，均与 1956～1980 年基本持平。经由荆江三口进入洞庭湖的泥沙，约有 12% 的泥沙淤积在三口洪道内。根据实测地形计算，1995～2003 年三口洪道泥沙总淤积量为 0.468 亿 m³，约占同期三口总分沙量的 11.9%。其中以藕池河淤积最为严重，淤积量为 0.311 亿 m³，占淤积总量的 66.4%；虎渡河次之，淤积量为 0.132 亿 m³，占总淤积量的 28.2%；松滋河淤积量不大，为 0.035 亿 m³，仅占总淤积量的 7.4%。松虎洪道则略有冲刷，冲刷量为 0.010 亿 m³。

但遇特殊年份，如 1994 年，长江干流水沙偏枯，荆江三口分沙量为 1956～2002 年的最小值，仅为 2560 万 t(为 1991～2002 年均值的 37.7%)，但湖南四水来水量偏大，年入湖总径流量达到 2180 亿 m³，较 1981～2002 年均值偏大 16.8%，居 1956 年以来年径流量的第四位，使得洞庭湖与长江干流泥沙交换相对充分，排沙比达到 55%(图 6.2-4)。由于荆江三口进入洞庭湖的沙量大幅减少，年均输沙量由 1956～1980 年的 1.56 亿 t 减少至 0.861 亿 t，加之湖南四水沙量也明显减少，洞庭湖对长江干流的泥沙补给率仅为 7.1%。

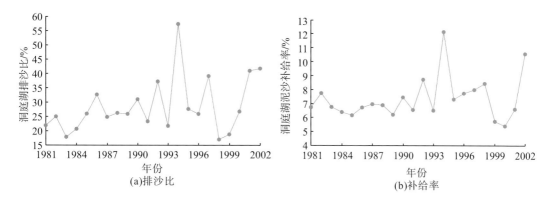

图 6.2-4　1981～2002 年洞庭湖排沙比、补给率变化

排沙比主要取决于干流输入沙量和湖泊输出沙量。与 1956～1980 年相比，1981～2002 年长江干流经由三口输入洞庭湖的泥沙量减少较为明显，减幅超过 40%，水量也有所减少，湖南四水占入湖总水量的比重增大 11.8%～71.5%，当湖区特别是湖南四水来水较大时，排沙比也相应增大(图 6.2-5)，但同时出湖沙量偏小幅度更大，多方面作用下，湖区的排沙比总体变化较小。

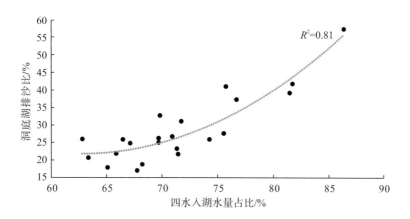

图 6.2-5　1981～2002 洞庭湖排沙比与湖南四水来水量占比的关系

综上所述，1981～2002 年与 1956～1980 年相比，长江与洞庭湖的泥沙交换关系、分配格局未发生明显的变化，洞庭湖仍处于吸纳长江干流泥沙的状态。但不同的是，受荆江三口分流分沙减少的影响，长江—洞庭湖之间发生交换的泥沙总量有所减小，湖南四水来水量对泥沙交换强度的影响有所增大。

6.2.3 长江—鄱阳湖泥沙交换

1981～2002 年，长江与鄱阳湖之间的泥沙交换量仍较洞庭湖明显偏小，鄱阳湖的排沙比也略小于 1956～1980 年。其间，长江倒灌进入鄱阳湖的泥沙 65%沉积在湖区，35%的泥沙被置换出湖。鄱阳湖对长江干流的泥沙补给率变化不大，但补给量比洞庭湖湖区明显偏小（图 6.2-6）。1990 年后长江倒灌鄱阳湖的概率减小，是倒灌频次最少的一个水文周期。

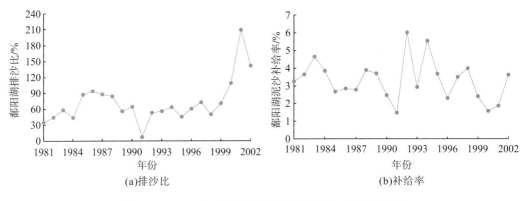

(a)排沙比 (b)补给率

图 6.2-6　1981～2002 年鄱阳湖泥沙排沙比、补给率变化

可见，与洞庭湖相比，1981～2002 年长江与鄱阳湖之间的泥沙交换强度有所减弱，主要原因在于 1990 年之后长江倒灌的概率和强度均有所减小。

6.3 长江干流河道泥沙冲淤响应

6.3.1 河床冲淤变化

实测地形资料表明，1981～2002 年宜昌—大通河段高水河槽累计淤积泥沙 9.46 亿 m³（城陵矶—九江河段 1998～2002 年采用平滩河槽冲淤量），年均淤积量为 0.450 亿 m³；平滩河槽累计淤积泥沙 2.24 亿 m³，年均淤积量仅为 0.107 亿 m³。其间河床"冲槽淤滩"现象十分明显，枯水河槽冲刷泥沙 6.24 亿 m³，年均冲刷量为 0.297 亿 m³；枯水位以上河床则淤积泥沙 8.47 亿 m³（图 6.3-1）。

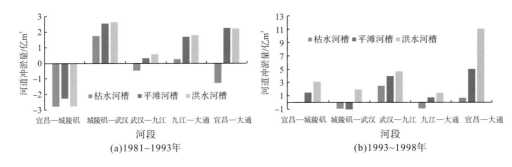

(a)1981～1993年 (b)1993～1998年

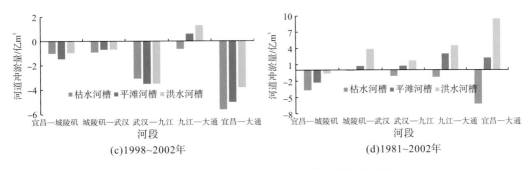

图 6.3-1　1981～2002 年长江中下游河道冲淤情况

从沿程分布来看，1981～2002 年宜昌—城陵矶段平滩河槽累计冲刷泥沙 2.29 亿 m³，年均冲刷量为 0.109 亿 m³，枯水河槽冲刷 3.70 亿 m³，枯水位以上河槽则淤积泥沙 1.41 亿 m³，且主要集中在荆江，其主河槽明显冲刷，但江心洲滩和两岸边滩均有所淤积(图 6.3-2)；城陵矶—九江段平滩河槽累计淤积泥沙 1.52 亿 m³，年均淤积量为 0.072 亿 m³，淤积主要集中在枯水位至平滩水位之间的河床，枯水河槽冲刷 1.24 亿 m³；九江—大通段平滩河槽累计淤积泥沙 3.02 亿 m³，年均淤积量为 0.144 亿 m³，但枯水河槽累计冲刷泥沙 1.30 亿 m³，年均冲刷量为 0.062 亿 m³。由此可见，1981～2002 年长江中下游河道河床冲淤的"冲槽淤滩"特征均十分明显，总体以淤积为主，以城陵矶为界，表现为"上冲下淤"——宜昌—城陵矶段河床大幅冲刷，城陵矶以下则大幅淤积。

从沿时分布来看，其冲淤变化大体可分为以下 3 个时期。

(1) 葛洲坝水利枢纽修建后(1981～1993 年)。1981～1993 年，葛洲坝水库共淤积泥沙 1.334 亿 m³，占 1981～2002 年水库淤积总量的 85.8%。说明 1994 年后水库基本达到了冲淤平衡，对下游的河床冲淤影响较小。其间，宜昌—城陵矶河段洪水位以下河槽累计冲刷泥沙 2.78 亿 m³，城陵矶以下河段则以淤积为主，城陵矶—汉口段淤积泥沙 2.63 亿 m³，其淤积量与宜昌—城陵矶河段的冲刷量基本相当。汉口—大通河段淤积泥沙 2.35 亿 m³。

(2) 1993～1998 年。1996 年洞庭湖、鄱阳湖水系发生大洪水，城陵矶、湖口站最高水位分别为 35.31 m、21.22 m，对长江干流顶托作用较大，导致长江干流下荆江、汉口—九江、九江—大通河段河床发生明显淤积，但宜昌—枝城河段(简称宜枝河段)和上荆江由于上游来水较大且沙量减小，河床出现一定程度的冲刷。1993～1996 年，宜枝河段、上荆江受上游来沙量减小等影响，河床分别冲刷 0.112 亿 m³、0.117 亿 m³；下荆江河床则淤积泥沙 2.11 亿 m³，且以洲滩淤积为主；城陵矶—汉口段平滩河槽冲刷 0.126 亿 m³，但中高滩部分则淤积泥沙 0.626 亿 m³；汉口—九江河段滩槽均淤，淤积量为 1.58 亿 m³，以枯水河槽淤积为主；九江—大通段淤积量为 2.33 亿 m³，以滩面淤积为主。1998 年长江发生流域性大洪水，长江中下游高水位持续时间长，宜昌—大通段总体表现为淤积，1996～1998 年其淤积量为 4.76 亿 m³，其中除上荆江和九江—大通段有所冲刷外，其他各河段泥沙淤积较为明显。

(3) 1998～2002 年。1998 年大水后，河道内淤积的松散堆积物极易冲刷，长江中下游河床冲刷较为剧烈，宜昌—大通河段冲刷量为 4.99 亿 m³，基本将 1998 年大水期间落淤的泥沙全部冲刷输往下游。其中，宜昌—九江全河段处于冲刷状态，其冲刷量为 5.61 亿 m³，且主要集中在汉口—九江段，其冲刷量占比约为 62%；九江—大通段表现为"冲槽淤滩"的特征，其枯水河槽冲刷泥沙 0.631 亿 m³，但枯水位以上河床淤积泥沙 1.94 亿 m³。

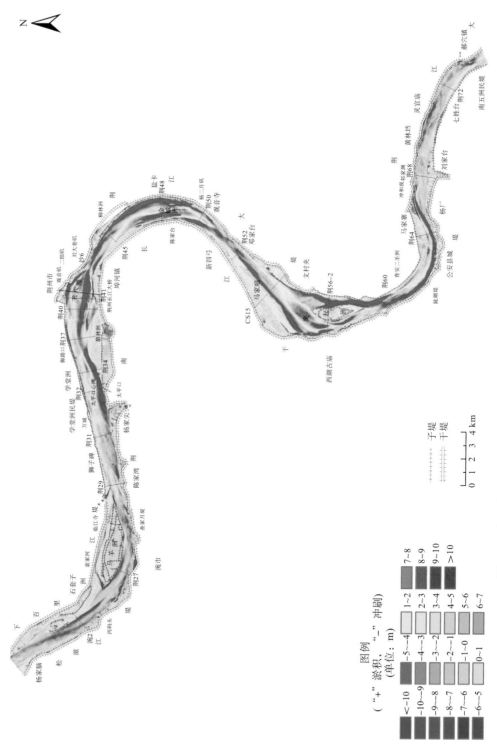

图6.3-2 长江中游上荆江典型河段冲淤厚度平面分布图（1987~2002年）

6.3.2　河床形态响应特征

1. 典型横断面及纵剖面形态响应

1)宜昌—城陵矶河段

1981～2002 年，长江中下游干流河道的河床断面形态变化以宜昌—城陵矶河段最为明显，城陵矶以下以分汊河型为主，河道较宽，河床断面形态相对变化不大。因此，本书仍以宜昌—城陵矶河段为重点，研究 1981～2002 年河床纵、横断面形态和典型洲滩变化等对河床冲淤调整的响应特征。

由表 6.3-1 可见，平滩河宽除宜枝河段变化不大以外(该段两岸抗冲性较强，平面形态稳定)，上、下荆江的平滩河宽均有所减小，与上一时段恰好相反，枯水河槽的宽度则有增有减。平滩水位、枯水位下河床平均高程宜枝河段分别累计下降 1.35 m、1.27 m，深泓高程下切的幅度更大，约为 1.71 m，相较于河宽，水深增幅偏大，因而这一河段的宽深比趋于减小。上荆江河床平均高程和深泓高程同样以下切为主，平滩水位、枯水位下河床高程累计下降幅度分别为 1.49 m 和 1.09 m，深泓下切 1.38 m，宽深比也有所减小。平滩水位、枯水位下下荆江河床沿程有冲有淤，且冲淤幅度均较大，整体呈冲刷态势，其平均高程累计下降幅度分别为 0.82 m 和 0.44 m，深泓下切 2.31 m，宽深比趋于减小。

可见，与 1956～1980 年相比，宜昌—城陵矶河段河床同属于冲刷状态，但前者以断面展宽为主要形式，断面宽深比多有增大，后者平滩河宽变化不大，甚至有所束窄，河床冲刷以高程下切为主要形式，且深泓点的下切幅度偏大，断面宽深比均有所减小，断面由宽浅向窄深方向发展的趋势明显。

表 6.3-1　1980～2002 年宜昌—城陵矶河段固定断面水位特征值统计

河段	年份	平均河宽/m		平均高程/m		最低高程均值/m	宽深比/($\sqrt{B}/H$)	
		平滩河槽	枯水河槽	平滩河槽	枯水河槽		平滩河槽	枯水河槽
宜枝河段	1980	1187	990	32.03	30.47	24.01	2.51	4.27
	1987	1174	1021	31.16	29.84	22.70	2.35	3.99
	1993	1188	1005	31.25	29.70	22.52	2.38	3.89
	1998	1172	1002	31.33	29.98	22.78	2.38	4.03
	2002	1165	1005	30.68	29.20	22.30	2.25	3.64
上荆江	1980	1550	1150	27.88	25.85	19.26	3.83	5.42
	1987	1554	1179	27.72	25.73	19.43	3.77	5.38
	1993	1548	1166	27.24	25.08	18.20	3.58	4.82
	1998	1448	1169	26.56	24.86	17.85	3.26	4.68
	2002	1449	1178	26.39	24.76	17.88	3.17	4.54
下荆江	1980	1409	937	19.14	15.87	9.17	3.80	4.43
	1987	1359	999	18.55	16.02	8.45	3.53	4.68
	1993	1342	916	18.48	15.21	7.13	3.49	4.02
	1998	1224	855	17.95	14.92	5.91	3.18	3.74
	2002	1233	873	18.32	15.43	6.86	3.33	3.93

河段	年份	平均河宽/m		平均高程/m		最低高程均值/m	宽深比($\sqrt{B}/H$)	
		平滩河槽	枯水河槽	平滩河槽	枯水河槽		平滩河槽	枯水河槽
荆江	1980	1474	1035	23.14	20.44	13.79	3.81	4.87
	1987	1449	1082	22.80	20.52	13.53	3.64	5.00
	1993	1441	1036	22.69	19.96	12.45	3.54	4.40
	1998	1332	1006	22.09	19.70	11.65	3.22	4.19
	2002	1358	1049	22.99	20.23	13.24	3.23	4.30
宜昌—城陵矶河段	1980	1430	1028	24.50	21.97	15.35	3.56	4.77
	1987	1407	1073	24.08	21.95	14.94	3.38	4.82
	1993	1401	1031	24.06	21.51	14.05	3.30	4.31
	1998	1306	1005	23.56	21.34	13.42	3.06	4.16
	2002	1315	1039	24.73	22.72	15.29	2.96	4.13

从河床断面变化来看，大量的护岸工程实施后，宜昌—城陵矶河段在 1981~2002 年平面形态稳定性增强，河道两岸除少数险工段以外，变形幅度均较小。虽然河道总体呈现窄深化发展，但不同的河型，窄深化的实现形式有所不同。单一型的河道通过冲刷形成 V 形或者偏 V 形河槽，同时在某一岸淤积成边滩；W 形断面则既有两侧深槽冲刷，中部滩体淤积，又有一侧河槽冲刷，另一侧则与心滩淤积成边滩(图 6.3-3)。深泓纵剖面总体冲刷下切，其中上荆江整体呈冲刷态势，而下荆江沿程有冲有淤，且冲淤幅度均较大，整体呈冲刷态势(图 6.3-4)。

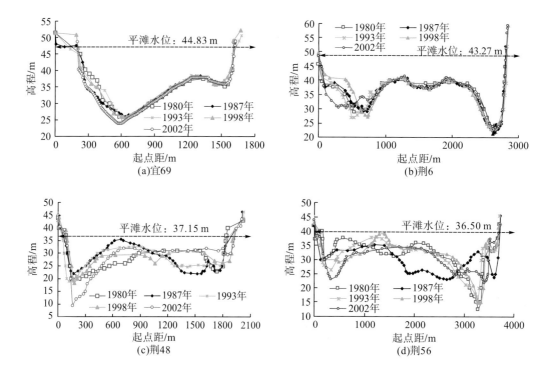

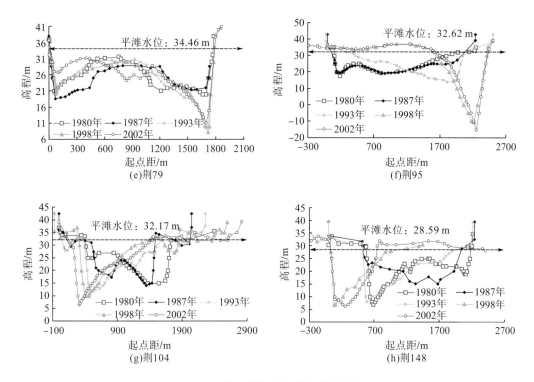

图 6.3-3　宜昌—城陵矶河段典型断面变化

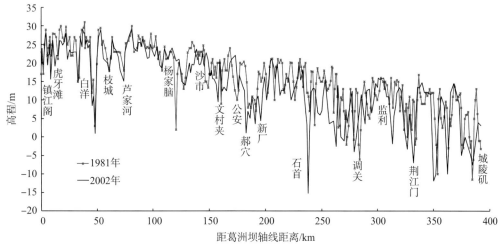

图 6.3-4　1981～2002 年宜昌—城陵矶河段深泓纵剖面变化

2) 城陵矶—九江河段

城陵矶—九江河段(以下简称城九河段)河床横断面形态统分为单一和复式两种。选择城陵矶、洪湖(南门洲)、邓家口、汉口(天兴洲)、团风(东槽洲)、马口、武穴和龙坪(新洲)等38 个断面作为典型断面，代表弯曲河段、两分汊河段、多分汊河段、低山丘陵缩窄河段和顺直单一河段的横断面，计算、统计各断面平滩水位下的过水断面面积、宽深比等要素。结果表明，1981～2001 年，多分汊河段团风东槽洲断面冲淤变化最大，两分汊河段(如天兴洲、戴家洲以及龙坪新洲)汊道断面的冲淤次之，顺直单一性河段及弯曲性河段断面冲淤变化较小，低山丘陵河段(如马口附近)断面冲淤变化最小，基本未发生改变(图6.3-5、图6.3-6)。

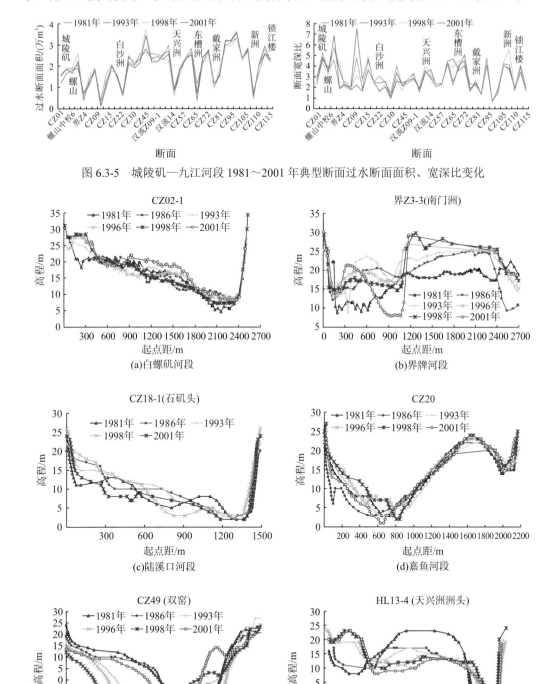

图 6.3-5　城陵矶—九江河段 1981～2001 年典型断面过水断面面积、宽深比变化

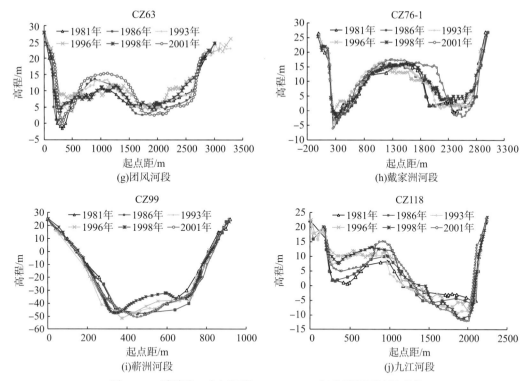

图 6.3-6　城陵矶—九江河段 1981～2001 年典型断面冲淤变化

2. 滩槽平面形态响应

1）宜昌—城陵矶河段

这一时期内，宜昌—城陵矶河段冲刷呈现"冲槽淤滩"的特征，因而从河段主要洲滩形态特征统计值变化来看，南阳碛、太平心心滩、金城洲、突起洲、乌龟洲及孙良洲等多数洲滩均有所淤长，其滩体面积都有不同幅度的增大，其中尤以下荆江的乌龟洲面积增幅最大，接近 5.0 km^2，上荆江以太平口心滩的相对增幅最大，为 211%，下荆江以孙良洲的相对增幅最大，为 208%。南阳碛、太平口心滩、突起洲、乌龟洲及孙良洲等滩体不仅淤积长大，还有所淤高，关洲、三八滩等滩体淤积萎缩的幅度也不大(表 6.3-2)。

表 6.3-2　1980～2002 年宜昌至城陵矶河段典型滩体特征值统计

河段	滩名	年份	最大滩宽/m	最大滩长/m	滩体面积/km^2	滩顶高程/m	特征等高线/m
宜枝河段	南阳碛	1986	400	2490	0.76	36.9	
		1998	340	1640	0.36	35.7	33
		2002	715	1700	0.82	37.8	
荆江河段	关洲	1986	1530	5300	5.05	47.7	
		1998	1400	5500	4.8	46.5	35
		2002	1490	4530	4.86	47.0	
	太平口心滩	1987	179.8	1870	0.27	31.3	
		1998	384.7	3410	0.85	32.4	30
		2002	347.9	2930	0.84	34.4	

续表

河段	滩名	年份	最大滩宽/m	最大滩长/m	滩体面积/km²	滩顶高程/m	特征等高线/m
荆江河段	三八滩	1986	1320	3760	3.31	38.2	
		1998	870	2920	1.49	42.7	
		2002	790	3970	2.05	35.2	
	金城洲	1987	723.5	3503	1.85	36.7	30
		1998	806.3	5325	2.26	36.2	
		2002	1178	6867	—	34.7	
	突起洲	1986	1800	5800	6.4	39.6	
		1998	2360	5100	8.2	40.6	
		2002	1841	5837	6.79	41.4	
	乌龟洲	1980	1350	4000	3.99	30.6	25
		1987	2000	6812	9.76	32.6	
		1998	2100	7630	10.9	34.4	
		2002	2088	6525	8.96	34.2	
	孙良洲	1993	1850	4940	0.18	31.5	30
		1996	1830	4900	0.93	31.1	
		1998	1840	5070	3.19	32.4	
		2002	1800	5200	3.92	32.6	

宜昌—城陵矶河段两岸节点分布较少，因而即使是分汊段，河道放宽程度也较小，难以形成高大完整的江心洲，多数是滩体高程较低、规模较小的江心滩，极易因水沙条件变化而发生冲淤变形。1980~2002年，该河段的滩体变形多由自然条件下的水沙变化引起，如1981年、1983年大水过后滩体是有所冲刷的，之后开始淤积恢复，突起洲较为典型[图6.3-7(a)]，1998年大水作用下，宜都河段的三马滩基本冲失[图6.3-7(b)]，沙市河段三八滩大幅度地冲刷萎缩[图6.3-7(c)]，乌龟洲进一步左靠且面积减小，并在头部切割形成小的低滩[图6.3-7(d)]。

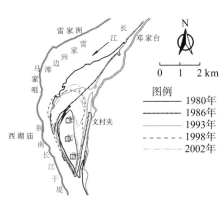

(a)突起洲30 m等高线变化

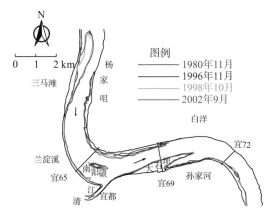

(b)南阳碛心滩、大石坝边滩35 m等高线变化

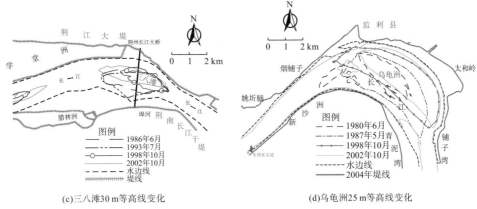

(c)三八滩30 m等高线变化　　　　　　(d)乌龟洲25 m等高线变化

图 6.3-7　1980～2002 年宜昌—城陵矶河段典型洲滩平面变化

2)城陵矶—湖口河段

城陵矶—湖口河段两岸分布有众多的山体矶头，河道呈藕节状平面形态，放宽段多分布有高大完整的江心洲(滩)。1981～2002 年，城陵矶—湖口河段总体淤积，且表现为"冲槽淤滩"的特征，因而这一时期河段内的滩体多数呈现淤积状态，如南阳洲、白沙洲、戴家洲等滩体面积都有所增加，增幅分别达 85.5%、72.0%和 13.2%，南门洲、东槽洲和龙坪新洲面积变化较小，复兴洲和天兴洲面积有所减小。可见，淤积主要发生在滩体规模相对较小、高程较低的洲滩，滩形高大(尤其是鹅头型汊道内的江心洲)的滩体，年内过流时间短，冲淤变化幅度相对较小(表 6.3-3)。

表 6.3-3　1980～2002 年城陵矶—湖口河段典型滩体特征值统计

河段	滩名	年份	最大滩宽/m	最大滩长/m	滩体面积/km²	特征等高线/m
城陵矶—汉口	南阳洲	1981	785	3799	2.07	20
		1986	907	3643	2.09	
		1993	1405	4483	3.89	
		1996	1294	4384	4.28	
		1998	1093	3927	3.46	
		2001	1392	4029	3.84	
	南门洲	1981	1700	10455	10.5	
		1986	1871	11261	12.6	
		1993	2230	9632	12.0	
		1996	1512	9306	10.2	
		1998	1519	9309	10.0	
		2001	1493	9310	10.3	
	复兴洲	1981	2050	8330	11.48	18
		1986	2190	8330	11.34	
		1993	2130	7680	10.47	
		1996	2140	7500	10.24	
		1998	2180	7190	10.08	
		2001	2150	7830	10.89	

续表

河段	滩名	年份	最大滩宽/m	最大滩长/m	滩体面积/km²	特征等高线/m
	白沙洲	1981	420	2940	0.82	15
		1986	460	3370	1.06	
		1993	520	3540	1.25	
		1996	530	3950	1.39	
		1998	480	4150	1.38	
		2001	450	4550	1.41	
汉口—湖口	天兴洲	1981	2180	13980	23.1	15
		1986	2210	14740	—	
		1993	2400	13960	21.1	
		1996	2270	12870	—	
		1998	2350	12800	19.5	
		2001	2360	11700	18.0	
	东槽洲	1981	5150	7320	22.56	
		1986	4527	7115	22.80	
		1993	4834	7946	22.92	
		1996	4396	5847	22.29	
		1998	5271	7369	22.51	
		2001	4347	7043	22.52	
汉口—湖口	戴家洲	1981	2260	11500	16.7	15
		1986	2180	11800	17.1	
		1993	2100	12200	18.5	
		1996	2040	11600	17.6	
		1998	2040	12300	18.4	
		2001	2000	12600	18.9	
	垅坪新洲	1981	4.42	8.93	23.1	10
		1986	4.29	7.44	23.3	
		1993	4.44	6.88	22.0	
		1996	4.49	7.08	22.7	
		1998	4.55	6.68	23.1	
		2001	4.58	6.50	22.3	

　　山体矶头抗冲性强，且凸出岸边，因而附近往往因为局部淘刷而形成坑状深槽，并伴随冲淤而向上下游河道发展。这一时期内，尽管城陵矶—湖口河段河槽总体呈冲刷状态，但是节点附近的冲刷坑多以淤积为主，表现为最低点高程抬升和面积减小（表 6.3-4）。矶头附近的冲淤变化，对其下游受挑流作用的河道的演变会产生一定影响，如团风河段，赵家矶、泥矶附近淤积形成低滩后，挑流作用减弱，从而影响下游团风河段汊道周期性交替的历时。

表 6.3-4　1980~2002 年汉口—湖口河段矶头附近深槽特征值统计

所在河段	深槽名称	年份	最低点高程/m	面积/km²	特征等高线/m
叶家洲河段	白浒山	1981	−40.6	3.60	
		1986	−37.3	3.35	
		1993	−36.2	3.46	
		1996	−36.0	2.43	
		1998	−34.0	2.00	
		2001	−38.1	3.20	
团风河段	泥矶	1981	−10.9	0.57	−5
		1986	−9.4	0.62	
		1993	−9.9	0.57	
		1996	−6.8	0.03	
		1998	−8.1	0.31	
		2001	−9.2	0.35	
	江咀	1981	−12.0	3.01	
		1986	−10.0	0.69	
		1993	−11.7	2.12	
		1996	−12.6	2.80	
		1998	−10.8	3.38	
		2001	−13.7	1.93	
黄州河段	西山	1981	−17.3	0.06	−15
		1986	−22.7	0.19	
		1993	−21.4	0.28	
		1996	−22.7	0.27	
		1998	−24.6	0.23	
		2001	−20.9	0.20	
	鄂州	1981	−12.4	1.44	−10
		1986	−15.1	0.73	
		1993	−12.7	0.33	
		1996	−11.7	0.14	
		1998	−12.0	0.09	
		2001	−16.0	0.11	
黄石河段	西塞山	1981	−57.8	0.31	−40
		1986	−47.5	0.15	
		1993	−63.4	0.45	
		1996	−57.6	0.41	
		1998	−66.7	0.42	
		2001	−54.4	0.23	

续表

所在河段	深槽名称	年份	最低点高程/m	面积/km²	特征等高线/m
蕲州河段	马口	1981	-90.0	0.06	-80
		1986	-90.6	0.06	
		1993	-98.3	1.33	
		1996	-102.5	1.42	
		1998	-98.2	1.54	
		2001	-88.3	0.06	
龙坪河段	鸭蛋洲	1981	-19.4.	0.49	-10
		1986	-24.3	0.48	
		1993	-19.8	0.31	
		1996	-19.1	0.58	
		1998	-15.8	0.43	
		2001	-15.1	0.18	

　　受制于不同的河道平面形态，城陵矶—湖口河段洲滩的平面形态千差万别，滩体的冲淤形式也各有不同(图 6.3-8)。其中高滩的冲淤一般是集中在滩头和两缘，如天兴洲和戴家洲的冲淤集中在头部，天兴洲洲头单向冲刷后退，戴家洲则单向淤积上提，东槽洲和新洲的冲淤分别体现在右缘和左缘，其中东槽洲右缘持续冲退，新洲左缘上段有所淤长。相对较低的江心洲冲淤往往体现为整体的变形，如南阳洲和韦源洲，两个洲滩都整体性地淤积长大。

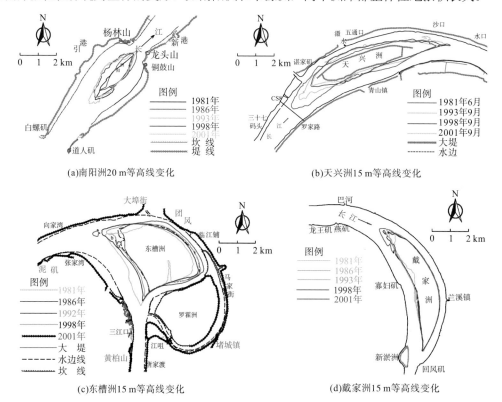

(a)南阳洲20 m等高线变化　　　　　　　　(b)天兴洲15 m等高线变化

(c)东槽洲15 m等高线变化　　　　　　　　(d)戴家洲15 m等高线变化

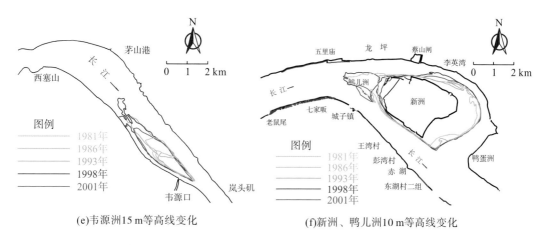

(e)韦源洲15 m等高线变化　　　　　　(f)新洲、鸭儿洲10 m等高线变化

图 6.3-8　1981～2002 年宜昌—城陵矶河段典型洲滩平面变化

6.3.3　水位变化

1981～2002 年，长江干流宜昌—大通河段河床呈现"上冲下淤"的冲淤特征，水文情势的响应主要表现为宜昌至城陵矶段中低水水位下降、高水水位略有抬升。其中，中低水水位下降主要是受到河床冲刷下切的影响，该段这一时期河床平均高程下降幅度较大。从宜昌站枯水位及水位流量关系变化来看，时段内枯水位下降明显，1973～2002 年宜昌站流量为 5000 m³/s 时相应水位累计下降 1.26 m，1998 年中枯水河槽淤积，水位则相应有所抬升(表 6.3-5)。

表 6.3-5　宜昌站枯水位下降情况统计表(冻结基面)

年份	Q=4000 m³/s		Q=5000 m³/s		Q=6000 m³/s		Q=7000 m³/s	
	水位/m	累计下降值/m	水位/m	累计下降值/m	水位/m	累计下降值/m	水位/m	累计下降值/m
1973	40.05	0	40.67	0	41.34	0	41.97	0
1997	38.95	1.10	39.51	1.16	40.10	1.24	40.65	1.32
1998	39.48	0.57	40.14	0.53	40.85	0.49	41.52	0.45
2002	38.81	1.24	39.41	1.26	40.03	1.31	40.68	1.29

伴随着干流河道的冲刷下切，荆江三口分流分沙量仍处于持续减小的过程中，加之螺山—汉口河段仍然大幅度地淤积，下荆江监利站和江湖汇流控制站——螺山站月均洪水位均呈缓慢抬高，汉口站水位-流量关系则基本稳定(图 6.3-9)。从实测的 1981 年、1991 年和 2002 年宜昌站、监利站、螺山站和汉口站水位流量关系变化来看，除宜昌站年内呈现较为一致的下降趋势(中枯水下降幅度偏大)以外，监利站、螺山站和汉口站都有不同程度的中枯水水位下降，而高水水位抬升的现象(图 6.3-10)，与月均水位变化定性一致，与这一时期江、湖持续淤积状态有一定关系。

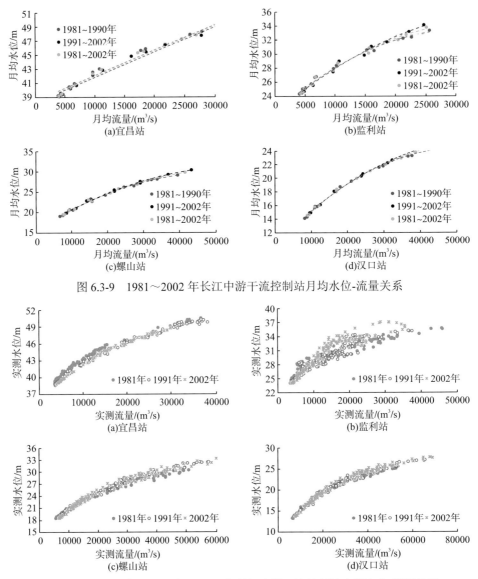

图 6.3-9　1981～2002 年长江中游干流控制站月均水位-流量关系

图 6.3-10　1981 年、1991 年、2002 年长江中游干流控制站实测水位-流量关系

沿程水位-流量关系变化的不一致性也使得上下游河段的水位差发生改变，但其年内变化过程与上一时段基本类似(图 6.3-11)。

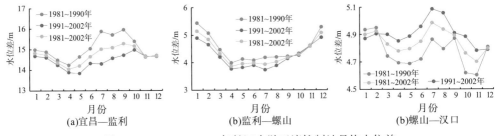

图 6.3-11　1981～2002 年长江中游干流控制站月均水位差

　　总体上，这一阶段发生冲刷的河道主要表现为河床高程的下降，因而水文情势对于泥沙冲淤的响应呈现出冲刷河段内的中低水水位下降，相反地，发生淤积的河段内高水水位略有抬高。

6.4　洞庭湖、鄱阳湖泥沙冲淤响应

6.4.1　洞庭湖

1. 洞庭湖泥沙冲淤特征

　　1981～2002 年，洞庭湖湖区内垦殖、围湖造田等活动基本停止，湖泊面积、容积相对稳定。其间，洞庭湖年均入湖泥沙 1.079 亿 t，年均淤积率基本稳定在 74%左右，其中湖南四水和荆江三口年均入湖沙量分别为2130 万 t、8660 万 t，分别占入湖总沙量的 19.8%、80.2%，洞庭湖年均淤积泥沙 8010 万 t。1981～2002 年，湖南四水、荆江三口入湖沙量均呈明显的减小态势，与 1981～1990 年均值相比，1991～2002 年沙量分别减少了 19.0%、40.0%，入湖总沙量和湖区淤积量则分别减少 36.3%和 40.3%（表 6.4-1）。由图 6.4-1 可见，湖区泥沙淤积量与入湖沙量密切相关，由于洞庭湖泥沙绝大部分来源于荆江三口分沙，因此，洞庭湖泥沙淤积量随着荆江三口分沙量的减小而呈下降趋势。

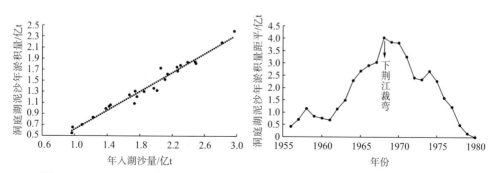

图 6.4-1　1981～2002 年洞庭湖泥沙年淤积量与入湖沙量的关系及淤积量距平变化

　　湖区泥沙年内冲淤规律则未发生明显变化，仍表现为汛期（5～9 月）淤积、汛后冲刷。其中，汛期年均淤积量为 8550 万 t，沉积率为 86.2%，枯期则冲刷泥沙 540 万 t，这一规律与输入泥沙量的年内变化及出口江湖水流顶托作用的强弱相关（表 6.4-2）。

表 6.4-1　1981～2002 年洞庭湖泥沙淤积量变化统计表

时段	年均入湖水量/亿 m³		年均入湖沙量/万 t		年均出湖水沙量		年均洞庭湖泥沙变化		
	荆江三口	湖南四水	荆江三口	湖南四水	水量/亿 m³	沙量/万 t	沉积量/万 t	沉积率/%	排沙比/%
1981～1990 年	772	1540	11300	2370	2590	3210	10500	76.5	23.5
1991～2002 年	622	1860	6780	1920	2860	2430	6270	72.1	27.9
1981～2002 年	685	1720	8660	2130	2740	2780	8010	74.2	25.8

表 6.4-2   1981～2002 年汛期洞庭湖泥沙淤积量年内变化统计表

时段	汛期入湖水量/亿 m³		汛期入湖沙量/万 t		汛期出湖水沙量		汛期洞庭湖泥沙变化		
	荆江三口	湖南四水	荆江三口	湖南四水	水量/亿 m³	沙量/万 t	沉积量/万 t	沉积率/%	排沙比/%
1981～1990 年	650	858	10300	1830	1600	1590	10500	86.9	13.1
1991～2002 年	551	1120	6490	1560	1870	1200	6850	85.1	14.9
1981～2002 年	596	1000	8240	1680	1750	1370	8550	86.2	13.8

根据长江水利委员会 1995 年和 2003 年 1:10000 洞庭湖湖区水下地形实测资料计算，绘制冲淤厚度图来看，三峡水库蓄水前，1995～2003 年，湖区泥沙淤积较为明显，淤积部位主要集中在西洞庭湖的目平湖、南洞庭湖杨柳潭以东及东洞庭湖等区域，其中东洞庭湖泥沙淤积幅度最大，最大淤积厚度为 3 m 以上(图 6.4-2)，湖区的平均淤积厚度约为 3.7 cm。

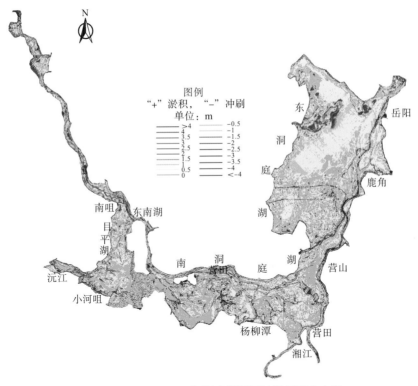

图 6.4-2   1995～2003 年洞庭湖湖区冲淤厚度分布图

结合遥感监测结果，1992～1997 年和 1997～2002 年两个时期洲滩地形呈淤积状态(图 6.4-3)。1992～1997 年平均淤高 0.05 m，年均冲淤厚度为 0.01 m。这一时期淤积主要集中在东洞庭湖藕池河东支入口处和南洞庭湖东南洲一带，冲刷则主要发生在东洞庭湖南部的风车拐和柴下洲的东部。1997～2002 年平均淤高 0.15 m，其中淤积区域占全湖面积的 56.7%，冲刷区域占全湖面积的 43.3%，这一时期淤积较重的区域在东洞庭湖飘尾洲的西部和柴下洲的南部以及西洞庭湖澧水两岸，冲刷较多的区域位于柴下洲北部。

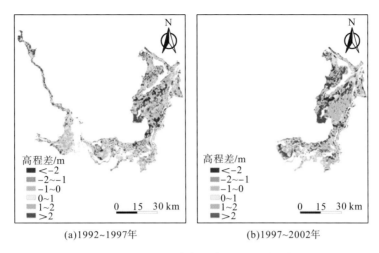

(a)1992~1997年　　　　　　(b)1997~2002年

图 6.4-3　1992～2002 年每两个时期的地形变化图

2. 湖区泥沙淤积物组成

1987～2002 年，湖南四水控制站(湘潭站、桃江站、桃源站和石门站)入湖泥沙多年平均中值粒径分别为 0.022 mm、0.039 mm、0.011 mm 和 0.016 mm，其中湘江和资水来沙偏粗，沅江来沙粒径最细。荆江三口 5 个控制站(新江口站、沙道观站、弥陀寺站、康家岗站和管家铺站)入湖泥沙的多年平均中值粒径分别为 0.009 mm、0.006 mm、0.006 mm、0.009 mm 和 0.011 mm，其中太平口泥沙相对偏细，藕池口与松滋口相对较粗。相比较而言，在洞庭湖入湖泥沙中，湖南四水来沙偏粗，三口泥沙粒径相对偏细，多数年份泥沙中值粒径都小于 0.010 mm(表 6.4-3)。

表 6.4-3　1987～2002 年洞庭湖入、出湖泥沙中值粒径统计表　　　　　单位：mm

年份	湖南四水				荆江三口五站					城陵矶出湖
	湘潭	桃江	桃源	石门	新江口	沙道观	弥陀寺	康家岗	管家铺	
1987	0.024	0.027	0.011	0.014	0.008	—	—	—	0.013	0.003
1988	0.027	0.042	0.014	0.019	0.008	—	—	—	0.012	0.003
1989	0.037	0.041	0.015	0.014	0.008	—	—	—	0.013	0.003
1990	0.026	0.059	0.013	0.011	—	—	—	—	—	0.004
1991	0.013	0.035	0.013	0.017	0.009	0.007		0.012	0.014	0.003
1992	0.030	0.034	0.013	0.019	0.009	0.006	0.006	0.012	0.010	0.003
1993	0.022	0.042	0.014	0.015	0.012	0.006	0.007	0.008	0.011	0.003
1994	0.020	0.025	0.010	0.008	0.008	0.002	0.005	0.005	0.005	0.003
1995	0.017	0.032	0.008	0.016	0.007	0.005	0.006	0.007	0.002	0.003
1996	0.026	0.034	0.007	0.013	0.009	—	—	0.007	0.008	0.004
1997	0.020	0.029	0.008	0.010	—	—	—	—	—	0.004
1998	0.019	0.041	0.006	0.019	—	—	—	—	—	0.004
1999	0.022	0.031	0.008	0.014	0.010	0.005	0.006	0.011	0.012	0.003
2000	0.016	0.034	0.006	0.008	0.010	0.007	0.005	0.008	0.008	0.004
2001	0.014	0.043	0.007	0.008	0.008	0.008	0.007	0.009	0.008	0.005
2002	0.015	0.042	0.007	0.018	0.009	0.006	0.005	0.008	0.009	0.004
平均	0.022	0.039	0.011	0.016	0.009	0.006	0.006	0.009	0.011	0.003

　　洞庭湖湖区输移的大多是 $d<0.062\ mm$ 的泥沙(图 6.4-4)，且出湖泥沙更细，城陵矶出湖泥沙年中值粒径基本上不超过 0.005 mm。由于洞庭湖内淤积泥沙大多来自荆江三口，因而淤积物的中值粒径以小于 0.010 mm 的泥沙为主，粗颗粒泥沙淤积则主要来自湖南四水，洞庭湖出湖泥沙颗粒偏细，对长江干流河道的造床作用影响不大。

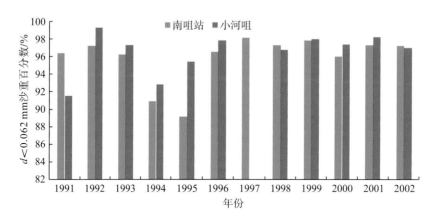

图 6.4-4　1991~2002 年洞庭湖湖区控制站悬移质泥沙组成变化

3. 湖区水文情势响应特征

　　洞庭湖湖区及江湖汇流段长江干流河床的淤积抬高，荆江三口分流量减小，城陵矶附近长江干流对洞庭湖出流的顶托作用增强，导致东洞庭湖内水位与 1956~1980 年相比均有所抬高，尤其是汛前枯水期，抬高幅度较为明显(图 6.4-5)，特别是 1981~2002 年长江干流出现 1996 年、1998 年、1999 年等大水年，宜昌站有 8 个年份的最大流量超过 55000 m^3/s(此前 1956~1980 年有 6 年，此后 2003~2015 年仅 1 年)，高水顶托作用增强，加之汛期湖区水量也相对偏丰(表 6.4-4)，导致洞庭湖湖区的汛期水位均有一定幅度的抬高。此外，受洞庭湖泥沙沉积及干流水情变化的双重影响，湖区中低水位的抬高自东向西呈递减的状态，反映了干流顶托强度在湖区内上溯沿程递减的现象。

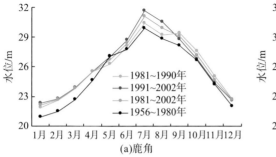

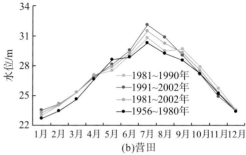

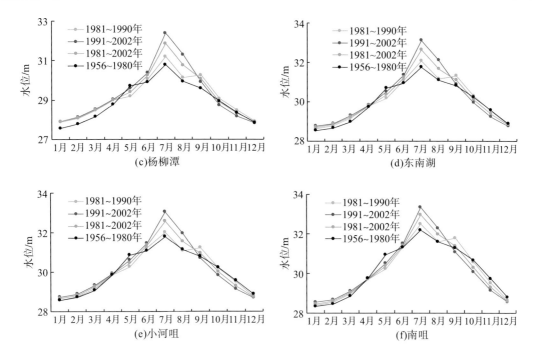

图 6.4-5　1981~2002 年洞庭湖湖区月均水位

表 6.4-4　1981~2002 年洞庭湖区南咀站月均流量统计　　　　　　单位：m³/s

时段	1 月	2 月	3 月	4 月	5 月	6 月	7 月	8 月	9 月	10 月	11 月	12 月
1981~1990 年	212	310	505	992	1860	3430	4900	3990	4260	2790	1250	414
1991~2002 年	296	345	556	920	1930	3360	5620	4000	3030	2140	922	366
1981~2002 年	258	329	533	953	1900	3390	5290	3990	3590	2430	1070	388
变化值	-8	55	-48	-632	-1360	-381	1050	461	559	-170	-523	-225

注：变化值为 1981~2002 年相较于 1956~1980 年的变化。

6.4.2　鄱阳湖

1. 湖区泥沙冲淤特征

1981~2002 年，鄱阳湖湖区泥沙年均淤积泥沙 427 万 t，较 1956~1980 年减少了16.3%。其中，1981~1990 年湖区年均淤积量变化不大，进入 20 世纪 90 年代以后，江西五河流域水土保持工程相继实施和赣江万安水库的建成运用，1991~2002 年五河来沙量明显减小（以赣江沙量减小最为显著，外洲站 1991~2002 年年均沙量为 558 万 t，较 1981~1990 年均值 998 万 t 减少了 44.1%），较 1981~1990 年减少了 29.4%，加之该时期为长江干流倒灌鄱阳湖频次最少的时期，因此湖区年均泥沙沉积量仅为 304 万 t（表 6.4-5）。

表 6.4-5　1981~2002 年鄱阳湖泥沙淤积量年际变化统计表

时段	五河年均入湖水沙量		湖口年均出湖水沙量		鄱阳湖泥沙年均变化	
	水量/亿 m³	沙量/万 t	水量/亿 m³	沙量/万 t	沉积量/万 t	沉积率/%
1981~1990 年	1040	1460	1430	895	565	38.7
1991~2002 年	1260	1030	1750	726	304	29.5
1981~2002 年	1160	1230	1600	803	427	34.7

湖区泥沙年内冲淤规律未发生变化，仍表现为汛期(4~9 月)淤积、非汛期冲刷的规律。其间，汛期五河入湖沙量占全年的 64.3%，湖口出湖沙量仅为全年的 30.3%，湖区平均泥沙淤积量为 547 万 t，较全年总淤积量偏大 28.1%，泥沙沉积率接近全年的 2 倍，说明非汛期湖盆冲刷泥沙 120 万 t(表 6.4-6)。这一规律主要与汛期泥沙输移量大和长江干流顶托作用强有关。

表 6.4-6　1981~2002 年汛期鄱阳湖泥沙淤积量年内变化统计表

时段	五河汛期入湖水沙量		湖口汛期出湖水沙量		汛期鄱阳湖泥沙变化	
	水量/亿 m³	沙量/万 t	水量/亿 m³	沙量/万 t	沉积量/万 t	沉积率/%
1981~1990 年	720	887	904	230	657	74.1
1991~2002 年	897	710	1205	254	456	64.2
1981~2002 年	816	791	1068	243	547	69.2

20 世纪 80 年代初期，鄱阳湖湖区大规模垦殖的现象初步得到遏制，至 1992 年之后，"围湖造田"已得到禁止。因此，这一阶段内人类活动对湖区的干扰强度较弱，鄱阳湖湖区泥沙淤积量与来沙量相关关系较好，淤积量距平主要随着水文泥沙条件的变化而波动(图 6.4-6)。

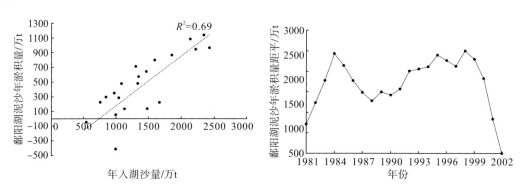

图 6.4-6　1981~2002 年鄱阳湖泥沙年淤积量与入湖沙量的关系及淤积量距平变化

不同时段的鄱阳湖洲滩地形反演数据空间叠加分析结果(图 6.4-7)表明，1973~1987 年至 1988~1992 年，鄱阳湖以淤积为主，淤积主要发生赣抚尾闾地区—湖心—入江水道一线，至 1993~1997 年，鄱阳湖淤积主要发生在湖周外围，湖心区域则表现出一定程度的冲刷特征，至 1998~2002 年，淤积广布于全湖范围。

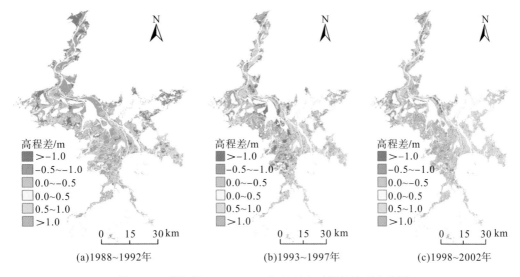

图 6.4-7　鄱阳湖 1988～2002 年每两个时期的地形变化图

2. 湖区泥沙淤积物组成

江西五河入湖控制站中，仅有赣江外洲站、抚河李家渡站和信江梅港站有泥沙颗粒级配分析成果，湖口站泥沙颗粒级配观测分析自 2006 年开始，因此，本阶段关于鄱阳湖湖区泥沙沉积物的调查仅限于入湖。从入湖泥沙中值粒径历年变化（表 6.4-7）来看，赣江和抚河入湖泥沙较粗，其中值粒径基本相当，1987～2002 年外洲站、梅港站入湖泥沙平均中值粒径分别为 0.056 mm、0.057 mm，信江入湖泥沙粒径明显偏细，其平均中值粒径为 0.012 mm。根据湖口站 2007～2015 年泥沙中值粒径的观测成果来看，入湖泥沙淤积在湖区的以粗颗粒为主，出湖泥沙中值粒径较细，对长江干流河道的造床作用影响也较小。

表 6.4-7　1987～2002 年鄱阳湖入、出湖泥沙中值粒径统计表　　　　　　　单位：mm

年份	赣江外洲	抚河李家渡	信江梅港
1987	0.050	0.055	0.010
1988	0.061	0.055	0.008
1989	0.064	0.056	0.012
1990	0.051	0.058	0.012
1991	—	0.056	0.011
1992	0.057	0.048	0.012
1993	0.044	0.058	0.011
1994	0.036	0.064	0.019
1995	0.051	0.077	0.014
1996	0.053	0.062	0.022
1997	0.060	0.061	0.016
1998	0.056	0.056	0.010
1999	0.060	0.056	0.013

年份	赣江外洲	抚河李家渡	信江梅港
2000	0.080	0.055	0.011
2001	0.068	0.048	0.009
2002	0.064	0.052	0.012
平均	0.056	0.057	0.012

3. 湖区水文情势响应特征

与 1956~1980 年相比，1981~2002 年江西五河年均入湖径流量偏大约 120 亿 m³，但汛期水量仅偏多 33 亿 m³，水量偏大主要体现在非汛期，加之受湖区围垦带来的滞后效应影响，湖区全年水位均相对抬高，中枯水位越靠近干流段，抬高幅度越大，主要与干流大水年份偏多、顶托作用强有关。其中，1991~2002 年湖区年均来水量较 1981~2002 年偏多 220 亿 m³，汛期增加量占全年的 80.4%，因而其汛期湖区水位相对偏高(表 6.4-8，图 6.4-8)。

表 6.4-8　1981~2002 年江西五河月均来水量统计表　　　　　　　单位：m³/s

时段	1月	2月	3月	4月	5月	6月	7月	8月	9月	10月	11月	12月
1981~1990 年	1150	2280	4380	6920	5890	6990	3560	1770	2260	1590	1730	1150
1991~2002 年	1880	2310	4410	6140	6070	9150	5950	4000	2750	1880	1830	1740
1981~2002 年	1550	2300	4390	6500	5990	8170	4860	2990	2530	1750	1780	1470
变化值	461	472	1254	931	-1910	48	784	772	690	263	548	439

注：变化值为 1981~2002 年相较于 1956~1980 年的变化。

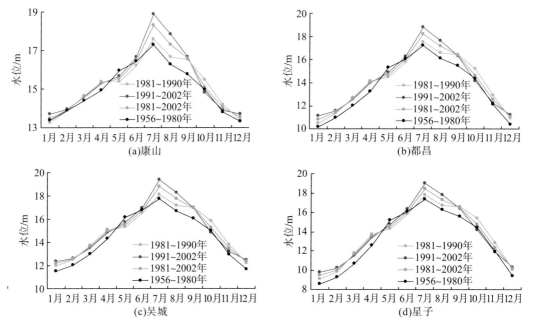

图 6.4-8　1981~2002 年鄱阳湖湖区月均水位

6.5　本　章　小　结

这一时期，江湖系统内部环境的调整幅度较小，主要以局部的河道(航道)整治工程、河道采砂活动和湖区平垸行洪等为主，江湖泥沙内部格局的调整基本上是对上一时期的延续；外部人类活动强度开始逐渐增强，长江干流和两湖水系的大中型水利枢纽工程陆续建成，长江上游、两湖水系主要产沙区域均实施了较大规模的水土保持工程，这些工程减少了输入长江中游江湖系统的泥沙总量。江和湖同处于泥沙淤积的状态，仅湖泊泥沙淤积量继续延续前期减少的变化趋势，少淤的泥沙仍转移至长江干流河道，江湖关系相对稳定。江湖泥沙交换和格局的变化特点主要如下。

(1)影响江湖关系的内部条件相对稳定，河道(航道)整治工程、河道采砂活动等主要对局部水沙输移有一定影响，对大范围江湖泥沙交换和格局的调整影响不明显，平垸行洪规模较小，且集中在湖区高程较高的区域，对于湖泊的泥沙格局影响也十分有限；外部条件变化呈发展的趋势，包括大中型水利枢纽工程、大范围水土保持工程，减少了江湖系统的泥沙来量，改变了泥沙来源，使进入系统的泥沙总量长江上游占比增至约90%，仅10%左右来自两湖水系和汉江等其他区间支流。

(2)江湖泥沙分布格局呈现江湖同淤积的特征。1981~2002 年，江湖总输入沙量为112.8 亿 t(年均 5.13 亿 t)。干流宜昌—大通段呈泥沙沉积状态，两湖仍是泥沙主要淤积区域，且以洞庭湖为主，江、湖泥沙总沉积率达到 27.4%，入海泥沙占总量的 72.6%。干流河道以汉口为界"上淤、下冲"，伴随河道的冲淤调整，沿程水流与河床中床沙质的双向交换依然明显。

(3)荆江三口分流分沙量依然延续上一时期的减少趋势，同时湖泊水系来沙量开始减少，使得洞庭湖湖区年均淤积量减少至 8010 万 t，较 1956~1980 年减少 42%。1995~2003年湖区平均淤厚约 3.7 cm，淤积物以粒径小于 0.01 mm 的泥沙为主，来自湖南四水的粗颗粒泥沙绝大部分淤积在湖内，湖泊年均沉积比、排沙比基本无变化，湖泊年际年内冲淤规律无明显调整。鄱阳湖年均泥沙淤积量仅为 427 万 t，较上一时期偏少约 16.3%，入湖的粗颗粒泥沙基本淤下来，出湖泥沙中值粒径较细，长江倒灌鄱阳湖的频次较低，与鄱阳湖的泥沙交换量也较小，湖泊排沙比减小至原来的 65%。

(4)与 1956~1980 年相比，1981~2002 年宜昌—城陵矶河段河床同属于冲刷状态，但前者以断面展宽为主要形式，滩体冲刷，后者滩体大多淤积，平滩河宽变化不大，甚至有所束窄，河床冲刷以高程下切为主要形式，且深泓点的下切幅度偏大，断面由宽浅向窄深方向发展的趋势明显。与之类似，城陵矶以下河道"冲槽淤滩"的特征更为明显。滩槽冲淤的差异使得干流河道中、枯水位下降，而高水位抬升；两湖湖泊容积、面积基本稳定，但受江湖顶托作用及四水、五河与干流水情相对偏丰等的影响，洞庭湖、鄱阳湖湖区水位这一时期普遍偏高。

第7章　新条件下长江中游江湖泥沙交换及响应

2003 年以来，长江上游干流主要产输沙区域内以三峡为核心的大型水库群相继建成运用，几乎截断了长江上游泥沙向中下游输移的通道，同时水库群有较强的径流调节作用。水沙条件同时发生改变，尤其是输入泥沙量急剧减少，长江中下游河道、通江湖泊都会进行一定的调整来响应这种进口边界的剧烈变化，包括河道的普遍冲刷、江湖泥沙交换主导角色及通量的变化，以及由此带来的河湖形态调整、水文情势变化等综合效应。这是长江中下游江湖系统面临的新条件，既包括外部环境的显著变化，也有内部带有一定趋势性的响应性调整，江湖关系因此而发生变化。本章从这一时期外部环境(以巨型水库群的综合调度为主)的剧烈变化出发，研究新条件、新变化下长江中游江湖泥沙交换关系的演变，揭示河湖形态、水文情势等的响应规律。

2003～2015 年，江湖可交换和分配的泥沙总量骤减，长江干流河道强烈冲刷，湖泊泥沙淤积大幅减少，江湖关系面临新的调整。江湖可交换和分配的泥沙总量骤减至年均 0.675 亿 t，分别较第一阶段和第二阶段减少89.2%和86.8%。泥沙骤减的主要原因是长江上游主要产输沙区内大型梯级水库蓄水运行。1950～1990 年上游控制站宜昌站年均输沙量为 5.21 亿 t，1991～2002 年年均输沙量减少至 3.91 亿 t，2003～2015 年进一步锐减至 0.404 亿 t，其占江湖系统总输入沙量的比例也由超 80%下降至不足 60%。

江湖来沙量锐减后，长江干流河道强烈冲刷，湖泊泥沙淤积大幅减少。2003～2015 年，干流河床沿程均出现明显冲刷调整，根据地形法计算，长江干流宜昌—湖口河段全程冲刷，平滩河槽总冲刷量为 16.5 亿 m^3，年均冲刷量为 1.22 亿 m^3，年均冲刷强度为 12.8 万 m^3/km，河道冲刷强度显著地大于此前的两个阶段，荆江、江湖汇流段以下河床平均冲深分别约为 1.90 m、0.76 m，河床大幅下切使得中低水位下降明显。两湖入湖泥沙在此阶段也大幅减少，湖区泥沙淤积大为减轻，洞庭湖泥沙沉积率下降明显，甚至逐渐出现出湖沙量(洞庭湖、鄱阳湖出湖沙量分别为 1930 万 t、1220 万 t)大于入湖沙量(洞庭湖、鄱阳湖入湖沙量分别为 1770 万 t、569 万 t)的现象，湖泊开始向干流河道补给泥沙，湖泊调蓄能力也有所恢复。

江湖关系面临的新调整是多方面的，除湖泊不再大量沉积泥沙，转而向干流补给泥沙以外，湖泊调蓄干流洪水的压力被一些水库分担，同时在干流冲刷和水库蓄水作用下，湖泊在一定时期内对干流的补水效应也明显。这一阶段，一方面长江上游来水偏枯，同时三峡水库自进入 175 m 试验性蓄水期以来，逐步开启汛期削峰调度的模式，中下游河道在水量偏枯且峰值削减的条件下，荆江三口分流比减小为12%，长江干流河道的洪峰滞纳和调节任务更多地由三峡水库承担，减轻了洞庭湖湖区的防洪压力；另一方面三峡等长江大型水库群建成运用后，坝下游径流过程明显改变，三峡水库汛期调蓄洪峰，干流对洞庭湖、鄱阳湖的顶托作用减弱，汛后 9～11 月蓄水导致两湖地区出流加快，枯水期提前和延长，如鄱阳湖枯水期提前 20 天左右,枯季(12 月至次年 3 月)对下游补水作用明显,干流对洞庭湖的顶托作用略有增强,但是补水对于缓解两湖枯水情势的作用并不明显。

7.1　江湖系统内外部条件变化

2003～2015 年以三峡水库为核心的长江上游大型水库群陆续建成,在发挥巨大的防洪、发电、航运等综合效益的同时,对长江干流水沙情势也产生了深刻的影响。同时,系统内部还开展了大规模的航道整治工程,人工采砂活动也较为频繁(图 7.1-1)。但是相比较而言,梯级水库群的运行对江湖系统水沙条件的改变要剧烈得多,主要表现如下。

首先,长江上游径流量总体变化不大,输沙量大幅减少。2003～2015 年长江上游干流控制站——寸滩站年均径流量与输沙量分别为 3262 亿 m³ 和 1.59 亿 t,较 1981～2002 年均值 3420 亿 m³ 和 4.02 亿 t 分别减少了 4.6%和 60.4%,较 1991～2002 年均值分别减少了 2.3%和 52.7%。特别是金沙江中游的梨园、阿海、金安桥、龙开口、鲁地拉、观音岩等梯级电站和下游的溪洛渡、向家坝梯级水电站建成后,金沙江来沙量大幅减少,如屏山站 2003～2012 年年均沙量为 1.42 亿 t,较 1981～2002 年和 1991～2002 年均值分别减少了 48%和 50%;2013～2015 年溪洛渡和向家坝水库相继建成后,水库拦沙作用十分明显,水库共计拦沙 2.96 亿 t(年均拦沙量约为 1 亿 t),拦沙率达 95%以上,导致金沙江来沙量 2013 年、2014 年、2015 年进一步减小至 200 万 t、221 万 t 和 64.5 万 t,减幅均超过 90%。

其次,长江中下游径流量总体偏枯,年内径流过程发生改变。三峡水库蓄水后,尤其是进入 175 m 试验性蓄水阶段以来,为了充分应对长江中下游江湖防汛、抗旱及生态、航运用水的需求,先后开展了汛期削峰调度(控制下泄流量不超过 45000 m³/s)和枯水期补水调度等运行方式,汛后蓄水的时间也逐步由设计的 10 月中旬提前至 9 月中旬。这些调度方式的改变,对中下游河道径流过程的影响主要体现在年内最小流量增加、中水历时延长、高水频率下降等方面。径流过程的改变,不仅仅影响干流河道的演变,还会带来江湖分汇流区水流特性的变化,包括三口分流量、鄱阳湖倒灌量等。

最后,长江中下游江湖输沙总量显著下降。三峡水库蓄水前,长江上游来沙量一直占输入中下游江湖系统泥沙总量的 80%以上。三峡水库蓄水后,拦截了宜昌以上干支流近 75%的沙量,宜昌站 2003～2015 年年均沙量为 0.404 亿 t,较蓄水前减少了 90%以上,同时下泄泥沙颗粒粒径明显变细,长江中游江湖泥沙外部环境发生了深刻变化。特别是金沙江中下游梯级水库相继建成运行后,三峡水库入库沙量进一步大幅度减少,出库沙量也再度大幅减少,2013 年、2014 年、2015 年宜昌站年输沙量分别减少至 3000 万 t、940 万 t、371 万 t(历史最小值)。长江中游河湖的泥沙量骤减,对河湖泥沙交换格局的影响尤为明显,带来的后效应也更为显著。

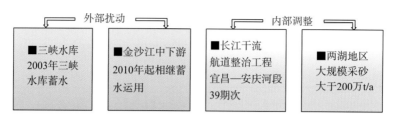

图 7.1-1   2003～2015 年长江中游江湖系统内外部环境简化图

7.1.1   河湖系统控制性水库群

1. 长江上游干支流水库群

为治理长江水患、开发利用水资源，长江流域相继建成了一批大型水库，已形成了世界上规模最大的水库群，水库数量共计 5.2 万座，总库容达 3600 亿 m^3，总防洪库容达 770 亿 m^3，惠及人口 4 亿人。截至目前，长江上游投入运用且总库容在 1 亿 m^3 以上的水库达到 102 座，总调节库容达 800 亿 m^3 以上。

长江上游水土流失严重，是长江流域泥沙的主要来源，水库的大规模建设阻隔了河道泥沙的输运通道，改变了河道泥沙时空分布格局。2003 年三峡水库运行，2010 年、2012 年金沙江中游、下游梯级水电站相继运行后，长江上游超过 90%的来沙被梯级水库层层拦截，在中下游河道河床冲刷、湖泊入汇双重补给作用下，入海控制站输沙来量仍有近 70%的减幅(图 7.1-2)。因此，这一阶段，江湖系统面临的新条件之一即为长江上游大型梯级水库群的运行。

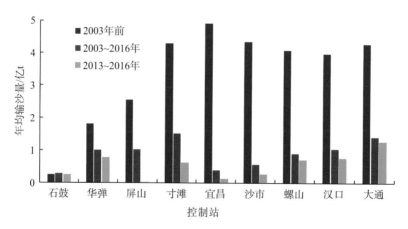

图 7.1-2   长江干流控制站年均输沙量变化

金沙江是长江干流水沙(尤其是泥沙)的重要来源之一。根据 1999 年中国水电顾问集团昆明勘测设计研究院和中南勘测设计研究院编制的《金沙江中游河段水电规划报告》，金沙江中游河段梯级开发方案为"一库八级"方案，即上虎跳峡(正常蓄水位为 1950 m，下同)—两家人(1810 m)—梨园(1620 m)—阿海(1504 m)—金安桥(1410 m)—龙开口(1297 m)—鲁地拉(1221 m)—观音岩(1132 m)。共利用天然落差 966 m，装机容量为 20580MW，保证出力 9425.9MW，年发电量达 883.22 亿 kW·h。目前，除上虎跳峡、两家人未动工外，其他 6 个梯级均已建成运用(图 7.1-3)。这些梯级电站建成后，拦截了金沙江上中游的大部分来沙，坝下游输沙量大幅减少，如金沙江中游控制站——攀枝花站、华弹站(巧家站，2015 年下迁约 40 km 至白鹤滩站)2011～2015 年年均输沙量分别为 0.095 亿 t、0.744 亿 t，分别较 2003～2010 年均值减少了 81.3%、37.4%(表 7.1-1)。

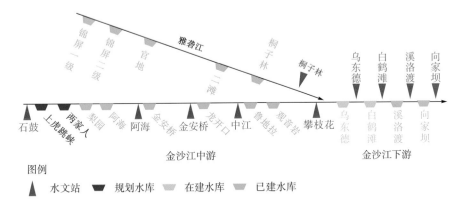

图 7.1-3　金沙江干流下游梯级水库建设情况及水文控制站分布示意图

表 7.1-1　金沙江干流主要水文站径流量和输沙量与多年均值比较

参数		石鼓	攀枝花	白鹤滩	向家坝
集水面积/km²		214184	259177	430308	485099
径流量/亿 m³	1990 年前	420.1	543.5	1258	1440
	1991～2002 年	431.6	595.7	1359	1506
	变化率	3%	10%	8%	5%
	2003～2012 年	441	592.4	1248	1391
	变化率	5%	9%	-1%	-3%
	2013～2015 年	389.9	513.3	1115	1245
	变化率	-7%	-6%	-11%	-14%
	2003～2015 年	429.2	574.2	1218	1357
	变化率	2%	6%	-3%	-6%
输沙量/万 t	1990 年前	2180	4480	16800	24600
	1991～2002 年	3050	6700	21600	28100
	变化率	40%	50%	29%	14%
	2003～2012 年	3080	4400	11100	14200
	变化率	41%	-2%	-34%	-42%
	2013～2015 年	2270	520	7020	161
	变化率	4%	-88%	-58%	-99%
	2003～2015 年	2890	3510	10200	10900
	变化率	33%	-22%	-39%	-56%

注：1.石鼓站 1990 年前水沙统计年份为 1958～1990 年(缺 1969～1970 年)；2.攀枝花站 1990 年前水沙统计年份为 1966～1990 年(缺 1969 年)；3.2015 年华弹站下迁约 40 km 至白鹤滩站(白鹤滩水电站坝址下游 4.5 km)，集水面积增加 4360 km²(主要是黑水河流域)，2015 年以前白鹤滩站资料采用华弹站资料，华弹站 1990 年前水沙统计年份为 1958～1990 年；4.向家坝水电站 2012 年 10 月初期蓄水，溪洛渡水电站 2013 年 5 月开始初期蓄水，2012 年以前向家坝资料采用屏山站资料。

　　另外，金沙江下游还规划建设了乌东德、白鹤滩、溪洛渡和向家坝 4 座梯级水电站，设计总装机容量约为 4000 万 kW，相当于两座三峡电站(图 7.1-4)。年均总发电量为 1850 亿 kW·h 以上，水库总库容约为 410 亿 m³，总调节库容为 204 亿 m³。其中，乌东德、白鹤滩水电站处于施工建设阶段，溪洛渡水电站 2013 年 5 月开始初期蓄水，2015年竣工投产，向家坝水电站 2012 年 10 月开始初期蓄水，2013 年汛期汛末进行二期蓄水，2015 年建设完工。

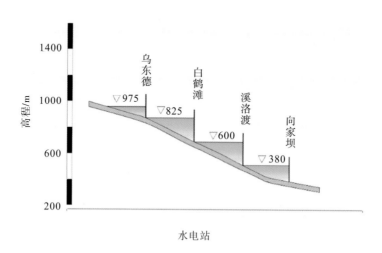

图 7.1-4　金沙江下游干流梯级水电站开发规划示意图(图中数字为正常蓄水水位)

　　溪洛渡、向家坝水电站建成后，水库泥沙淤积较为明显。实测断面资料分析表明，两水库共计淤积泥沙 3.477 亿 m³。其中，2008 年 2 月至 2015 年 11 月，溪洛渡水库淤积泥沙 3.222 亿 m³；2008 年 3 月至 2015 年 5 月，向家坝水库淤积泥沙 0.255 亿 m³。

　　1)溪洛渡水库及其拦沙情况

　　溪洛渡水电站位于四川省雷波县和云南省永善县境内金沙江干流上，下距宜宾 190 km，是金沙江下游河段四个梯级电站的第三级。电站坝址处控制流域面积为 45.44 万 km²。溪洛渡水库干流库区从溪洛渡坝址至白鹤滩坝址，长度约为 195 km，水系发达，支流较多。右岸有牛栏江等支流汇入，左岸有西苏角河、美姑河、金阳河、西溪河、尼姑河等支流汇入。水库平面形态为分支状河道型水库。主要库区可分为干流库区及支流西溪河、牛栏江、美姑河库区。

　　溪洛渡水库从 2013 年 5 月 4 日 9 时 40 分开始初期蓄水。实测地形资料分析表明，2008年 2 月至 2015 年 11 月，溪洛渡水库干、支流共淤积泥沙 32216 万 m³，其中干流库区共淤积泥沙 31126 万 m³，主要支流淹没区淤积泥沙 1090 万 m³(西溪河、牛栏江、金阳河、美姑河和西苏角河分别淤积 5 万 m³、189 万 m³、290 万 m³、365 万 m³ 和 241 万 m³)。从淤积部位来看，库区淤积在 540 m 死水位以下的泥沙量为 29542 万 m³，占总淤积量的91.7%，占水库死库容的 5.8%，其余泥沙则淤积在高程为 540～600 m 的调节库容内，占总淤积量的 8.3%，占水库调节库容的 0.4%。其中变动回水区和常年回水区分别淤积泥沙

1713 万 m^3 和 30503 万 m^3，分别占总淤积量的 5.3%和 94.7%。

2)向家坝水库及其拦沙情况

向家坝水电站工程位于金沙江干流下段，是金沙江梯级开发中最末的一个梯级，电站左岸是四川省宜宾市，右岸为云南省水富市，下距宜宾市 32 km，电站控制流域面积为 45.88 万 km^2，占金沙江流域面积的 97%。向家坝库区干流回水长度(至溪洛渡坝址)为 156.6 km，主要支流有左岸的西宁河、中都河和右岸的大汶溪。

2008 年 3 月至 2015 年 5 月，向家坝水库共淤积泥沙 2547.5 万 m^3，占水库总库容的 0.51%。其中库区干、支流淤积量分别为 2141.8 万 m^3 和 405.7 万 m^3。泥沙淤积主要分布在 370 m 死水位以下，淤积在 370 m 死水位以下的泥沙量为 2737.8 万 m^3，占水库死库容的 0.67%，370～380 m 的调节库容内表现为冲刷，冲刷量为 596 万 m^3。

3)三峡水库及其泥沙淤积情况

三峡工程于 2003 年 6 月 1 日正式下闸蓄水，坝前水位逐步抬高，6 月 10 日 22 时，坝前水位蓄至 135 m，正式进入围堰蓄水运行期。6 月 18 日船闸开始通航，7 月 10 日首台机组并网发电。2003 年 6 月至 2006 年 8 月为围堰蓄水期，三峡水库坝前水位维持在 135(汛期)～139 m(非汛期)。

2006 年 6 月三期上游围堰拆除，大坝全线挡水。9 月 20 日库水位开始抬升，10 月 28 日水位达到 155.68 m，工程运行进入初期蓄水。初期蓄水期的汛期坝前水位维持在 144 m，枯季蓄水位则保持在 156 m，水库回水末端达到重庆铜锣峡，回水长约 598 km。初期蓄水至 2008 年 9 月结束。

2008 年汛末三峡水库进行 175 m 试验性蓄水，蓄水结束时水库坝前水位达 172.29 m(其间最高水位为 172.80 m)。2009 年 9 月 15 日，三峡水库再一次进行 175 m 试验性蓄水(8 时坝前水位为 146.25 m)，至 11 月 24 日 8 时水库坝前水位达 171.41 m。2010 年 10 月 26 日 9 时，三峡工程首次蓄水至 175 m(三峡坝前水位变化如图 7.1-5 所示)。

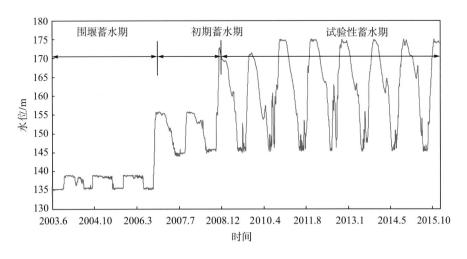

图 7.1-5　2003～2015 年三峡水库坝前水位变化过程

　　由于三峡入库泥沙较初步设计值大幅减小，三峡库区泥沙淤积大为减轻。根据三峡水库主要控制站——朱沱站、北碚站、寸滩站、武隆站、清溪场站、黄陵庙站(2003 年 6 月至 2006 年 8 月三峡入库站为清溪场站，2006 年 9 月至 2008 年 9 月为寸滩站+武隆站，2008 年 10 月至 2015 年 12 月为朱沱站+北碚站+武隆站)水文观测资料统计(表 7.1-2)分析，2003 年 6 月至 2015 年 12 月，三峡入库悬移质泥沙 21.152 亿 t，出库(黄陵庙站)悬移质泥沙 5.118 亿 t，不考虑三峡库区区间来沙(下同)，水库淤积泥沙 16.034 亿 t，年均淤积泥沙约 1.28 亿 t，仅为论证阶段(数学模型采用 1961～1970 系列年预测成果)的 40%左右，水库排沙比为 24.2%，水库淤积主要集中在清溪场以下的常年回水区，其淤积量为 14.860 亿 t，占总淤积量的 92.7%；朱沱—寸滩、寸滩—清溪场库段分别淤积泥沙 0.370 亿 t、0.811 亿 t，分别占总淤积量的 2.3%、5.1%。

表 7.1-2　2003～2015 年三峡水库出入库水沙量与水库淤积量

时段	入库水沙量		出库水沙量		水库淤积量/亿 t	排沙比/%
	水量/亿 m³	沙量/亿 t	水量/亿 m³	沙量/亿 t		
2003 年 6 月至 2006 年 8 月	13277	7.004	14097	2.590	4.414	37.0
2006 年 9 月至 2008 年 9 月	7619	4.435	8178	0.832	3.603	18.8
2008 年 10 月至 2015 年 12 月	25764	9.713	28806	1.696	8.017	17.4
2003 年 6 月至 2015 年 12 月	46660	21.152	51081	5.118	16.034	24.2

2. 鄱阳湖流域水库群

　　据统计，截至 2015 年鄱阳湖流域已建成各类蓄水工程 24.2 万座。其中，大型水库 27 座，总库容为 175.2 亿 m³，兴利库容为 80.5 亿 m³；中型水库 232 座，总库容为 56.1 亿 m³，兴利库容为 34.8 亿 m³；小型水库 9230 座，总库容为 60.6 亿 m³，兴利库容为 39.3 亿 m³；塘坝 23.2 万座，总库容为 25.8 亿 m³。

　　已建的 27 座大型水库，大部分为建在上游支流上控制面积较小的灌溉水库，部分为建在较大支流上的发电水库，少部分为流域性控制水库。较大支流上的 6 座水电站(上犹江、龙潭、油罗口、洪门、大坝、东津)中，上犹江、油罗口在赣江上游，下游有万安、峡江水利枢纽，大坝、东津在修水支流上游，下游有柘林水库；界牌水库为航运梯级，水库调节性能差。

3. 洞庭湖流域水库群

　　结合湖南省水利厅 2013 年发布的《湖南省第一次水利普查公报》及相关研究文献，统计得到洞庭湖流域(主要包括湘江、资水、沅江、澧水及环湖区域)截至 2014 年已建成的库容大于 1 亿 m³ 的大型水库 39 座，其中总库容大于 10 亿 m³ 的大(1)型水库有 7 座，大型水库总库容达 363.1 亿 m³(肖鹏，2014)(表 7.1-3)。从水库建设发展过程来看，20 世纪 80 年代前，湖南省四水流域大型水库建设速度较慢，20 世纪 80 年代之后建设速度显著加快。

表 7.1-3　洞庭湖流域已建大型水库基本情况

水系	流域面积/km²	径流量/亿 m³	输沙量/万 t	水库数量/座	总库容/亿 m³	径流比/%	总调节库容/亿 m³	控制面积/km²	面积比/%
湘江	94338	651	870	16	143.1	22.0	73.7	66002	70.0
资水	25788	223	158	4	39.4	17.7	18.3	22640	87.8
沅江	90530	633	874	13	137.1	21.7	66.6	85800	94.8
澧水	17942	145	486	5	37.1	25.6	21.5	15260	85.1
环湖区	33746	—	—	1	6.4	—	0.9	493	1.5
总计	262344	—	—	39	363.1	—	181.0	190195	72.5

7.1.2　水土保持工程

　　根据第一次全国水利普查数据(2013 年公布)，长江流域水土流失面积达 38.46 万 km²，占流域土地总面积 21.37%。其中，水力侵蚀面积为 36.12 万 km²，风力侵蚀面积为 2.34 万 km²。与全国第二次水土流失遥感调查数据(2002 年公布)相比减少 14.62 万 km²，减幅为 27.54%(表 7.1-4)。2006～2015 年，全流域累计治理水土流失面积 14.73 万 km²，其中丹江口库区及上游水土保持重点工程、云贵鄂渝水土保持世行贷款/欧盟赠款项目、国家农业综合开发水土保持项目、坡耕地水土流失综合治理工程、国家水土保持重点建设工程、中央预算内投资水土保持项目等国家水土保持重点工程共治理水土流失面积 5.97 万 km²。

表 7.1-4　第一次全国水利普查数据和全国第二次水土流失遥感调查对比表　　　　单位：万 km²

数据来源	水土流失面积	轻度水土流失面积	中度水土流失面积	强烈水土流失面积	极强烈水土流失面积	剧烈水土流失面积
全国第二次水土流失遥感调查数据(2002 年公布)	53.08	20.76	21.32	8.56	1.92	0.52
第一次全国水利普查数据(2013 年公布)	38.46	18.67	10.55	5.25	2.84	1.15

　　据 2007 年监测，丹江口库区及上游水土流失面积为 35865km²，占土地总面积的 37.67%，其中轻度、中度、强烈、极强烈和剧烈水土流失面积分别为 7174 km²、18752 km²、5937 km²、2965 km²、1037 km²。据 2008 年监测，鄱阳湖水系水土流失面积为 32023km²，占土地总面积的 19.74%，其中轻度、中度、强烈、极强烈和剧烈水土流失面积分别为 15320 km²、14347 km²、1560 km²、246 km²、550 km²。据 2009 年监测，三峡库区水土流失面积为 27363km²，占土地总面积的 47.17%，其中轻度、中度、强烈、极强烈和剧烈水土流失面积分别为 5148 km²、12382 km²、6468 km²、2532 km²、833 km²；岷江流域水土流失面积为 60085km²，占土地总面积的 44.06%，其中轻度、中度、强烈、极强烈和剧烈水土流失面积分别为 18634 km²、29817 km²、6486 km²、2919 km²、2229 km²；沱江流域水土流失面积为 11460km²，占土地总面积的 41.68%，其中轻度、中度、强烈、极强烈和剧烈水土流失面积分别为 3673 km²、5572 km²、1662 km²、250 km²、303 km²。据 2010 年监测，赤水河流域水土流失面积为 9486km²，占土地总面积的 46.50%，其中轻度、中度、强烈、极

强烈和剧烈水土流失面积分别为 2142 km²、4646 km²、1772 km²、674 km²、252 km²；洞庭湖水系资水、澧水和沅江流域水土流失面积分别为 0.63 万 km²、0.66 万 km²、3.27 万 km²，分别占土地总面积的 21.12%、33.12%、34.25%。

流域内多个区域(部分区域多期次)实施了水土保持工程，典型的工程主要包括以下 6 个。

(1) 丹江口库区及上游水土保持重点工程：2006～2015 年累计治理水土流失面积 20762 km²，其中完成坡耕地改造 608 km²，营造水土保持林 4280 km²，种植经果林 1493 km²，种草 84 km²，实施生态修复 13643 km²，种植植物篱 639 km²，保土耕作 15 km²。

(2) 云贵鄂渝水土保持世行贷款/欧盟赠款项目：实施范围涉及云南、贵州、重庆和湖北 4 省(直辖市)33 个县(市、区)，2006～2012 年累计治理水土流失面积 2225 km²，其中建设基本农田 78 km²，营造水土保持林 212 km²，种植经果林 351 km²，种草 26 km²，保土耕作 538 km²，实施封禁治理 1020 km²，建设小型水利水保工程 37694 处。

(3) 国家农业综合开发水土保持项目：实施范围涉及云南、贵州、四川、重庆、湖南和江西 6 省(直辖市)，2006～2015 年累计治理水土流失面积 10338 km²，其中完成坡耕地改造 264 km²，营造水土保持林 1210 km²，种植经果林 910 km²，种草 44 km²，保土耕作 288731 hm²，实施封禁治理 502207 hm²，建设小型水利水保工程 45042 处。

(4) 坡耕地水土流失综合治理工程：实施范围涉及云南、贵州、四川、重庆、甘肃、陕西、湖北、湖南、江西、安徽、河南和广西 12 省(直辖市、自治区)125 个县(市、区)。2009～2015 年，完成坡耕地改造 1042 km²，配套建设 54331 处小型水利水保工程。

(5) 国家水土保持重点建设工程：实施范围涉及贵州、四川、重庆、湖北、湖南、江西、安徽和广西 8 省(直辖市、自治区)109 个县(市、区)。2006～2015 年累计治理水土流失面积 8784 km²，其中完成坡耕地改造 89 km²，营造水土保持林 1562 km²，种植经果林 718 km²，种草 79 km²，保土耕作 738 km²，实施封禁治理 5598 km²，建设小型水利水保工程 27500 处。

(6) 中央预算内投资水土保持项目：实施范围涉及西藏、青海、云南、贵州、四川、重庆、甘肃、湖北、湖南、江西、安徽、江苏和广西 13 省(直辖市、自治区)。2006～2015 年累计治理水土流失面积 16505 km²，其中完成坡耕地改造 586 km²，营造水土保持林 1750 km²，种植经果林 1227 km²，种草 210 km²，保土耕作 2763 km²，实施封禁治理 9969 km²，建设小型蓄水工程 71388 处。

此外，自 2011 年 3 月 1 日《中华人民共和国水土保持法》修订颁布以来，长江流域各级行政主管部门加强了对流域内生产建设项目水土保持工作的监督管理。据统计，各有关部门 2006～2015 年共审批生产建设项目水土保持方案 7.74 万个，涉及公路、铁路等 13 个行业，水土流失防治责任范围为 9891.08 km²。

7.1.3 河(航)道整治工程

局部河道(航道)整治力度加大对河床冲刷有一定影响。自 2002 年《长江干线航道发展规划》颁布以来，长江中下游航道建设拉开了序幕，截至 2015 年，长江中下游宜昌—安庆河段共实施航道整治工程 39 项，投资约 110 亿元，已建工程 39 项(表 7.1-5，图 7.1-6)。这些航道整治工程以"固滩守槽"，改善航道条件为主，导致工程附近局部河势发生一定调整，河床冲淤特性发生变化，但对长江中下游河势变化和河床冲淤规律无明显影响。

表 7.1-5　长江干线宜昌—安庆河段航道整治工程建设情况统计表

河段	序号	项目名称	建设年限	建设标准/(m×m×m)	工程投资/万元
宜昌—城陵矶	1	长江中游宜昌至昌门溪航道整治一期工程	2014~2017 年	3.5×150×1000	43182
	2	长江中游枝江—江口河段航道整治一期工程	2009~2013 年	2.9×150×1000	19990
	3	长江中游沙市河段三八滩应急守护工程	2004~2005 年	2.9×80×750	1600
	4	长江中游沙市河段航道整治一期工程	2009~2012 年	2.9×80×750	10300
	5	长江中游沙市河段腊林洲守护工程	2010~2013 年	3.2×150×1000	16948
	6	长江中游瓦口子水道航道整治控导工程	2008~2011 年	3.2×150×1000	10789
	7	长江中游马家咀水道航道整治一期工程	2006~2010 年	2.9×80×750	8246
	8	长江中游瓦口子—马家咀河段航道整治工程	2010~2013 年	3.5×150×1000	27643
	9	长江中游周天河段清淤应急工程	2001~2006 年	—	—
	10	长江中游周天河段航道整治控导工程	2006~2011 年	2.9×150×1000	7694
	11	长江中游藕池口水道航道整治一期工程	2010~2013 年	2.9×80×750	20887
	12	长江中游碾子湾水道清淤应急工程	2001~2006 年	—	—
	13	长江中游碾子湾水道航道整治工程	2002~2008 年	3.5×150×1000	4338
	14	长江中游窑监河段航道整治一期工程	2009~2012 年	2.9×80×750	19609
	15	长江中游窑监河段乌龟洲守护工程	2010~2013 年	2.9×80×750	12638
	16	长江中游荆江河段航道整治工程 昌门溪至熊家洲段工程	2013~2017 年	3.5×150×1000	433107
城陵矶—武汉	17	长江中游杨林岩水道航道整治工程	2013~2016 年	3.7×150×1000	27440
	18	长江中游界牌河段综合治理工程	1994~2000 年	3.7×80×1000	9140
	19	长江中游界牌河段航道整治二期工程	2011~2013 年	3.7×150×1000	34536
	20	长江中游陆溪口水道航道整治工程	2004~2011 年	3.7×150×1000	9960
	21	长江中游嘉鱼—燕子窝河段航道整治工程	2006~2010 年	3.7×150×1000	8435
	22	长江中游武桥水道航道整治工程	2011~2013 年	3.7×150×1000	17417
武汉—安庆	23	长江中游天兴洲河段航道整治工程	2013~2016 年	4.5×200×1050	27330
	24	长江中游罗湖洲水道航道整治工程	2005~2008 年	4.5×200×1050	13328
	25	长江中游湖广—罗湖洲水道航道整治工程	2013~2016 年	4.5×200×1050	33371
	26	长江中游戴家洲水道航道整治一期工程	2009~2012 年	4.5×100×1050	17098
	27	长江中游戴家洲河段航道整治二期工程	2012~2015 年	4.5×200×1050	32504
	28	长江中游戴家洲河段右缘中下段守护工程	2010~2013 年	4.5×100×1050	12878
	29	长江中游牯牛沙水道航道整治一期工程	2009~2012 年	4.5×150×1050	14419
	30	长江中游牯牛沙水道航道整治二期工程	2013~2016 年	4.5×150×1050	15110
	31	长江中游武穴水道航道整治工程	2007~2012 年	4.5×150×1050	10945
	32	长江中游新洲—九江河段航道整治工程	2012~2015 年	4.5×200×1050	43172
	33	长江中游张家洲南港上浅区航道整治工程	2009~2013 年	4.5×200×1050	14930

续表

河段	序号	项目名称	建设年限	建设标准/(m×m×m)	工程投资/万元
武汉—安庆	34	长江中游张家洲水道航道整治工程	2002~2007 年	4.0×120×1050	5290
	35	长江下游马当河段沉船打捞工程	2000~2005 年	4.5×200×1050	2600
	36	长江下游马当河段航道整治一期工程	2009~2013 年	4.5×200×1050	29140
	37	长江下游马当南水道航道整治工程	2011~2013 年	4.5×200×1050	38882
	38	长江下游东流水道航道整治工程	2004~2008 年	4.5×200×1050	18021
	39	长江下游东流水道航道整治二期工程	2012~2015 年	4.5×200×1050	31753

注: 表摘录自《长江干线宜昌至安庆段航道整治模型试验研究论证项目——长江干线宜昌至安庆河段原型观测分析报告》(2015 年, 长江航道规划设计研究院、国家内河航道整治工程技术研究中心)。

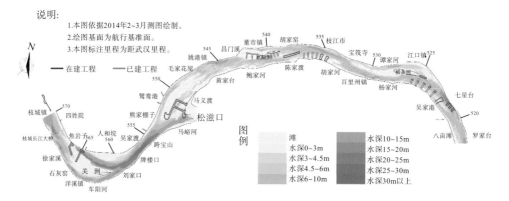

(a)枝城—七星台河段(含松滋口分流段)

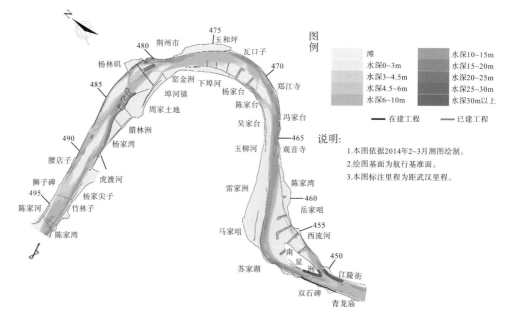

(b)陈家湾—青龙庙河段(含太平口分流段)

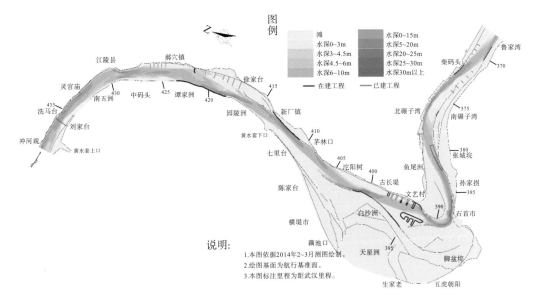

(c)冲河观—鲁家湾河段(含藕池口分流段)

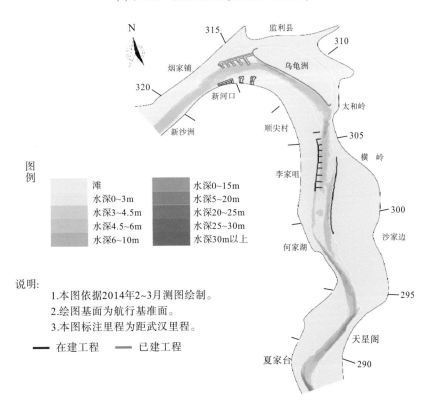

(d)下荆江监利河段

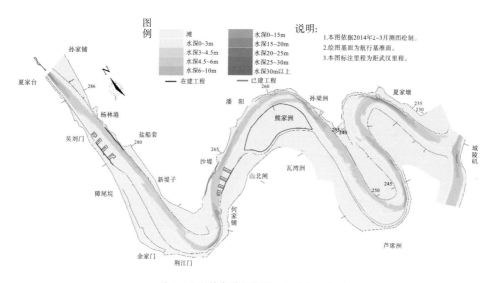

(e)反咀、七弓岭弯道段(荆江—洞庭湖汇流段)

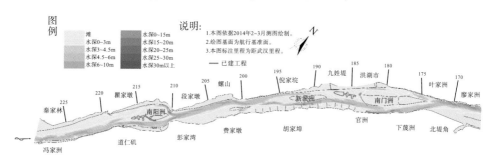

(f)杨林岩、界牌河段(荆江—洞庭湖汇流段)

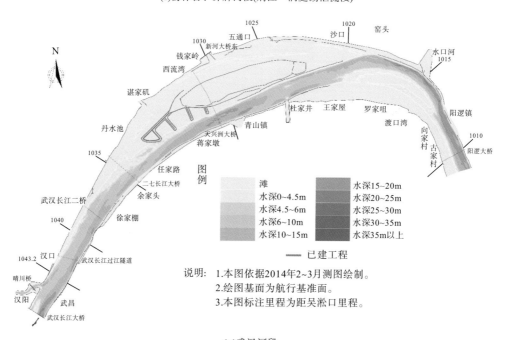

说明：1.本图依据2014年2~3月测图绘制。
　　　2.绘图基面为航行基准面。
　　　3.本图标注里程为距吴淞口里程。

(g)武汉河段

(h)张家洲河段(长江—鄱阳湖交汇段)

图 7.1-6　长江中游重点浅滩河段已建和在建航道整治工程平面布置示意图

7.1.4　人工采砂活动

坝下游干流河道采砂活动较为频繁。据《长江泥沙公报》发布的数据统计，2004~2015 年长江中游干流湖北、江西、安徽 3 省经许可实施的采砂总量为 1.312 亿 t(合 0.905 亿 m³)，2012 年以后河道采砂主要集中在长江下游的安徽、江苏和上海等省(市)。

由于非法采砂活动猖獗，长江中下游河道实际采砂量要大于该数字。据不完全调查统计，本属于禁采区的宜昌—沙市河段 2003~2009 年采砂总量约为 7140 万 t，为同期实测河床冲刷量的 20.8%；2012~2014 年采砂总量约为 1820 万 t，平均年开采量在 600 万 t 左右，如位于枝城下游的关洲洲体、左汊河床和松滋口口门附近受采砂影响，河床高程最大下降了近 15 m；2015 年 1~3 月河道开采量约为 453.7 万 t。

洞庭湖、鄱阳湖湖区砂石资源丰富，采砂活动规模较大。在 20 世纪 90 年代末，湖区采砂活动限于小范围内。进入 21 世纪以来，湖区河道采砂活动规模越来越大。近几年来，有关部门加强了湖区采砂的管理，加大了执法力度，湖区河道采砂活动从无序渐进入有序，并逐步迈向规范化、法治化的正常轨道。根据《湖南省湘资沅澧干流及洞庭湖河道采砂规划(2012—2016 年)》(湘政函〔2012〕135 号)，湖南湘、资、沅、澧四水干流及洞庭湖区规划河道总长为 2802.33 km，规划可采区 176 个，禁采区 142 个，年采砂控制总量为 1.2 亿 t，总控制量为 6.0 亿 t。

根据水利部长江水利委员会 2009 年编制的《鄱阳湖区综合规划报告》，鄱阳湖规划可采区有用存储量约 33.88 亿 t，确定 33 个规划可采区年度控制开采总量为 3020 万 t。据不完全统计，2003~2013 年鄱阳湖湖区累计采砂量为 3.89 亿 t(2008 年禁采)，实际年均采砂量为 0.389 亿 t；2003~2016 年鄱阳湖湖口水道总采砂量约为 6.0 亿 t，年均采砂量约为 0.155 亿 t。因此，鄱阳湖湖区年均采砂量约为 0.544 亿 t。

7.1.5　地震、泥石流等

2008 年 5 月 12 日，四川省汶川县发生 8 级地震，造成四川、甘肃、陕西省水土保持设施大量受损，增加了新的水土流失面积。据四川省统计数据，全省 15 个市(州)87 个县(市、区)新增水土流失面积 14812 km^2，水土保持设施受损面积 2859 km^2，新增滑坡、泥石流等次生灾害及隐患点 18997 处。

2010 年 4 月 14 日，青海省玉树发生了 7.1 级地震。据水利部统计数据，地震造成新增水土流失面积 424.7 km^2，损坏水土保持拦蓄工程 73 座，损坏沟岸防护工程 21.2 km。

2010 年 8 月 7 日 23 时，甘肃省舟曲县东北部降特大暴雨，持续 40 多分钟，降雨量为 97 mm，引发白龙江左岸的三眼峪、罗家峪发生特大山洪泥石流，造成舟曲县 2 个乡镇、13 个行政村受灾。据甘肃省统计，灾害共损毁梯田 1000 亩、水保林 2000 亩、谷坊 50 座、蓄水池 40 口。

2010 年 7 月 14~17 日和 7 月 22~25 日，陕南发生两次持续性强降雨过程，其中紫阳县茅坝关站最大日降雨量达 215 mm。据陕西省统计，受强降雨影响，安康、汉中、商洛 3 市重点治理区的 227 条小流域不同程度遭受暴雨洪水和滑坡泥石流影响，损坏治理面积达 427 km^2，其中损毁基本农田 5127 hm^2，梳溪固堤工程 341 km，坡面水土保持工程 4270 处。

2013 年 4 月 20 日，四川省雅安市芦山县发生 7.0 级地震。据四川省统计，地震造成新增水土流失面积 429 km^2。水土保持设施受损范围涉及雅安、眉山、乐山、甘孜 4 个市(州)的 13 个县(市、区)，水土保持设施受损面积达 311.1 km^2，其中坡面水系及沟道治理工程受损 2994 处。

7.2　江湖泥沙交换

2003~2015 年，长江中游江湖泥沙年均总输入量减少至 0.675 亿 t，相较于三峡水库蓄水前 1956~2002 年的 5.67 亿 t 减少 88.1%，江、湖总来沙量也锐减至 8.77 亿 t，仅相当于 1964 年全年的江湖总来沙量(8.34 亿 t)。沙量大幅度减少，导致江、湖先后进入泥沙冲刷补给状态，且以干流泥沙冲刷补给为主，江湖泥沙总补给量为 9.27 亿 t。其中干流宜昌—大通段补给泥沙约 8.21 亿 t，占江湖泥沙总补给量的 88.6%。在坝下游河床长距离冲刷的强补给作用下，入海沙量超过江、湖总来沙量的 2 倍。江、湖泥沙交换规律也发生了新的变化。

三峡水库蓄水以来经历了围堰发电期(2003~2006 年)、初期运行期(2007~2008 年)和 175 m 试验性蓄水期(2008 年至今)3 个阶段。根据三峡水库上游水沙变化和水库运用对坝下游水沙的影响，可将三峡水库蓄水后 2003~2015 年分为 2003~2008 年和 2008~2015 年两个时期。三峡水库蓄水后，整个长江中下游河湖均处于泥沙补给状态，入海的泥沙以外部来沙和宜昌—大通干流河道河床补给泥沙为主，且前者占比不断减小，年均输入江湖系统的泥沙由初期运行期 9310 万 t 减小至试验性运行期 4540 万 t，河床补给泥沙量

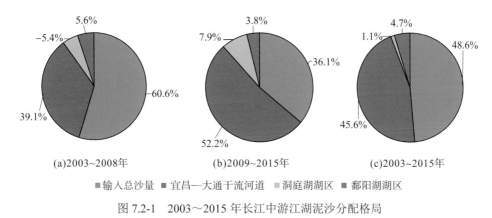

的占比不断增大,从初期运行期的 39.11%增至试验性蓄水期的 52.23%,年均补给量由 6000 万 t 增至 6580 万 t。洞庭湖的泥沙沉积状态也发生了较大的变化,初期运行期内洞庭湖年均沉积 822 万 t 泥沙,试验性蓄水期内洞庭湖进入补沙状态,年均补给泥沙 996 万 t,补给总量占时段入海泥沙总量的 7.9%(图 7.2-1)。可见,三峡水库蓄水后,江湖系统外部输入的泥沙总量越来越少,江湖不断地冲起泥沙对水流进行补充,以干流河道的补给强度最大。

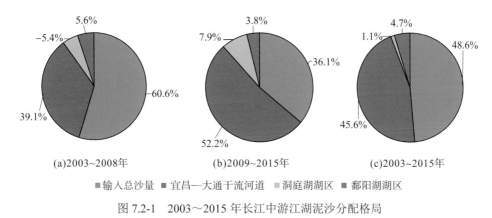

图 7.2-1　2003～2015 年长江中游江湖泥沙分配格局

7.2.1　长江干流沿程泥沙交换

长江干流河道泥沙交换的典型特征是宜昌—大通段河床普遍长距离沿程冲刷,均处于泥沙单向补给状态,以宜昌—螺山河段的补给强度最大(图 7.2-2)。河床冲刷对水流中的泥沙进行单向补给,且以 $d>0.062$ mm 的泥沙最为明显,恢复距离短。至监利附近,$d>0.062$ mm、$d>0.1$ mm 的泥沙分别恢复了 55%、83%;监利以下河床冲刷强度相对较弱,仍存在水流与河床泥沙之间的双向交换,尤其是对于 $d>0.062$ mm 的粗颗粒泥沙,其来沙量与补给量的相关关系与三峡水库蓄水前相比变化较小。

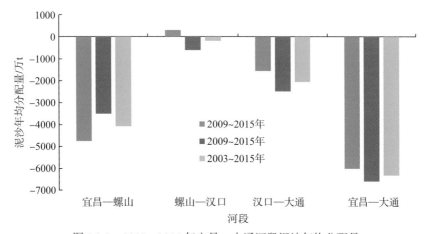

图 7.2-2　2003～2015 年宜昌—大通河段泥沙年均分配量

宜昌—螺山河段的输沙关系表明,三峡水库蓄水后,水流中 $d<0.062$ mm 的泥沙颗粒以来沙为主,上下游控制站泥沙年输移量相关系数接近 1.0(图 7.2-3、图 7.2-4),说明这

部分泥沙表现为"多来多排、少来少排"的特征，基本全部随水流带至下游，基本上不参与河床的冲淤变形，河床冲刷强度对沿程输移比变化的影响较小。从 2003 年河床组成实测资料来看，粒径小于 0.062 mm 的床沙颗粒较少，占比小于 3.5%，可补给程度有限，因此 0.062 mm 可作为划分冲泻质和床沙质的分界粒径，与已有研究提出的 0.05 mm 和欧美国家河流冲泻质临界粒径 0.065 mm 基本相当，这一粒径值的确定对于预测长江中下游干流河道冲刷发展的范围及历时十分重要。

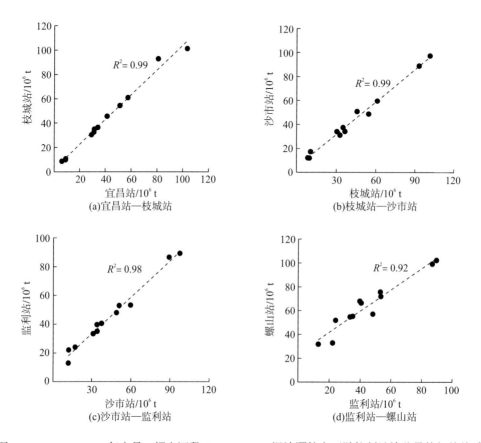

图 7.2-3　2003～2015 年宜昌—螺山河段 $d<0.062$ mm 泥沙颗粒上下游控制站输移量的相关关系

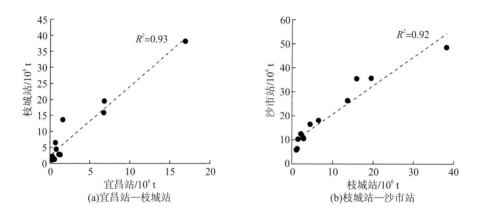

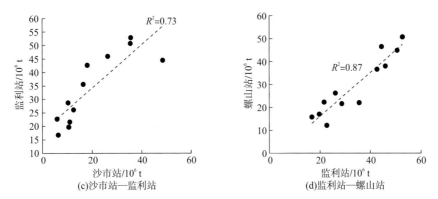

(c)沙市站—监利站　　　　　　　　　　　　(d)监利站—螺山站

图 7.2-4　2003～2015 年宜昌—螺山河段 $d>0.062$ mm 泥沙颗粒上下游控制站输移量的相关关系

由图 7.2-4 可见，在河床强冲刷条件下，宜昌—螺山河段 $d>0.062$ mm 的床沙质河床补给效应十分明显，粗颗粒泥沙沿程恢复，尤其是下荆江的监利站床沙质泥沙已恢复 80%。床沙质高强度的补给作用主要集中在监利以上，尤其是较粗的泥沙颗粒，补给距离较短(主要是由于三峡水库蓄水后，坝下游河床冲刷主要集中在荆江)。

7.2.2　长江—洞庭湖泥沙交换

2003～2015 年，长江—洞庭湖泥沙交换以江、湖泥沙的普遍补给为主要特征。三峡水库蓄水后，荆江三口进入洞庭湖的水流含沙量急剧减小(年均含沙量由 1981～2002 年的 1.26 kg/m³ 减小至 2003～2015 年的 0.20 kg/m³)，三口洪道由淤积(1952～2003 年淤积总量为 6.515 亿 m³，年均淤积泥沙 0.128 亿 m³)转为冲刷(2003～2011 年冲刷泥沙 0.752亿 m³，年均冲刷泥沙 0.094 亿 m³)，水流进入湖区后，水流流速减小，西、南洞庭湖仍有一定淤积，但东洞庭湖受来水含沙量减少的影响，加之汛后三峡水库蓄水，干流水位降低，洞庭湖出流加大，使得湖区有所冲刷，进入湖区的泥沙逐渐由单向沉积转变为沉积再悬浮随水流汇入干流，因此洞庭湖的泥沙排沙比也由 30%左右增大至 109%，表明湖区除将荆江三口分流的泥沙输入城陵矶以下干流段以外，还从湖区补给部分泥沙，补给泥沙量占荆江三口入湖总沙量的 50%，洞庭湖对长江干流的泥沙补给率增至 23.7%(图 7.2-5)。可见，这一时期长江—洞庭湖的泥沙交换关系相较于此前的各个时段发生了较大的变化，洞庭湖由吸纳沉积泥沙逐渐转变为向干流冲刷补充泥沙。

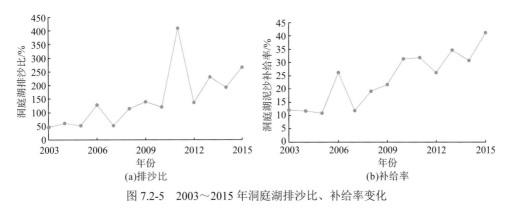

(a)排沙比　　　　　　　　　　　　　　　　(b)补给率

图 7.2-5　2003～2015 年洞庭湖排沙比、补给率变化

7.2.3　长江—鄱阳湖泥沙交换

　　2003～2015 年，鄱阳湖排沙比有所增大。三峡水库蓄水后，长江干流倒灌鄱阳湖的概率和水量没有明显变化，但长江干流含沙量减少，倒灌入湖的水流含沙量也随之显著减小，江湖泥沙交换强度增大，倒灌进入湖区的泥沙均置换出湖以外，湖区还对长江干流进行泥沙补给，补给量与倒灌沙量超过 1∶1。鄱阳湖对长江干流的泥沙补给率略有增大，主要原因在于干流输沙总量显著减小(图 7.2-6)。与洞庭湖类似，这一时期，长江—鄱阳湖泥沙交换的程度相较于此前各个时期是偏大的，尽管交换的绝对量值偏小，但由于干流河道沙量减小幅度更甚，因此鄱阳湖对干流的补沙效应增强。

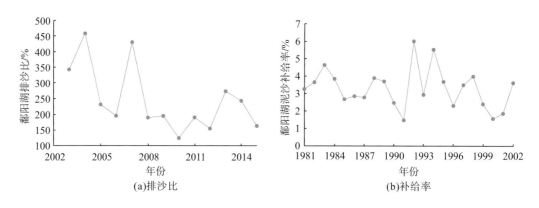

图 7.2-6　2003～2015 年鄱阳湖泥沙排沙比、补给率变化

7.3　长江干流河道泥沙冲淤响应

7.3.1　河床冲淤变化

　　三峡水库蓄水后，进入坝下游河段的输沙量明显减少，长江中下游干流河道出现明显冲刷，尤以宜昌—湖口河段冲刷最为明显。2002 年 10 月至 2015 年 10 月，宜昌—湖口河段(城陵矶—湖口河段为 2001 年 10 月至 2015 年 10 月)平滩河槽总冲刷量为 16.48 亿 m³，年均冲刷 1.18 亿 m³，年均冲刷强度为 12.80 万 m³/km(表 7.3-1 和图 7.3-1)，宜昌—城陵矶、城陵矶—湖口段冲刷量分别占 60%和 40%。河床冲刷主要集中在枯水河槽，其冲刷量占总冲刷量的 92%。

　　三峡工程围堰发电期(2002.10～2006.10)，宜昌—湖口全河段普遍冲刷，平滩河槽总冲刷量为 6.165 亿 m³，年均冲刷强度为 16.0 万 m³/km；湖口—大通河段冲刷泥沙 1.57 亿 m³，年均冲刷强度为 14.0 万 m³/km。从分布来看，宜枝河段冲刷强度最大，荆江河段冲刷量最多。

　　三峡工程初期蓄水期(2006.10～2008.10)，宜昌—湖口河段河床略有冲刷，平滩河槽冲刷量仅为 0.244 亿 m³，年均冲刷强度为 1.3 万 m³/km，远小于围堰蓄水期。河床冲刷主要发生在第一年(2006.10～2007.10),该年宜昌—湖口平滩河槽总冲刷量为 0.725 亿 m³；而第二年(2007.10～2008.10)宜昌—湖口总体为淤积,平滩河槽淤积量为 0.485 亿 m³。

三峡水库 175 m 试验性蓄水以来,坝下游宜昌—湖口河床冲刷强度有所增大。2008年 10 月至 2015 年 10 月平滩河槽总冲刷量为 10.07 亿 m³,年均冲刷强度为 1.44 亿 m³。宜昌—城陵矶、城陵矶—湖口段冲刷量分别占 54%、46%。

从冲淤纵向总体分布来看,坝下游河床冲刷强度以宜枝河段最大,荆江冲刷量最多,宜昌—城陵矶河段表现为全程冲刷,宜枝河段、上荆江、下荆江冲刷量分别为 1.579 亿 m³、4.46 亿 m³、3.44 亿 m³。

城陵矶—汉口段,2001 年 10 月至 2015 年 10 月平滩河槽冲刷量为 2.491 亿 m³,冲刷主要集中在枯水河槽。以石矶头为界,上段(城陵矶至石矶头,长约 97 km)河床有冲有淤,总体冲淤变化不大,2001 年 10 月至 2003 年 10 月冲刷泥沙 0.45 亿 m³,2003 年 10 月至2014 年 10 月则总体平衡,2015 年冲刷泥沙 0.065 亿 m³。特别是位于江湖汇流口下游的白螺矶河段(城陵矶—杨林山,长约 21.4 km)和陆溪口河段(赤壁—石矶头,长约 24.6 km),2001 年 10 月至 2015 年 10 月河床平滩河槽冲刷量分别为 976 万 m³、1169 万 m³；嘉鱼以下河床冲刷强度相对较大,平滩河槽冲刷量为 1.986 亿 m³,占全河段总冲刷量的 80%,嘉鱼、簰洲和武汉河段上段平滩河槽分别冲刷 0.491 亿 m³、0.635 亿 m³、0.860 亿 m³。下段(石矶头—汉口,长约 154 km)则全程表现为冲刷。

汉口—湖口段,2001 年 10 月至 2015 年 10 月河床年际间有冲有淤,总体表现为滩槽均冲,总冲刷量为 4.078 亿 m³,且冲刷量主要集中在枯水河槽。分时段来看,2001～2006 年河床冲刷 1.470 亿 m³,2006～2008 年河床淤积 0.316 亿 m³,2008～2015 年,河床冲刷强度增大,河床冲刷量达 2.924 亿 m³,占总冲刷量的 72%。从沿程分布来看,河床冲刷主要集中在长江与鄱阳湖的汇流河段(九江—湖口河段,干流长约 51 km),其冲刷量约为 1.485 亿 m³,占全河段总冲刷量的 36%,特别是鄱阳湖湖口附近的张家洲河段(长约 45 km)冲刷量最大,达到 1.61 亿 m³,冲刷强度也最大,与 2001 年后实施的航道整治工程密切相关；而九江以上河段,以黄石为界,主要表现为"上冲下淤",汉口—黄石段(长约 124.4 km)冲刷量较大,其冲刷泥沙 1.961 亿 m³,黄石—田家镇段(长约 84 km)则淤积泥沙 0.019 亿 m³,龙坪—九江段冲刷泥沙 0.471 亿 m³。

三峡水库蓄水后,坝下游河道发生沿程冲刷,并逐步向下游发展,呈现上段较下段先发生冲刷,上段冲刷多、下段冲刷少甚至不冲刷的特征,且冲刷主要发生在枯水河槽。例如,2002 年 10 月至 2003 年 10 月,宜昌—城陵矶段、城陵矶—汉口段河床分别冲刷 1.36亿 m³、0.48 亿 m³,汉口以下河段则处于淤积状态,汉口—九江河段淤积泥沙 0.43 亿 m³。又如,从 2002 年 10 月至 2010 年 10 月河床冲淤量沿程分布来看,距三峡水利枢纽较近的宜昌—城陵矶河段持续冲刷,距三峡水利枢纽较远的城陵矶—湖口河段在 2003 年 10 月至2004 年 10 月、2005 年 10 月至 2006 年 10 月表现为少量淤积,次年表现为明显冲刷。

表 7.3-1　三峡工程蓄水运用后三峡坝下游宜昌—湖口河段平滩河槽冲淤量对比

项目	时段	宜昌—枝城	荆江	城陵矶—汉口	汉口—湖口	宜昌—湖口
河段长度/km		60.8	347.2	251	295.4	954.4
总冲淤量/ 万 m³	2002.10~2006.10	-8140	-32830	-5990	-14700	-61650
	2006.10~2008.10	-2230	-3570	197	3160	-2440
	2008.10~2015.10	-5560	-46780	-19110	-29240	-100700
	2002.10~2015.10	-15930	-83180	-24910	-40770	-164800
年均冲淤强度/ (万 m³/km)	2002.10~2006.10	-33.5	-23.6	-5.97	-9.9	-14.4
	2006.10~2008.10	-18.3	-5.1	-4.8	5.4	-1.3
	2008.10~2015.10	-13.1	-19.2	0.4	-14.1	-15.1
	2002.10~2015.10	-20.2	-18.4	-10.9	-9.9	-12.8

注：1. "-"号表示冲刷，正值为淤积，下同；2.平滩河槽是当宜昌站流量为 30000 m³/s、汉口站流量为 35000 m³/s 时所对应的水面线以下的河槽；3.城陵矶—湖口河段无 2002 年 10 月地形资料，实际统计采用 2001 年 10 月数据。

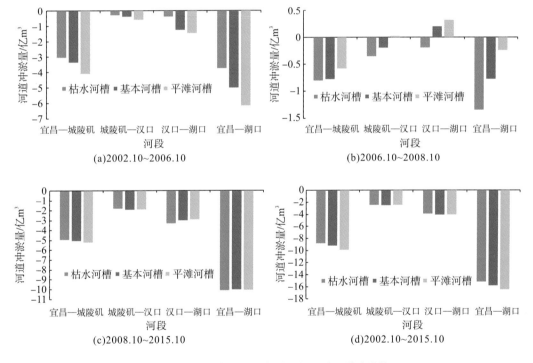

图 7.3-1　三峡水库蓄水后各时段坝下游河道冲淤情况

　　与三峡水库蓄水前各个时段相比，三峡水库蓄水后长江中下游河道冲淤相对平衡的状态被打破，河床出现了长距离的、较为剧烈的冲刷，且冲刷沿时逐渐向下游发展，河床冲淤形态由蓄水前的"冲槽淤滩"转变为"滩槽均冲"，河槽冲刷量占比显著地较滩体偏大，部分经航道整治工程守护的滩体相对稳定(图 7.3-2)。

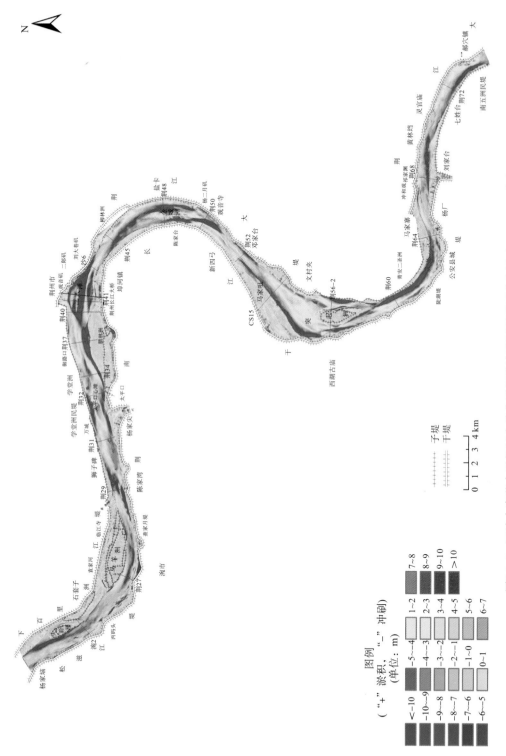

图7.3-2　三峡水库蓄水后长江中游典型河段河段冲淤厚度平面分布图（2002~2013年）

7.3.2 河床形态响应特征

三峡水库蓄水后，坝下游的宜枝河段受河床组成影响冲刷发展较快，年均冲刷强度最大，河道形态响应延续蓄水前的规律，以主河槽的冲刷下切为主。河道两岸抗冲性强，平均河宽较小，因此，河道的河型、平面外形等基本保持稳定。城陵矶以下至湖口河段冲刷发展相对缓慢。荆江河段是冲刷位于长江中下游沙质河床起始段，冲刷发展十分迅速，冲刷既具有一般性的规律，也出现了一些新的及与预测有偏差的现象，同时是荆江—洞庭湖关系的重要组成部分，因此关于三峡水库蓄水后坝下游河道形态应对冲刷的响应特征研究仍以荆江河段作为重点来展开。

1. 深泓纵剖面明显下切

宜枝河段两岸抗冲性较强，因而其河道冲刷主要表现为河床的下切。2002 年 10 月至 2015 年 10 月，深泓纵剖面平均冲刷下切 3.56 m (图 7.3-3)，其中宜昌河段深泓平均下降 1.74 m，深泓累计下降最大的为胭脂坝河段中部的宜 43 断面，下降幅度累计达 5.6 m；宜都河段冲刷强度更大，深泓平均下降 5.7 m，深泓累计下降最大的为白洋弯道宜 70 断面，下降幅度累计达 20.7 m。

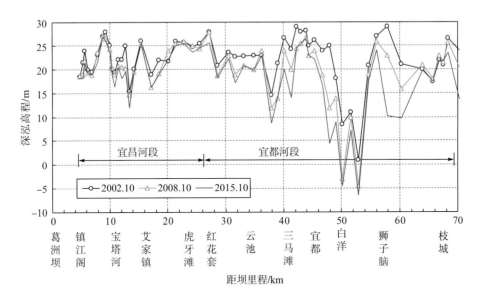

图 7.3-3　宜枝河段深泓纵剖面变化图

2002 年 10 月至 2015 年 10 月，荆江纵向深泓以冲刷为主，平均冲刷深度为 2.14 m，最大冲刷深度为 14.4 m，位于调关河段的荆 120 断面，其次为沙市河段三八滩滩头附近(荆 35 断面)，冲刷深度为 13.2 m。枝江河段深泓平均冲刷深度为 2.85 m，最大冲刷深度为 11.2 m，位于关洲汊道(关 09)；沙市河段深泓平均冲刷深度为 3.38 m，最大冲深位于三八滩滩头附近，冲刷深度为 13.2 m(荆 35)；公安河段平均冲刷深度为 1.33 m，最大冲深位于新厂水位站附近(公 2)，冲刷深度为 7.5 m；石首河段深泓平均冲刷深度为 2.90 m，最大冲刷深度为 14.4 m，位于调关河段(荆 120)；监利河段深泓平均冲刷深度为 0.73 m，最大冲刷深度为 9.3 m，位于乌龟洲段(荆 144)(图 7.3-4，表 7.3-2)。

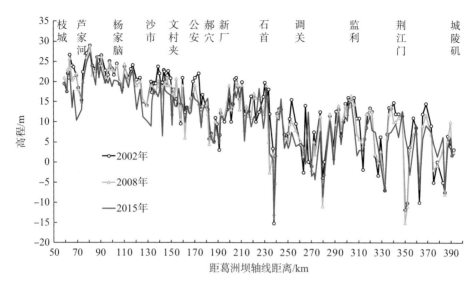

图 7.3-4　三峡水库蓄水后荆江河段深泓纵剖面变化

表 7.3-2　三峡水库蓄水后荆江河段河床纵剖面冲淤变化统计

河段名称	时段	深泓冲刷深度/m	
		平均	冲刷坑(冲刷深度，断面)
枝江河段	2002 年 10 月至 2015 年 10 月	-2.85	关洲汉道(-11.2，关 09)
沙市河段	2002 年 10 月至 2015 年 10 月	-3.38	三八滩滩头(-13.2，荆 35)
公安河段	2002 年 10 月至 2015 年 10 月	-1.33	新厂水位站(-7.5，公 2)
石首河段	2002 年 10 月至 2015 年 10 月	-2.90	调弦口(-14.4，荆 120)
监利河段	2002 年 10 月至 2015 年 10 月	-0.73	乌龟洲(-9.3，荆 144)

　　2001 年 10 月至 2015 年 11 月城汉河段河床形态均未发生明显变化，河床深泓纵剖面总体略有冲刷，深泓平均冲刷深度为 0.44 m，沿程表现为上冲下淤。其中，上段城陵矶—石矶头(含白螺矶、界牌和陆溪口河段)深泓平均冲刷深度约为 1.38 m，下段石矶头—汉口(含嘉鱼、簰洲和武汉河段上段)段深泓平均淤积抬高约 0.168 m(图 7.3-5)。

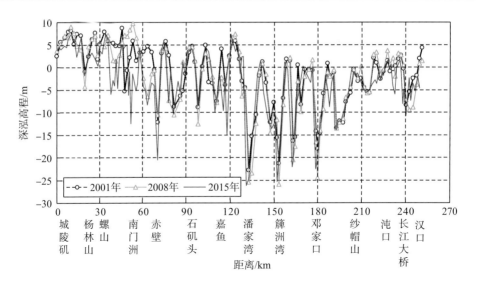

图 7.3-5　三峡水库蓄水后城陵矶—汉口河段深泓纵剖面变化图

　　三峡水库蓄水后，汉口—九江河段深泓纵剖面有冲有淤，除田家镇河段深泓平均淤积抬高外，其他各河段均以冲刷下切为主，河道深泓线高程平均冲刷深度为 2.09 m。河段内河床高程较低的白浒镇、西塞山和田家镇马口深槽历年有冲有淤，除田家镇马口深槽淤积 1.2 m 外，白浒镇深槽和西塞山深槽冲刷深度分别为 2.9 m 和 11.3 m（图 7.3-6）。九江至湖口河段(张家洲河段)深泓平均冲刷深度为 2.4 m。其中张家洲头分流区(ZJA03)和上下三号进口龙潭山附近(SXA01)深泓冲刷深度较大，最大冲刷深度分别为 7.6 m 和 8.9 m。

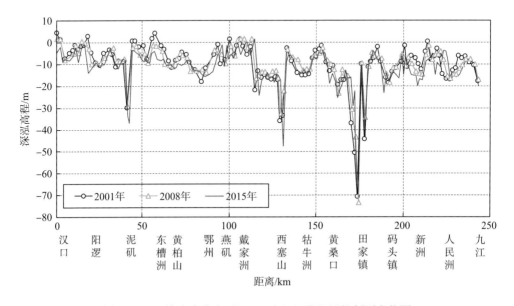

图 7.3-6　三峡水库蓄水后汉口—九江河段深泓纵剖面变化图

2. 断面形态向窄深化发展

1) 宜昌—城陵矶河段

宜枝河段河宽偏小,断面以单一形态为主,因而冲刷变形的方式也相对简单,主要体现为河槽的下切,且与冲刷强度相对应。宜昌河段的断面冲淤变化幅度相对较小,宜都河段内断面主河槽冲刷下切的幅度则较大,如白洋弯道(宜 69)和外河坝附近(枝 2),2002~2015 年断面最大下切幅度分别达 14.6 m 和 18.7 m(图 7.3-7、图 7.3-8)。

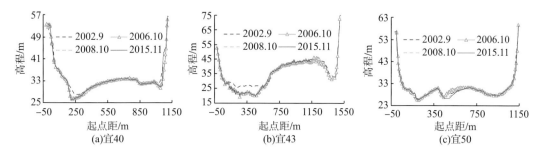

图 7.3-7　三峡水库蓄水后宜昌河段典型断面冲淤变化图

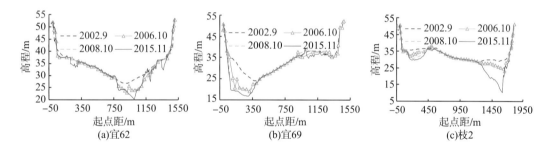

图 7.3-8　三峡水库蓄水后宜都河段典型断面冲淤变化图

荆江河段断面形态主要有 V 形、U 形和 W 形以及其亚型偏 V 形、不对称 W 形等类型。其中,U 形主要分布在分汊段、弯道段之间的顺直过渡段内,V 形一般分布在弯道段,W 形分布在汊道段,不同类型断面变化规律也不尽相同(图 7.3-9~图 7.3-11)。

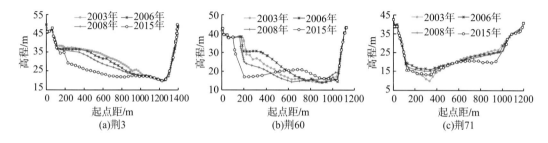

图 7.3-9　三峡水库蓄水后荆江河段 U 形断面冲淤变化图

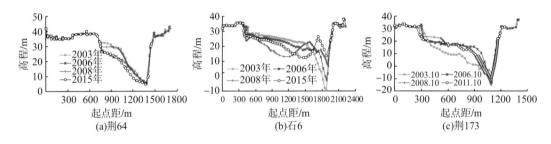

图 7.3-10   三峡水库蓄水后荆江河段 V 形断面冲淤变化图

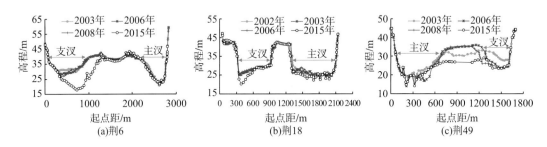

图 7.3-11   三峡水库蓄水后荆江河段 W 形断面冲淤变化图

U 形断面：基本分布在顺直过渡段内，荆江河段的顺直过渡段并非天然形成的，其形态多受到两岸护岸工程的限制作用。因此，三峡水库蓄水前及蓄水后，U 形断面基本形态相对稳定，冲淤主要集中在河槽河床高程略偏高的区域内。

V 形断面：基本分布在弯道段内，三峡水库蓄水前，受人工裁弯、自然裁弯等影响，下荆江弯道段的河势调整幅度剧烈，深槽侧岸线的大幅度崩退使得深泓整体摆动幅度较大，直至 1998 年前后，V 形断面基本形态进入相对稳定期，并持续至三峡水库蓄水后，断面的变化主要是凸岸侧边滩滩唇的交替冲淤，主河槽略有展宽，深槽部分的冲淤变化幅度相对较小，深泓点的平面位置较为稳定。局部急弯段出现凸冲凹淤的现象，断面形态发生变化。

W 形断面：基本分布在分汊段内，其冲淤变幅相对单一型断面更复杂，不仅有两汊的冲淤调整，还有中部滩体的冲淤变化，但总体来看，三峡水库蓄水后，荆江河段 W 形断面"塞支强干"的现象并不明显。

三峡工程运用后，荆江河段河床冲刷以下切为主，横向展宽的现象并不明显，宽深比趋于减小，河道向窄深方向发展的趋势明显。河床断面宽深比变化与累计冲刷量存在较好的响应关系，分段及总体宽深比都是随着累计冲刷量的加大而减小，断面向窄深化发展。自然状态下，上荆江、下荆江在不同水位下的河床断面形态呈截然相反的特征，上荆江枯水河槽宽浅，下荆江窄深，与分汊河型和弯曲河型断面形态特性一致，宽深比上荆江大于下荆江［图 7.3-12（a）］；随着水位抬升至平滩河槽后，上荆江、下荆江宽深比均有所减小，但下荆江宽深比减幅偏小，而上荆江宽深比减幅偏大，两者对比情况与枯水河槽的恰恰相反［图 7.3-12（b）］。三峡工程运用后，上荆江、下荆江河床冲刷的强度以及滩、槽分配比例上都存在不小的差异，使得上荆江窄深化发展程度显著大于下荆江。2003~2014年上荆江平滩河槽宽深比由 3.11 减小至 2.76，枯水河槽由 4.57 减小至 3.93，枯水河槽冲刷量占比大,其窄深化发展速度大于平滩河槽;下荆江平滩河槽宽深比由 3.35 减小至 3.16,枯水河槽由 3.96 减小至 3.76,两者相差不大。

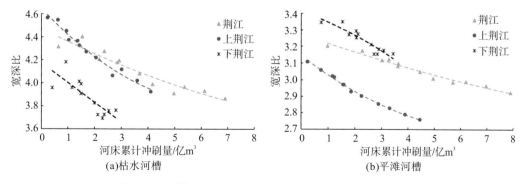

(a)枯水河槽

(b)平滩河槽

图 7.3-12 荆江河段河床宽深比与累计冲刷量的相关关系

2)城陵矶—湖口河段

从断面形态变化来看,城陵矶—汉口河段内,除界牌河段的 Z3-1 断面和簸洲河段的 CZ30 断面形态有较为剧烈的调整以外,其他河段的典型断面形态相对稳定,冲淤变化主要集中在主河槽内,兼有下切(HL13)和展宽(CZ49)两种变形形式(图 7.3-13)。

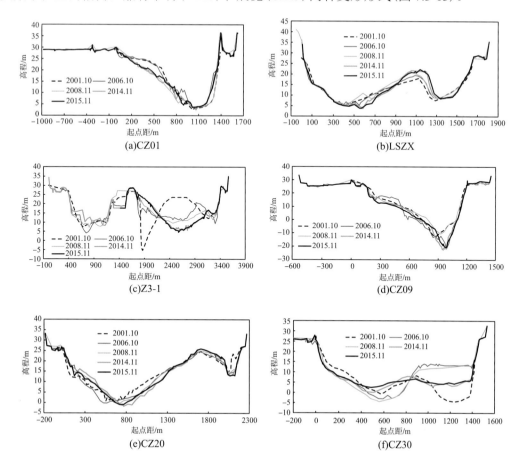

(a)CZ01

(b)LSZX

(c)Z3-1

(d)CZ09

(e)CZ20

(f)CZ30

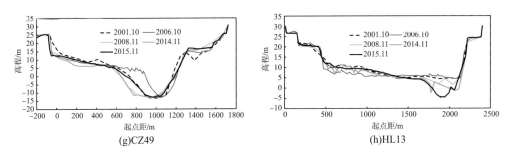

(g)CZ49   (h)HL13

图 7.3-13   三峡水库蓄水运用后城陵矶—武汉河段典型断面冲淤变化

汉口—湖口河段河床断面形态均未发生明显变化，河床冲淤主要集中在主河槽内，部分河段因实施了航道整治工程，断面冲淤调整幅度略大，如戴家洲洲头段(CZ76 断面)实施了护滩工程，位于河心的滩体处于淤高的状态，2001～2015 年累计淤积幅度最大达 6 m 以上(图 7.3-14、图 7.3-15)。

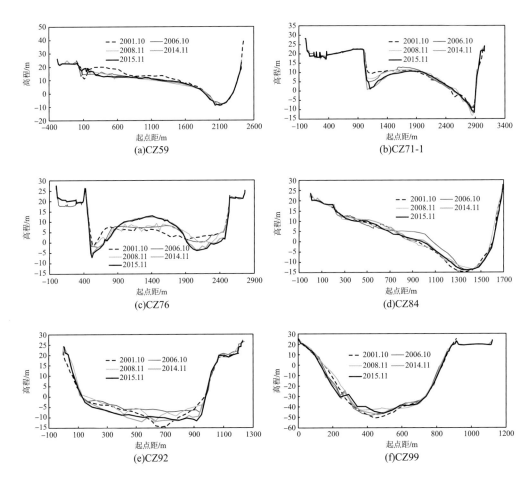

(a)CZ59   (b)CZ71-1

(c)CZ76   (d)CZ84

(e)CZ92   (f)CZ99

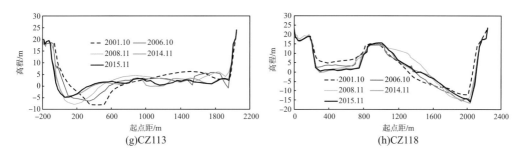

(g)CZ113　　　　　　　　　　(h)CZ118

图 7.3-14　三峡水库蓄水后武汉—九江河段典型断面冲淤变化

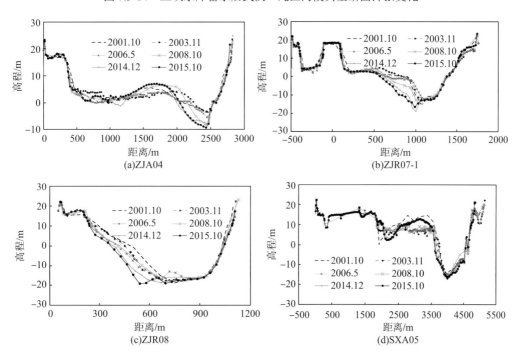

(a)ZJA04　　　　　　　　　　(b)ZJR07-1

(c)ZJR08　　　　　　　　　　(d)SXA05

图 7.3-15　三峡水库蓄水后张家洲河段典型断面冲淤变化

3. 洲滩以冲刷萎缩为主

1)宜昌—城陵矶河段

河心分布有一定规模的江心洲(滩)是分汊河道区别于其他河型最为显著的特征。一定来流条件下,江心洲(滩)可能被淹没,也可能出露。洲滩出露时,河道水流流路不再单一,洲滩左右缘充当汊道边界的角色,并随着水沙条件的变化而发生冲淤变形,这种变形以平面形态变化为主;洲滩过流时,作为水下河床,其仍然会随着水沙条件的变化而发生冲淤调整,且这种调整包含平面形态和纵向变化两类。因此,江心洲(滩)冲淤形式与其自身规模和水沙条件有关,年内过流时间长的中低滩冲淤变形幅度更大,年内过流时间短的高滩冲淤变形一般表现为滩缘的淘刷。三峡水库蓄水后,长江中游分汊河道内江心洲(滩)的冲淤变形都以冲刷为主,且中低滩的萎缩尤为明显。表 7.3-3 为三峡水库蓄水后荆江河段 9个典型洲滩滩体面积变化情况。马家咀汊道段的突起洲(于 2006 年汛后开始实施两期滩体上段及左缘的守护工程)呈淤积状态,太平口心滩经历了先淤涨,后冲刷的变化过程,其他滩体均有一定幅度的冲刷萎缩。其中,中低滩以沙市河段三八滩的相对萎缩幅度最大,2013 年滩体 30 m 等高线的面积较 2002 年减小 2.05 km²,相对萎缩幅度达 94.0%;中低滩绝对萎缩幅度最大的为沙市河段的金城洲,2013 年滩体 30 m 等高线面积较 2003 年减小 4.04 km²;高滩的萎缩程度较中低滩偏小,相对萎缩幅度为 6.6%~33.3%。

表 7.3-3   三峡水库蓄水后荆江河段江心洲(滩)体特征等高线面积变化统计

滩体名称	统计年份	滩体面积/km²	滩体名称	统计年份	滩体面积/km²	滩体名称	统计年份	滩体面积/km²
关洲[1]	2002	4.86	芦家河碛坝[1]	2002	0.80	柳条洲[2]	2002	2.65
	2006	4.75		2006	0.70		2006	2.75
	2008	4.49		2008	0.77		2008	3.29
	2011	4.09		2011	0.48		2011	2.18
	2013	3.24		2013	0.46		2013	2.47
太平口心滩[2]	2002	0.84	三八滩[2]	2002	2.18	金城洲[2]	2003	5.00
	2006	1.65		2006	0.80		2006	3.31
	2008	2.13		2008	0.45		2008	2.35
	2011	1.84		2011	0.16		2011	1.46
	2013	1.33		2013	0.13		2013	0.96
突起洲[2]	2003	8.05	倒口窑心滩[2]	2002	3.14	乌龟洲[3]	2002	8.43
	2006	6.9		2006	3.94		2006	7.62
	2008	7.2		2008	3.33		2008	7.90
	2011	7.8		2011	3.61		2011	8.12
	2013	9.08		2013	1.58		2013	7.87

注:"1"为 35m 等高线;"2"为 30m 等高线;"3"为 25m 等高线。

高滩与中低滩的冲刷形式也存在一定区别,中低滩往往是以滩轴线为中心的整体萎缩(极少数滩体先淤后冲),而高滩则以中枯水支汊一侧的滩缘冲刷后退为主。中低滩冲淤变形比较典型的有位于上荆江沙市河段的太平口心滩、三八滩和金城洲,其中太平口心滩 2008 年之前以淤积为主,之后滩体整体持续冲刷萎缩;三八滩和金城洲 30 m 等高线呈明显的整体萎缩现象,尽管两处滩体都实施了局部守护工程,但在高强度的次饱和水流作用下,滩体仍大幅度地冲刷,三八滩至 2011 年仅剩一狭窄小滩体,金城洲的萎缩程度也较大[图 7.3-16(a)];三峡水库蓄水后,上游来水偏枯,高滩年内过流时间较短,但受中枯水以下支汊河槽冲刷发展的影响,水流不断淘刷高滩滩缘,致使滩缘冲刷崩退,如关洲左汊和马家咀左汊均为中枯水支汊,且分流比都有一定幅度的增加,对应汊道内的关洲以及南星洲左缘冲刷后退,相反,中枯水主汊侧滩缘则基本保持稳定[图 7.3-16(b)]。究其原因主要在于这两个汊道均属于弯曲型,中枯水支汊位于凸岸侧,高滩滩缘为该汊的凹岸边界,在汊道内部呈现弯道"凹冲凸淤"的特性,滩缘的冲刷在所难免。可见,高滩的萎缩程度不仅与汊道的发展情况密切相关,还取决于汊道的河势格局。

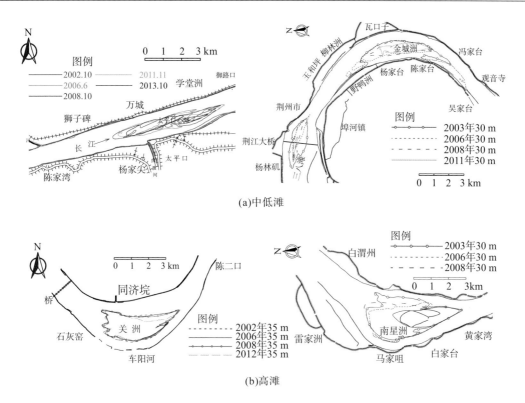

(a)中低滩

(b)高滩

图 7.3-16　三峡水库蓄水后上荆江典型江心洲(滩)平面变化图

与心滩类似，下荆江弯道凸岸侧分布的边滩也出现了持续冲刷的现象。三峡水库蓄水后，下荆江河道急弯段的凸岸侧边滩不断冲刷，滩唇冲刷(切割)后退，滩体面积萎缩明显(图 7.3-17)。2002～2013 年，调关弯道和莱家铺弯道凸岸侧边滩的 20 m 等高线面积萎缩率分别为 28.1%和 4.6%，25 m 等高线面积萎缩率分别为 31.7%和 11.6%；反咀弯道、七弓岭弯道和观音洲弯道 20 m 等高线面积萎缩率分别为 4.0%、41.1%和 90.7%。七弓岭弯道凸岸滩体切割后，在凹岸侧淤积形成低矮的江心潜洲，断面形态发生变化。

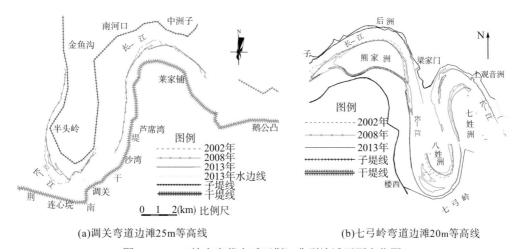

(a)调关弯道边滩25m等高线　　　　　　　　(b)七弓岭弯道边滩20m等高线

图 7.3-17　三峡水库蓄水后下荆江典型边滩平面变化图

2）城陵矶—湖口河段

城陵矶—湖口河段内的洲滩总体规模相较于宜昌—城陵矶河段偏大，中滩数量众多。从统计的典型洲滩特征值变化（表7.3-4）来看，滩体总体以冲刷萎缩为主，如南门洲、复兴洲、白沙洲、戴家洲、龙坪新洲和人民洲洲体特征等高线的面积都有所减小，滩体规模越小，冲刷的幅度越大，白沙洲15 m等高线面积减幅约为47.9%。此外，南阳洲先淤后冲，东槽洲基本稳定，天兴洲则有所淤积。

表7.3-4　2001～2013年城陵矶—湖口河段典型滩体特征值统计

河段	滩名	年份	最大滩长/m	最大滩宽/m	滩体面积/km²	特征等高线/m
城陵矶—汉口	南阳洲	2001	4029	1392	3.84	20
		2006	4055	1663	4.36	
		2008	4725	1822	5.23	
		2013	4855	1447	4.74	
	南门洲	2001	9310	1493	10.33	
		2006	9513	1496	9.98	
		2008	9181	1514	9.47	
		2013	9291	1448	9.33	
	复兴洲	2001	7830	2150	10.89	18
		2006	7910	2140	10.88	
		2008	7810	2110	10.75	
		2013	7900	2052	10.32	
	白沙洲	2001	4550	450	1.41	15
		2006	3569	443	1.05	
		2008	3270	429	1.02	
		2013	2876	402	0.735	
汉口—湖口	天兴洲	2001	11700	2360	18.0	15
		2006	11680	2490	18.4	
		2008	11630	2430	18.3	
		2013	11982	2401	19.8	
	东槽洲	2001	7043	4347	22.52	
		2006	7377	4595	22.74	
		2008	7100	4880	22.86	
		2013	7120	4788	22.68	
	戴家洲	2001	12600	2000	18.9	
		2006	11500	1910	16.8	
		2008	11700	1940	17.0	
		2013	11700	1930	16.9	
	龙坪新洲	2001	6500	4580	22.3	10
		2006	5730	4570	21.8	
		2008	6250	4550	21.8	
		2013	7050	4560	21.7	
	人民洲	2001	6930	1040	4.71	
		2006	6100	1040	4.33	
		2008	6270	1040	4.19	
		2013	6560	1000	3.87	

从滩体特征等高线平面形态变化(图 7.3-18)来看,低矮滩体基本上是整体冲淤,如南阳洲,而高滩的冲淤基本上集中在头部低滩区域,尤其是实施了航道整治工程的滩体,如天兴洲、东槽洲、戴家洲、龙坪新洲等头部低滩均实施了守护工程,因而低滩相较于蓄水前或者蓄水初期是有所淤积的,有些低滩淤积长大,如东槽洲头部低滩和鸭儿洲,有些淤积上延,如天兴洲头。

综上来看,三峡水库蓄水后,城陵矶—湖口河段内分布的洲滩多数冲刷萎缩,高滩相对于低滩更为稳定,部分头部低滩实施了守护工程后,有所淤长。

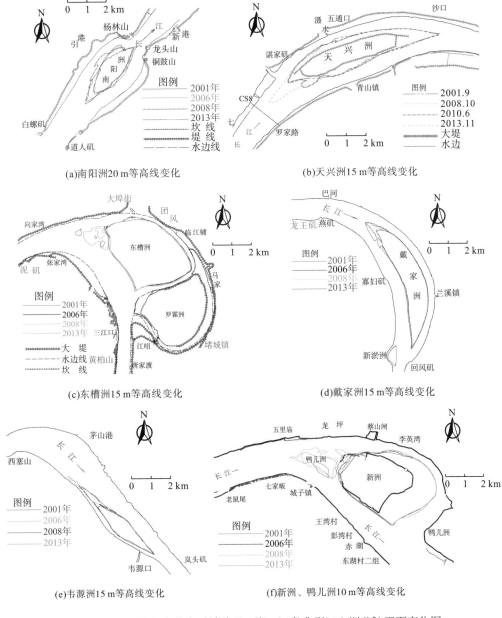

(a)南阳洲20 m等高线变化

(b)天兴洲15 m等高线变化

(c)东槽洲15 m等高线变化

(d)戴家洲15 m等高线变化

(e)韦源洲15 m等高线变化

(f)新洲、鸭儿洲10 m等高线变化

图 7.3-18　三峡水库蓄水后城陵矶—湖口河段典型江心洲(滩)平面变化图

4. 河床组成粗化响应

1) 宜昌—城陵矶河段

三峡工程运用后，粗颗粒泥沙基本被拦截在水库内，坝下游 $d>0.125$ mm 粗颗粒泥沙基本来源于河床的补给作用。三峡水库蓄水前宜枝河段泥沙的粒径虽在一定范围内变化，但总体上仍属于沙砾河床，局部河段为砾石河床。三峡水库蓄水后，随着河道的冲刷，床沙粗化明显，以河床冲刷下切相对剧烈的宜69（白洋弯道）断面为例，2003 年 11 月其床沙中值粒径为 0.296 mm，至 2015 年 11 月粗化至 11.2 mm；宜昌—枝城河段河床组成从蓄水前的沙质河床或夹沙卵石河床，逐步演变为卵石夹沙河床。

从河床原始组成上来看，荆江起始段枝江河段与下游沙质河床河道略有差别，该段属于沙卵石过渡段，其粗化形式有两种：一种是当地河床组成的粗化，粗化率按照床沙中值粒径增大的断面占总数的比例来计算，达到 100%，部分断面床沙中值粒径粗化至卵石水平；另一种是沙卵石河段下延，下延范围接近 5 km。2014 年与 2003 年相比，荆江河段沙质河床段的粗化率达到 84.4%，即所统计的 77 个固定断面床沙资料中，有 80% 以上的断面床沙中值粒径增大，各典型河段中值粒径普遍增大（表 7.3-5）。荆江河段床沙粗化与河床冲刷存在较好的响应关系，由于床沙取样多集中在中枯水期主河槽内，建立床沙粗化程度表征指标与枯水河槽河床累计冲刷量的关系，如图 7.3-19 所示。床沙粗化程度分析选用了两类指标：一是床沙中 $d<0.25$ mm 颗粒的沙重百分数；二是床沙中值粒径。随着冲刷的不断发展，荆江河段床沙中 $d<0.25$ mm 颗粒的沙重百分数不断减小，逐渐由蓄水初期的近 80% 减小至当前的不足 60%，意味着河床中 $d>0.25$ mm 粗颗粒泥沙的占比增幅接近 20 个百分点；同时，床沙中值粒径增大，三峡水库蓄水初荆江河段床沙中值粒径为 0.197 mm，2009 年达到最大值，为 0.241 mm，此后基本稳定在 0.225 mm 以上。

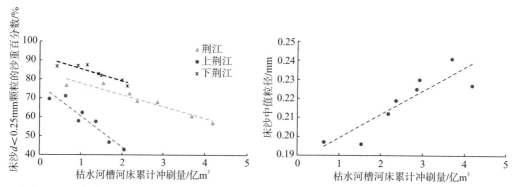

图 7.3-19　床沙 $d<0.25$ mm 颗粒的沙重百分数、中值粒径与枯水河槽累计冲刷量的相关关系

2) 城陵矶—湖口河段

城陵矶—汉口河段床沙大多为现代冲积层，床沙组成以细沙为主，其次是极细沙，最后依次为中沙、粉沙、粗沙、极粗沙、细卵石、中粗卵石等。三峡水库蓄水以来，河床冲刷导致床沙有所粗化，且河床冲刷强度越大，床沙粗化越明显。2003~2015 年，城陵矶—汉口河段床沙平均中值粒径由 0.159 mm 变粗为 0.173 mm。分段来看，除界牌河段、嘉鱼河段床沙中值粒径变化不大外，其他河段均略有粗化。

1998 年大洪水期间,汉口—湖口河段大幅淤积,1996～1998 年淤积泥沙约 3.08 亿 m³,淤积使得床沙粒径普遍较细。三峡水库蓄水后,2003～2015 年,汉口—湖口河段河床以冲刷为主,且冲刷强度略大于上游城陵矶—汉口段,相应地床沙也有所粗化,床沙平均中值粒径由 0.140 mm 变粗为 0.158 mm,仅叶家洲河段、黄州河段和九江河段粗化现象不明显(表 7.3-5)。

表 7.3-5　三峡水库运用前后长江中下游床沙中值粒径变化　　　　　　单位: mm

	河段	1998 年	2003 年	2006 年	2008 年	2010 年	2012 年	2014 年	2015 年
荆江河段	枝江河段	0.238	0.211	0.262	0.272	0.261	0.262	0.280	—
	沙市河段	0.228	0.209	0.233	0.246	0.251	0.252	0.239	0.263
	公安河段	0.197	0.220	0.225	0.214	0.245	0.228	0.234	0.260
	石首河段	0.175	0.182	0.196	0.207	0.212	0.204	0.210	0.238
	监利河段	0.178	0.165	0.181	0.209	0.201	0.221	0.198	0.224
城汉河段	白螺矶河段	0.124	0.165	0.202	0.197	0.187	0.208	0.193	0.192
	界牌河段	0.180	0.161	0.189	0.194	0.181	0.221	0.184	0.167
	陆溪口河段	0.134	0.119	0.124	0.157	0.136	0.195	0.152	0.163
	嘉鱼河段	0.169	0.171	0.173	0.165	0.146	0.219	0.165	0.169
	簰洲河段	0.136	0.164	0.174	0.183	0.157	0.211	0.165	0.169
	武汉河段(上)	0.153	0.174	0.182	0.199	0.185	0.363	0.186	0.181
汉口—湖口河段	武汉河段(下)	0.102	0.129	—	0.154	—	—	—	—
	叶家洲河段	0.168	0.153	0.147	0.173	0.165	0.248	0.168	0.159
	团风河段	0.113	0.121	0.166	0.112	0.177	0.226	0.175	0.150
	黄州河段	0.170	0.158	0.104	0.172	0.109	0.217	0.123	0.111
	戴家洲河段	0.131	0.106	0.155	0.174	0.191	0.205	0.174	0.181
	黄石河段	0.147	0.160	0.134	0.177	0.181	0.192	0.147	0.166
	韦源口河段	0.140	0.148	0.170	0.135	0.179	0.323	0.173	0.204
	田家镇河段	0.115	0.148	0.163	0.157	0.142	0.218	0.160	0.152
	龙坪河段	0.136	0.105	0.159	0.155	0.174	0.182	0.162	0.167
	九江河段	0.182	0.155	0.133	0.156	0.156	0.154	0.138	0.127
	张家洲河段	—	0.159	0.187	0.181	0.161	0.198	0.162	0.164

5. 局部河势调整剧烈

三峡水库蓄水后,荆江河段冲刷剧烈,上荆江分汊段普遍出现支汊冲刷发展的现象,不同于之前多家研究机构预测的汊道"塞支强干",下荆江急弯段则呈现明显的"凸冲凹淤"特征,显著区别于弯道一般性的冲淤规律。

1)上荆江分汊河道"短支汊发展快"

三峡水库蓄水后,上荆江的分汊段,无论是顺直型还是弯曲型,都出现了较为明显的中枯水以下支汊河槽冲刷发展的现象,与早先提出的"塞支强干"之说不相符。上荆江 6 个分汊河段中枯水期分流比均不同幅度地增大(表 7.3-6),分流比统计起始时段为三峡水库蓄水前,考虑到部分重点分汊浅滩河段实施了支汊限制工程,分流比的末时段有工程的河段为工程实施前。来流条件相近时，上荆江各类型汊道支汊分流比增幅均在 9 个百分点以上，顺直分汊段支汊发展强度最大，芦家河汊道、太平口汊道支汊分流比增幅分别居第一、第二位，分别达到 20.5%、18%，太平口心滩段右汊自 2005 年年末开始成为中枯水主汊，南星洲汊道在 2006 年实施了支汊的护底限制工程，支汊发展受到限制。支汊分流比增大的同时，河床下切幅度也显著加大，关洲汊道断面(荆 6)、金城洲汊道断面(荆 49)也出现了支汊河床冲刷下切幅度大于主汊的现象 [图 7.3-11(c)]。

表 7.3-6 三峡水库蓄水后上荆江典型汊道中枯水期分流比变化

汊道名称	汊道类型	施测时间(年.月)	全断面流量/(m³/s)	分流比/%	
				主汊	支汊
关洲汊道	弯曲分汊型	2003.3	4230	80.9	19.1
		2012.11	6070	66.0	34.0
芦家河汊道	顺直分汊型	2003.3	4070	71.9	28.1
		2012.11	6070	51.4	48.6
太平口汊道	顺直分汊型	2003.3	3730	55.0	45.0
		2012.2	6230	37.0	63.0
三八滩汊道	微弯分汊型	2003.12	5470	66.0	34.0
		2009.2	6950	57.0	43.0
金城洲汊道	微弯分汊型	2001.2	4150	96.9	3.1
		2014.2	6220	87.2	12.8
南星洲汊道	弯曲分汊型	2003.10	14900	67.0	33.0
		2005.11	10300	58.0	42.0

半限制性的平面形态及水沙条件重分配是荆江河段强冲刷异常性响应的主要原因。长江中下游防洪安全历来有"万里长江，险在荆江"之说，因此，荆江河段护岸工程强度大、历史久，截至 2006 年，上荆江护岸工程长度约为 120 km，下荆江护岸工程长度约为 142 km。护岸工程作用下，上荆江纵然多分布有汊道，但汊道展宽受到极大的限制，位于河心的江心洲(滩)规模并不大，水流容易漫滩，对于两侧河槽的控制作用较弱。三峡水库蓄水后上荆江多数洲滩冲刷萎缩，沙市河湾的三八滩 30 m 等高线面积萎缩率高达 92.7%，金城洲 2011 年滩体 30 m 等高线面积相较于 2003 年减小约 3.54 km²，且中低滩体头部冲蚀明显，支汊的入流条件改善，加之支汊河床组成偏细，同等水流强度下，泥沙更易于起动，故而冲刷发展。

2) 下荆江急弯河段"凸冲凹淤"

下荆江急弯段属于边滩发育型的蜿蜒河道，河道的凸岸侧一般分布有大规模的滩体，深槽则贴靠凹岸侧。弯道的取直多是通过滩体冲刷、切割，同时深槽向凸岸侧摆动来实现，监利河弯曾多次出现过这种现象，在滩、槽冲淤分布方面表现为"凸冲凹淤"，是一种异常现象，显著区别于弯道一般性的"凹冲凸淤"。三峡水库蓄水前，下荆江弯道段类似这种撇弯切滩现象一般只在特殊的水文条件下出现，如特大水作用，大水驱直切割凸岸侧滩体，不具有普遍性和持续发展性，在河道平面形态稳定的前提下，长期中小水年作用后凸岸侧边滩能够淤积恢复。此外，下荆江人工裁弯期间，受比降显著变化的影响，也出现了撇弯切滩的现象。

　　三峡水库蓄水后，坝下游除遭遇 2006 年极枯水文条件以外，整体水文过程无明显异常，以平水年居多，大洪水更因三峡水库拦截而被削减。然而，下荆江急弯段多出现"凸冲凹淤"现象(图 7.3-20)，虽然未发展至撤弯切滩的程度，但局部调整剧烈的河段滩槽格局、断面形态变化明显，几个典型的偏 V 形断面都转化为不对称的 W 形(图 7.3-21)，部分弯道于凹岸侧淤积形成水下潜洲。

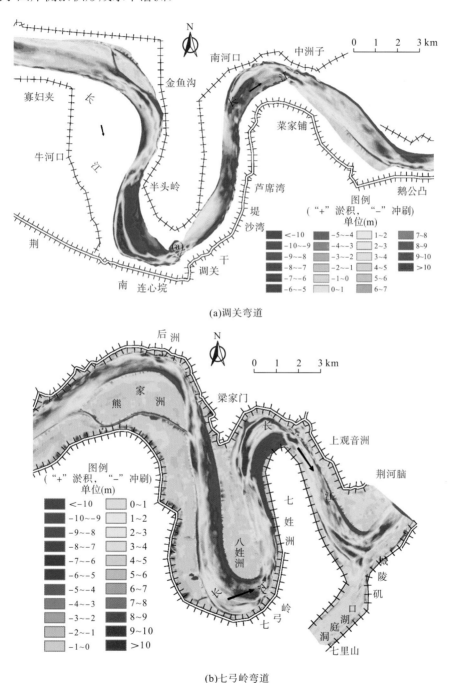

(a)调关弯道

(b)七弓岭弯道

图 7.3-20　下荆江急弯段 2002～2013 年冲淤厚度平面分布图

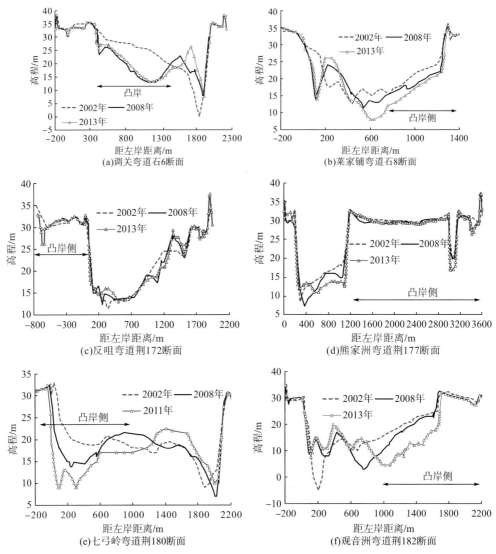

图 7.3-21　下荆江急弯段典型断面年际冲淤变化

三峡工程运用后，对于下荆江而言，一方面，天然状态下的流量年内分配规律发生了变化，三峡水库汛期削峰调度、汛后蓄水和枯期补水调度综合作用下，流量过程坦化现象更为明显，年内主流线在凸岸侧、凹岸侧的作用历时分配不均匀化；另一方面，来沙量大幅度减少，尤其是细颗粒泥沙上游河床的补给作用弱，凸岸侧边滩年内淤积期的沙量来源远远不足，边滩恢复程度极低，同时，床沙质的补给效应强，恢复情况相对较好，粒径大于 0.1 mm 的泥沙颗粒至监利站恢复了 83%，主河槽内的淤积物来源在量上的满足程度相对较好。此外，下荆江急弯段凹岸侧护岸工程强度大，决定了其类似于丹江口水库下游弯道通过凹岸冲退补充泥沙的可能性不复存在。几个因素综合作用下，下荆江急弯段的"凸冲凹淤"现象较为普遍。

3) 城陵矶以下部分分汊段的主汊冲刷更为明显

城陵矶—湖口河段在 2008 年以前冲刷发展的现象尚不明显，同时上游河道高强度的冲刷给该段补充了大量的泥沙来源，由于该段以分汊最为典型，就汊道主、支的发展情况来看，除少数汊道段表现为主、支汊均淤积，或支汊淤积、主汊冲刷外，多数汊道都表现为主、支汊显著冲刷，也有一部分汊道表现为支汊冲刷而主汊淤积，主体的冲淤变化趋势不太明显。2008 年三峡水库 175 m 试验性蓄水以来，城陵矶以下河段河床冲刷强度不大且沿程分布不均，但较上一时段有所发展，部分主、支汊地位相差悬殊的分汊段出现了主汊冲刷、支汊略有冲刷甚至淤积的现象，表 7.3-7 所统计的典型汊道都出现了主汊冲刷显著大于支汊的现象，多数支汊出现了淤积现象。可见，城陵矶以下分汊河道基本符合以往预测出的"塞支强干"现象，从冲淤厚度的平面分布图和典型断面变化图上也能看出主汊冲刷深度明显大于支汊的特征(图 7.3-14、图 7.3-15、图 7.3-22)。

表 7.3-7　三峡水库蓄水后城陵矶以下主要汊道段泥沙冲淤统计表　　　　单位：万 m³

汊道名称	所在河段	2001.10～2008.10		2008.10～2015.10	
		左汊	右汊	左汊	右汊
中洲	陆溪口河段	282	701(主汊)	1430	-3720
护县洲	嘉鱼河段	-524 (主汊)	20	-2260	230
团洲	簰洲河段	-993 (主汊)	249	-2800	100
天兴洲	武汉河段	-663	-898(主汊)	2330	-2590
戴家洲	戴家洲河段	-267	-712(主汊)	230	-3110
牯牛洲	蕲州河段	609 (主汊)	-142	-730	90
新洲	龙坪河段	1629	-765(主汊)	900	-1320

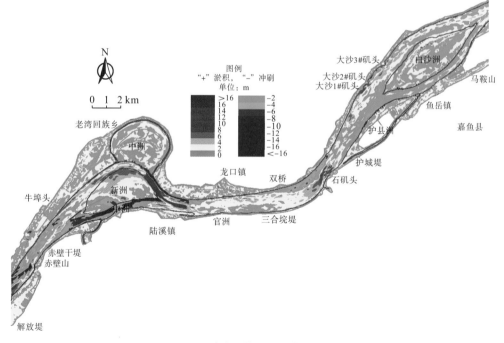

(a)中洲和护县洲汊道段

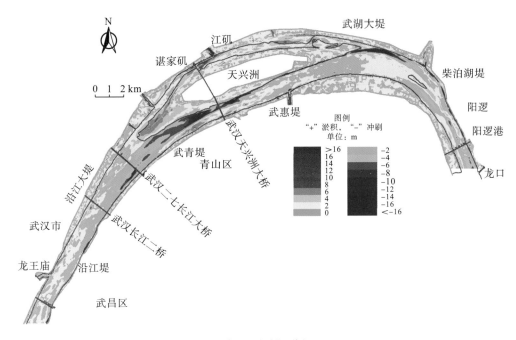

(b)武汉天兴洲汊道段

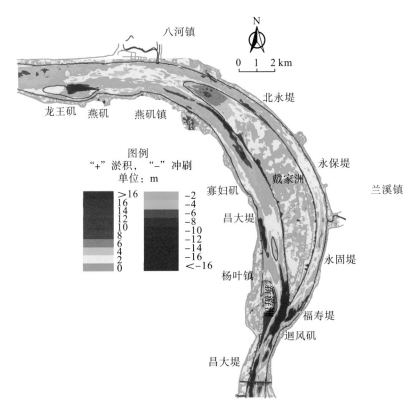

(c)戴家洲汊道段

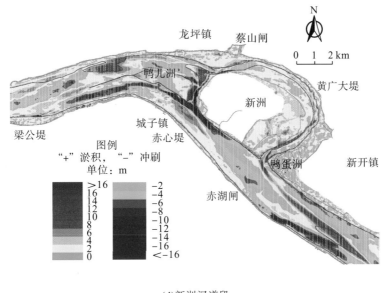

(d)新洲汉道段

图 7.3-22　城陵矶以下典型汉道段 2008～2013 年河床冲淤厚度分布

7.3.3　水位变化

从 2003～2015 年河床高程降幅与枯水位降幅的相关关系(图 7.3-23)看，位于上荆江河段的枝城站和沙市站枯水位累计降幅基本上和河段的枯水位河床平均高程降幅正相关。相关程度的差异与河床冲刷发展过程、河道自然属性等有关。基于这样紧密的联系，三峡水库蓄水后坝下游河道的水位情势响应特征典型地表现为控制站水位-流量关系的变化，尤其是同流量下枯水位的大幅度下降。

从 2003～2015 年长江中下游沿程各控制站的枯水位下降幅度(表 7.3-8)看，下降幅度呈中间大、两头小的分布特征，且枯水位下降与河道冲刷发展的过程存在较为密切的联系。对比水库不同运行阶段，宜昌站 6000 m³/s(三峡水库枯期补水调度作用下，现今宜昌站基本上不再出现小于 5500 m³/s 的流量)下水位累计下降 0.74 m，其中水库运行初期仅下降 0.22 m，主要受河床冲刷下切影响，而试验性蓄水期下降 0.52 m，受河床冲刷和下游枯水位下降上溯效应的综合影响；枝城站 7000 m³/s 下水位累计下降 0.59 m，其中水库运行初期下降 0.25 m，试验性蓄水期下降 0.35 m，其河床控制性节点(芦家河浅滩段)的稳定对枯水位降幅偏小至关重要；沙市站 7000 m³/s 下水位累计下降 1.64 m，是整个长江中游枯水位下降幅度最大的控制站，其中水库运行初期仅下降 0.36 m，试验性蓄水期下降 1.28 m，枯水位下降呈逐渐发展的趋势，河床高程下切及下游水位下降的上溯效应是主要原因；洞庭湖入汇后，螺山站 8000 m³/s 下水位累计下降 0.98 m，其中水库运行初期下降 0.52 m，试验性蓄水期下降 0.46 m；汉江入汇后，汉口站 10000 m³/s 下水位累计下降 1.10 m，其中水库运行初期下降 0.53 m，试验性蓄水期下降 0.57 m，汉口以下水位下降的趋势性变化尚不明显。

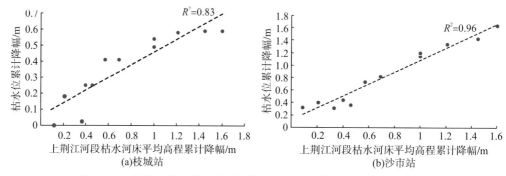

图 7.3-23　枝城、沙市枯水位累计降幅与河床平均高程下切的相关关系

表 7.3-8　三峡水库蓄水后长江中游控制站中枯水位变化统计表

控制站	统计流量/ (m³/s)	不同时段枯水位累计降幅/m		
		2003~2008 年	2008~2015 年	2003~2015 年
宜昌站	6000	0.22	0.52	0.74
	7000	0.29	0.56	0.85
枝城站	7000	0.25	0.34	0.59
	10000	0.33	0.52	0.85
沙市站	6000	0.43	1.31	1.74
	7000	0.36	1.28	1.64
	10000	0.28	1.19	1.47
螺山站	8000	0.52	0.46	0.98
	10000	0.42	0.49	0.91
汉口站	10000	0.53	0.57	1.10
	15000	0.61	0.34	0.95

　　从年内水位变化过程来看，宜昌站水位在各级流量下几乎同幅度下降，沙市站及下游的螺山站、汉口站则不尽相同，随着流量的增大，水位的下降幅度有所减小，尤以沙市站最为明显，至 20000 m³/s 左右时，水位基本上保持稳定(图 7.3-24、图 7.3-25)，这与坝下游河道冲刷绝大部分发生在枯水河槽内，滩体冲刷量相对偏小有关。同时，沿程冲刷量的差异在水位降幅上也有所体现，螺山以上的河段冲刷强度大，对应中低水位下降幅度也偏大，螺山以下河段冲刷强度相对偏小，对应中低水位下降幅度也相应偏小，这种对应关系存在于整个长江中下游河道。

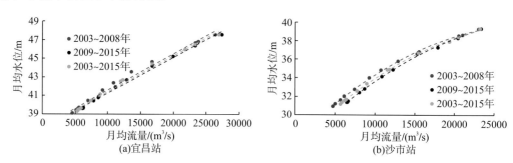

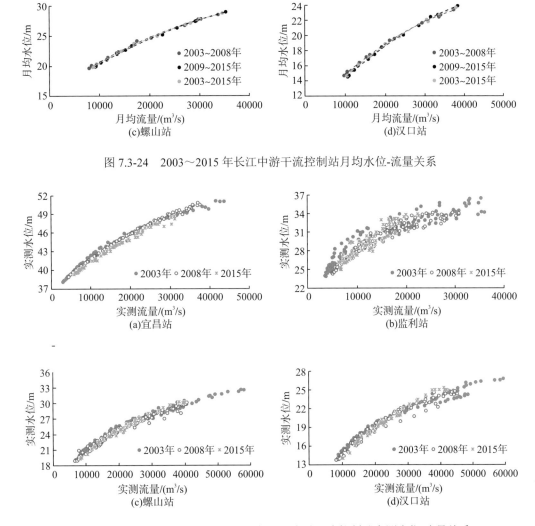

图 7.3-24　2003～2015 年长江中游干流控制站月均水位-流量关系

图 7.3-25　2003 年、2008 年、2015 年长江中游干流控制站实测水位-流量关系

7.4　洞庭湖、鄱阳湖泥沙冲淤及响应

7.4.1　洞庭湖

1. 湖区泥沙沉积量

三峡水库蓄水后，水库巨大的拦沙作用使得进入长江中游河湖的水流含沙量急剧减小，荆江三口的水流含沙量减幅与干流基本相当，同时荆江三口分流又处于相对偏小的水平，使得 2003～2015 年三口分入洞庭湖的沙量减小至 956 万 t/a，相较于 1981～2002 年均值减少 89.0%，其占入湖总沙量的比例也由 80.3% 下降为 54.0%。同时湖南四水的来沙也处于减少的状态，其年均入湖沙量仅为 816 万 t，相较于上一时段减少 61.7%，次饱和

水流进入湖区后，泥沙沉积的现象减弱，甚至从湖床上向水流补给泥沙以满足其挟带能力，年均补给量达到 158 万 t。时段内来看，荆江三口和湖南四水输入洞庭湖的泥沙基本处于持续减少的状态，与三峡水库初期运行期相比，试验性蓄水期两者沙量年均值分别减少54.4%和33.2%，出湖沙量则相反，年均值增大49.3%，洞庭湖泥沙沉积率由35.2%转化为向干流补充泥沙(表 7.4-1)，尤其是 2008 年以来，洞庭湖出湖沙量均大于入湖沙量。

  年内输沙集中在汛期的现象更为显著，荆江三口和湖南四水汛期输沙占比分别增大至95.4%和 81.3%，使得湖区年内依旧保持汛期泥沙沉积，汛后泥沙冲刷的状态，但汛期泥沙的沉积率相较于蓄水前各时段显著减小(表 7.4-2)。

表 7.4-1   2003～2015 年洞庭湖泥沙沉积量年际变化统计表

时段	年均入湖水量/亿 m³		年均入湖沙量/万 t		年均出湖水沙量		洞庭湖泥沙年均变化	
	荆江三口	湖南四水	荆江三口	湖南四水	水量/亿 m³	沙量/万 t	沉积量/万 t	沉积率/%
2003～2008 年	498	1540	1350	994	2290	1520	824	35.2
2009～2015 年	463	1600	615	664	2390	2270	-991	—
2003～2015 年	480	1570	956	816	2350	1930	-158	—

表 7.4-2   2003～2015 年汛期洞庭湖泥沙沉积量年内变化统计表

时段	汛期入湖水量/亿 m³		汛期入湖沙量/万 t		汛期出湖水沙量		汛期洞庭湖泥沙变化	
	荆江三口	湖南四水	荆江三口	湖南四水	水量/亿 m³	沙量/万 t	沉积量/万 t	沉积率/%
2003～2008 年	440	916	1320	873	1460	817	1376	62.7
2009～2015 年	425	908	612	483	1530	1020	75	6.8
2003～2015 年	432	912	941	663	1500	925	679	42.3

  与蓄水前的各个时段相比，三峡水库蓄水后，洞庭湖泥沙沉积量仍主要与入湖沙量相关，但这种相关性在减弱，水库拦沙和湖区采砂活动显然扰动了这一关系(图 7.4-1)，尤其是当出湖沙量大于入湖沙量时，湖区补给的泥沙量与来沙量的相关性较差，反而与四水来水占总入湖水量比例的关系更为密切，主要原因在于汛后冲刷期洞庭湖水量基本上来自湖南四水，来水量决定湖区泥沙的冲刷量。从而进一步说明，洞庭湖补沙更大的可能是对来沙减少的响应，而非受制于湖区的局部采砂活动。

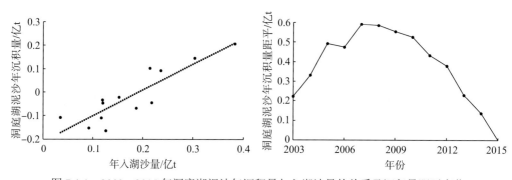

图 7.4-1   2003～2015 年洞庭湖泥沙年沉积量与入湖沙量的关系及沉积量距平变化

2. 湖区泥沙淤积分布

　　根据原型观测的水下地形，计算洞庭湖区的泥沙冲淤厚度，如图 7.4-2 所示。三峡水库蓄水后 2003~2011 年，洞庭湖区由淤转冲，与蓄水前形成鲜明对比，少量淤积主要发生在南洞庭湖西部和东洞庭湖南部，湖区的泥沙平均冲刷厚度约为 10.9 cm，东洞庭湖泥沙平均冲刷厚度最大(含采砂的影响)，约为 19 cm。同时可以看出，洞庭湖内冲刷区的分布相对均匀，与鄱阳湖湖区河床冲刷主要集中在入江水道(主要是采砂影响)有所不同。

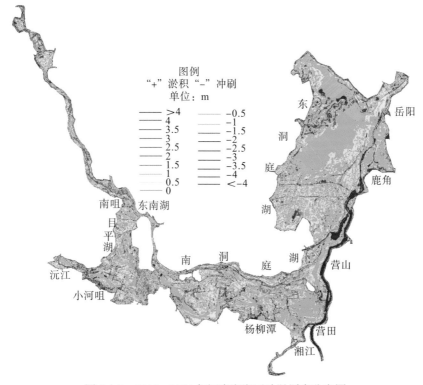

图 7.4-2　2003~2011 年洞庭湖湖区冲淤厚度分布图

　　同时结合遥感监测结果，2002~2007 年和 2007~2011 年两个时期洲滩地形有变低趋势。2002~2007 年湖底地形平均降低了 0.06 m，发生淤积的区域较前一时期有所减少，为全湖的 50.1%，发生冲刷的区域占 49.9%，这一时期淤积主要发生在东洞庭湖柴下洲、飘尾洲和南洞庭湖中西部，冲刷的区域主要在东洞庭湖漉湖东部、牛头洲一带以及西洞庭湖的大部分区域。2007~2011 年湖底地形平均降低了 0.01 m，这一时期淤积发生的区域进一步减少，冲刷的区域范围超过了淤积的范围，淤积区域降低到占全湖面积的 47.8%，冲刷区域扩大到全湖 52.2%的地区。2002~2007 年这一时期为三峡水库蓄水运行初期，入湖泥沙骤减，冲刷量较 2007~2011 年多；其间，淤积主要在东洞庭湖漉湖周边以及柴下洲北部地区，冲刷则广泛分布于东洞庭湖中部和南部、南洞庭湖西部以及西洞庭湖南部地区(图 7.4-3)。

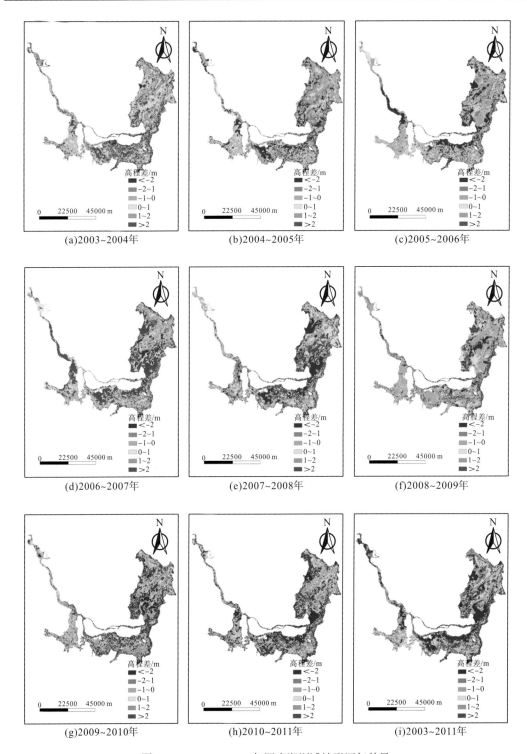

图 7.4-3　2003～2011 年洞庭湖洲滩地形逐年差异

　　基于 2003～2011 年洞庭湖洲滩逐年变化遥感反演结果，通过每两年的地形数据叠加分析，提取每两年的洞庭湖湖盆地形差异信息(图 7.4-3)。结果表明，2003～2011 年洞庭湖冲刷和淤积交替进行，总体呈微冲趋势。58.2%的地区发生冲刷，41.8%的区域发生淤积。冲刷主要发生在东洞庭湖的西部和南部、南洞庭湖北部、西洞庭湖北部和四水洪道。淤积主要发生在目平湖南部、南洞庭湖中南部、东洞庭湖的北部和中北部。冲刷和淤积受每年来水来沙条件的变化在全湖交替进行，沉积较多的地区在南洞庭湖中部和东洞庭湖的西北部和东部，冲刷较多的区域在西洞庭湖西部、南洞庭湖的西部和北部以及东洞庭湖的西部和南部。

3. 湖区泥沙淤积物组成

统计洞庭湖入出湖的泥沙中值粒径见表 7.4-3。入湖泥沙较出湖泥沙组成偏粗，粗颗粒泥沙基本在湖区沉积下来，并且伴随着干流河道的冲刷补给效应，荆江三口入湖的泥沙粒径变粗。湖南四水入湖的泥沙中，湘江和资水来沙粒径偏粗，沅江、澧水来沙则相对较细。荆江三口则不同，三峡水库蓄水后，坝下游河道，尤其是荆江河段河床剧烈冲刷，向水流补给大量的泥沙，由于河床沉积的泥沙粒径较粗，因此干流河道悬移质泥沙粗化现象明显，三口分入洞庭湖泥沙的中值粒径也存在这种现象，自 2012 年开始，三口五站泥沙中值粒径均大于 0.010 mm。出湖的泥沙中值粒径较入湖的显著偏细，但随着洞庭湖泥沙沉积状态的改变，进入湖盆泥沙补给状态后，湖区控制站的悬移质泥沙细颗粒沙重百分数减小(图 7.4-4)，可见湖区悬移质泥沙出现粗化，从而导致城陵矶站泥沙中值粒径也发生粗化。城陵矶站泥沙也发生粗化，中值粒径由蓄水初期的不足 0.005 mm 变粗至 0.009 mm。

表 7.4-3　2003～2015 年洞庭湖入、出湖泥沙中值粒径统计表　　　　单位：mm

年份	湖南四水				荆江三口五站					城陵矶出湖
	湘江湘潭	资水桃江	沅江桃源	澧水石门	新江口	沙道观	弥陀寺	康家岗	管家铺	
2003	0.017	0.032	0.010	0.017	0.006	0.008	0.004	0.009	0.012	0.004
2004	0.053	0.054	0.010	0.017	0.006	0.005	0.004	0.008	0.012	0.003
2005	0.045	0.056	0.013	0.008	0.007	0.007	0.005	0.010	0.010	0.004
2006	0.052	0.024	0.017	0.011	0.010	0.004	0.002	0.004	0.004	0.004
2007	0.075	0.026	0.012	0.017	0.007	0.007	0.004	0.009	0.017	0.003
2008	0.034	0.027	0.010	0.012	0.006	0.005	0.004	0.005	0.012	0.004
2009	0.029	0.019	0.011	0.015	0.003	0.003	0.002	0.004	0.008	0.004
2010	0.023	0.023	0.01	0.017	0.008	0.007	0.007	0.007	0.008	0.009
2011	0.056	0.022	0.018	0.019	0.011	0.011	0.008	0.023	0.011	0.008
2012	0.016	0.031	0.011	0.012	0.010	0.010	0.012	0.011	0.012	0.009
2013	0.024	0.029	0.027	0.017	0.010	0.012	0.011	0.011	0.010	0.009
2014	0.015	0.025	0.025	0.041	0.014	0.017	0.014	0.015	0.023	0.009
2015	0.017	0.028	0.015	0.023	0.017	0.018	0.013	0.013	0.014	0.008
平均	0.035	0.037	0.014	0.017	0.007	0.008	0.006	0.009	0.012	0.007

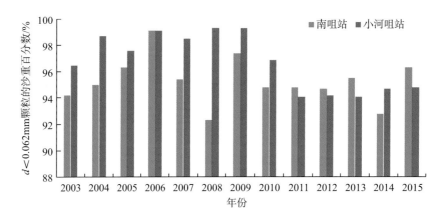

图 7.4-4　2003～2015 年洞庭湖湖区控制站悬移质泥沙组成变化图

4. 湖区水文情势响应特征

三峡水库蓄水后，长江中下游遭遇枯水情势，2006 年为全流域枯水年，2011 年为两湖枯水年，2003～2015 年洞庭湖年均入湖水量较 1981～2002 年偏少 14.8%，汛前枯水期干流受水库补水调度影响而水位稳定，洞庭湖径流相对变化较小，因而湖区绝大部分区域内水位较为稳定。汛期及汛后洞庭湖湖区受来水径流偏少的影响（表 7.4-4），加之汛后干流河道因水库蓄水而大幅度下降，导致湖区各月月均水位均较上一时段偏低，从干流往湖区水位在汛期偏低的幅度增加，在汛后偏低的幅度减小。定性来看，水库枯期补水效应对湖区枯水位的作用并不明显，但汛后蓄水带来的湖区水位过早下降是不争的事实（图 7.4-5）。关于三峡水库蓄水对洞庭湖枯水位的具体影响将在第 8 章进行详细阐述。

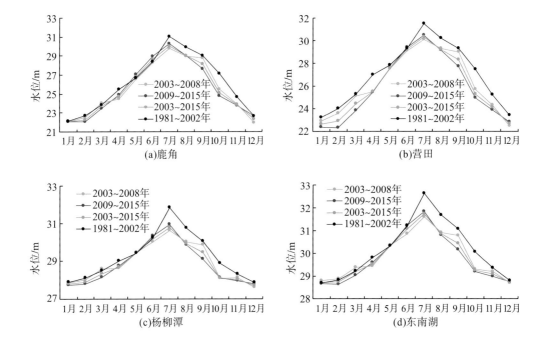

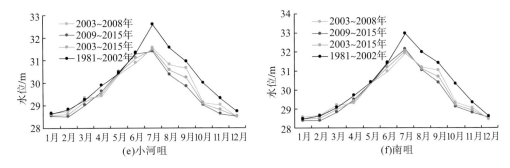

图 7.4-5　2003～2015 年洞庭湖湖区月均水位

表 7.4-4　2003～2015 年洞庭湖区控制站月均流量统计　　　　　　　　单位：m³/s

控制站	时段	1 月	2 月	3 月	4 月	5 月	6 月	7 月	8 月	9 月	10 月	11 月	12 月
南咀	2003～2008 年	320	385	673	706	1910	2810	4715	3580	3460	1560	984	345
	2009～2015 年	397	386	536	1060	2010	3260	4690	3430	2930	1280	893	586
	2003～2015 年	362	385	599	897	1960	3050	4700	3500	3170	1410	935	475
	变化值	104	56	66	−56	65	−341	−594	−495	−415	−1020	−135	87
小河咀	2003～2008 年	895	1060	1750	1810	3320	3720	4230	2530	1980	787	1230	685
	2009～2015 年	875	838	1380	2170	3520	4570	4310	2180	2000	1260	1110	968
	2003～2015 年	884	940	1550	2000	3430	4180	4270	2340	1990	1040	1170	837
	变化值	77	−103	1	−446	209	−430	−1380	−1120	−696	−622	−61	−1

注：变化值为 2003～2015 年相较于 1981～2002 年的变化。

7.4.2　鄱阳湖

1.　湖区泥沙沉积量

三峡水库蓄水后，鄱阳湖湖区泥沙沉积量均为负值，即各个时段湖区都处于向干流补沙的状态，受五河水系水土保持工程、采砂及水利工程等的影响，2003～2015 年年均入湖沙量约为 569 万 t，相较于上一时段偏少 53.7%，长江干流倒灌的沙量因干流含沙量锐减而大幅度下降，年平均倒灌沙量仅为 40.8 万 t，然而出湖沙量却显著偏大，年均出湖 1220 万 t，相较于上一时段偏多 51.9%。湖区出现补给泥沙量超过总入湖沙量的现象（表 7.4-5）。

相对较强的补给状态下，鄱阳湖湖区汛期泥沙沉积的现象也消失，年内的规律变为"汛期少冲刷，枯期多冲刷"（表 7.4-6），然而这一现象是自然演变规律发生了改变，还是人为因素干扰的结果？本书带着这一疑问，开展了湖区泥沙采砂调查和有关观测。结果表明，与洞庭湖不同，鄱阳湖湖区出湖沙量异常偏大主要与大规模的采砂活动有关。

表 7.4-5　　2003～2015 年鄱阳湖泥沙沉积量年际变化统计表

时段	五河年均入湖水沙量		湖口年均出湖水沙量		鄱阳湖泥沙年均变化	
	水量/亿 m³	沙量/万 t	水量/亿 m³	沙量/万 t	沉积量/万 t	沉积率/%
2003～2008 年	915	479	1280	1340	-861	—
2009～2015 年	1150	646	1600	1120	-474	—
2003～2015 年	1040	569	1450	1220	-651	—

表 7.4-6　　2003～2015 年汛期鄱阳湖泥沙沉积量年内变化统计表

时段	五河年汛期入湖水沙量		湖口年汛期出湖水沙量		鄱阳湖年汛期泥沙变化	
	水量/亿 m³	沙量/万 t	水量/亿 m³	沙量/万 t	沉积量/万 t	沉积率/%
2003～2008 年	657	349	838	527	-178	—
2009～2015 年	800	470	1068	477	-7	—
2003～2015 年	734	414	962	500	-86	—

从湖区泥沙沉积量与来沙量的关系来看，鄱阳湖湖区泥沙沉积再次受到了较大的外在因素干扰，两者的相关性显著地减小(图 7.4-6)，与 1980 年之前的情况极为类似，但两者产生的根本原因却明显不同，1980 年之前鄱阳湖处于大规模垦殖期，影响了湖区泥沙沉积特性，2003 年之后，更确切地说是 21 世纪初，大规模的采砂船涌入鄱阳湖湖区，并且采砂活动多集中在入江水道内，采砂活动对局部水流输沙的扰动较强，湖口出湖沙量受此影响较大。

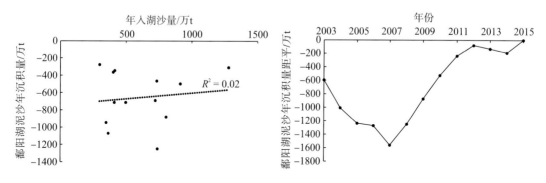

图 7.4-6　2003～2015 年鄱阳湖泥沙年沉积量与入湖沙量的关系及沉积量距平变化

自 2001 年长江中下游干流河道实行全面禁采以来，大量采砂船涌入鄱阳湖，尤其是鄱阳湖入江水道采砂活动呈现白热化，据海事、港航等部门的相关资料表明，仅 2005～2007 年，九江市沿湖县(区)年均实际采砂量为 2.3 亿～2.9 亿 t。由于鄱阳湖的采砂主要集中在入江水道内，采砂活动对河床的扰动严重干扰了出湖湖口站的泥沙观测。为了定量地认识这种扰动作用，长江水利委员会水文局 2007 年 10 月 22 日至 11 月 7 日对鄱阳湖湖区采砂与水沙变化情况进行了调查与实地测量，对湖区采砂点的分布情况进行实地调查后，根据湖区采砂点的分布情况，在其上、下游 60 多千米范围内沿程布置了 7 个测量断面。

同步水文测验结果显示，各断面水量基本相等(表 7.4-7)；区段内受采砂扰动影响，输沙量沿程变化较大；采砂船作业区段，输沙量较大。在 57 km 的采砂范围内，输沙量沿程增大 2.12~4.97 倍(表 7.4-8)。因此，采砂活动无疑是湖口站输沙量较入湖输沙量偏大的主要原因之一。

表 7.4-7　湖口附近断面流量沿程变化统计表

断面位置	断面名称	施测时间	2007.10.31	2007.11.1	2007.11.6	2007.11.7
		距离/km	流量/(m³/s)			
赣江出口	1#	0	501	442	510	540
湖区	2#	1.121	821	644	873	834
	1#+2#	0	1322	1086	1383	1374
人工采砂扰动区	3#	5.040	1300	1100	1290	1320
	4#	16.631	—	1190	—	1280
	5#	32.291	—	1140	—	1320
	6#	50.725	—	1070	1120	1230
湖口站	7#	62.080	1600	1090	1320	1360

表 7.4-8　湖口附近断面输沙量沿程变化统计表

断面位置	断面名称	施测时间	2007.10.31	2007.11.1	2007.11.6	2007.11.7
		距离/km	断面输沙量/万 t			
赣江出口	1#	0	0.277	0.264	0.149	0.130
湖区	2#	1.121	0.933	0.584	0.543	0.548
	1#+2#	—	1.210	0.848	0.692	0.678
人工采砂扰动区	3#	5.040	10.6	8.64	10.5	11.9
	4#	16.631	—	4.03	—	4.50
	5#	32.291	—	4.55	—	7.39
	6#	50.725	—	2.10	2.89	3.56
湖口站	7#	62.080	2.56	2.22	3.23	3.37
比较(倍数 7#/(1#+2#)			2.12	2.62	4.67	4.97

2. 湖区泥沙淤积分布

三峡水库蓄水后，鄱阳湖入江水道区域冲刷最为明显，青岚湖及湖盆东北部区域少量淤积，淤积主要集中在湖盆中部。1998~2010 年，由于挖沙严重，入江水道区域、赣江、修水河口区域冲刷明显，断面河床高程呈下降趋势，同一高程下，2010 年断面面积增大，其中入江水道 9 号断面 10 m 以下高程面积增至 1998 年的 5.6 倍，河床平均高程下切 1.23 m；抚河、信江入湖河口至湖盆过渡带由于上游来沙造成沉降，使得湖盆中部、东北部区域仍有所淤积，断面河床高程呈上升趋势，河床平均高程淤积约 0.11 m；南部、青岚湖下游区域断面略有冲刷，断面变化不大，河床平均高程下切 0.26 m(图 7.4-7、图 7.4-8)。湖区湖盆变形幅度的这种不均匀性恰好与采砂船的分布特征有关，入江水道采砂船最为密集，使得入江水道湖盆下切幅度最大。这也再次表明，鄱阳湖出湖泥沙含沙量异常偏大并非是对来水含沙量减小的响应，而是局部强人类活动的结果。

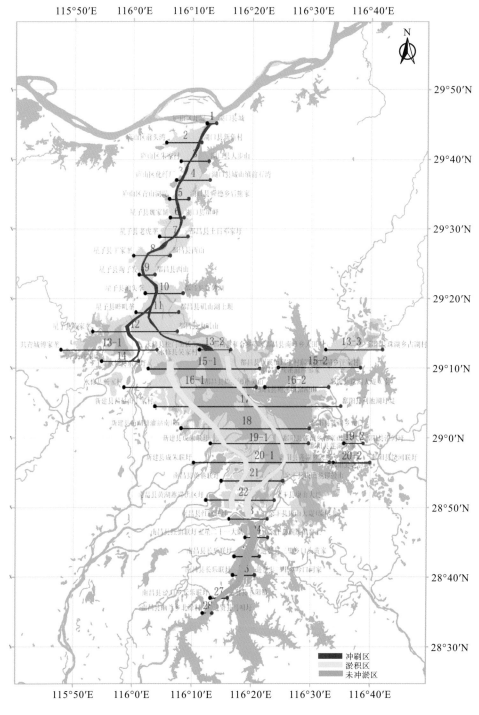

图 7.4-7 鄱阳湖湖区冲淤分布示意图

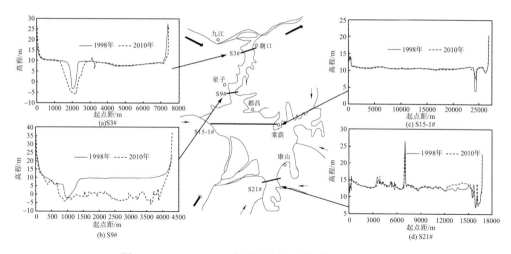

图 7.4-8　1998~2010 年鄱阳湖湖区典型断面冲淤变化

　　从冲刷速率来看，鄱阳湖湖区北部入江水道区域 1998~2010 年河底下切，冲刷严重，年冲刷速率最大为 0.61 m（出现在 9 号断面），平均冲刷速率为 0.09 m；中部区域呈缓慢淤积，年淤积速率最大为 0.06 m，平均淤积速率为 0.01 m；南部区域为轻度冲刷，年冲刷速率最大为 0.03 m，平均冲刷速率 0.02 m。

　　2003 年后两个时段反演结果则显示鄱阳湖发生了一定程度的冲刷。相对于 1997~2002 年，2003~2007 年鄱阳湖地形冲淤空间交错分布，而到 2008~2012 年，鄱阳湖地形整体呈下降状态。从 1973~1987 年至 2003~2007 年，入江水道区域在多个时段均表现出一定程度的淤积状态，而至 2008~2012 年入江水道则呈明显的高程降低状态。图 7.4-9 表示 2003~2007 年至 2008~2012 年鄱阳湖洲滩地形变化的总体情况，可见在此阶段鄱阳湖湖心和入江水道部分区域总体呈一定程度的淤积状态，而鄱阳湖大部分区域则表现出冲刷现象。

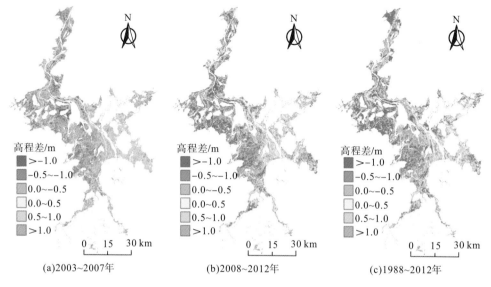

图 7.4-9　鄱阳湖 2003~2012 年间每两个时期的地形变化图

3. 湖区泥沙淤积物组成

2003~2015 年，江西五河入湖泥沙中，赣江、抚河和信江来沙粒径较粗，其平均中值粒径分别为 0.043 mm、0.043 mm、0.020 mm。与 1987~2002 年相比，赣江、抚河随着来沙量的减小，泥沙粒径有所变细，信江来沙粒径有所变粗，但近年来，五河来沙的中值粒径有所变细。出湖泥沙平均中值粒径为 0.005 mm，较入湖的泥沙显著偏细，湖区水体与湖盆存在"淤粗冲细"的交换现象。但同时可以看到，近两年入湖泥沙中值粒径细化，出湖泥沙中值粒径粗化，至 2015 年两者已经十分接近（表 7.4-9）。

表 7.4-9　2003~2015 年鄱阳湖入、出湖泥沙中值粒径统计表　　　　单位：mm

年份	赣江外洲	抚河李家渡	信江梅港	湖口
2003	0.060	0.058	0.016	—
2004	0.057	0.047	0.015	—
2005	0.055	0.057	0.009	—
2006	0.051	0.049	0.011	0.002
2007	0.051	0.052	0.019	0.002
2008	0.040	0.054	0.027	0.004
2009	0.046	0.060	0.032	0.002
2010	0.042	0.054	0.020	0.008
2011	0.032	0.061	0.039	0.006
2012	0.030	0.051	0.028	0.008
2013	0.033	0.027	0.025	0.006
2014	0.011	0.011	0.011	0.007
2015	0.009	0.010	0.010	0.007
平均	0.043	0.043	0.020	0.005

4. 湖区水文情势响应特征

与洞庭湖类似，相较于上一个时段，三峡水库蓄水后，2003~2015 年鄱阳湖遭遇枯水周期，年均来水量下降至 1040 亿 m³，减幅约为 10.3%（表 7.4-10）。同时受三峡水库蓄水及采砂活动带来的湖盆大幅度下切等影响，湖区月均水位较上一时段下降，下降幅度更甚于洞庭湖，尤其是枯水期（图 7.4-10），给湖区生态、生活、生产用水造成了极大的影响。关于三峡水库蓄水对鄱阳湖枯水情势的作用程度在第 9 章会详细阐述。

表 7.4-10　2003~2015 年江西五河入湖月均流量统计　　　　单位：m³/s

时段	1 月	2 月	3 月	4 月	5 月	6 月	7 月	8 月	9 月	10 月	11 月	12 月
2003~2008 年	1280	2190	3000	4590	5920	7290	2900	2240	2010	1040	1350	904
2009~2015 年	1370	1720	4320	4850	7060	9200	4580	2910	1990	1400	2200	2330
2003~2015 年	1330	1940	3690	4730	6520	8290	3790	2590	2000	1230	1800	1660
变化值	−219	−353	−700	−1770	536	119	−1080	−398	−533	−521	19	189

注：变化值为 2003~2015 年相对于 1981~2002 年的变化。

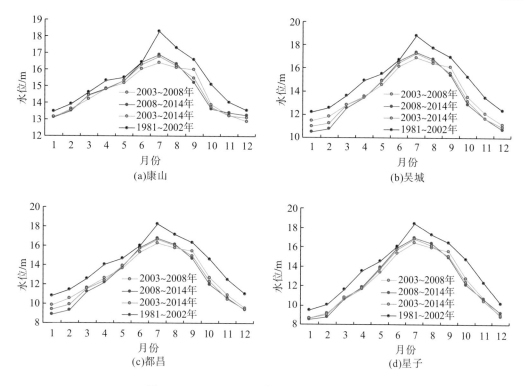

图 7.4-10　2003～2015 年鄱阳湖湖区月均水位

7.5　本章小结

长江上游一直是中游江湖系统泥沙的主要来源,上述两个时期,宜昌以上输沙量都占系统来沙总量的 80% 以上,2003 年三峡水库蓄水运用,2010 年、2012 年金沙江中游、下游梯级水库相继投入运行,基本截留了金沙江干流的泥沙,三峡水库在入库泥沙大幅度减少的情况下,出库沙量逐渐减少,2014 年开始宜昌站年输沙量下降至百万吨级,这一量级的变化极为显著地影响了长江中游江湖系统的泥沙分布格局,长江分入洞庭湖的泥沙量逐步小于洞庭湖补给长江的量,这种现象历史上尚未出现过。尤其是自干流禁止采砂后,两湖靠近出口的区域陆续出现大规模采砂活动,扰动了湖泊出湖的水流,进一步使得出湖沙量偏大,湖泊不再沉积泥沙,反而呈现沙量补给的特征。干流河道更是进入全程冲刷状态,部分河段的冲刷强度前所未有。这些都是江湖关系面临的新条件,江湖泥沙格局调整无疑是显著的,具体特点如下。

(1)影响江湖关系变化的外部条件主要包括三峡水库及金沙江中下游等大中型水库相继建成运用,内部条件则主要是河湖采砂、河道与航道整治工程的实施等。前者主要是改变了输入江湖系统的泥沙总量,从江与湖的泥沙交换关系来看,是直接减少了长江分流和倒灌进入洞庭湖、鄱阳湖的泥沙总量;后者则是影响湖泊出湖向长江补给的泥沙量,采砂活动大多靠近湖泊出口(洞庭湖集中在东洞庭内,鄱阳湖主要分布在入江水道),水体受扰动后,含沙量异常偏大,使得观测到的湖泊出湖沙量偏大。

(2)江湖泥沙分布格局呈现江冲刷、湖平衡的特征。2003～2015 年，长江上游水库群拦沙，导致三峡入库沙量减少约 60%，加之三峡水库拦截上游来沙的 75%，使得坝下游输沙量大幅减少，宜昌站输沙量较蓄水前减少 90%以上。其间输入长江中游江湖的泥沙总量为 8.77 亿 t(年均仅 0.675 亿 t)，仅相当于 1964 年一年的泥沙输入量。泥沙来源也发生了变化，长江上游、汉江和两湖水系的占比接近 6：2：2。输入沙量大幅度减少使得江、湖先后进入泥沙冲刷补给状态，江湖泥沙总补给量为 9.27 亿 t，以干流河道河床的冲刷补给为主，江湖同补给作用下，入海泥沙增至 1.39 亿 t/a。

(3)2003～2015 年长江干流宜昌—大通全河段河床处于长距离冲刷、单向补给泥沙状态。河床补给泥沙总量约为 8.21 亿 t，占江湖泥沙总补给量的 88.6%，导致长江沙量沿程增大，河道河床补给量与进入系统的泥沙总量几乎相当，从而使得入海沙量增至江湖系统总来沙量的 2 倍，且以荆江河段冲刷补给最为明显，沿程补给作用下监利站 $d>0.062$ mm 的床沙质泥沙已恢复 80%以上。

(4)洞庭湖区泥沙淤积大为减轻，出入湖的沙量基本平衡，受东洞庭湖湖区采砂的影响，湖区年均冲刷泥沙 158 万 t(2003～2011 年湖区平均冲刷厚度约为 10.9 cm)，湖泊排沙比增至 109%，出湖泥沙中值粒径由 0.005 mm 变粗至 0.009 mm；鄱阳湖湖区年内泥沙冲淤规律由原来的"汛期淤积、枯期冲刷"转变为"汛期、枯期均出现冲刷，但枯期冲刷更明显"，入江水道局部采砂造成河床断面变形剧烈，含沙量明显增大，出湖沙量明显大于入湖沙量，湖泊排沙比增至 214%，湖区水体与湖盆存在"淤粗冲细"的交换现象。

(5)长江干流河道全程冲刷，且"滩槽均冲"特征明显，河床深泓纵向冲刷下切、洲滩萎缩、主槽冲刷，冲刷最为剧烈的荆江河段河床断面进一步朝窄深化方向发展、上荆江"短支汊冲刷发展"、下荆江急弯段"凸冲凹淤"等冲淤调整对水沙条件的响应明显，同时河床还存在粗化的现象。干流沿程中枯水位因河床冲刷下切而普遍下降，高水位基本稳定。三峡水库蓄水汛后，干流同流量下水位大幅下降及局部由采砂造成的大幅冲刷等条件变化带来两湖湖区水位过早下降和枯水期延长。

第8章 长江中游江湖关系自然因素驱动机制

长江中游具有典型的网状结构,规模之大、江湖关系之复杂举世罕见。在自然因素和人类活动共同驱动下,长江中游江湖格局由历史时期的"一江群湖"逐渐演变成现状下的"一江两湖",江湖关系整体趋于简单化。近60年,因自然环境变化和江湖内外部多重的人类活动作用,长江中游江湖关系阶段性特征明显(如第5~7章所述),尤其是江湖泥沙通量显著变化。

影响流域水沙变化的因素可分为自然因素和人为因素两大类。自然因素以江河湖泊本身特征以及气候变化影响为主。江湖本身作为一个动态的能量场,始终处于一种追求动平衡状态的过程中,河道周期性地交替冲淤,湖泊周期性地重复形成、发展、淤积、消亡的演化过程,都是在向平衡状态演变的中间过程。河湖成型之初,本底的下边界形态离不开新构造运动的作用,河湖本底成型后,水流开始成为改变河床形态的动力因素,使得河道周期性的变化与水文周期密切相关,气候因素则通过影响降雨分布,改变河湖径流量及组成。河道内,为了响应水沙条件的改变,河床始终处于自适应调整过程;湖泊内,水动力条件相对河道较弱,因而泥沙进入湖泊后往往是以沉积为主。因此,自然因素对河湖演变的作用始终存在,并在多数时期起主导作用。

本章从长江中游江湖泥沙通量变化的全过程出发,系统梳理江湖关系演变的 3 个阶段,并着重揭示自然因素对江湖关系变化的驱动机制,包括长江干流和两湖水系主要受降雨偏少影响(其贡献率在70%以上),径流偏枯,导致江、湖水沙交换通量总体减少,入湖泥沙的大量自然落淤,促进湖泊萎缩、调蓄能力衰减等方面的内容。

8.1 新构造运动

长江中下游地区是位于几个不同构造单元交接的不稳定地带。在长江中下游地区,由于新构造运动影响而产生的许多特殊的现代地质地貌现象十分明显,不仅有第三纪末期以来所产生的不同大小的断块和发生的缓慢的垂直升降运动,而且在一些地区,地层的变形、伴随断裂而起的火山活动以及与上升有关的冰川活动也十分频繁。其中,以垂直震荡运动为主的"波动运动",是本区新构造运动的基本特征,其对现代地质地貌的布局有决定性的影响,形成了本区现代地貌的基本形态。长江中下游地区的地貌单元,就是受第四纪及第四纪以前就已发生的许多巨大垂直断块的影响而定型的。

新构造运动沉降形成湖泊容纳水体所需的地形条件,有利于湖泊的形成,加强湖泊与周围水体的自然联系。长江中下游湖泊的形成主要是在地壳沉降的低洼地,构造抬升则导致湖泊变浅，走向消亡，削弱湖泊与周围水体的自然联系。

以江汉平原湖泊为例，新构造运动直接引起江汉平原湖群的湖盆形态和容积发生变化，导致湖泊消失。江汉平原的岗、波状平原处于湖盆的边缘地带，它们曾分别在中更新世末以前和晚更新世末以前发生拗陷沉降，分别堆积较厚的下-中更新统和上更新统的相关河湖相沉积，表明江汉平原湖群在这两个时段均发生湖侵，并在中更新世初期达到鼎盛期。但它们又分别在中更新世末和晚更新世末相继间歇性掀升成为河流阶地，其后均分别遭受不同程度侵蚀切割而形成岗、波状平原，表明江汉平原湖群在这两个时段发生湖退。其中中更新世末期湖退明显而广泛。

江汉平原周缘地带的湖泊经历了湖侵与湖退的消长旋回，因此第四纪江汉构造湖盆趋向逐渐缩小，水泽大湖日益分割解体。第四纪江汉构造湖盆的新构造差异性沉降运动也影响湖泊的消长，在岗、波状平原与低平原的接壤地带，沉降幅度不大，其沉降速率小于3.3 mm/a，这里远离江汉，河湖沉积微弱，因此河谷沉溺湖、河流壅塞湖等一般都有扩大的趋势，但在低平原区沉降幅度却最大，其沉降速率达7.9 mm/a，河湖沉积强盛，第四纪最大厚度约为300 m，因此河间洼地湖、河堤决口湖、牛轭湖等一般都有逐渐缩小的趋势。松滋北北西向拗折线是第四纪江汉构造湖盆的西界，沿拗折线为低凹地带，这里湖泊呈串珠状展布，而桃花山东谷断层和桃花山西谷断层呈北北东向，均为活动性断层，谷内出露中更新世河湖相地层，表明中更新世两谷曾为江汉构造湖盆、洞庭构造湖盆的南北通道，其水域连成一片，成为水泽大湖。

鄱阳湖地区目前处于地壳抬升阶段，将使湖泊面积减小，长江江水倒灌鄱阳湖越来越困难，其与长江的连通将逐渐减弱。

8.2　气候(以降水为代表)变化

气候变化是指气候平均值和气候离差值(距平)出现了统计意义上的显著变化。平均值的升降，表明气候平均状态的变化，气候离差值增大，表明气候状态不稳定性增加，气候异常愈明显。更多的观测和研究证据证明，全球气候变暖毋庸置疑。气候变化的原因有自然原因，如海洋、陆地、火山活动、太阳活动等自然变化，也有人类活动影响，如温室气体、气溶胶、土地利用、城市化等。联合国政府间气候变化专门委员会(Intergovernmental Panel on Climate Change，IPCC)第五次评估报告指出，20世纪50年代以来全球气候变暖一半以上是由人类活动造成的。这一结论的可信度为95%以上。因此，本节主要分析研究自然原因中对江湖水情有直接作用的因子——降水的影响。

8.2.1　长江上游降水量变化分析

长江上游1951～2015年面平均降水量变化过程如图8.2-1所示;不同时期面平均降水量柱状图如图8.2-2所示。长江上游1951～2015年降水量序列基本在750～1050 mm变化，最大为1954年的1017.7 mm，最小为2006年的753.2 mm，极值比为1.35，变差系数

（coefficinet of variation，CV）为 0.06，年际变化不大。

由图 8.2-2 可知，相较于三峡工程初设阶段同步系列 1951～1990 年，1951～2015 年平均年降水量偏少 14.9 mm，1991～2015 年平均年降水量偏少 38.8 mm，2003～2015 年平均年降水量偏少 54.7 mm。相较于 1951～2015 年，1991～2015 年平均年降水量偏少 23.9 mm，2003～2015 年平均年降水量偏少 39.8 mm。可见，三峡以上流域近 25 年来降水量呈减少趋势。

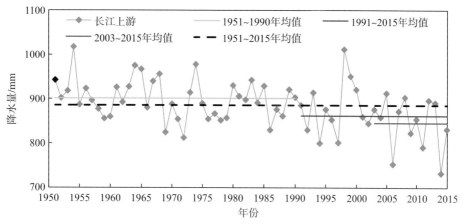

图 8.2-1　长江上游 1951～2015 年面平均降水量变化过程图

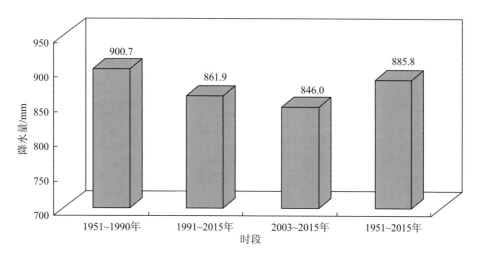

图 8.2-2　不同时期长江上游面平均降水量柱状图

8.2.2　长江上游来水与降水关系分析

长江上游年天然径流量与年降水量变化过程对比如图 8.2-3 所示；年降水量和年径流深双累计曲线如图 8.2-4 所示。可以看出，长江上游天然径流量变化过程与降水量变化过程具有很好的同步性、相似性，相关性系数达 0.95，同时年降水量与年径流深双累计曲线没有发生转折，降水-径流关系没有发生明显变化(图 8.2-5)，说明长江上游来水多少主要受降水量人小影响。可见，近年来长江上游来水偏枯主要受降水量偏少影响。

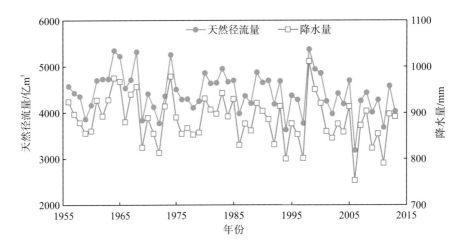

图 8.2-3　长江上游年天然径流量和年降水量变化过程对比图

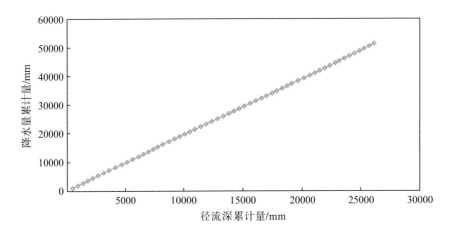

图 8.2-4　长江上游年降水量和年径流深双累计曲线图

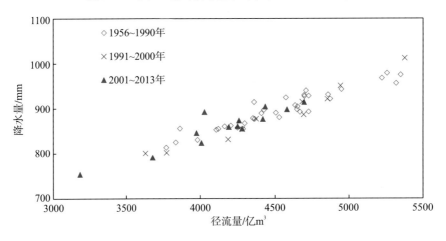

图 8.2-5　长江上游降水量-径流量关系

宜昌站 9～11 月径流量(对 2003 年 6 月至 2013 年受三峡水库调蓄影响进行了还原)与长江上游 9～11 月降水量变化过程对比如图 8.2-6 所示；降水量和径流深双累计曲线如图 8.2-7 所示。同样可以看出，宜昌站 9～11 月径流量与长江上游 9～11 月降水量变化过程具有较好的同步性、相似性，9～11 月降水量与径流深双累计曲线虽有一定波动，但没有发生明显、系统性转折，说明长江上游 9～11 月来水多少主要受降水量大小影响。

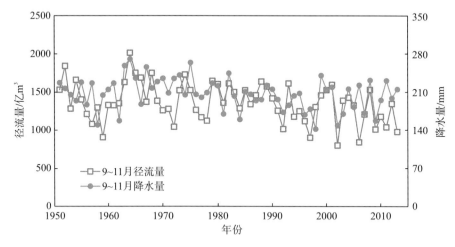

图 8.2-6　宜昌站 9～11 月径流量和长江上游 9～11 月降水量变化过程对比图

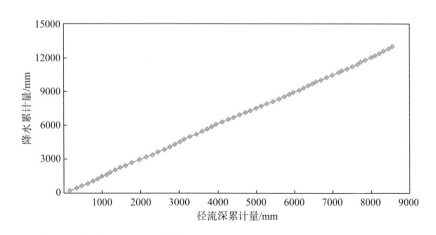

图 8.2-7　宜昌站 9～11 月径流深和长江上游 9～11 月降水量双累计曲线图

可见，长江上游径流量变化规律与其降水量变化规律具有很好的相似性，揭示了近年来长江上游来水持续偏枯主要是降水偏少所致。

8.2.3　洞庭湖水系水量与降水量关系

洞庭湖水系年天然径流量与年降水量变化过程对比如图 8.2-8 所示；降水量和径流深双累计曲线如图 8.2-9 所示。可以看出，洞庭湖水系天然径流量变化过程与降水量变化过程具有很好的同步性、相似性，相关性系数达 0.89。同时年降水量与年径流深双累计曲线没有发生转折，降水-径流关系没有发生明显变化（图 8.2-10），说明洞庭湖水系来水多少主要受降水量大小影响。

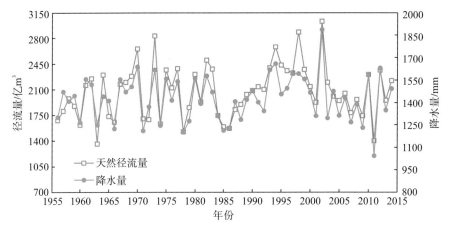

图 8.2-8　洞庭湖水系年天然径流量和年降水量变化过程对比图

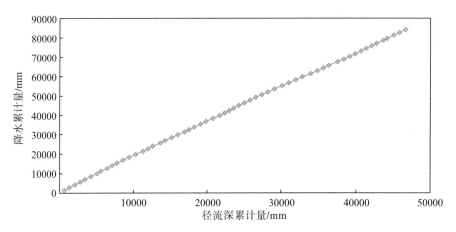

图 8.2-9　洞庭湖水系年径流深与年降水量双累计曲线图

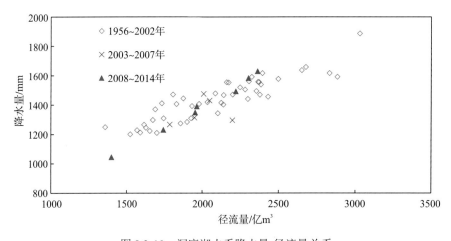

图 8.2-10　洞庭湖水系降水量-径流量关系

8.2.4　鄱阳湖水系水量与降水量关系

根据鄱阳湖流域 491 个雨量站资料，分别统计赣江、赣江上中下游、抚河、信江、饶河、修水、鄱阳湖湖区、鄱阳湖水系流域面雨量，并进行相应分析。

鄱阳湖水系年降水量 1956～2002 年、2003～2014 年多年平均值分别为 1651.5 mm、1566.5 mm，其中最大年降水量分别为 2129.6 mm（1975 年）、2201.8 mm（2012 年），最小年降水量分别为 1133.8 mm（1963 年）、1253.9 mm（2007 年），极值比分别为 1.88、1.76。2003～2014 年多年平均降水量较 1956～2002 年偏少 5.15%。统计情况详见表 8.2-1。

表 8.2-1　鄱阳湖流域年降水量统计特征表　　　　　　　　　　　　单位：mm

时段	统计特征		赣江	赣江上游	赣江中游	赣江下游	抚河	信江	饶河	修水	鄱阳湖湖区	鄱阳湖水系
1956～2002 年	均值		1600.2	1597.4	1584.5	1625.6	1751.4	1855.2	1828.3	1630.9	1538.5	1651.5
	最大值	降水量	2106.9	2282.9	2150.7	2062.2	2289.2	2733.4	2647.4	2336.3	2141.9	2129.6
		年份	1961	1961	2002	1970	1970	1998	1998	1998	1998	1975
	最小值	降水量	1091.6	1089.4	1034.4	1151.3	1127.6	1201.6	1136.4	1181.7	1007.0	1133.8
		年份	1963	1963	1963	1978	1963	1971	1978	1978	1978	1963
2003～2014 年	均值		1506.8	1483.8	1484.6	1583.2	1692.9	1822.7	1724.3	1513.0	1463.5	1566.5
	最大值	降水量	2049.6	2046.3	1986.0	2166.0	2480.0	2832.2	2524.8	2084.8	2051.3	2201.8
		年份	2012	2012	2010	2012	2012	2012	2010	2012	2010	2012
	最小值	降水量	1160.9	1110.7	1087.1	1114.7	1173.7	1374.1	1318.6	1162.6	1067.3	1253.9
		年份	2003	2003	2003	2007	2003	2007	2007	2011	2007	2007
1956～2014 年	均值		1583.8	1577.5	1566.9	1618.2	1741.1	1849.5	1810.1	1610.2	1525.3	1636.6
	最大值	降水量	2106.9	2282.9	2150.7	2166.0	2480.0	2832.2	2647.4	2336.3	2141.9	2201.8
		年份	1961	1961	2002	2012	2012	2012	1998	1998	1998	2012
	最小值	降水量	1091.6	1089.4	1034.4	1114.7	1127.6	1201.6	1136.4	1162.6	1007.0	1133.8
		年份	1963	1963	1963	2007	1963	1971	1978	2011	1978	1963

鄱阳湖出入湖流量主要受控于鄱阳湖流域气候条件，尤其是降水分布的影响。根据鄱阳湖流域雨量站资料，统计鄱阳湖水系流域面雨量，并进行相应分析。图 8.2-11 给出了不同时段鄱阳湖流域月降雨量与五河七口合计入湖月均流量的相关关系。

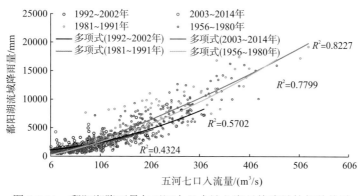

图 8.2-11　鄱阳湖降雨量与五河七口合计入湖月均流量的相关关系

由图 8.2-11 可知，依据鄱阳湖上游重要大型水库蓄水时间，将 1956～2014 年初步划分为 4 个阶段。其中 1991 年为赣江万安水库蓄水运行起点，2003 年为长江上游三峡水库蓄水运行起点，又以 1980 年为节点，将 1956～1990 年划分两个阶段。

由各阶段降雨量与流量的相关关系可知，鄱阳湖流域降雨是影响鄱阳湖入湖流量变化的主要驱动因素。1956～1980 年人类活动影响较小，鄱阳湖降雨-流量相关系数达 0.8227，鄱阳湖五河七口入湖流量主要受降雨驱动。而随着鄱阳湖流域人类活动影响的不断加强，特别是上游水利工程的修建及用水水平的提高，导致鄱阳湖五河七口入流的降雨-流量相关关系逐渐减弱，其中 2003～2014 年的降雨-流量相关系数仅为 0.4324。

图 8.2-12 给出了不同时段鄱阳湖流域月降雨量与湖口出流量的相关关系。由图可知，出湖流量受湖区调蓄及长江干流顶托双重影响，湖口流量与鄱阳湖面降雨量的相关关系较弱。其中 1956～1980 年降雨-流量相关系数为 0.6691，2003～2014 年仅为 0.1837。随着人类活动影响的加强，鄱阳湖流域降雨为鄱阳湖出湖流量变化的主要驱动力正在不断减弱。

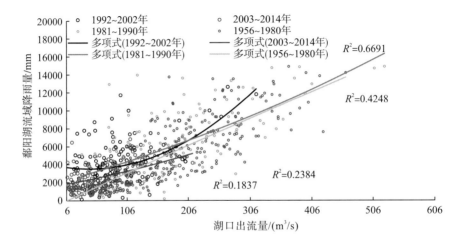

图 8.2-12　鄱阳湖降雨量与湖口出湖月均流量的相关关系

8.3　长江中下游河床自适应调整

一定的河床形态是挟沙水流与河床长期相互作用，不断自动调整所形成的结果。河床的自动调整作用就是河段在一定的流量下，进出河段的沙量如果不等，河流就要进行调整，通过河床冲淤变化，改变河床形态和边界物质组成来调整河道水流的挟沙能力，以期自河段下泄的沙量能够尽量和进入河段的沙量相等，使河段保持相对平衡。水流挟沙能力是自动调整的核心，河床泥沙冲淤是调整的纽带，水力及泥沙因子和河床组成的变化等是调整的手段及现象。

冲积河流自动调整的目的是使河流朝一定的趋向发展，最终结果在于力求使来自上游的水沙量能通过河段下泄，河流保持一定的相对平衡。当平衡系统中任何一个因素发生变化产生位移时，其他因素也将发生变化产生位移，这种其他因素的位移是朝着能够吸收前一种位移所造成的影响的方向发展。换言之，当河流某些因素发生变化而使河流失去平衡时，河流的自动调整作用将使这些变化所带来的影响受到遏制，而不是不断扩大，从而使整个河流系统逐步回到平衡。

钱宁(1987)在其所著的《河床演变学》一书中提到，冲积性河流自动调整作用的最终结果不仅在于满足平衡要求，还要使整个体系内部的能量按照一定的规律进行分配。按照这种观点，不少学者提出了关于能量耗散的理论，归纳起来主要有以下几种。一是最大熵原理，即认为当熵达到最大时，河流内沿程能量的分配达到最大可能性，即冲积河流调整的结果，使得能量的沿程分配保持均匀一致。二是能耗最小原理(最小能耗率)，这是从力学中的"最小功原理"引出的概念。单位长度的总能耗率的数学表达式为 $\gamma QJ=$ 最小值，其中 γ 为水的容重；Q 为流量；J 为水力坡度。能耗最小理论认为河流是一个系统，它具有不断沿着能耗率最小的方向调整自身物理量，并力图达到平衡状态的趋势。近年来很多学者在能耗最小理论方面做了很多工作，尤以美籍华裔学者杨志达(C.T.Yang)最为深入。三是最小方差理论，该理论认为当流域的来水来沙条件发生变化时，河流的各个水力因子也要做出相应调整，总的发展趋势是要使调整量达到最小，但是这种变化不会由某一个或某几个要素来独立承担，而是均匀地分散在各个要素之间，使每个要素的变化都尽可能地小一些，即各水力因子变化的方差达到最小。

可见，冲积河流的自动调整作用不仅在于满足河流的平衡要求，而且还使河流体系内部的能量沿程趋于按照一定规律进行分配，并使调整后各水力因子之间的调整量分配也保持一定的规律。河床自适应调整的主要形式包括河床冲淤调整、河床粗化调整、河床纵剖面调整、河床断面形态调整、洲滩形态调整等。

8.3.1　河床冲淤调整

河床泥沙冲淤是河床自动调整的纽带。河床泥沙冲淤的影响主要体现在对河段控制条件、河床断面水力因子以及河床泥沙组成级配等的改变上，这些改变将使河床发生反馈，产生自动调整作用。实测资料分析表明，在床沙 0.098～0.178 mm 级配变化范围内，由于河床的粗化和细化，在小流量时，水流挟沙力可相差 20 多倍，在大流量时，挟沙力仍可差 2 倍多；河床形态趋于窄深，水流挟沙力可增大 1.5～3.0 倍。长江中下游河道普遍存在淤积细化和冲槽淤滩(洲)现象，河道高滩(洲)特大洪水年可淤高 1～3 m，而深槽年内冲淤变幅可达 3～10 m，一些深槽冲刷坑年内冲淤变幅可达 10 m 以上。例如，1998 年大洪水期间，下荆江河段高水洲滩普遍淤高 1 m 以上，而南京河段上元门深槽年内冲淤变幅可达 10 m 以上。

在河道泥沙冲淤中，河道纵比降无疑是河流长期调整的一个重要因素。但就短时间来说，如果沿程的水流接近均匀流，河道纵比降要作出迅速反应，则所涉及的冲淤量巨大，一般不可能出现。长江中下游河道的泥沙冲淤一般多为非系统性冲刷或淤积，短期内比降的变化则受江湖洪水遭遇顶托的影响较大。河道泥沙冲淤对纵比降的影响，远不如短期内干支流以及江湖洪水相互顶托对河流纵比降的影响。

为研究长江中下游河道河床断面自动调整的速度(强度)，我们对 1998 年 7 月 16 日至

8 月 23 日南京河段上元门断面实测水下局部河底地形变化过程进行了详细监测与分析。上元门断面局部河底河床(约 500 m 宽,含河底深槽冲刷坑部分)自动调整冲淤面积的速度十分惊人。例如,7 月 31 日至 8 月 23 日,河床深槽部分的河底高程从-33.5 m 回淤至 -20.8 m,其回淤幅度约达 13 m,整个冲刷坑完全被充填(图 8.3-1),而且河床冲淤调整过流面积的速度十分迅速,如 7 月 27 日至 7 月 31 日,局部河底部分实测冲刷扩充过流面积就达 965.7 m²,局部河底平均每天可冲刷扩充过流面积 241 m²;又如,8 月 19 日至 8 月 23 日,局部河底实测回淤减少过流面积达 669.4 m²,平均每天回淤减少过流面积达 167 m²。由此可见,河床断面在来水来沙过程的塑造下,其过流面积的自动调整十分迅速,调整强度也较大。因此河床断面过流面积的调整是河流自动调整作用中比较活跃和占有重要位置的因素。

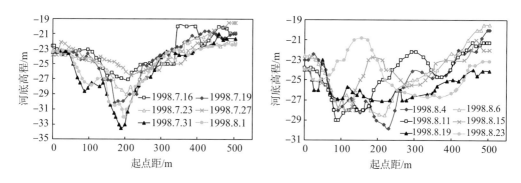

图 8.3-1　1998 年南京上元门断面局部河槽河底高程变化

在三峡水库蓄水前,长江中下游一般表现为"当年淤积严重次年冲刷""当年冲刷严重次年淤积"。例如,宜昌—枝城河段 1996~1998 年平滩河槽淤积泥沙 0.345 亿 m³,1998~2002 年平滩河槽则冲刷泥沙 0.450 亿 m³;河段内胭脂坝尾与临江溪边滩 1998 年大水期间大幅淤积,如胭脂坝尾 38 m 高程线向下游淤积下延了近 220 m,临江溪边滩 35 m 高程线向江中心展宽了约 350 m,但 1999 年胭脂坝尾与临江溪边滩均出现明显冲刷,胭脂坝尾 38 m 高程线和临江溪边滩 35 m 高程线均冲刷恢复到了原先常年的正常位置(图 8.3-2)。

荆江河段 1996~1998 年高水河槽淤积泥沙 0.854 亿 m³,1998~2002 年平滩河槽则冲刷泥沙 0.518 亿 m³;城陵矶—湖口段 1996~1998 年平滩河槽淤积泥沙 1.567 亿 m³,1998~2002 年平滩河槽则冲刷泥沙 4.01 亿 m³;湖口—大通段 1996~1998 年高水河槽冲刷泥沙 0.953 亿 m³,1998~2002 年高水河槽则淤积泥沙 1.15 亿 m³。

此外,河床汛期的水沙量及其变率都大大超过枯期,故汛期河床的冲淤调整幅度都大大强于枯期(冲积河流来水来沙塑造水下地形)(图 8.3-3、图 8.3-4)。上述河道实测地形和断面资料证明,长江中下游河床的自动调整能力较强,局部时段、局部河段和局部位置的冲淤,河道一般会在一段时间内得到调整恢复(但少数高洲、滩因过流机会少而例外)。

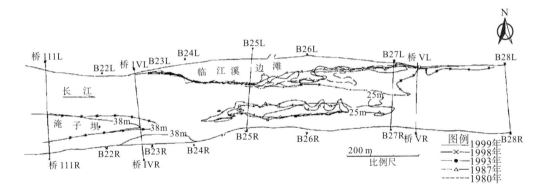

图 8.3-2　宜昌河段胭脂坝尾与临江溪边滩年际冲淤变化示意图

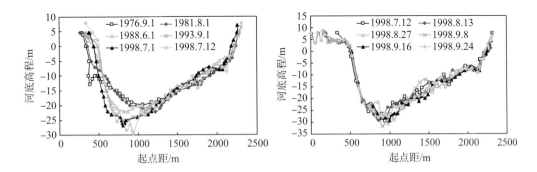

图 8.3-3　南京河段上元门横断面汛期年际变化过程图

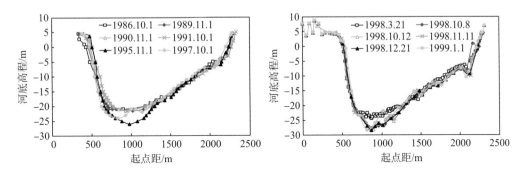

图 8.3-4　南京河段上元门横断面枯期年际变化过程图

8.3.2　河床粗化调整

河床粗化在沙质河床平衡趋向中的作用与卵石夹沙河段中床沙粗化的作用类似，主要表现在两个方面：一是增大河床阻力，减小流速、增大水深；二是降低输沙强度、减缓冲刷速度。

1. 河床粗化调整机理

水库下游沙质河床与卵石夹沙河床虽然都有粗化现象发生，但两者的产生机理却有所不同。卵石夹沙河床一般是由于水流的拣选作用，细颗粒泥沙被水流冲走，卵石颗粒聚集于床面而形成抗冲粗化层。沙质河床的粗化可分为两种类型：一种是冲刷粗化，即由于粗细沙冲刷数量的不同，较细颗粒冲刷程度大而较粗颗粒冲刷程度小而发生的粗化，这种现象一般发生在各粒径组泥沙均发生冲刷的距坝较近的沙质河段；另一种是交换粗化，即受河段水力条件变化的影响，自上游携带的泥沙进入某一河段时，由于粗细泥沙的冲淤规律发生变化，粗颗粒泥沙淤积而细颗粒泥沙冲刷而造成的粗化，这种现象一般发生在距水库较远的沙质河段。

1）冲刷粗化

冲刷粗化发生的根本原因是不同粒径组泥沙被悬浮的程度差异很大。根据泥沙交换的统计规律，单位时间单位床面上冲起的净泥沙重量为（韩其为和何明为，1981）

$$g_{\uparrow,i} = \frac{2}{3}m_0\gamma_s D_i\left(\frac{P_{1,i}}{\tau_{4,i}} + \frac{P_{1,i}}{\tau_{T,i}}\right) - \left(\frac{\beta_{4\to1,i}}{L_{4,i}}P_{4,i}Sq + \frac{\beta_{T\to1,i}}{L_{T,i}}P_{T,i}q_T\right) \tag{8.3-1}$$

式中，下标 1 表示床沙，4 表示悬移质，i 表示某一组粒径的泥沙；T 表示推移质；m_0 表示床沙静密实系数；γ_s 表示泥沙相对密度；D_i 表示泥沙代表粒径；S 表示悬移质含沙量；q 表示单宽流量；q_T 表示推移质单宽输沙率；P 表示级配；β 表示泥沙的状态转移概率；L 表示泥沙运动的单步距离；τ 表示泥沙起动周期。

清水冲刷条件下，净冲起的泥沙级配为

$$\frac{g_{\uparrow,i}}{\sum g_{\uparrow,i}} = \frac{\left(\dfrac{D_i}{\tau_{4,i}} + \dfrac{D_i}{\tau_{T,i}}\right)P_{1,i}}{\sum\left(\dfrac{D_i}{\tau_{4,i}} + \dfrac{D_i}{\tau_{T,i}}\right)P_{1,i}} \tag{8.3-2}$$

由于 $(D_i/\tau_{4,i} + D_i/\tau_{T,i})P_{1,i}$ 随粒径的减小而增加，因此净冲起泥沙的级配总是细于原河床泥沙的级配，从而使得床沙级配粗化。

尹学良（1963）通过试验研究发现，河床上冲起的各组沙量与其在河床中的含量和"剩余起动流速"成正比，

$$g_{\uparrow,i} = KP_{1,i}(1 - U_c/U) \tag{8.3-3}$$

式中，U_c 表示泥沙的扬动流速；U 表示水流流速。

这一关系表达了细颗粒泥沙被有限冲刷的规律。式（8.3-3）表明，在相同床沙含量条件下，细颗粒泥沙的起动流速较小，因此其冲刷量较粗颗粒泥沙更大。

2）交换粗化

三峡水库下游螺山—武汉河段不同粒径组泥沙的冲淤变化规律：2003～2015 年 $d<0.125$ mm 和 $d>0.125$ mm 粒径组泥沙分别冲刷 0.782 亿 t 和淤积 0.542 亿 t。产生交换粗化现象的前提有两个：一个是在进入河段之前，较粗颗粒泥沙来沙水平已基本恢复至建库前水平；另一个是沿程水流强度的递减。以长江中下游为例，三峡水库蓄水后，2003～2015 年，至监利河段 $d>0.125$ mm 的泥沙年输沙量已与建库前多年平均水平基本相当，而 $d<0.125$ mm 的泥沙输沙水平远未达到蓄水前多年平均水平（图 8.3-5）。

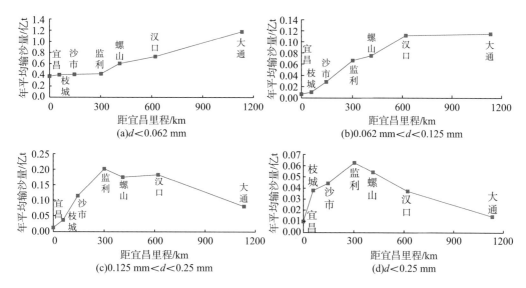

图 8.3-5　三峡水库蓄水后长江中下游 2003～2015 年不同粒径组泥沙恢复

　　同时,从纵剖面变化情况来看,沙市—大通河段沿程河床比降逐渐变缓,河宽增大(图 8.3-6),与之相应,水流强度沿程减弱(图 8.3-7)。在这种情况下,由于较粗颗粒来沙量已接近上游河段的挟沙力水平,挟沙水流进入本河段以后,水流强度减弱,挟沙能力降低,本河段无力输送上游来的全部泥沙,泥沙势必将产生淤积。而细颗粒泥沙来量由于远未达到其挟沙力水平而继续保持冲刷状态,两个因素综合作用的结果是床沙产生粗化现象。

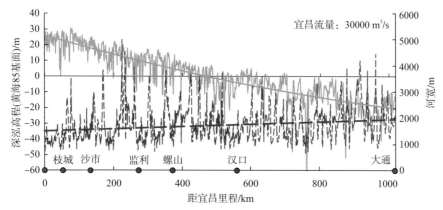

图 8.3-6　长江中下游河床纵剖面及河宽沿程变化

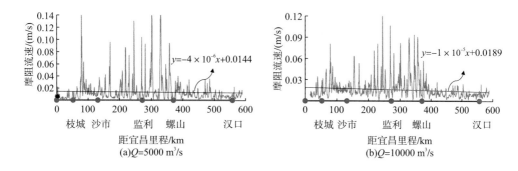

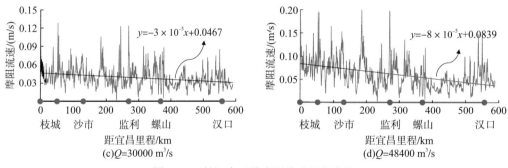

图 8.3-7　长江中下游摩阻流速沿程变化

　　另外，从泥沙交换角度来看，水流挟沙力主要取决于水体泥沙的沉降以及床沙的上扬，而床沙上扬强度与其在河床中的含量成正比：含量越大，其上扬强度越大，河床冲淤平衡时对应的水体含沙量(即水流挟沙能力)就越大。从沿程床沙组成来看，若床沙组成沿程变细，则沿程粗沙含量越少，相应的水流挟沙能力也就越小，而对于细沙，情况则恰好相反。因此来自上游的粗沙已接近饱和而细沙远未达到饱和的挟沙水流，势必将随着河床组成的变细而产生粗沙淤积、细沙冲刷的现象，河床因此而出现粗化现象。

　　2. 长江中游河床粗化调整

　　根据三峡水库蓄水后的原型观测资料，三峡水库自 2003 年 6 月蓄水以来至 2015 年，下游沙卵石河床、沙质河床的床沙粗化现象均已经显现。沙卵石河床粗化的主要特征体现在两个方面：一方面是当地床沙粗化，逐渐由沙卵石河床粗化为卵石夹沙河床；另一方面是沙卵石河床范围下延，杨家脑以下的河段内床沙也陆续取到卵石，下延的范围在 5 km 左右。2003 年该段河床组成成果显示，17 个典型断面床沙组成中小于 0.25 mm 颗粒的沙重百分数均在 40% 以上，平均达到 69%；随着冲刷发展，河床粗化明显，至 2010 年(2012 年该段床沙未取样分析，2014 年多个断面未能取到床沙或河床组成复杂，无法给出断面平均值)，17 个典型断面床沙组成中小于 0.25 mm 颗粒的沙重百分数均不超过 48%，12 个断面的床沙组成中小于 0.25 mm 颗粒的沙重百分数均不超过 30%，河段平均值下降至 24.4%，床沙中值粒径普遍增大，部分断面床沙中值粒径粗化至卵石水平。

　　沙质河床起始段粗化明显，城陵矶以下略有粗化(表 7.3-5)。荆江河段自 2003 年以后床沙呈现逐年粗化的变化趋势，枝江河段、沙市河段、公安河段、石首河段和监利河段的床沙中值粒径均有所增大，且沿程有上游粗化较下游快的特征；城陵矶—汉口河段除界牌河段、嘉鱼河段床沙中值粒径变化不大外，其他河段均略有粗化；汉口以下至湖口河段在三峡水库蓄水运用以后床沙也略有粗化，仅叶家洲河段、黄州河段和九江河段不明显。

8.3.3　河床纵剖面调整

　　在清水冲刷条件下，水库下游河道调整的总方向是降低河道水流的输沙能力。对沙质河床而言，清水冲刷条件下，很难形成控制性作用较强的卡口河段，河床比降的趋缓将导致水面比降的趋缓、河段上游水深的增加，从而降低水流流速和水流输沙能力，促使河床向平衡方向发展。

1. 河床纵剖面调整机理

水库下游沙质河床纵剖面的调整与泥沙的运动规律密切相关。从悬移质泥沙输沙方程来看，根据泥沙运动方程和泥沙连续方程可得

$$\frac{\partial QS}{\partial x} = -\alpha\omega(S - S^*)$$
(8.3-4)

式中，α 为泥沙恢复饱和系数；S 为含沙量；S^*为水流挟沙力；Q 为流量。

在挟沙力沿程不变的情况下，求解式(8.3-4)可得

$$S = S^* + (S_0 - S^*)\mathrm{e}^{-\frac{\alpha\omega x}{q}}$$
(8.3-5)

式中，S_0 为进口含沙量。

在清水冲刷条件下，$S_0=0$，则式(8.3-5)可写为

$$\frac{S}{S^*} = 1 - \mathrm{e}^{-\frac{\alpha\omega x}{q}}$$
(8.3-6)

式(8.3-6)即为含沙量的沿程恢复表达式，对式(8.4-6)进行求导即可得含沙量的恢复速度：

$$\frac{\partial}{\partial x}\left(\frac{S}{S^*}\right) = \frac{\alpha\omega}{q}\mathrm{e}^{-\frac{\alpha\omega x}{q}}$$
(8.3-7)

图 8.3-8 为在一定水流条件下，假定挟沙能力沿程不变，根据式(8.3-7)计算得到的含沙量恢复速度沿程变化图。可以看出，在水流挟沙能力沿程不变的条件下，不同粒径泥沙的恢复速度沿程均呈降低的趋势，即在清水冲刷条件下，越接近上游泥沙恢复速度越快，相应河床冲刷量也就越大。因此，在上游冲刷量大、下游冲刷量小的条件下，河床纵剖面比降势必将呈变缓的趋势。对于天然河流而言，结合多年平均输沙水平以及代表水流强度的摩阻流速沿程变化来看，水流挟沙能力一般呈现沿程递减的趋势，水流对河床的冲刷能力沿程降低。在此条件下，越往下游，泥沙的恢复速度将比图 8.3-8 所示的降低得更快，这将进一步促进冲刷条件下河床纵比降的变缓趋势。

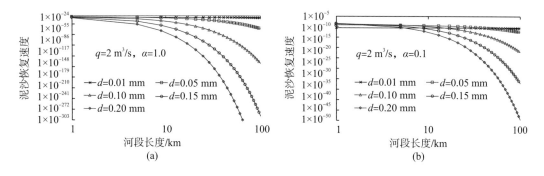

图 8.3-8　含沙量恢复速度示意图

　　从泥沙交换的角度来看,河床冲刷主要取决于水体泥沙的沉降及河床泥沙的上扬。在水流条件及河床组成沿程不变的条件下,河床泥沙的上扬强度可视为定值,此时,河床冲刷量的大小将主要取决于水体泥沙沉降量的大小,而后者与水流的含沙量水平成正比。因此,随着冲刷距离的延长,水体含沙量水平逐渐增加,泥沙沉降量逐渐增大,故在与泥沙上扬的综合作用下,河床冲刷量随之减少。在此情况下,同样会造成上游冲刷量大、下游冲刷量小的局面,河床纵比降也因此而趋缓。若水流条件沿程变弱,则沿程河床泥沙上扬强度更小、水体泥沙沉降强度更大,造成沿程冲刷量的进一步减少,这种情况下也将加强河床纵比降的变缓趋势。

　　2. 长江中下游河床纵剖面调整

　　三峡水库蓄水以后,荆江沙质河床段发生了剧烈冲刷,河床纵剖面形态也进行了相应的调整。图 8.3-9 所示为三峡水库蓄水前后枝城—城陵矶河段的河床纵剖面变化情况。与2003 年相比,经十余年冲刷后,至 2015 年河床纵剖面比降已有较明显的减缓趋势,由 2003年的 0.67‰降为 2015 年的 0.58‰。其中,2008 年之前,荆江河段的平均冲刷强度相对较小,荆江河段的比降调平是通过上游河道冲刷大,下游河道冲刷小的形式来实现的,深泓纵剖面的下切幅度具有上段大、下段小的特征(表 7.3-2)。

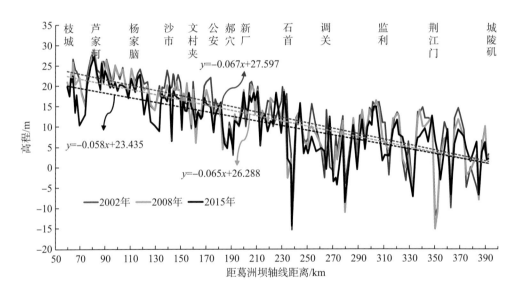

图 8.3-9　三峡水库下游荆江河段河床段纵剖面调整

8.3.4　河床断面形态调整

　　1. 河床断面形态调整形式及作用

　　横断面形态的调整方式主要包括床面的下切和横向的展宽,两个因素在调整水流动能方面的主要作用是通过下切或展宽,增大断面过水面积,以达到降低水流流速、减小水流冲刷能力的目的。三峡水库蓄水以后,断面冲刷下切现象比较明显,河道展宽以滩体的冲刷为主要形式。当然，断面展宽除以滩地的冲蚀方式进行外，还常以崩岸的方式进行。三峡工程蓄水运用以来，坝下游河道冲刷下切，河势出现了一定的调整，局部河段河势变化较大，崩岸塌岸现象时有发生。据不完全统计，2003~2015 年长江中下游干流河道共发生崩岸险情 826 处，崩岸总长度为 643.6 km，主要发生在蓄水运用前的崩岸段和险工段范围内(图 8.3-10)。已有成果表明，三峡水库蓄水运用初期，长江中下游崩岸较多；初期运行期和试验性蓄水期，随着护岸工程的逐渐实施，崩岸强度、频次逐渐降低。

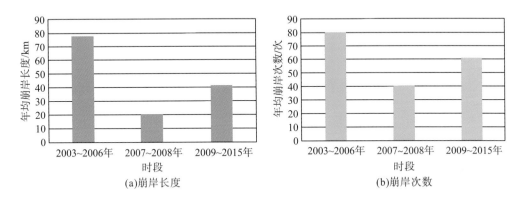

图 8.3-10　三峡工程蓄水运用以来长江中下游崩岸长度及次数变化

　　断面下切或展宽除具有扩大断面过水面积、减小流速的作用外，在调节水流动能方面还有一个作用，即通过下切或展宽，增大单位长度河段水流与河床的接触面积(即湿周)，从而达到增加水流摩擦阻力与能量损失、减小水流动能的目的。图 8.3-11(a) 和图 8.3-11(b) 所示为两种概化的断面下切与展宽方式，在这两种方式的调整中，湿周较断面下切或展宽前均有所增加。河道下切或展宽后湿周增加并不是在所有河段都是成立的，对于有边滩或心滩存在的河段，若洲滩发生大面积冲蚀后退，则断面下切或展宽后湿周可能不变或有所减小。如图 8.3-11(c) 和图 8.3-11(d) 所示，图 8.3-11(c) 中边滩后退后湿周基本不变，图 8.3-11(d) 中心滩冲蚀后湿周有所减小。但一般情况下，心滩冲刷下切所带来的湿周减少作用与断面过水面积增加作用相比可基本忽略不计。

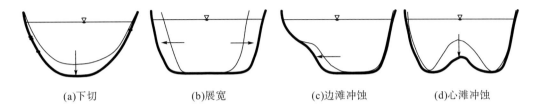

(a)下切　　　　　　(b)展宽　　　　　　(c)边滩冲蚀　　　　　　(d)心滩冲蚀

图 8.3-11　横断面下切或展宽调整后湿周变化示意图

2. 长江中下游河床断面形态调整

统计荆江河段断面平均高程下切超过 1 m、0.5 m 和 0 m 的断面所占百分比(参与统计的固定断面共 173 个) 及河宽增幅超过 0 m、20 m 和 50 m 的断面所占百分比 (表 8.3-1)。三峡水库蓄水后，2003~2015 年荆江河段 173 个断面中，接近 90% 的断面洪水河槽河床平均高程冲刷下切，平滩河槽下切比例为 86.1%，枯水河槽为 80.9%，同时，断面展宽的现象也存在，与河床下切的特征相反，洪水河槽展宽断面占比为 55.5%，至枯水河槽展宽占比增大到 71.7%，可见，滩体的冲刷较崩岸更为频繁，荆江河道冲刷以下切为主。从下切和展宽的幅度来看，大部分断面的河床高程平均下切超过 1 m，洪水河槽超过 0.5 m 的占比超过 80%，枯水河槽河宽增幅超过 20 m 的占 57.8%。不同水位下的河槽下切与展宽的变化规律恰好相反，一定下切幅度断面占比洪水河槽＞平滩河槽＞枯水河槽，一定展宽幅度断面占比枯水河槽＞平滩河槽＞洪水河槽，间接地反映出断面形态调整形式的多样性。

表 8.3-1　三峡水库蓄水后长江中游荆江河段断面形态一定调整幅度比例变化 (%)

统计时段	过水断面	$\Delta Z > 0\ m$	$\Delta Z > 1.0\ m$	$\Delta Z > 0.5\ m$	$\Delta B > 0\ m$	$\Delta B > 20\ m$	$\Delta B > 50\ m$
2003~2008 年	洪水河槽	64.2	20.2	44.5	74.6	22.0	6.36
	平滩河槽	61.8	27.7	46.2	71.7	27.2	16.2
	枯水河槽	67.1	30.6	47.4	68.8	41.6	28.9
2008~2015 年	洪水河槽	87.3	41.0	65.3	38.7	14.5	6.94
	平滩河槽	80.3	51.4	68.2	57.8	25.4	17.3
	枯水河槽	76.3	48.6	61.8	70.5	46.8	31.8
2003~2015 年	洪水河槽	89.6	60.7	80.3	55.5	16.8	6.94
	平滩河槽	86.1	65.3	79.2	60.1	34.1	23.1
	枯水河槽	80.9	61.8	74.0	71.7	57.8	43.9

注：ΔZ 指断面河床平均高程下切幅度，ΔB 指断面宽度增加幅度，表中数据均为超过一定变化幅度的断面所占百分比。

8.3.5　洲滩形态调整

1. 洲滩形态调整的作用

对于冲积平原河流，每一种河型都对应着一种洲滩分布，如顺直型河道分布有犬牙交错的边滩，弯曲型河道凸岸常伴有边滩，分汊型河道存在心滩，散乱型河道沙滩密布、汊道纵横。因此，心滩或边滩作为沙质河流的一种重要河床形态，在其平衡趋向过程中必将有所调整。洲滩调整在河道平衡趋向中的作用主要体现在以下两个方面。

(1) 降低水流的河床塑造能力。三峡水库蓄水运用后，坝下游水流的变化主要是枯期流量略有增加，汛期洪水流量明显削减，含沙量大幅度减少，因此水流的河床塑造能力明显增加，水库下游的洲滩调整方向即为降低水流的河床塑造能力，使河道向着新的平衡方向发展。例如，荆江沙质河段内低矮边、心滩滩缘的崩退、萎缩，分汊河段主、支汊冲刷，以及一些洲滩上的串沟发展和滩体切割，不仅使过水面积有所增大，流速相应减小，而且洲滩冲刷崩退以后，河槽展宽，更加使水流趋于分散，使水流对河床的塑造能力进一步降低。同时，弯曲河段心滩的进一步冲刷崩退，使得水流的流路更加弯曲，流程延长，从而降低了水流比降,削弱了水流的造床作用。此外,洲滩边缘的平顺化也使水流掠过滩面时保持了较小的阻力,从而使泥沙难以起动,使河床处于比较稳定的状态。

(2)促进河道对水流综合作用的均匀化发展。河流处于平衡状态时,在同一来流量条件下,沿程各河段河床形态都不会进行调整,而这必须要求河床向着均匀化发展。河床的均匀化并不是特指某个河床因素的均匀化,而是指决定水流造床能力的各个因素,如过水面积、河床比降等综合作用的均匀化。天然情况下,冲积河流沿程宽窄相间,深泓高低起伏,在同一来流量条件下,各因素综合决定的水流造床能力势必会有所不同,河流的平衡趋向性使河床形态进行相应的调整,如放宽段淤积、束窄段冲刷、分汊段洪淤枯冲等演变现象。此时,对调整起主要作用的泥沙大部分属于上游流域来沙。水库蓄水以后,泥沙主要来源于河床补给,因此泥沙的此冲彼淤使得沿程河床的均匀化调整更为剧烈。三峡水库蓄水后,沿程洲滩调整方式并不一致,分汊河段(如太平口心滩、三八滩、南星洲、藕池口心滩等)冲刷量不大,距坝较远的乌龟洲河段甚至在个别年度存在淤积,而单一束窄段则以冲刷为主,这些都是河床向均匀化发展的体现。

2. 长江中下游洲滩形态调整

三峡水库蓄水后,荆江河段内的洲滩形态调整剧烈,但同时也有一定的规律。蓄水后虽然来沙量大为减少,但由于沿程各段处于调整时期,河床仍有一定的沙量补充,泥沙自上而下输移时易于滞留,因而仍具有淤积的条件,其最终的滩体调整取决于心滩所处河段的位置以及主流变化情况。

(1)若心滩高程较高,中洪水也难以漫滩,则滩面难以淤积,滩体高程不变,在水流顶冲部位以及凹岸滩缘有所崩退〔图 7.3-16(b)〕。

(2)若心滩高程较低,同时处于顺直放宽段,则滩体有淤积的可能,滩体高程及面积有可能增大,但受来水来沙影响较大,滩体不稳定。从枯水河槽来看,两汊一般均呈冲刷发展的趋势〔图 8.3-12(b)〕。

(3)若心滩高程较低,同时处于弯曲河段内,则滩体一般表现为冲刷萎缩,洲滩面积缩小,靠近凸岸一侧冲刷程度较靠近凹岸一侧大〔图 8.3-12(a)〕。

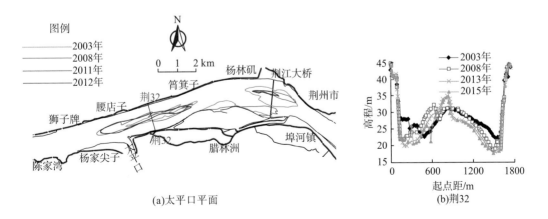

图 8.3-12　三峡水库蓄水后太平口平面及断面心滩变化

8.4 湖泊自然淤积

8.4.1 湖泊自然淤积成因分析

与江河连通的湖泊在水力特性方面与河道的差异十分明显，水流自河道进入湖泊，过水断面突然增大，水流流速减缓，挟带泥沙的能力大幅度下降，统计河湖控制站近期的实测水力特性见表 8.4-1 和图 8.4-1。河道控制站断面平均流速和断面平均水深都显著地较湖区偏大。从水流挟沙力指标(u^3/h)来看，河道与湖区存在数量级上的差别，如宜昌站能够达到 0.361 u^3/h，洞庭湖湖区南咀站仅 0.035 u^3/h。从区域分布来看，干流河道的水流挟沙力指标最大，荆江三口洪道次之，湖区最小，因而经由荆江三口输入的干流泥沙基本上都会在洪道和湖区内沉积下来。

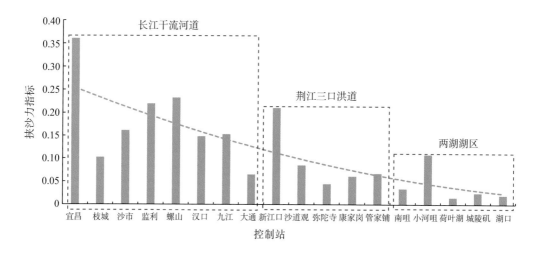

图 8.4-1　长江中游河湖水流挟沙力指标对比图

表 8.4-1　近期长江中游河湖主要控制断面年均水力特性统计表

区域	控制站	断面平均流速/(m/s)	断面平均水深/m	挟沙力指标/(u^3/h)
长江干流	宜昌	1.77	15.36	0.361
	枝城	1.16	15.19	0.103
	沙市	1.26	12.39	0.161
	监利	1.33	10.73	0.219
	螺山	1.39	11.57	0.232
	汉口	1.22	12.22	0.149
	九江	1.32	15.01	0.153
	大通	1.03	16.64	0.066

续表

区域	控制站	断面平均流速/(m/s)	断面平均水深/m	挟沙力指标/(u³/h)
荆江三口洪道	新江口	1.10	6.33	0.210
	沙道观	0.80	5.97	0.086
	弥陀寺	0.58	4.31	0.045
	康家岗	0.53	2.42	0.062
	管家铺	0.74	5.97	0.068
洞庭湖湖区	南咀	0.72	10.76	0.035
	小河咀	1.00	9.19	0.109
	荷叶湖	0.52	9.23	0.015
	城陵矶	0.64	10.33	0.025
鄱阳湖湖区	湖口	0.56	8.73	0.020

8.4.2　长江中游湖泊沉积特征

长江中游湖泊自然沉积贯穿其演变过程始终，人类活动若达不到一定的强度，是难以改变这种基本属性的。1956～2015 年，洞庭湖、鄱阳湖的湖泊都经历了以自然沉积属性为主导至人类活动影响逐渐加强的发展阶段，但两湖湖泊自然沉积功能的变化过程不尽相同。

对于洞庭湖而言，湖泊自然沉积经历了两个主要发展阶段。第一阶段水沙相关关系相对稳定，入湖泥沙量可以作为湖区泥沙沉积量相对单一的控制因素，对湖泊泥沙沉积属性影响较小，包括湖区围垦、下荆江系统裁弯、葛洲坝水利枢纽运行、水土保持工程等对入湖水沙关系改变程度相对较小，2002 年之前湖泊泥沙沉积率基本上在 71.7%附近波动，无趋势性调整现象，仅湖区泥沙沉积量伴随入湖泥沙总量的减少而下降；第二阶段入湖水沙关系急剧变化，湖区泥沙沉积量不再与入湖沙量单一相关，湖区由沉积转化为补给泥沙，且补给主要集中在非汛期，湖南四水来水量对泥沙沉积的影响逐渐显现，主要原因在于汛后冲刷期洞庭湖水量基本上来自湖南四水，来水量大小决定了湖区泥沙的冲刷量(图 8.4-2)。

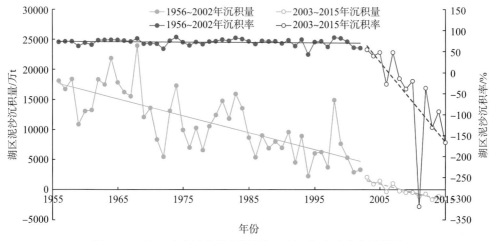

图 8.4-2　近 60 年洞庭湖湖区泥沙沉积量、沉积率变化过程图

　　鄱阳湖湖泊沉积过程大体也是经历了两个发展过程，第一阶段入湖沙量周期性波动，1956～1997 年湖区泥沙沉积量、沉积率都在均值附近波动变化，具有 3～4 年的周期性特征，1997 年之后，水利工程及水土保持工程作用增强，鄱阳湖入湖泥沙量进入历史最低水平，同时受到湖区大规模采砂的影响，湖区泥沙沉积量和沉积率快速下降，直至出湖沙量大于入湖沙量(图 8.4-3)。

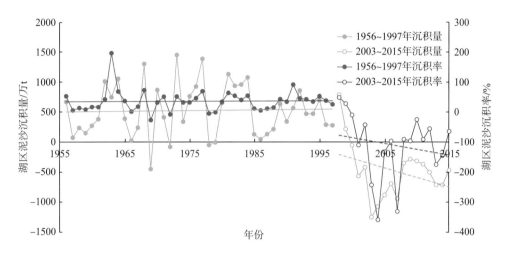

图 8.4-3　近 60 年鄱阳湖湖区泥沙沉积量、沉积率变化过程图

8.5　本章小结

　　长江中游现状的江湖连通河网水系结构是地貌形态经多种驱动力塑造的结果，成因复杂，演变既有各自的特点，又有着十分密切的关联性。演变带来的综合效应关乎防洪、航运、生态、取用水等社会、民生问题，而这些功能不断地对长江中游河湖提出要求，并应这些要求派生了水库、堤垸、坝体等多类别的人控工程，这些工程在一定时期内会引起江湖关系导向性的变化。因此，江湖关系的演变实质上是自然、人为活动不停地驱动的过程。在自然和人为因素的双重驱动作用下，1956～2015 年长江中游江湖关系的调整实现了两湖主要角色由"调洪纳沙"向"补水补沙"的转变。本章主要研究了新构造运动、气候(以降雨为代表)因素、河床自适应调整及湖泊自然淤积等方面的内容，主要结论如下。

　　(1)新构造运动奠定了近期长江中游江河湖的底面形态与分布。新构造运动沉降形成湖泊容纳水体所需的地形条件，有利于湖泊的形成，加强湖泊与周围水体的自然联系，长江中下游湖泊的形成主要是在地壳沉降的低洼地，构造抬升则使湖泊变浅，让湖泊走向消亡，削弱湖泊与周围水体的自然联系。鄱阳湖地区目前处于地壳抬升阶段，将使湖泊面积减小，与长江的连通减弱，长江江水倒灌鄱阳湖越来越困难。

　　(2)长江上游径流量变化规律与其降水量变化规律具有很好的相似性，三峡以上流域近 25 年来降水量呈减少趋势，近年来长江上游年来水偏枯主要受降水量偏少影响，9～11月来水多少也主要受降水量大小影响；湖南四水流域、湖区降雨量减少对入湖、出湖径流量减少有重要作用，降雨量、径流量同期减幅基本一致；鄱阳湖水系各子流域年降水量较长系列均偏少，是入湖径流偏少的主要原因。

(3) 近 20 年三峡水库蓄水后，长江中下游河道水沙条件出现双重变异，河势维持总体稳定，河床出现自适应调整。主要表现在：①河床粗化，坝下游宜昌—枝城段由沙卵石河床粗化为卵石夹沙河床，沙卵石河段下延近 5 km，枝城以下的沙质河床床沙也有所变粗；②坝下游宜昌—城陵矶河床冲刷下切较为剧烈，城陵矶以下河床冲刷较少，河床纵剖面逐渐调平；③荆江河段河床以纵向冲刷下切为主，河床断面形态向窄深化方向发展，但也伴随着河道平面展宽，城陵矶以下河床断面形态变化不大；④坝下游洲滩滩体均出现冲刷萎缩，以荆江最为明显。

(4) 湖泊水流流速缓慢是泥沙自然落淤的根本原因。1956～2015 年，洞庭湖和鄱阳湖泥沙的自然沉积均可分为两个阶段：1956～2002 年洞庭湖泥沙淤积主要与入湖沙量有关，泥沙沉积率基本稳定在 72%左右，2003～2015 年则受入湖泥沙减少、河道采砂等影响，湖区由淤积转为向干流补给泥沙。鄱阳湖 1956～1997 年入湖沙量和湖区泥沙沉积量、沉积率基本呈 3～4 年的周期性波动，总体变化不大，1997 年之后入湖沙量出现趋势性减少，导致湖区泥沙沉积量和沉积率大幅下降，甚至出现出湖沙量大于入湖沙量的情况。

(5) 荆江南岸分流四口的演变，是历史上荆江地区水沙关系、地质运动等自然因素的变化与社会生产发展的结果。入宋以后，荆江南岸的古穴口多已湮塞，加之特大洪水的作用，四口分流局面逐渐形成。虎渡口自南宋以后逐渐稳定分流，调弦口自元代大德年间开浚后时开时塞，约从明朝末年起持续分流，藕池河与松滋河于清代形成，这些都极大地改变了荆江南岸水系的格局，并对洞庭湖的演变产生了重大影响。

第9章 人类活动对长江中游江湖关系演变的影响机制研究

破坏植被、围湖造田、水土保持工程、退田还湖、河湖挖沙活动、河道裁弯取直、水库和大坝的建设等人类活动，在某种程度上影响着河湖水沙交换的量、速率及过程等。人类活动的影响离不开自然条件，它必是在一定的自然环境前提下起作用，对自然力量起到加速或延缓的作用。从长期来看，人类活动对径流量和输沙量的影响不及自然因素的影响大。但从短时间来看，人类活动速率高、节奏快、影响大、效果明显，经常是江湖关系调整的重要因素。例如，荆江与洞庭湖关系的变化体现的人类活动的影响作用：2000 年前区域内以自然演变为主，随着人类社会的发展，人类活动的影响逐渐增大，19 世纪 60～70 年代藕池口、松滋口溃口冲成藕池河、松滋河，奠定了现代荆湖关系的基本格局。之后，诸如水土保持工程、水利工程建设等人类活动影响加剧，长江中游江湖关系的调整速率加快。本章研究按照人类活动作用于长江中游河湖系统的时间先后顺序(时间存在重叠)，主要围绕湖区围垦、下荆江系统裁弯、水土保持工程实施、采砂及以三峡水库为代表的水利枢纽工程建设使用等几个典型的人类活动类型展开江湖关系演变的影响机制研究。

9.1 湖区围垦与退田还湖

9.1.1 湖区围垦

围湖垦殖这种开发利用方式不仅使湖泊水域范围缩小，减少了河道与湖盆的过水断面，还使原有的水系紊乱，促使湖泊泥沙淤积，加速了天然湖泊的萎缩，削弱了湖泊调节洪水的能力，导致汛期洪水位抬升，水情恶化，湖泊生态环境与生物资源遭到破坏，最终使得江湖关系恶化。

1. 洞庭湖围垦

洞庭湖围垦历时悠久，据史料记载，战国时期此地即开始进行荒洲垦殖，东晋时开始筑堤防水，之后逐渐形成荆江两岸的堤防。《湖南通志》中列有宋代洞庭湖区堤垸名，明代堤垸多有地域范围及数目记录，如澧县、汉寿、安乡、常德、岳阳等 11 县都有堤垸修筑记录，清朝相关史料称当时堤垸数为 88 个，清通志七年(1868 年)《湖南通志》撰修前，湖区堤垸数量已达到 611 个。1989 年编修的《湖南水利志》记载，截至 1949 年，洞庭湖堤垸数达 993 个。19 世纪 50~60 年代洞庭湖开垦的堤垸面积超过明清时期总和，洞庭湖湖泊面积由 4350 km²(1949 年)骤减至 2691 km²(1978 年)。围湖造田和垦殖的力度直到 1985 年前后才得到遏制。据不完全统计，1988 年洞庭湖湖区面积千亩以上的堤垸数达 266 个，1998 年、1999 年大洪水过后，国家开始在洞庭湖湖区实施"退田还湖"，根据 2003 年《洞庭湖堤垸图集》记载，湖区堤垸数减少为 222 个，其中万亩以上的堤垸尚存 24 个。

　　大规模的围湖造田直接导致洞庭湖湖域面积、湖容迅速缩减。1949~1978 年，洞庭湖围湖造田的面积达 1659 km²，湖容由 293 亿 m³ 降低至 174 亿 m³，累计减少 119 亿 m³，其中，1949~1978 年洞庭湖泥沙淤积量约为 1.3 亿 m³/a，而湖容萎缩率却高达 2 亿~10 亿 m³/a(图 9.1-1)。可见，围湖造田引起的湖域面积、湖容的减小更甚于泥沙淤积的影响。

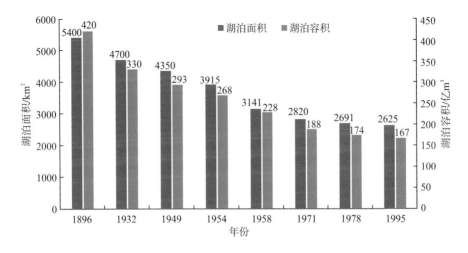

图 9.1-1　洞庭湖湖泊面积与容积演变过程

　　湖区大面积洲滩被围垦后，垸内已不再承受上游来沙淤积，而已缩小的垸外湖盆却承受着同等数量入湖泥沙的淤积，进而加快了泥沙淤积速率。据报道，围垦能使泥沙淤积速率提高 50%以上。与此同时，湖区历经了堵支并流合修大圈、整治洪道、洞庭湖区一二期治理工程以及平垸行洪、退田还湖等工程。这些重大工程的实施，破坏了洲滩表土结构，改变了水动力条件，造成二次泥沙淤积，这就人为地助长了泥沙淤积。

　　李景保等研究指出，1951~2005 年湖区累计淤积总量达 62.8 亿 t，即为 49.06 亿 m³(以泥沙密度 1.28 t/m³ 计)，此外，在已围垦的 1695 km² 滩地面积中，以平均水深 1.5 m 计，相当于损失湖容 29.6 亿 m³，这意味着在相同水位下洞庭湖湖区容水体积减小了 78.66 亿 m³，其结果是促使洪水位抬高，洪溃决堤灾情时有发生。

　　从洞庭湖湖区多个控制站的最高洪水位 5 年滑动平均值变化来看(图 9.1-2)，湖区围垦期间，洞庭湖湖区自最西部的南咀站至东洞庭湖入口的营田站，年最高洪水位 5 年滑动平均值均呈抬高的趋势，1956~1983 年第一个 5 年均值和最后一个 5 年均值相比，南咀、小河咀、杨柳潭、营田最高洪水位累计抬高幅度分别为 1.08 m、1.22 m、1.39 m 和 0.81 m (表 9.1-1)。由于最大洪水流量基本无趋势性变化，因此洪水位抬高主要受围垦、湖泊自然淤积和干流洪水位抬高的影响，从湖容影响程度来看，湖泊淤积的影响相对于围垦要小得多，因此，要辨识围垦对湖泊洪水位的影响程度，应要剥离城陵矶水位抬高的影响。本书通过建立城陵矶洪水位 5 年滑动均值与湖区控制站的关系，计算出城陵矶洪水位变化对其的影响值，再将各站洪水位变化值扣除城陵矶洪水位变化影响值，可得出以围垦为主的人类活动对洪水位变化的影响值为 0～0.91 m，其中围垦对湖区洪水位的影响在南洞庭湖最大，西洞庭次之，东洞庭最小。已有研究表明，围垦又分围湖耕地及堵口湖汊两种形式，其中堵口截流工程对洞庭湖湖区防洪和调蓄能力的影响最为直接，而这一工程(1978 年)主要分布在南洞庭湖湖区，故以南洞庭湖湖区洪水位抬高幅度最大。

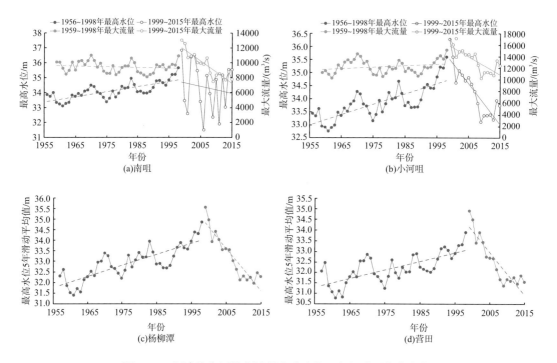

图 9.1-2   洞庭湖湖区控制站最高洪水位 5 年滑动平均值变化

表 9.1-1   湖泊围垦期洞庭湖湖区控制站最高洪水位 5 年滑动平均值变化统计   单位：m

类别	南咀	小河咀	东南湖	杨柳潭	营田	鹿角	城陵矶
1952～1956 年均值	33.87	33.44	33.13	32.56	32.46	32.30	32.15
1979～1983 年均值	34.95	34.66	34.50	33.95	33.27	32.83	32.67
差值	1.08	1.22	1.37	1.39	0.81	0.53	0.52
城陵矶水位影响值	0.83	1.00	0.46	0.52	0.52	0.52	0.52
扣除城陵矶水位抬高影响	0.25	0.22	0.91	0.87	0.29	0.01	0

洞庭湖湖区围垦一定程度上改变了荆江三口分流分沙的下边界条件。1949 年以后，为了缩短湖区防洪堤线，又进行了大规模堵支并流合垸，以及蓄洪垦殖工程，特别是 1954～1958 年进入了围湖造田的高峰期，总面积超过 6 万 hm^2，至 1958 年，湖区面积

减小为 3141 km²，减小 193.3 km²。其间，荆江三口(原为四口分流，调弦口 1959 年建闸控制)三角洲转而向东北迅速扩展，分流分沙呈自然衰减态势。1956～1966 年荆江三口年均分流、分沙量分别为 1332 亿 m³、1.96 亿 t，分流分沙比分别为 29.5%、35.4%，以藕池口最大，松滋口次之，太平口最小。受干流来水、分流口门河床演变以及分流洪道演变影响，三口分流分沙量逐年减少，其中以藕池口衰减最为明显，但分流分沙比总体变化不大。同时，三口对减轻荆江防洪负担起着重要作用，如藕池口的管家铺站最大分流流量为 11400 m³/s(1958 年 8 月 26 日)，占枝城站同期洪峰流量的 20%。1931～1954 年，三口分洪量降低，如 1931 年枝城站最大流量为 69770 m³/s，三口最大分流量达 40070 m³/s，洪峰分流比达 57.4%；1954 年枝城站最大流量为 71900 m³/s，三口最大分流量达 29340 m³/s，洪峰分流比减小至 40.8%。1956～1966 年，荆江三口洪峰分流比相对变化不大，在 40% 左右，除松滋口全年分流外，太平口和藕池口均有断流情况，如 1956～1966 年太平口年均断流天数为 35 天，藕池口的东支、西支年均断流天数分别为 17 天和 213 天。由此可见，湖泊大规模围垦后，荆江三口的分流分沙能力变化不大，其分流分沙量出现小幅衰减主要与三口洪道的自然淤积萎缩有关。

综上所述，洞庭湖湖区围垦主要减小了湖泊面积和容积，导致湖泊调蓄洪水的能力有所降低，湖区防洪风险加大，但对荆江三口分流分沙能力的影响不大。

2. 鄱阳湖围垦

中华人民共和国成立以来，鄱阳湖湖区的围垦大致经历了四个阶段。第一阶段为 20 世纪 50 年代。由于湖区经历了 1949 年、1954 年两次大洪水，在修堤堵口、加固堤防中，实行联圩并垸，新建圩垸面积 394.9 km²，湖泊吴淞高程 22 m 以上面积由 1949 年的 5340 km² 减小为 1957 年的 5010 km²。第二阶段为 20 世纪 60 年代。这一时期，在"向湖滩地要粮""与水争地"的口号下，围垦面积达 793.4 km²，湖泊吴淞高程 22 m 以上面积由 1961 年的 4690 km² 减小为 1967 年的 4066 km²。第三阶段为 20 世纪 70 年代。此时期虽未大规模围垦，但也兴建了一些小圩子，围垦面积为 211.7 km²。第四阶段为 1980～1995 年。这一时期，湖区围垦已基本得到控制，但一些小圩联成大圩，20 世纪 80 年代增垦面积为 40 km²，据统计，到 20 世纪 80 年代中期，鄱阳湖地区修建圩堤 581 座，保护农田逾 37 万 hm²，90 年代在部分滩地实施防治血吸虫垦殖，建了 4 座圩区，围垦面积为 26.93 km²。以上 4 个阶段共围垦湖区面积 1466.93 km²(图 9.1-3)。

1954～1997 年鄱阳湖因围垦面积缩小 1301 km²，湖泊容积减少 80 亿 m³，调节系数从 17.3% 下降至 13.8%，下降了 3.5 个百分点，使得湖泊对洪水的调蓄能力降低了近 20%。1954 年之后湖区围垦主要是发生在湖滩、湖汊较低地势的围控，损失的调洪容积偏大，对削弱湖盆调蓄能力的作用极大。湖盆形态的改变一般由两个方面的原因引起：一是湖泊自然淤积；二是围控湖滩或湖汊，围垦期间鄱阳湖泥沙淤积平均每年使湖床抬高约 2.6 mm，累计淤高约 0.114 m，相应湖容减少约 3.82 亿 m³，仅占湖泊容积总减少量的 4.8%。可见，对于鄱阳湖湖泊面积的缩小和容积的减少，围垦的作用显著大于湖泊自然淤积的作用。这一特征与洞庭湖存在相似之处。

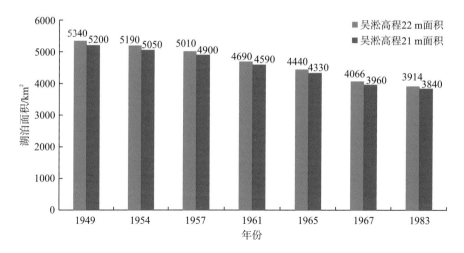

图 9.1-3　鄱阳湖湖泊面积演变过程

　　从鄱阳湖湖区多个控制站的最高洪水位 5 年滑动平均值变化(图 9.1-4)来看，湖区围垦期间，因湖泊容积、面积减小，其调蓄洪水的能力下降，鄱阳湖湖区自最南端的康山站至最北端的星子站，年最高洪水位 5 年滑动平均值均呈抬高的趋势。

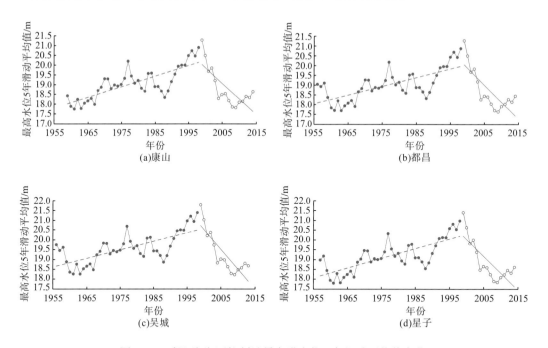

图 9.1-4　鄱阳湖湖区控制站最高洪水位 5 年滑动平均值变化

9.1.2　退田还湖

　　1998 年鄱阳湖出现特大洪水之后，国家决定在鄱阳湖滨湖区开展大规模的退田还湖和移民建镇工作。1998 年冬至 2003 年冬的 5 年中，湖区共将 273 座圩堤(指堤外为鄱阳湖的圩堤)退田还湖，圩区总面积为 830.3 km²，容积为 45.7 亿 m³，圩堤座数和圩区面积分别占 1998 年前湖区圩堤总座数与圩区总面积的 48.7%和 27.3%。其中退人又退田的"双退"圩堤有 95 座，面积为 189.6 km²，容积为 10.44 亿 m³；退人不退田的"单退"圩堤有 178 座，面积为 640.7 km²，容积为 35.26 亿 m³。《江西省平垸行洪退田还湖移民建镇若干规定》中，将单退圩堤分成两个等级，其中保护面积在 1 万亩(1 亩=1/15 hm²)以上的单退圩堤(共 25 座，面积为 468.81 km²，容积为 25.8 亿 m³)为较高等级(2 级)，规定其还湖水位为 21.68 m(湖口水文站水位，吴淞基面)；保护面积在 1 万亩以下的单退圩堤(共 153 座，面积为 171.88 km²，容积为 9.46 亿 m³)为较低等级(1 级)，规定其还湖水位为 20.50 m。

在 2000 年水利部长江水利委员会编制的《长江平垸行洪、退田还湖规划报告》中，明确提出实施平垸行洪工程，增加洞庭湖蓄洪能力。2008 年湖南省在《洞庭湖非常洪水度汛方案》(湘防〔2008〕5 号)中明确了 22 个一般垸作为省批蓄洪垸，保障重点垸、重点城镇的防洪安全。工程实施以来，统计完成了 234 个巴垸和堤垸的平退任务，搬迁 15.8 万户 55.8 万人，高水位时，还湖面积可达到 779 km²。

相较于湖区围垦幅度，退田还湖对于湖泊面积及有效防洪容积的影响较小，但湖泊受来沙量减少的影响，自然淤积的强度也有所减弱，相当于湖泊萎缩的影响因素由强强叠加转化为两个方面都减弱，湖泊调蓄能力呈逐渐恢复的状态，同时，1999 年至今，长江中游及两湖地区未遭遇大水年，多方面影响因素共同作用下，两湖湖泊的最高洪水位均呈下降的趋势(图 9.1-2、图 9.1-4)。

9.2 下荆江系统裁弯工程

下荆江系统裁弯对长江中游和洞庭湖湖区都造成了极为深远的直接或间接的影响，直接影响包括局部河道形态的剧烈改变、下荆江河势格局的重塑等；间接影响包括上游河道水位、比降的改变，因此而发生的河道冲淤调整，以及这些因素综合影响下的荆江三口分流比变化、荆江—洞庭湖汇流关系变化等。仅仅从反映荆江—洞庭湖关系变化的控制指标——三口分流分沙比变化来看，下荆江系统裁弯的影响是近 60 年其他人类活动难以比拟的。

9.2.1 对干流河道的影响

1. 水位、比降的变化

裁弯后，河道水流流程减小，高、中、低水比降均有不同程度的增大，其中紧邻裁弯工程上游的新厂—石首河段年内汛期 5～10 月各月平均比降都有所增大，裁弯工程河段调弦口—姚圻脑和姚圻脑—洪山头两河段比降增值最大(表 9.2-1 和表 9.2-2)。

下荆江系统裁弯后，河床冲刷，同流量的水位较裁弯前降低，且其降低值自下游往上游减小，枯水期大于汛期。实测资料分析表明，裁弯段上游水位降低的范围至少到达距沙滩子裁弯进口约 170 km 的砖窑站，枝城站(距沙滩子裁弯进口约 201 km)水位没有明显变化。各站枯水期同流量水位下降幅度最大的时段为 1967～1978 年，流量为 4000 m³/s 时石首(沙滩子新河上游 19.6 km)水位下降 1.8 m；汛期同流量下下降值较枯水期小，流量为 50000～60000 m³/s。沙市(沙滩子新河上游 113.6 km)水位较裁弯前降低 0.3～0.5 m，监利同流量的水位也有所降低。

表 9.2-1　新厂—石首河段分时段汛期月平均比降变化统计表

时段	月平均比降变化/ ‰					
	5 月	6 月	7 月	8 月	9 月	10 月
1955～1966 年	0.457	0.449	0.393	0.406	0.400	0.430
1967～1972 年	0.524	0.524	0.484	0.500	0.504	0.507
1973～1980 年	0.498	0.490	0.452	0.466	0.469	0.484
1981～2002 年	0.394	0.366	0.314	0.356	0.388	0.426
2003～2015 年	0.307	0.279	0.313	0.331	0.350	0.363

表 9.2-2　下荆江系统裁弯前后荆江河段比降变化(‰)

河段	$Q=5000$ m³/s, $Z=20$ m			$Q=20000$ m³/s, $Z=27$ m			$Q=40000$ m³/s, $Z=29$ m		$Q=50000$ m³/s, $Z=31$ m		
	1953～1966 年	1967～1972 年	1973～1988 年	1953～1966 年	1967～1972 年	1973～1988 年	1953～1966 年	1973～1988 年	1953～1966 年	1967～1972 年	1973～1988 年
枝城—砖窑	0.577	0.603	0.737	0.573	0.594	0.662	0.631	0.698	0.686	0.693	0.894
砖窑—陈家湾	0.409	0.425	0.465	0.539	0.594	0.599	0.623	0.745	0.700	0.745	0.617
陈家湾—沙市	0.561	0.498	0.579	0.410	0.413	0.485	0.370	0.388	0.242	0.276	0.394
沙市—郝穴	0.359	0.419	0.416	0.410	0.468	0.494	0.478	0.575	0.551	0.554	0.559
郝穴—新厂	0.574	0.722	0.805	0.526	0.517	0.614	0.440	0.500	0.404	0.364	0.538
新厂—石首	0.532	0.674	0.633	0.433	0.535	0.498	0.383	0.529	0.359	0.429	0.380
石首—调弦口	0.429	0.437	0.453	0.407	0.416	0.414	0.454	0.416	0.408	0.308	0.400
调弦口—姚圻脑	0.424	0.755	0.698	0.367	0.595	0.554	0.415	0.672	0.343	0.718	0.656
姚圻脑—洪山头	0.470	0.636	0.722	0.296	0.358	0.443	—	0.451	0.282	—	0.417
洪山头—七里山	0.364	0.347	0.439	0.264	0.291	0.329	—	0.400	0.245	—	0.394
姚圻脑—七里山	0.439	0.426	0.520	0.287	0.298	0.363	0.305	0.416	0.277	0.344	0.401

注：Q 为枝城流量；Z 为七里山水位。

2. 河道水沙输移量的变化

裁弯工程并不改变河道的来水来沙条件，但由于荆江南岸存在三口分流入洞庭湖，裁弯后荆江河床冲刷、水位降低，使三口分流分沙减少速率加大，从而荆江的水沙量有所增加，下荆江汛期设防水位的时间有所增加。例如，裁弯前，1954 年洪水，上荆江经过 3 次运用荆江分洪工程，沙市最高洪水位为 44.67 m(不分洪时水位将达 45.63 m)，洪峰流量约为 50000 m³/s；下荆江经过上车湾扒口分洪，降低监利洪水位约 0.7 m，监利最高洪水位达 36.57 m，洪峰流量为 35600 m³/s；下荆江系统裁弯后，扩大了荆江泄洪流量。裁弯前后沙市、监利站实测本站和城陵矶站同水位的流量对比见表 9.2-3。

表 9.2-3 下荆江系统裁弯前后沙市和监利站同水位实测流量

站名	裁弯前后	实测日期	城陵矶水位/m	水位/m	流量/(m³/s)	扩大泄量/(m³/s)
沙市 (新厂)	前	1958.08.26	30.60	43.88	46500	—
	后	1974.08.13	30.69	43.84	51100	4600
监利 (姚圻脑)	前	1954.07.25	33.73	35.82	26600	—
	后	1980.09.02	33.67	35.83	32900	6300

注：城陵矶系莲花塘站。

另外，从监利站历年最大和最小流量变化情况（图 9.2-1）来看，监利站流量增大趋势较为明显。1981～1990 年较 1954～1959 年最大流量增大 11000 m³/s，1% 频率的流量（相当于每年出现 3.65 天）增大 4800 m³/s；10% 频率的流量（相当于每年出现 36.5 天）增大 5700 m³/s（表 9.2-4）。

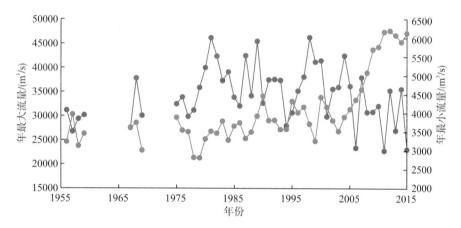

图 9.2-1 监利站历年最大、最小流量变化图

表 9.2-4 监利站同频率下对应流量   单位：m³/s

时间	最大	1%	5%	10%	50%	最小
1954～1959 年	35200	29400	23200	18800	7810	3140
1981～1990 年	46200	34200	28300	24500	9680	3280
1991～2002 年	46300	37500	28500	23400	9700	3260
2003～2015 年	42500	33000	24800	21100	9040	3520

3. 河床发生冲刷与调整

下荆江系统裁弯后，河道曲折率由裁弯前的 2.83 变为 1.93，水面比降加大，破坏了河道原有的相对平衡，裁弯河段上、下游河道发生了较剧烈的冲刷与调整，持续时间长达 20 多年。河道冲刷与调整主要表现在以下几个方面。

1) 上、下荆江河床普遍发生冲刷

裁弯后,一方面,由于分流口门水位下降,上游河段水位也相应下降,下降的程度是沿程增加,故上游段比降变陡,流速增大,挟沙能力加强,产生溯源冲刷,愈靠近下游,冲刷量愈大,呈楔形分布。裁弯后,河道冲刷范围上端可达枝城(沙滩子新河上游 201 km),1965~1987 年新厂—石首段(沙滩子新河上游 19.6~46 km)单位河长冲刷量为 6348 m³/m,河床平均冲深为 2.95 m;郝穴—新厂段冲刷量为 3628 m³/m,河床平均冲深为 2.26 m;沙市至郝穴段冲刷量为 2116 m³/m,河床平均冲深为 1.42 m;陈家湾至沙市段冲刷量为 2112 m³/m,河床平均冲深为 1.07 m;砖窑—陈家湾段因汊道的支汊和洲滩淤积较多,冲刷量仅为 35.7 m³/m。另一方面,裁弯后随着荆江河床冲刷,三口分流入湖水量明显减少,荆江过流量增大,引起整个上、下荆江河床断面冲刷扩大。同时洞庭湖出流减少,对下荆江的顶托作用相对减弱,加大下荆江河床冲刷。根据实测资料计算,1966~1993 年上、下荆江各时段河床冲淤量见表 9.2-5。可以看出,1975 年前,各时段河床有冲有淤,其后各时段均为冲刷;裁弯后上、下荆江强烈冲刷调整,历时达 15 年,1980 年开始渐趋缓慢;相应宜昌流量 10000 m³/s下的低水河床,上、下荆江冲刷量基本接近,而相应宜昌流量 50000 m³/s 下的高水河床,上荆江的冲刷量仅为下荆江的 69.2%;上荆江低水河床冲刷量为高水河床的 91.8%,而下荆江相应为 65.9%,说明上荆江的溯源冲刷是以冲槽为主,而下荆江则是滩槽均衡冲刷。

表 9.2-5　裁弯后荆江河床冲淤量

项目			1966~1970 年	1970~1975 年	1975~1980 年	1980~1985 年	1985~1987 年	1987~1993 年	1966~1993 年
上荆江(枝城—新厂)	基本河槽	冲淤量/亿 m³	0.060	-0.557	-1.013	-0.616	-0.269	-0.212	-2.607
		平均冲淤厚度/m	0.03	-0.27	-0.49	-0.30	-0.13	-0.10	-1.26
	高水河槽	冲淤量/亿 m³	-0.522	-0.588	-0.995	-0.023	-0.481	0.013	-2.596
		平均冲淤厚度/m	-0.19	-0.22	-0.37	-0.01	-0.18	0	-0.97
下荆江(新厂—城陵矶)	基本河槽	冲淤量/亿 m³	-1.427	0.418	-0.357	-0.321	-0.773	0.495	-1.965
		平均冲淤厚度/m	-0.78	0.22	-0.20	-0.18	-0.42	0.27	-1.09
	高水河槽	冲淤量/亿 m³	-1.886	-0.199	-1.221	-0.320	-0.144	-0.398	-4.168
		平均冲淤厚度/m	-0.61	-0.07	-0.40	-0.10	-0.05	-0.14	-1.37

注:基本、高水河槽分别指宜昌流量为 10000 m³/s、50000 m³/s 时对应水面线以下的河槽。

2) 上、下荆江河床形态有所调整

荆江河床形态的调整,可以采用平滩水位下河槽(相应宜昌流量 30000 m³/s)的宽深变化表示(表 9.2-6)。由于上荆江两岸基本上已有护岸工程保护,裁弯后上荆江平均水深相对增幅为 15.9%,平均河宽增幅仅为 2.7%,河床以下切为主,河床宽深比减小;下荆江则由于两岸护岸工程薄弱,河床下切与展宽同时发生,且下切与展宽的相对增幅接近,约为10%,河床宽深比基本未变。

表 9.2-6　　上、下荆江河床形态特征值

年份	上荆江			下荆江		
	平均河宽/m	平均水深/m	宽深比($\sqrt{B}/H$)	平均河宽/m	平均水深/m	宽深比($\sqrt{B}/H$)
1965	1460	9.66	3.96	1265	9.36	3.80
1975	1494	9.71	3.98	1351	9.23	3.98
1991	1503	10.52	3.69	1395	9.70	3.85
1993	1500	11.20	3.45	1390	10.40	3.58

3) 河势发生一定变化

下荆江系统裁弯后，荆江河道演变仍遵循原有的规律，总体河势未见根本性变化，但局部河段的河势发生了较剧烈的调整。在裁弯段上游，由于比降加大，河床冲刷，主流趋直，弯道凹岸水流顶冲部位下移，从而产生或加速了水流切滩撇弯与汊道段主支汊的易位。石首河弯紧靠裁弯段上首，裁弯后主流逐渐趋直，撇开凹岸，紧贴向家洲一侧，使该洲大幅度崩退，原凹岸上段淤成大片滩地，该河弯 1994 年发生撇弯 (图 9.2-2)。1969 年上车湾人工裁弯后，1970 年上游监利汊道右汊发展，1971 年主汊由左汊移至右汊，至 1980 年左汊复为主汊。20 世纪 80 年代后期右汊又逐渐发展，1995 年成为主汊，左汊淤积萎缩 (图 9.2-3)。

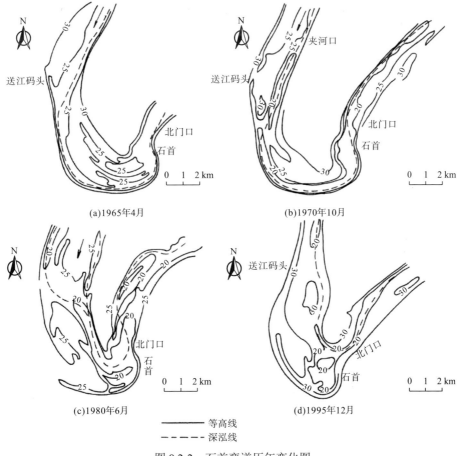

图 9.2-2　石首弯道历年变化图

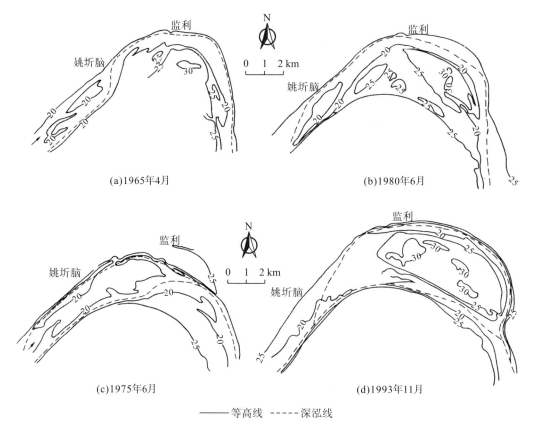

(a)1965年4月   (b)1980年6月

(c)1975年6月   (d)1993年11月

——等高线 - - - - - 深泓线

图 9.2-3 监利弯道历年变化图

　　裁弯段河势变化程度取决于新河进出口与上、下游河道是否平顺衔接以及河势控制工程是否适时。例如，上车湾人工裁弯后，上、下游河势衔接比较平顺，但新河出口下游天星阁一带因未能及时守护，裁弯后受新河出口水流顶冲而岸线崩退，1973～1981 年岸线最大年崩宽达 230 m，累计崩退约 1300 m，致使原右向弯道变成左向弯道，下游右岸洪水港险工位置下移，护岸后河势得到基本控制。监利撤弯和大马洲浅滩的变化也受到下游上车湾裁弯的影响，1971 年监利弯道的右汊冲刷发展成主汊，沙滩子弯道 1972年发生自然裁弯。

　　此外，自然裁弯与人工裁弯工程的上、下游河势变化差别很大。人工裁弯工程上、下游河势衔接平顺，只要适时按规划走向进行岸线控制，河势不至于发生急剧变化，如中洲子裁弯工程 [图 9.2-4(a)]。自然裁弯一般上、下游河势衔接很不平顺，河势发生较大变化，如 1949 年碾子湾自然裁弯后，其下游的黄家拐于 20 世纪 60 年代发生撤弯切滩[图9.2-4(b)]；沙滩子河弯 1972 年自然裁弯后，河势发生了急剧的调整变化[图9.2-4(c)]，上游主泓由北摆向南，新河进口右岸寡妇夹一带受冲崩退，水流顶冲点迅速下移，直冲金鱼沟边滩，岸线最大崩退 3200 m，最大年崩宽达 500 m，致使新河出口下游由右向弯道变为左向弯道。金鱼沟河弯的发展，导致其下游连心垸弯道凹岸崩退，弯曲半径减小，形成急弯，使调关矶头过于突出，汛期守护困难，险情时有发生。

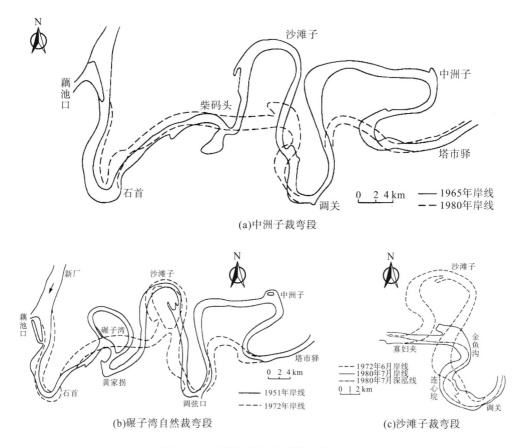

(a)中洲子裁弯段

(b)碾子湾自然裁弯段　　　　　(c)沙滩子裁弯段

图 9.2-4　下荆江系统裁弯段河道演变图

4)城陵矶以下河段河床在一段时期内发生淤积

这主要是由于裁弯后三口分流分沙减少,下荆江水沙量增加,而下荆江输沙率约与流量的平方成正比,因而反映出输沙能力有所增大,河床冲刷扩大。而对于城陵矶以下长江干流,裁弯后下荆江出流量增大,相应洞庭湖出流量减小,江湖汇流后总水量裁弯前后保持不变。对于沙量,裁弯后下荆江增加的部分沙量在裁弯前是经三口分流进入洞庭湖落淤的泥沙,裁弯后三口减少的分沙量直接通过荆江输入下游,加以荆江河道冲刷,江湖汇流后的总沙量裁弯后增加,河床在一段时期内产生淤积。例如,螺山水文站断面,中、枯水河槽淤积,中、枯水期同流量水位有所抬高,但汛期水位没有抬高。此段河床调整过程直到 20 世纪 80 年代中期才基本结束。

9.2.2　对长江—洞庭湖关系的影响

下荆江系统裁弯引起荆江与洞庭湖关系的调整幅度加大,主要表现在荆江三口分流分沙大幅减小、荆江河道冲刷加大、江湖汇流段水情变化、洞庭湖淤积减缓等方面。

1. 荆江三口分流分沙大幅减小

下荆江系统裁弯前，荆江三口分入洞庭湖的水量和沙量均呈逐年递减的趋势，裁弯后，荆江河床大幅冲刷下切、水位下降，三口口门段河势调整，加之三口洪道河床淤积，进一步加快了三口分流分沙的衰减进程。例如，下荆江裁前，1956～1966 年，三口分流比基本稳定在 29.5%左右，三口中藕池口分流、分沙量最大，松滋口次之，太平口最小。下荆江系统裁弯期间，荆江河床冲刷，三口分流比减小至 24%，由于藕池口距离裁弯河段较近，受裁弯影响更大，河道内分汊多，受洞庭湖水位顶托影响大，加之其分沙比均大于分流比，致使其口门和洪道内泥沙淤积十分明显，分流、分沙比减小幅度最大；松滋口、太平口则变化较小。裁弯后，松滋口分流、分沙量跃居首位，藕池口次之。裁弯后，1973～1980 年，荆江河床继续大幅冲刷，三口分流能力衰减速度有所加大，分流比进一步减小至 19%。

同时，三口分流比和分沙比的对比情况也发生了明显变化。裁弯前，松滋口、太平口分流比均大于分沙比，藕池口分流比则明显小于分沙比 7.4 个百分点（东支相差 0.9 个百分点，西支相差 6.5 个百分点）。裁弯期间及裁弯后（1973～1980 年），松滋口分流比仍大于分沙比，太平口分流比与分沙比则基本相当，藕池口分沙比与分流比的差值则逐渐减小。

2. 荆江河道冲刷加大

与此相应，在枝城来水来沙量相同的条件下，荆江过流和输沙量逐年递增，河床断面冲刷扩大，尤以下荆江更为突出。1988～1996 年与 1956～1966 年相比，下荆江监利站年平均流量由 10100 m^3/s 增大至 12200 m^3/s，增大 20.8%，下荆江断面冲深扩宽，断面积增大约 15%。

3. 江湖汇流段水情变化

荆江三口分流分沙减少使洞庭湖淤积速率减缓。洞庭湖年淤积量由裁弯前（1956～1966 年）的 16868 万 t 减小到 1989～1995 年的 6783 万 t，从 1967～1995 年，洞庭湖实际少淤约 13 亿 m^3，占洞庭湖容积（1995 年实测为 167 亿 m^3）的 7.8%，相当于洞庭湖淤积进程推迟 10 年左右。

4. 江湖汇流段水情变化

(1)荆江流量加大，河床遭受冲刷，荆江及下游城汉河段的水位势必会发生变化。流量加大引起水位抬高，河床冲刷使水位降低，水位的抬高往往大于水位的降低，这种现象在下荆江尤为显著。下荆江监利站 1980～1988 年最大流量平均值由 1952～1960 年的 28978 m^3/s 增大至 38633 m^3/s，即增大了 9655 m^3/s，相应的年最高水位平均值由 34.40 m 抬高至 35.47 m，即抬高了 1.07 m。1998 年监利最大流量 46300 m^3/s 较之 1954 年的 36500 m^3/s 增大了 9800 m^3/s，相应地，最高水位由 1954 年的 36.57 m 抬高至 38.31 m，即抬高了 1.74 m，而 1998 年枝城流量 68600 m^3/s 比 1954 年小 3300 m^3/s。1998 年洪峰水位与 1954 年洪峰水位相比较，监利站估计抬高值为 1.72 m，实际抬高值为 1.74 m，荆江出口处的莲花塘估计抬高值与实际抬高值相同，均为 1.85 m。

(2)荆江出流对洞庭湖出口的顶托作用有所增大。20 世纪 50 年代七里山历年平均流量均大于监利站,说明洞庭湖出流对荆江出流的顶托作用是主要的。此后,随着三口分流减少,荆江流量加大,洞庭湖出流减少,至 20 世纪 70 年代荆江出流已大于洞庭湖出流,且两者的差值逐渐增大(图 9.2-5),荆江出流对洞庭湖出流的顶托作用逐渐加强,从而影响洞庭湖的出流,对防洪不利。另外,因三口分流减少,在上游来流量相同时,洞庭湖出流流量有较大幅度减小,尤其是汛期流量减小较多,因而抵消了因干流出流加大对洞庭湖出流顶托作用加强的部分影响,表现出螺山同流量下,七里山洪水位尚无明显变化。

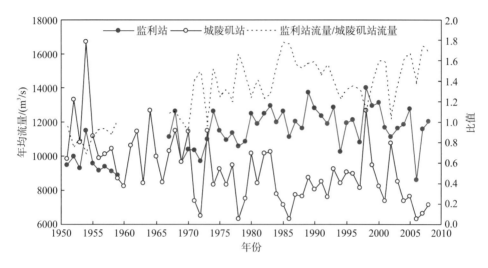

图 9.2-5　长江干流监利站和洞庭湖出口城陵矶站年均流量变化对比

(3)江湖关系变化引起了江湖汇流口以下河道水沙关系的调整。荆江三口分流分沙减少,使原来通过三口流入洞庭湖且大部分淤积在湖区内的泥沙经荆江河道直接输往城陵矶下游河道,从而改变了江湖汇流口以下河道的水沙关系,主要表现为 20 世纪 60 年代中期至 80 年代中期水量变化不大,输沙量和水流含沙量有所增大。例如,螺山站 1956~1965 年平均含沙量为 0.647 kg/m³,1966~1975 年和 1976~1985 年分别增大至 0.700 kg/m³ 和 0.793 kg/m³。同时,来沙粒径也变粗,1960~1969 年螺山站悬移质中值粒径为 0.026 mm,1980~1986 年为 0.035 mm。上述水沙关系的变化对河床冲淤变化产生了一定影响,主要表现为江湖汇流口以下较长河段的中、枯水河槽发生淤积,过水面积有所减小,中、枯水位有一定抬高,洪水位则无明显变化。这种调整至 20 世纪 80 年代中期就基本结束。

(4)江湖关系的变化对汇流河段水位产生重要影响。下荆江系统裁弯后长江干流河道缩短,比降加大,造成河床冲刷,从而加剧了三口分流减少,进入荆江河段的流量增加,相应地抬高了长江干流水位。

城陵矶位于洞庭湖与长江的汇流处,其在江湖关系中发挥了重要作用,受长江水位的顶托影响,水位变化比较复杂。从 1950 年以来城陵矶站年最高、年均和年最低水位变化(图 9.2-6)来看,20 世纪 80 年代后城陵矶年均水位和年最低、最高水位抬升趋势较为明显。对城陵矶 1954 年以来历年的日平均最高、最低水位和年均最大、最小流量进行统计分析发现，在下荆江系统裁弯前，1954～1966 年城陵矶多年平均日最低水位为 18.05 m，而裁弯期平均日最低水位为 18.32 m，到裁弯后的 1973～1980 年、1981～1998 年和 1999～2002 年平均日最低水位分别为 18.75 m、19.77 m、19.97 m，分别较裁弯前抬高 0.70 m、1.72 m、1.92 m，特别是 1981～1998 年城陵矶站年最小流量均值与裁弯期基本相当，但水位抬升了 1.45 m（表 9.2-7）。

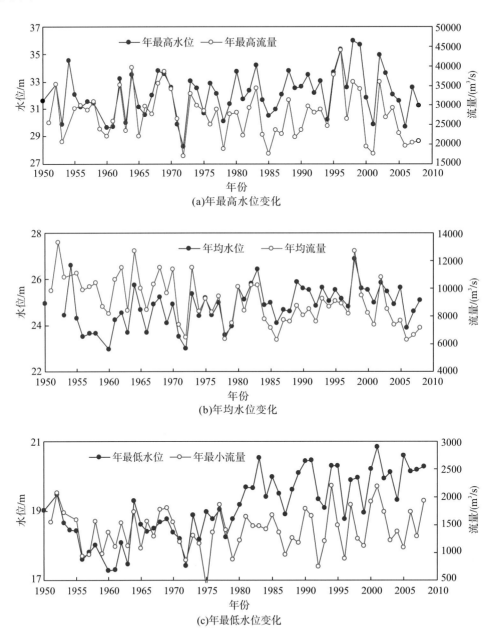

图 9.2-6　洞庭湖出口城陵矶（七里山）站年最高、年均和年最低水位变化

下荆江系统裁弯前，城陵矶多年平均日最高水位为 31.54 m，最大流量均值为 29490 m^3/s，裁弯期最高水位为 31.68 m，最大流量均值为 29920 m^3/s，前后比较，洪峰流量增大了 430 m^3/s，而水位抬高了 0.14 m；裁弯后的 1973～1980 年、1981～1998 年和 1999～2002 年平均日最高水位分别为 32.05 m、32.72 m、33.07 m，分别较裁弯前抬高了 0.51 m、1.18 m、1.53 m，而最大流量均值分别为 27460 m^3/s、28800 m^3/s、26800 m^3/s，分别较裁弯前减小了 2030 m^3/s、1490 m^3/s、2690 m^3/s。

从下荆江系统裁弯后不同时段城陵矶站月均水位流量变化（表 9.2-7）来看，裁弯后 1999～2002 年与裁弯前 1956～1966 年比较，尽管 2～4 月月均流量减少 1.8%～16.9%，但水位普遍抬高 1.19～1.94 m；5 月、6 月、8 月、9 月、10 月月均流量分别减少 2145 m^3/s、1982 m^3/s、1988 m^3/s、1917 m^3/s、2305 m^3/s，水位反而抬高 0.88～1.91 m。进一步分析表明，裁弯后，枯季同流量水位抬高主要是河床淤高所致，汛期同流量水位抬高约 1.80m（与河床淤积及荆江出流顶托有关），这将大大减少洞庭湖的调洪湖容，抬升洞庭湖湖区，特别是东洞庭湖湖区的洪水位。

表 9.2-7　下荆江系统裁弯前、后城陵矶（七里山）站洪峰均值变化

阶段	时段	最高水位均值/m	最大流量均值/(m^3/s)	最低水位均值/m	最小流量均值/(m^3/s)
裁弯前	1954～1966 年	31.54	29490	18.05	1290
裁弯期	1967～1972 年	31.68	29920	18.32	1410
裁弯后	1973～1980 年	32.05	27460	18.75	1190
	1981～1998 年	32.72	28000	19.77	1420
	1999～2002 年	33.07	26800	19.97	1740
	2003～2008 年	31.80	23320	20.09	1430

5. 洞庭湖淤积减缓

裁弯后，进入荆江下泄的水沙相对增大，通过洞庭湖调蓄后下泄的水沙量相对减小，使得进入城陵矶以下河道的总水量变化不大，沙量却相对增多，从而导致城陵矶—武汉河段 1965～1993 年大幅淤积，淤积量为 3.67 亿 m^3，但 20 世纪 80 年代中期以后螺山站含沙量恢复，该河段淤积强度明显减弱。下荆江系统裁弯前后至 1990 年，螺山—汉口河段与洞庭湖湖区的泥沙淤积年均总量始终保持在 1.85 亿 t，但裁弯工程改变了两个区域的淤积量分布特征，洞庭湖湖区淤积量持续性减少，螺山—汉口河段淤积量则持续性增加（图 9.2-7）。

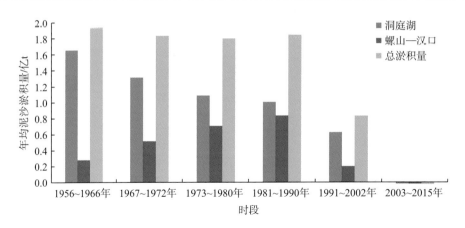

图 9.2-7　长江干流螺山—汉口河段与洞庭湖湖区泥沙淤积分布变化

9.3　水利枢纽工程

　　水库调度对径流的年内过程有一定的调节作用,对长江中游河湖系统的泥沙影响则要大得多。以三峡水库为代表的长江上游梯级水库群、两湖水系的控制性水库等层层拦截了输入江湖系统的泥沙,使得江湖系统当前处于前所未有的少沙状态,2003~2015 年进入江湖系统的年均沙量仅为 0.675 亿 t,造成这一现象的主要原因在于长江中游大中型水库群的拦沙减沙作用。2003 年以来,长江中游及两湖流域继续发挥减沙作用的水库较少,现状条件下水库拦沙仍以三峡及长江上游干支流梯级水库群为主。但工程建设并不是一蹴而就的,因此水库的拦沙效应也随时间的推移而变化。

9.3.1　长江上游水库群的拦沙效应

　　(1)1956~1990 年,长江上游地区建成各类水库 11931 座,总库容约为 205 亿 m^3,包括大型水库 13 座(含 1981 年蓄水的葛洲坝水利枢纽,库容为 15.8 亿 m^3),总库容约为 97.5 亿 m^3;中型水库 165 座,总库容约为 39.6 亿 m^3;小型水库 11753 座,总库容约为 67.9 亿 m^3。其中,三峡水库上游(寸滩以上地区和乌江流域)1956~1990 年总库容约为 189.2 亿 m^3,大型水库 12 座,总库容约为 81.7 亿 m^3。

　　1990~1994 年,长江水利委员会水文测验研究所对 1956~1989 年长江上游金沙江、岷沱江、嘉陵江和乌江等支流流域水库群对三峡工程的拦沙作用进行了较为深入的分析研究。研究表明,上游水库群年均拦沙淤积量为 1.8 亿 t,减少三峡入库沙量 1500 万~1990 万 t。

　　许全喜(2007)研究认为,1956~1990 年三峡上游水库年均拦沙 5890 万 t,长江上游干流区间(主要是三峡区间)1956~1990 年拦沙量为 2.66 亿 m^3,年均拦沙 760 万 m^3。可以初步认为,1990 年以前长江三峡以上干支流水库年均拦沙约 6650 万 t。

　　2)1991 年以来长江上游又陆续修建了大量的水库,且主要集中在金沙江、嘉陵江和乌江流域,以大中型水库为主。随着上游地区一些大型骨干水库的逐步建成,长江上游地区的库容组成结构发生较大改变，大型水库库容将占据长江上游水库群库容的主导地位。水库拦沙是导致 1990 年以来三峡入库沙量出现大幅减小的主要原因。本书以长江上游 21 座大中型水库为对象，分析其 1990～2015 年的拦沙作用，主要包括金沙江中下游的梨园、阿海、金安桥、龙开口、鲁地拉、观音岩、溪洛渡、向家坝水库，雅砻江的锦屏一级、二滩水库，岷江的紫平铺水库，大渡河的瀑布沟水库，白龙江的碧口水库和宝珠寺水库，嘉陵江的亭子口水库和草街水库，乌江的构皮滩、思林、沙坨和彭水水库，以及控制长江中游入口的三峡水库。长江中游支流梯级水库 1991 年之后入库沙量极少，拦沙效应不明显。按照水库建设运行时间，将 1991～2015 年水库拦沙效应分为三个阶段，其中 1991～2002 年主要考虑雅砻江、岷江、嘉陵江、乌江梯级水库的拦沙效应，2003～2009 年在 1991～2002 年的基础上考虑三峡水库的拦沙效应；2010～2015 年在 2003～2009 年的基础上考虑金沙江中游、下游水库的拦沙效应。具体分析如下。

①1991～2002 年，金沙江水库(主要是雅砻江的二滩水库)拦沙使屏山站年均减沙量为 1890 万 t；岷江水库拦沙使高场站年均减沙量为 1880 万 t；白龙江及嘉陵江干流水库拦沙使北碚站年均减沙量为 4150 万 t；乌江梯级水库拦沙使武隆站年均减沙量为 1480 万 t。初步估计，这一时期长江上游主要控制型水库年均减沙量为 0.94 亿 t。

②2003～2009 年，长江上游各大支流的梯级水库继续运行，拦沙效应未发生大的改变，雅砻江二滩电站年均拦沙量约为 4040 万 t；新增的三峡水库入库悬移质泥沙 13.513 亿 t，出库(黄陵庙站)悬移质泥沙 3.79 亿 t，不考虑三峡库区区间来沙(下同)，水库淤积泥沙 9.723 亿 t，水库排沙比为 28.0%，年均减沙量约为 1.50 亿 t。综合 1991～2002 年其他支流水库减沙量的估算值，这一阶段，上游梯级水库年均综合减沙量约为 2.65 亿 t。

③2010～2012 年三峡水库入库悬移质泥沙 5.495 亿 t，出库泥沙 0.824 亿 t，水库年均拦截泥沙约 1.56 亿 t；2013～2015 年水库入库悬移质泥沙约 2.144 亿 t，出库泥沙 0.477 亿 t，水库年均拦截泥沙约 0.56 亿 t；以攀枝花站为基准，统计 2010～2015 年金沙江中游梯级水库年均拦截泥沙约 0.466 亿 t；2012 年 10 月至 2015 年 12 月(溪洛渡入库自 2013 年 5 月起算)，金沙江下游溪洛渡、向家坝水库入库总沙量为 2.346 亿 t，出库总沙量为 0.120 万 t，两库泥沙淤积总量为 2.226 亿 t，水库年均拦沙量约为 0.742 亿 t。

综上所述，现状条件下，长江上游主要控制型水库(21 座)的综合年均减沙量约为 2.923 亿 t(分布情况如图 9.3-1 所示)，加上其他未纳入考量范围的水库，以及长江中游、两湖流域继续发挥拦沙作用的水库，长江中游河湖系统每年因水库拦沙造成的泥沙减少量超过 3 亿 t，考虑 2003～2015 年江湖系统年均输入总沙量相较于 1991～2002 年的减幅，水库拦沙量占沙量总减少量的 80% 以上。

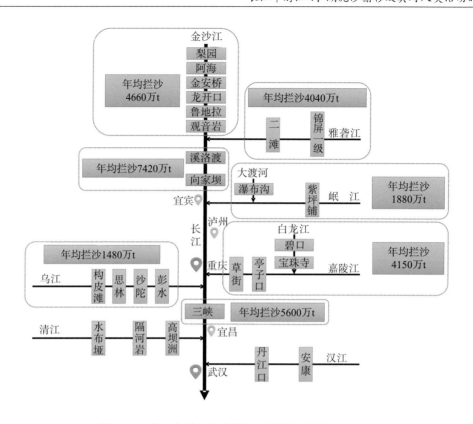

图 9.3-1　长江上游干支流梯级水库群现状拦沙效应图

9.3.2　长江中下游河湖的水沙重分配效应

在三峡及上游梯级水库群巨大的调蓄及拦沙作用下，最为直接的效应是导致长江中下游水沙条件重新分配，这种变化是江湖关系调整的根源。为了研究这种重分配效应，本书除了对比历史不同时期的月均流量变化情况以外，还选取相同历时的 1990～2002 年和 2003～2015 年分别作为三峡水库蓄水前后的样本系列，采用频率计算的方法，对比分析蓄水后长江中下游水沙重分配程度。

1. 水量过程性重分配效应

水库群联合调度带来长江中下游流量的过程性重分配。水库枯期补水调度、汛期削峰调度及汛后蓄水多重调蓄作用下，荆江河段出现枯水加大(宜昌站最小流量超过 5600 m³/s)、洪峰流量削减(2010 年最大入库流量为 70000 m³/s，下泄不超过 40000 m³/s)、汛后流量减小(9 月、10 月平均流量减幅超过 2000 m³/s)等径流年内过程的重分配特征，重分配的结果是年内流量过程的坦化，中水历时延长。

长江中游干流的水量基本来自宜昌以上的干支流，年径流总量周期性变化。三峡水库蓄水后，2003～2015 年坝下游宜昌站年径流量均值与 1990～2002 年相比偏少约 7.0%，三峡库区万州站 2003～2015 年径流量均值与 1990～2002 年相比偏少约 10.8%，可见，长江中下游河段水量近十年偏枯主要与长江上游水文周期性偏枯有关。水库的调度运行对坝下游径流总量的影响极为有限,因此,三峡水库蓄水对坝下游荆江河段水量的影响主要集中在过程,而非总量。

长江中下游流量过程性重分配具有 3 个特征,流量过程坦化与三峡水库的调度方式息息相关。首先,三峡水库蓄水后遭遇了径流偏枯的水文周期,应坝下游河湖生态、库尾河段减淤等要求,对汛前枯期下游流量进行补水调度,2003~2015 年长江中下游干流各控制站 1~5 月径流量均较蓄水前各时段同期偏大,而 20 世纪 90 年代洞庭湖枯水期入汇流量偏大,使得城陵矶以下河段相对于这一时期的补给效应不明显。其次,径流偏枯集中体现为汛期流量的减小,沿程各站这一规律基本保持一致,如 2003~2015 年枝城站主汛期 (6~9 月)径流量均值相较于 1991~2002 年偏少 267 亿 m^3,占年径流偏少总量的 93.3%,三峡水库自 2009 年开始的削峰调度试验也对高水期径流减少有一定影响,2010 年 7 月中旬,出现最大入库流量 70000 m^3/s,水库防洪运用后下泄流量基本控制在 40000 m^3/s 以下,拦蓄的洪水通过预泄、加大泄量等方式坦化。最后,水库进入 175 m 试验性蓄水阶段后,年蓄水量增大,汛后 10~11 月流量大幅度减少,尤以 10 月减少幅度大,宜昌站 2003~2015 年 10 月平均流量相较于 1991~2002 年减少约 3900 m^3/s,干流流量大幅度减少的同时,洞庭湖、鄱阳湖出湖流量几乎相同幅度地减少,11 月出湖流量减少的幅度则较干流小,湖泊对干流河道有一定的补水效应(表 9.3-1,图 9.3-2)。

表 9.3-1　三峡工程运用前后长江中下游控制站月均流量统计表　　　　　单位: m^3/s

控制站	时段	编号	1月	2月	3月	4月	5月	6月	7月	8月	9月	10月	11月	12月	年均
宜昌站	1956~1967 年	①	4250	3750	4340	6030	11700	17900	29800	28600	25400	18200	10400	6110	13900
	1968~1980 年	②	4040	3640	4010	6910	12100	18200	26900	24900	25300	18600	9810	5540	13400
	1981~1990 年	③	4310	3910	4400	6650	10800	17800	32200	25900	27900	18600	9680	5770	14100
	1991~2002 年	④	4510	4090	4690	6950	11400	18700	30500	27700	21900	16200	9700	5970	13600
	2003~2015 年	⑤	5410	5280	5760	7480	12000	16800	26900	23300	21700	12300	8910	5940	12700
枝城站	1991~2002 年	①	4580	4280	4800	6900	11500	19000	31300	28100	22100	16300	9540	5840	13800
	2003~2015 年	②	5780	5630	6110	7890	12300	17100	27100	23500	22000	12500	9170	6300	13000
沙市站	1991~2002 年	①	4910	4480	5050	6990	11100	17000	26900	24200	19700	15200	9680	6230	12700
	2003~2015 年	②	5850	5660	6180	7760	11500	15400	23200	20500	19300	11800	8970	6340	11900
监利站	1981~1990 年	①	4500	4100	4620	6680	10300	15300	25700	21300	22700	16500	9780	6070	12300
	1991~2002 年	②	4850	4490	5070	6880	10700	16100	24700	22200	18600	14900	9700	6350	12100
	2003~2015 年	③	5790	5550	6000	7340	11100	14700	22000	19800	18700	11900	9070	6420	11600

续表

控制站	时段	编号	1月	2月	3月	4月	5月	6月	7月	8月	9月	10月	11月	12月	年均
城陵矶站	1956~1967年	①	2160	3060	5220	9420	15700	15200	18900	15500	13800	9910	6430	3570	9940
	1968~1980年	②	2220	2910	4300	8840	14600	14700	18400	13500	11000	9150	5450	2650	9010
	1981~1990年	③	2300	3770	5850	9080	9500	12800	14700	11400	11900	8360	5670	2990	8220
	1991~2002年	④	3400	4170	6240	8820	11400	13600	19500	15500	10700	7200	4490	3250	9060
	2003~2015年	⑤	3030	3590	5660	7210	11000	13600	13000	10400	8530	5190	4690	3180	7440
螺山站	1956~1967年	①	6510	6800	9620	15100	25000	27800	37600	32900	30200	23100	15400	9680	20100
	1968~1980年	②	6410	6660	8300	15000	24700	29100	38000	32000	30300	24800	14900	8270	19900
	1981~1990年	③	6760	7620	10500	15700	19500	27500	39600	32300	34000	24700	15400	9250	20300
	1991~2002年	④	8310	8610	11200	15700	22100	29200	43300	37000	29200	22000	14200	9480	21000
	2003~2015年	⑤	8740	9010	11600	14400	21600	28200	34600	30100	27300	17000	13700	9490	18900
汉口站	1956~1967年	①	7340	7350	10200	16300	26900	29500	40800	36100	33400	26100	17300	11000	21900
	1968~1980年	②	7560	7570	9270	16100	26900	31000	40700	34600	32900	28200	17400	9960	21900
	1981~1990年	③	8190	8860	11700	16900	21200	29900	43400	36700	37700	28800	18100	11000	22800
	1991~2002年	④	9550	9840	12500	17100	23800	31100	46800	40400	32300	24300	16300	11100	23000
	2003~2015年	⑤	10400	10500	13300	16300	23600	30500	38000	33700	30900	20000	15900	11500	21300
湖口站	1956~1967年	①	1110	2100	3610	5750	8610	9460	4610	3030	2960	3090	2310	1270	3990
	1968~1980年	②	1540	2180	4020	6440	8700	8880	7000	4980	2970	3780	3150	1690	4570
	1981~1990年	③	1640	2580	5400	8430	7430	7430	4100	4170	2800	4420	3880	2030	4530
	1991~2002年	④	2590	3120	4970	7820	7850	9020	7860	6810	6380	4230	3190	2720	5550
	2003~2015年	⑤	2090	2630	5090	6030	7300	9220	5380	5040	3570	3540	2590	2600	4590
大通站	1956~1967年	①	9300	10100	14200	22700	35900	39800	46600	40800	37900	31000	21800	13600	27100
	1968~1980年	②	9950	10400	13800	22300	35800	40600	49600	41300	37000	33500	22700	13100	27600
	1981~1990年	③	10600	11700	17600	25700	29500	37400	48600	41800	41000	34700	24300	14600	28200
	1991~2002年	④	13100	13600	17200	24200	31800	40300	56500	49100	41900	31200	21900	15200	29800
	2003~2015年	⑤	12800	13700	19000	22200	31000	39200	44500	40600	36200	25700	18700	14300	26700

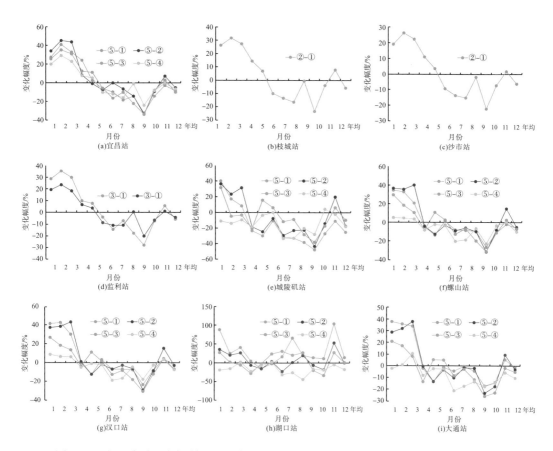

图 9.3-2 长江中游河湖控制站月均流量三峡水库蓄水后相对于蓄水前各时段的变化幅度

统计相同历时的 1990～2002 年和 2003～2015 年长江中下游干流控制站特定区间流量出现频率的变化如图 9.3-3 所示，同频率下的流量变化见表 9.3-2。基本上，螺山站低水出现的频率略有增加以外，其他各站低水频率均有较大幅度的减小，宜昌站年内小于5000 m³/s 流量的频率从 22.0%下降至 10.7%；中水出现的频率一致性增加，宜昌站、监利站 5000～10000 m³/s 流量的频率分别增加 14.4 个百分点和 13.7 个百分点，螺山站、汉口站、九江站及大通站 10000～15000 m³/s 流量的频率分别增加 4.7 个百分点、8.6 个百分点、11.2 个百分点和 5.6 个百分点；高水出现的频率减小，整体年内的流量过程呈坦化的趋势。同频率下的流量，三峡水库蓄水后相较于蓄水前一致性减小，1%频率对应的流量绝对减幅最大，沿程各站减少幅度为 4200～16600 m³/s，频率越大，流量的绝对减幅越小。

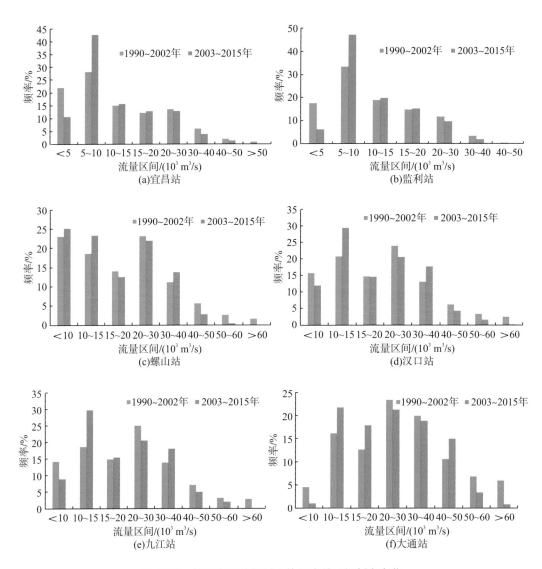

图 9.3-3　长江中下游控制站特征流量区间频率变化

表 9.3-2　三峡水库蓄水前后长江中下游干流同频率流量变化统计　　　　　　　　单位：m³/s

控制站	时段	1%	5%	10%	20%	50%
宜昌	1990～2002 年	49600	35300	28600	21300	10000
	2003～2015 年	42100	30600	25700	19200	9060
监利	1990～2002 年	37200	28300	23400	18300	9820
	2003～2015 年	33000	24800	21100	18300	9040
螺山	1990～2002 年	60500	48100	39300	30700	17800
	2003～2015 年	46700	37900	33700	28800	15500
汉口	1990～2002 年	66000	51600	42700	33800	19600
	2003～2015 年	52700	41200	37000	31400	17700

续表

控制站	时段	1%	5%	10%	20%	50%
九江	1990～2002 年	67700	53200	43800	34800	20800
	2003～2015 年	54200	42300	37700	32100	18100
大通	1990～2002 年	76100	62000	54100	42400	27600
	2003～2015 年	59500	48900	44100	39700	23800

2. 沙量区域性重分配效应

影响某一河段在某一时期来沙量的人为因素多样，既有可能是产生流域性影响的水土保持工程、水利枢纽工程，也有可能是限于局部影响的采砂、局部河势控制及航道整治等涉水工程。就流域性的影响来看，水土保持工程从源头上控制了泥沙的来量，而水利枢纽工程，尤其是大型水利枢纽工程，则可实现河道内泥沙量重分配。长江中下游泥沙重分配兼有过程性和区域性双重特征。

(1)泥沙总量在区域上发生重分配。三峡水库蓄水后，来自长江上游的泥沙在水库库区沉积下来，所以在水库分配了绝大部分的泥沙，长江中下游河道只分配到少部分的泥沙，2003～2015 年，三峡水库累计入库泥沙量约为 21.2 亿 t，累计出库泥沙量为 5.12 亿 t，长江上游输入的泥沙 70%以上在三峡水库库区沉积下来，仅有不到 20%的泥沙随水流进入宜昌以下河段。长江中下游沙量大幅度减少，2003～2015 年宜昌、枝城、沙市、监利、螺山、汉口、大通站年输沙量分别较 1991～2002 年减少 89.7%、87.6%、83.2%、76.1%、71.6%、66.0%、57.6%，河床强烈冲刷的泥沙补给作用是输沙量减幅沿程下降的原因。从径流量-输沙量双累计曲线的变化特征来看，相较于年径流量，各控制站年输沙量的累计速度自 2003 年开始显著下降，输沙量累计过程的转折特征明显(图 9.3-4)。

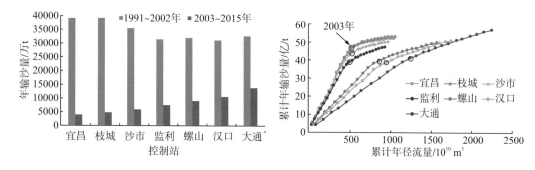

图 9.3-4　长江中游控制站时段年均输沙量及径流量-输沙量双累计曲线变化图

(2)泥沙组成重分配也具有区域性。对于长江中下游紧邻坝下游的河段而言，入口宜昌站悬移质泥沙细化现象明显，河床剧烈冲刷向水流补充了大量的粗颗粒泥沙，至下荆江粗颗粒泥沙含量得到较大程度的恢复($d>0.1$mm 颗粒泥沙至监利站恢复约 80%)(图 9.3-5)。沙量的区域性重分配兼有分组特征在于水库拦沙幅度对于不同粒径级是有区别的，宜昌站 $d>0.062$ mm 颗粒泥沙和 $d<0.062$ mm(冲泻质与床沙质分界粒径)颗粒

泥沙的减幅有差别，与 1986~2002 年相比，2003~2015 年这两组颗粒泥沙年输沙量减幅分别为 95.7%和 89.1%，下游各控制站 d>0.062 mm 颗粒泥沙绝大部分来自上游河道河床的冲刷补给，输移量与河床补给量密切相关(详见 7.2.1)。城陵矶入汇后，荆江和洞庭湖同时向城陵矶以下的干流河道补给泥沙，城陵矶—螺山河段河床冲刷强度相对较小，各组泥沙的输沙水平均小于蓄水前。因此，就细沙而言，三峡水库蓄水后长江中下游河床补给量有限，难以恢复至蓄水前水平，对于粗颗粒泥沙，河床强冲刷补给效应下能有较大程度的恢复，但仍未达到蓄水前水平，河床冲刷强度较弱的情况下，粗颗粒泥沙恢复程度也较低。总体而言，各粒径组泥沙输移水平基本上均未能达到蓄水前水平，这与此前有关研究结论一致。

(3)泥沙的过程性重分配体现为汛期输沙占比发生改变。三峡水库采用"蓄清排浑"的调度方式，因此其排沙主要集中在汛期，出库控制站黄陵庙站 2003~2015 年汛期 5~10 月输沙量占全年的 98.9%，受制于水库汛期集中排沙的影响，宜昌站汛期输沙占比达到 98.9%(图 9.3-6)。对比三峡水库蓄水前的 1991~2002 年与蓄水后的 2003~2015 年，长江中游控制站汛期、主汛期输沙量占比沿程先减后增，主要表现为沙卵石河段的宜昌、枝城站汛期输沙量占比减小，其关键原因在于河床补给作用对这两个站的泥沙补给极为有限(沙卵石普遍粗化成卵石夹沙)，同时三峡水库进入 175 m 试验性蓄水后，汛期排沙比减小，加大了汛前排沙；至荆江及以下河段，河床强冲刷补给作用以汛期更为突出，使得汛期集中输沙的现象明显，同时 5~10 月恰好是两湖地区的汛期，两湖对螺山以下的河段补给了一定量的泥沙。

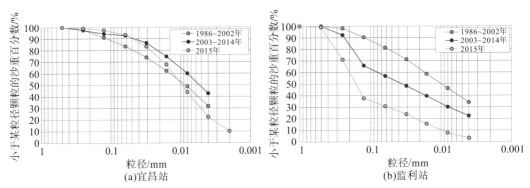

图 9.3-5　长江中游控制站悬移质泥沙级配变化图

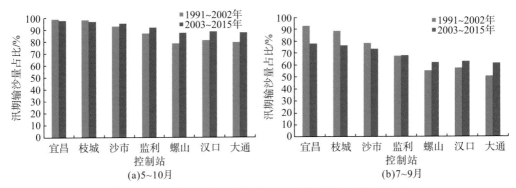

图 9.3-6　三峡水库蓄水前后长江中游控制站汛期输沙占比

9.3.3　长江中下游河湖水沙平衡重建机制

1. 三峡水库蓄水对三口分流分沙的影响

三峡水库蓄水对三口分流的影响大体可以分为两类，一类是直接作用，主要体现为水库调度带来了长江中游年内流量过程的重分配，汛期削峰调度和汛后蓄水都会引起相应时段内长江中游流量的减小，而枯期补水调度则使得流量增大。在三口分流量与长江干流流量存在正相关关系的前提下，流量过程的变化对三口分流的影响不言而喻。另一类是间接作用，三峡水库蓄水拦沙，使得荆江河段遭遇高强度的次饱和水流，河床大幅度冲刷下切，中枯水位大幅度下降，对三口分流的影响与历史上其他大规模人类活动有相似之处。事实上，对比下荆江系统裁弯及葛洲坝水利枢纽运行来看，三峡水库蓄水对于荆江河段具有相同的效应，对于三口洪道的效应则恰好相反，前者是带来了洪道的累积性淤积，与干流河道冲刷累加作用于三口分流比的下降，三峡水库蓄水后三口洪道与荆江河段一致冲刷，对于三口分流比的作用存在抵消效应，加之中枯水流量下，三口基本断流，干支流水位差即使发生调整，对三口分流的影响也十分有限。可见，在荆江河段和三口洪道一致性冲刷的前提下，三峡水库对三口分流的影响将集中体现在其对流量过程的重分配作用上。为详细地评估这种作用，本书首先通过流量过程的还原计算，得到宜昌站不受三峡水库影响的径流过程，到枝城站区间仅考虑清江入汇，清江流量采用实测值（枝城站实测的流量过程是经三峡水库调度后的）。其次，对比还原值和实测值，可以评估三峡水库运用方式对干流流量的影响程度。最后，通过这一时期枝城站流量与三口分流量相对稳定的关系，进一步计算三峡水库蓄水对三口分流的影响幅度。

1）关于径流还原的计算方法

为定量评估三峡水库蓄水对三口分流量及过程的影响，本书引入径流过程还原计算方法，将长江中游水文过程还原至三峡水库建库前的状态。还原计算主要是根据水库的坝上水位和出、入库流量，用水库的水量平衡方程计算水库的逐日（或逐候）蓄变量，具体见下式：

$$Q_{in} = Q_{out} + \frac{\Delta W}{\Delta t} + \frac{\Delta W_{loss}}{\Delta t} + Q_{div} \tag{9.3-1}$$

式中，Q_{in} 为时段水库平均入流；Q_{out} 为时段水库平均出流；Q_{div} 为时段水库平均引入或引出的流量；ΔW 为 Δt 时段内水库的蓄水量变化值；ΔW_{loss} 为 Δt 时段内水库的损失水量（包括蒸发、渗漏量）；Δt 为时段长。

为简化计算，不考虑水库的损失水量 ΔW_{loss}，因此有

$$\Delta W = V(Z_{t+1}) - V(Z_t) \tag{9.3-2}$$

式中，Z_t、Z_{t+1} 分别为 t 时段初和 t 时段末的水库水位；$V(Z_t)$、$V(Z_{t+1})$ 则分别为 t 时段初和 t 时段末的水库库容。

记 $\Delta Q = \dfrac{\Delta W}{\Delta t}$ 为水库平均蓄水流量，则有

$$\Delta Q = \frac{\Delta W}{\Delta t} = Q_{in} - Q_{out} - Q_{div} \tag{9.3-3}$$

当不考虑水库引水流量时，ΔQ 为正表示水库蓄水，ΔQ 为负表示水库在利用调节库容加大下泄流量。

2) 水库枯期补水调度的影响

枯期补水调度作用下，枝城站的流量还原值均比实测值小，能够较好地体现三峡水库对枯水期下游河道流量的补给作用，尤其是 5 月，三峡水库在实验性蓄水期，针对库尾泥沙淤积问题，多次开展了以加大下泄流量和水位消落速度为主要形式，试图加大消落期库尾河道泥沙走沙强度的调度试验，使得水库调度后的枝城站流量较还原值偏大 2200 m³/s，相应三口分流量偏大 237 m³/s(表 9.3-3)。就整个枯期补水调度期而言，实测的三口分流比约为 3.02%，还原后的三口分流比约为 2.48%。若无三峡水库调度下的枯水补给作用，三口 2003～2014 年的总分流量将比实际情况偏小约 96 亿 m³，表明三峡水库枯期补水调度作用每年可增加三口 8 亿 m³ 的分流量。可见，尽管三峡水库枯期补水调度的作用较强，但是对三口分流的影响却不甚明显。其主要原因在于调度作用期内，下泄的流量多小于三口分流量，除新江口以外，多个口门基本处于断流状态，加之这一时期内河床剧烈冲刷下切，干流同流量下的水位下降明显，对枯期补水作用有一定的削弱效应。

表 9.3-3　三峡水库枯期补水调度对荆江三口分流量(2003～2014 年均值)影响统计　　单位：m³/s

控制站	实测值						还原值					
	12 月	1 月	2 月	3 月	4 月	5 月	12 月	1 月	2 月	3 月	4 月	5 月
枝城	6040	5610	5430	5910	7470	12100	5930	5170	4540	5310	7160	10900
三口	42.6	19.5	19.3	29.5	138	932	38.3	4.72	0	9.59	133	695

3) 水库汛期削峰调度的影响

三峡水库的防洪库容主要为防御上游大洪水，对荆江防洪补偿调度按沙市站水位不超过 44.5 m 控制，即水库拦蓄洪水的起蓄流量较大(一般在 55000 m³/s 以上)。然而，在三峡入库洪水达到 40000～55000 m³/s 时，水库敞泄的流量仍将会使沙市站水位高于警戒水位 43.0 m，长江中游干流沿线水位也大多会超过警戒水位，堤防将直接挡水，需要耗费大量的人力、物力、财力上堤查险。

三峡水库自进入 175 m 试验性蓄水期以来，2009 年开始陆续开展削峰调度试验。2010 年、2012 年汛期，三峡水库多次对中小洪水进行了削峰调度实践，如 2010 年 7 月中旬，长江流域上游地区出现连续的强降雨天气，发生较大洪水过程，部分支流发生特大洪水。三峡水库出现建库以来最大入库流量 70000 m³/s，水库共进行了 7 次防洪运用，通过削峰、滞洪调度，最大削减洪峰流量 30000 m³/s，下泄流量基本控制在 40000 m³/s 以下，降低沙市水位 2.5 m，降低城陵矶水位约 1.0 m，保证长江中游河道全线不超警，有效缓解了防洪压力。

2009～2014 年的实际削峰调度基本发生在 7 月，在水文气象预报的基础上，采取峰前预泄和峰后加大下泄流量的方式，削弱洪峰流量。对比还原值与实测值，水库调度后 6

月和 8 月的流量较还原值略偏大，7 月偏小。考虑到 20 世纪 80 年代中期以来，汛期三口分流量的占比由此前的 57%左右上升至 65%以上，汛期水库调度方式对三口分流的影响就显得尤为重要。就月均分流量变化来看，6 月、8 月还原值较实测值分别偏少 50 m³/s、150 m³/s，7 月则相反，还原值较实测值偏大 190 m³/s（表 9.3-4）。因此，汛期还原计算下的三口分流总量较之实测值基本无变化。一方面，三峡水库开始蓄水后，恰好遭遇长江干流径流偏枯的水文周期，水库削峰调度的频次并不高；另一方面，水库削峰调度旨在削减峰值，整个汛期水量相对平衡。近期来看，削峰调度对三口分流的影响极小，但从长远看，长期削峰调度作用下，中下游河道（包括三口洪道）不经历大洪水的造床作用，不利于河道（洪道）的发育，对于三口洪道的作用还需要长期的观察和研究。

表 9.3-4　汛期削峰调度对三口分流量（2003～2014 年均值）影响统计　　　　　单位：m³/s

控制站	实测值			还原值		
	6 月	7 月	8 月	6 月	7 月	8 月
枝城	17200	27700	24100	16900	28300	23900
三口	2250	5370	4490	2200	5560	4340

4）水库汛后蓄水的影响

三峡水库为了达到 175 m 正常蓄水位的目标，汛后的蓄水时间由运行初期的 10 月上旬提前至当下的 9 月 10 日，水库蓄水直接拦截了部分本应下泄至下游河道的水流，因此蓄水期内坝下游河道流量减小的现象十分明显。对比还原值和实测值，集中蓄水期内的 9 月、10 月和 11 月还原值分别偏大 1900 m³/s、2400 m³/s 和 260 m³/s（表 9.3-5），相较于枯期补水调度和汛期的削峰调度，汛后水库蓄水对坝下游流量的影响幅度显著偏大。从径流量来看，还原计算情况下 2003～2014 年三口汛后年均分流量为 160 亿 m³，而经水库调度后三口年均分流量则减小为 131 亿 m³，三口分流量年均减幅为 29 亿 m³，表明三峡水库蓄水每年使得三口分流量减少约 29 亿 m³，约占同期三口年均总分流量的 5.92%。

表 9.3-5　汛后蓄水对三口分流量（2003～2014 年均值）影响统计　　　　　单位：m³/s

控制站	实测值			还原值		
	9 月	10 月	11 月	9 月	10 月	11 月
枝城	21300	12200	9060	23200	14600	9320
三口	3550	1030	444	4140	1570	411

综合年内三峡水库的三个不同调度方式可以看出，2003～2014 年，水库运行对三口分流的影响在蓄水期最为明显，水库拦蓄作用下，三口分流量年均减少约 29 亿 m³。其次是枯期补水作用，能够使三口分流量每年增加约 8 亿 m³，汛期削峰调度的影响不明显。总体上，三峡水库调度运行使得三口分流量年均减少约 21 亿 m³，占同期三口年均总分流量的 4.29%。

2. 长江中下游河湖流量演算模型的设置

本书采用 DHI MIKE11 软件,利用长江中下游干支流河道断面数据及主要控制站 2003~2013 年实测水位、流量资料,建立长江中下游流量演算模型,模拟三峡水库调度运行对长江中下游水文情势的影响。长江中游流量演算模型涉及长江干流、清江、汉江、洞庭湖、鄱阳湖等重要干支流及湖泊,江湖关系较复杂,河道地形、水文数据处理量大,模型建立及调试较难,故本书的模拟范围为长江干流宜昌水文站到大通水文站河道。

(1)河网概化。长江干流宜昌一大通河段,支流包括清江、湘江、资江、沅江、澧水、洞庭湖湖区、汉江、鄱阳湖湖区、昌江、饶河、信江、抚河、赣江、修水等一级支流,三口松滋河、虎渡河、藕池河等分流口及其二级支流(图 9.3-7)。未控区间分为 31 个子流域进行降雨产流计算作为旁侧入流,概况见表 9.3-6。

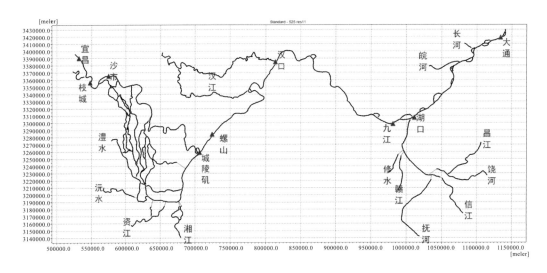

图 9.3-7 长江中下游河网概化示意图

表 9.3-6 长江中下游 29 个子流域概况表

编号	子流域	面积/km^2	汇入河流
1	西洞庭	777	洞庭湖
2	南洞庭	893	洞庭湖
3	东洞庭	1703	洞庭湖
4	新墙河	2385	洞庭湖
5	汨罗河	5566	洞庭湖
6	渍水	1740.5	松滋河
7	清江	4019.6	长江干流
8	沮漳河	7119.9	长江干流
9	澧水	3437.7	澧水
10	沅水	5193	沅水
11	资江	1483.7	资江

续表

编号	子流域	面积/km²	汇入河流
12	湘江	1230.8	湘江
13	沙市北	6111.46	长江干流
14	螺山南	3191.4	长江干流
15	泸水	4028.9	长江干流
16	桐树河	1627.1	长江干流
17	螺山—武汉区间	7488.51	汉江
18	汉北河	6432.2	汉江
19	涢水	15025.7	长江干流
20	滠水	2941.65	长江干流
21	倒水	2423.2	长江干流
22	举水	4631.7	长江干流
23	巴水	4424.8	长江干流
24	浠水	3082.2	长江干流
25	蕲水	2571.3	长江干流
26	富水	5401.5	长江干流
27	梁子湖	6490.6	长江干流
28	九江北	1541.9	长江干流
29	九江南	1864.7	长江干流
30	鄱阳湖区	28630	鄱阳湖
31	九江大通区间	12329	长江干流

(2)断面数据。宜昌水文站至九江干流河道长 1095 km，采用 2012 年的河道断面资料，一共设置了 744 个断面，断面平均间距为 2 km 左右。支流作为点源汇入，故断面数量设置相对较少，但断面最少不低于 3 个。

(3)边界条件。河网概化后，模型边界一共有 16 个，其中宜昌水文站为上边界，大通站为下边界，区间有清江、湘江、资江、沅江、澧水、汉江、修水、赣江、抚河、信江、饶河、昌江、皖河、长河 14 个控制站作为区间点源入流。

另外，本书使用降雨径流(RR)模块中的降雨产流模型(NAM)模拟子流域内(表 9.3-6)的降雨径流过程。NAM 中输入数据为宜昌—大通流域范围内 31 个子流域各个雨量站点 2003 年 1 月 1 日到 2013 年 12 月 31 日的逐日雨量资料，以及同时段逐月潜在蒸散发时间序列，产生的径流作为旁侧入流进入模型的河网中。

(4)糙率参数。根据各河段的河道形态及水位流量实测资料，针对不同水位将糙率分三段设置，如对于宜昌水文站，水位低于 40 m 时曼宁系数设置为 0.028，在 40～49 m 时曼宁系数设置为 0.025，高于 49 m 时曼宁系数设置为 0.020。其他河段类似。不同河段分级糙率见表 9.3-7。

表 9.3-7   宜昌—大通干流不同河段分级糙率表

区间	低水	中水	高水
宜昌—枝城	0.028	0.025	0.02
枝城—沙市	0.023~0.028	0.022~0.028	0.017~0.02
沙市—莲花塘	0.028~0.037	0.026~0.037	0.018~0.024
莲花塘—螺山	0.03~0.033	0.022~0.03	0.021~0.023
螺山—汉口	0.03~0.032	0.02~0.022	0.018~0.021
汉口—九江	0.028~0.03	0.02~0.022	0.018~0.021
九江—大通	0.029~0.032	0.02~0.022	0.018~0.021

3. 三峡水库影响下的洞庭湖补水效应

根据流量演算模型模拟的东洞庭鹿角站、南洞庭杨柳潭站、西洞庭南咀站的逐日水位数据和洞庭湖出口城陵矶(七里山)站流量数据,分析三峡水库调度运行对洞庭湖湖区月均水位和出湖水量的影响。

1) 水库不同运用时段对湖区水位的影响

三峡水库围堰发电期(2003 年 6 月至 2006 年 8 月),三峡坝前水位在 135~139 m 运行期,相应的调节库容仅为 18.2 亿 m³,故水库的调度运行对洞庭湖的影响有限,除 2003 年 6 月 1~10 日,三峡水库蓄水拦蓄约 100 亿 m³ 对洞庭湖鹿角站水位影响较大外,其余月份均变化较小;2003 年 6 月蓄水对西洞庭杨柳潭站水位影响较大,南咀水位降低 0.19 m,其余月份均无变化。

三峡水库初期运行期(2006 年 9 月至 2008 年 8 月),三峡水库 6~8 月调度运行,基本对东洞庭鹿角站水位无影响。9~10 月,三峡水库拦蓄径流、减少下泄后,使东洞庭鹿角站月平均水位较天然条件有所降低,出湖流量相应增加。其中 2006 年 10 月水位变化幅度最大,水位降低 1.21 m;2007 年 10 月流量变化幅度最大,水位降低 0.53 m。11 月至次年 1 月三峡水库入、出库流量基本一致,东洞庭鹿角站水位与天然水位变化基本持平。2~5 月由于三峡水库加大放水,东洞庭鹿角站水位较天然条件有所抬升,除 2008 年 3 月略有降低外,其他月份水位抬升 0.05~0.18 m。2006 年、2007 年 10 月蓄水使西洞庭杨柳潭站水位分别降低 0.30 m、0.22 m,南咀站水位分别降低 0.47 m、0.38 m,其余时段三峡水库初期运行期的调度运行对西洞庭水位影响较小。

三峡水库试验性蓄水期(2008 年 9 月至 2013 年 12 月),9 月、10 月三峡水库由于蓄水减少下泄后,使东洞庭鹿角站平均水位较天然水位分别降低 0.76 m、0.97 m,以 2011 年 9 月降幅最大,水位降低 1.06 m;1~5 月由于三峡水库加大放水,东洞庭鹿角站水位较天然水位有所抬升,平均抬升 0.15~0.44 m,其中 2011 年 4 月抬升幅度最大,水位抬高了 0.54 m。每年 6 月 10 日前为消落期,故 6 月平均水位均比天然水位略有抬升。2010 年、2012 年、2013 年由于三峡水库进行防洪应用,导致 7 月东洞庭鹿角站水位分别降低 0.17 m、0.32 m、0.20 m,8 月水位抬升与降低互现。9 月、10 月蓄水期,西洞庭杨柳潭水位较天然条件降低,分别降低 0.29 m、0.26 m，南咀站水位也较天然水位降低，平均降低了 0.43 m，其中杨柳潭站 2009 年 10 月水位最大降低 0.51 m，南咀站 2013 年 9 月水位最大降低 0.68 m。每年 6 月 10 日前为消落期，故 6 月平均水位均比天然水位略有抬升。2010 年、2012 年、2013 年由于三峡水库进行防洪应用，导致 7 月南洞庭杨柳潭站水位与天然水位出现不同程度降低，分别降低 0.27 m、0.38 m、0.28 m，南咀站水位分别降低 0.12 m、0.21 m、0.10 m，8 月水位抬升与降低互现。

2) 水库不同运用时段对出湖水量的影响

三峡水库围堰发电期(2003 年 6 月至 2006 年 8 月)，水库的调度运行对洞庭湖的影响有限，除 2003 年 6 月 1~10 日，拦蓄约 100 亿 m³ 对出湖水量影响较大，增加出湖水量 6.3 亿 m³(增幅达 14.9%)之外，其余月份均变化较小。

三峡水库初期运行期(2006 年 9 月至 2008 年 8 月)，9~10 月，三峡水库拦蓄径流、减少下泄后，使洞庭湖出口月均水位较天然水位有所降低(见鹿角站)，出湖水量相应增加。其中 2006 年 10 月出湖水量增幅最大，为 28.72%，增加出湖水量 4.21 亿 m³。11 月至次年 1 月三峡水库入、出库流量基本一致，洞庭湖出湖流量与天然状态下出湖流量基本持平。5~6 月由于三峡水库加大放水，洞庭出口水位较天然条件有所抬升，减少出湖水量 0.88 亿~1.9 亿 m³。

三峡水库试验性蓄水期(2008 年 9 月至 2013 年 12 月)，9~10 月蓄水减少下泄后，使洞庭湖出口平均水位较天然水位降低(见鹿角站)，相应增加了出湖水量，增加范围为 3.29 亿~16.05 亿 m³。尤其 2012 年 9 月增幅最大，增加了出湖水量 16.05 亿 m³；1~6 月由于三峡水库放水，洞庭湖湖口水位较天然水位有所抬升，相应月减少了出湖水量，其中 2012 年 6 月减幅最大，相应月平均减少了出湖水量 7.37 亿 m³。2010 年、2012 年、2013 年由于三峡水库进行防洪应用，导致 7~8 月出湖水量增、减互现。

4. 三峡水库影响下的鄱阳湖补水效应

三峡水库蓄水，减少了长江干流下泄流量，从而影响长江与鄱阳湖的江湖关系，主要表现在鄱阳湖出湖流量的变化上。

枯水期是鄱阳湖对长江干流下游补水作用较强的时期，补水主要通过湖口水位下降、湖区出流加大实现。1956~2002 年，鄱阳湖出口湖口站多年平均径流量为 1474 亿 m³，约占大通站多年平均径流量(8916 亿 m³)的 16.6%；湖口站 2~6 月径流量占同期大通站径流量的比例均在 20% 以上，是大通站径流的主要来源之一；而 9 月的径流比更是只有 9.74%；9 月至次年 1 月，湖口站多年平均径流量为 380 亿 m³，约占大通站(3137 亿 m³)的 12.1%，而同期湖口平均水位由 9 月 1 日的 14.40 m 降到次年 2 月 4 日(多年平均水位最低出现日期)的 5.92 m，降低了 8.48 m，湖区蓄水量相应减少 84.0 亿 m³，其中 9~10 月由于湖口水位降低而导致湖区蓄水量减少 65.3 亿 m³，约占 9~10 月大通径流量(1887 亿 m³)的 3.5%，共占 9 月 1 日至次年 2 月 4 日湖区容积减少量的 77.8%；而在 12 月到次年 1 月长江特枯时段，由于鄱阳湖的水位已经低至历史最低的 4.01 m(1963 年，对应湖区容积为 0.59 亿 m³)，湖容小(12 月 1 日多年平均水位为 8.57 m、对应湖区容积为 3.9 亿 m³)，对下游仅补充 3.34 亿 m³ 水量，补水作用很小(表 9.3-8)。

表 9.3-8　1956～2002 年湖口站不同时间节点多年平均水位、通江水体容积表

时间节点	多年平均水位/m	相应通江水体容积/亿 m³	湖容差值/亿 m³
9 月 1 日	14.40	85.34	—
10 月 1 日	13.35	56.38	28.96
11 月 1 日	11.39	20.05	36.33
12 月 1 日	8.57	3.94	16.11
1 月 1 日	6.31	1.60	2.34
2 月 1 日	5.97	1.39	0.21
2 月 4 日 （多年平均最低日）	5.92	1.37	0.02
2 月 28 日	6.90	1.97	-0.60
3 月 31 日	8.80	4.33	-2.37

　　相较于 1956～2002 年多年平均径流量，2003～2014 年湖口站年均径流量占大通站年均径流量的比例基本相同；湖口站 2～6 月的径流量占同期大通站径流量的比例在 20%以上；9 月、10 月、12 月出湖径流量占比分别由 9.74%、11.8%、13.5%上升到 10.3%、13.6%、15.9%，11 月出湖径流量占比则由 13.7%下降为 12.5%。说明在上游控制性水库蓄水期的 9～10 月，因干流水位降低，在年径流量减少情况下，鄱阳湖出湖径流量增大。

　　相较于 1956～2002 年多年平均水位，2003～2014 年湖口站 9～12 月各时间节点的水位偏低 0.79～2.12 m，其中 11 月的水位偏低最明显。湖口平均水位由 9 月 1 日的 14.16 m 降到 12 月 1 日的 8.01 m，降低了 6.15 m，湖区容积相应减少 74.59 亿 m³，其中 9～10 月由于湖口水位降低而导致湖区容积减少 69.0 亿 m³，约占同期 9～10 月大通径流量（1627 亿 m³）的 4.2%，共占 9～12 月湖区容积减少量的 96.5%；至 11 月 1 日，湖口站平均水位只有 9.27 m，与 1956～2002 年 12 月 1 日的多年平均水位接近，相应通江水体容积仅为 6.47 亿 m³；至 12 月 1 日，湖口站平均水位只有 8.01 m，相应通江水体容积仅为 3.41 亿 m³，即使湖区水位降到历史最低的 4.01m（1963 年，对应湖区容积 0.59 亿 m³），也只能对下游补充 2.24 亿 m³ 水量，补水作用更小（表 9.3-9）。

表 9.3-9　2003～2014 年湖口站不同时间节点多年平均水位、通江水体容积表

时间节点	多年平均水位/m	相应通江水体容积/亿 m³	湖容差值/亿 m³
9 月 1 日	14.16	78.00	—
10 月 1 日	13.16	46.88	29.19
11 月 1 日	9.27	6.47	39.81
12 月 1 日	8.01	3.41	1.36
1 月 1 日	6.89	1.93	1.12
1 月 17 日 （多年平均最低日）	6.56	1.63	0.22
2 月 1 日	6.71	1.76	-0.19
2 月 28 日	7.61	2.78	-0.72
3 月 31 日）	8.72	4.89	-1.11

9.3.4　长江中下游河湖水情综合效应

1. 长江中下游洪水情势变化

主要通过已建立的流量演算模型，模拟三峡水库调度运行对长江中下游洪水水文情势的影响。

1) 对最大洪峰流量的影响

三峡水库围堰发电期、初期运行期对宜昌、枝城、沙市、螺山及汉口的年最大洪峰流量影响较小，对宜昌、枝城、沙市站峰现时间影响也较小，但对螺山站、汉口峰现时间有较大影响。螺山 2005 年峰现时间滞后 4 天，2007 年提前 2 天，2008 年由于主汛期上游来水量较小，蓄水期洞庭湖来水较大，年最大洪峰发生在 11 月 10 日，但受三峡水库蓄水影响，实测洪峰时间为 8 月 21 日，其余年份没有改变；汉口 2005 年、2007 年峰现时间相差 1 天，其余年份没有改变。

进入试验性蓄水期后，随着水库调节能力的增加和实施防洪应用，长江中游干流站洪峰流量受影响较大：宜昌站洪峰流量的改变均超过了 20%，最大值为 2010 年的 31.0%；枝城站洪峰流量的改变均超过了 20%，最大值为 2010 年的 30.1%；沙市站洪峰流量的改变均超过了 20%，最大值为 2010 年的 28.9%；螺山站洪峰流量的改变均超过了 7%（2011 年除外），最大值为 2013 年的 11.3%；汉口站洪峰流量的改变均超过了 6%，最大值为 2013 年的 11.5%。

进入试验性蓄水期后，宜昌站 2009 年、2013 年峰现时间分别提前 2 天、3 天，2010 年、2012 年由于上游来水较大，水库拦蓄洪水，峰现时间分别滞后 5 天、4 天。2011 年由于主汛期上游来水量较小，年最大洪峰发生在蓄水期（9 月 22 日），洪峰被拦蓄后，出库流量为 20400 m^3/s，宜昌站实测峰现时间为 6 月 27 日；枝城站 2009 年、2013 年峰现时间分别提前 2 天、3 天，2010 年、2012 年由于上游来水较大，水库拦蓄洪水，峰现时间分别滞后 5 天、2 天。2011 年由于主汛期上游来水量较小，年最大洪峰发生在蓄水期（9 月 22 日），洪峰被拦蓄后，枝城站实测峰现时间为 8 月 6 日；沙市站 2009 年峰现时间提前 3 天，2013 年峰现时间提前 2 天，2010 年、2012 年由于上游来水较大，水库拦蓄洪水，峰现时间分别滞后 5 天、4 天。2011 年由于主汛期上游来水量较小，年最大洪峰发生在蓄水期（9 月 23 日），洪峰被拦蓄后，沙市站实测峰现时间为 8 月 7 日；2009 年峰现时间滞后 1 天，2011 年、2012 年峰现时间均滞后 1 天，2013 年峰现时间提前 2 天，2010 年由于上游来水较大，水库拦蓄洪水，峰现时间滞后 6 天；汉口站 2010 年峰现时间延迟 1 天，2013 年峰现时间提前 3 天，2011 年由于主汛期上游来水量较小，年最大洪峰发生在蓄水期（9 月 25 日），洪峰被拦蓄后，汉口站实测峰现时间为 6 月 30 日。

2) 对时段洪量的影响

2008 年 9 月三峡水库进入试验性蓄水期后，其运行对中下游干流六站年最大时段洪量影响显著，其中以宜昌、枝城和沙市三站最为显著，对螺山和汉口的影响稍有减少。而对同一个站点来说，三峡水库运行对不同时间尺度最大时段洪量的影响则呈现统计时段越长,调度对时段洪量影响越小的规律。换言之,三峡水库运行对最大 7 天洪量的影响程度要高于最大 15 天洪量,对最大 15 天洪量的影响程度要高于最大 30 天洪量。

对于最大 7 天洪量,从 2009 年三峡水库试验性蓄水期后,三峡水库运行减少了宜昌、枝城和沙市最大 7 天洪量的 8.5%~18.4%,除 2011 年螺山站(减少 1.06%)之外,三峡水库运行在 2009~2013 年不同年份减少了螺山和汉口最大 7 天洪量的 4.6%~10%。对于最大 15 天洪量,从 2009 年三峡水库试验性蓄水期后,2010 年和 2013 年的三峡水库运行对中下游各站影响最大,减少了宜昌、枝城和沙市最大 15 天洪量的 10%以上,减少了螺山站和汉口站的 5.4%~8.3%;对其他年份各站的影响多在 5%以内(2011 年汉口站减少 6.85%)。对于最大 30 天洪量,从 2009 年三峡水库试验性蓄水期后,2010 年、2012 和 2013 年的三峡水库运行对中下游各站影响最大,减少了六站最大 15 天洪量的 3.2%~7.1%;2009 年和 2011 年对各站的影响在 2%以内。

2. 长江中下游枯水情势变化

1)对最低枯水位的影响

三峡水库蓄水前,长江中下游枯水位极值变化在城陵矶上下游存在差异,上游递减,下游递增,三峡水库蓄水后两段均稳中有升。三峡水库蓄水前城陵矶上下游河段河床冲淤存在明显的差异,城陵矶以上自下荆江系统裁弯工程开始呈现单向冲刷状态,而下游螺山—汉口河段河床则以淤积为主,这是其枯水位极值反向变化的主要原因(图 9.3-8)。三峡水库蓄水后,坝下游河床剧烈冲刷且在水文周期偏枯的情况下,紧邻坝下游的河道最低枯水位却稳中有升,表明三峡水库枯期补水作用在极枯水位方面较为明显。

以上荆江为例,三峡水库的补水调度一定程度上改变了最枯水位持续下降的趋势,历年最枯水位变化过程出现转折,由下降转为上升,尤其是枝城站,1991~2002 年最低枯水位均值为 35.12 m,2003~2015 年最低枯水位均值抬升至 35.49 m。类似地,沙市站 1991~2002 年最低枯水位均值为 28.67 m,在河床大幅度冲刷下切的前提下,2003~2015 年最低枯水位均值仍能达到 28.58 m,与蓄水前相当。可见,水库补水调度对于上荆江最低枯水位的积极效应比较明显。

下荆江河床冲刷强度小于上荆江,因此,当三峡水库枯水期进行补水调度时,随着最小流量的增加,其年最低水位同步上升,且幅度较上游的沙市站大,同时荆江三口分流量略减少也有一定影响。三峡水库蓄水前很长一段时间里,因三口分流分沙减少,原本应输送至洞庭湖的泥沙更多地在城汉河段内淤积下来,因而螺山站的年最低枯水位保持逐年抬高的趋势。三峡水库蓄水后,螺山站年最小流量依然有所增加,但年最低枯水位抬高速度相对蓄水前有所减缓。自汉口往下,直至大通站,年最小流量增加的幅度较小,年最低水位变化的幅度也相应较小(图 9.3-8)。

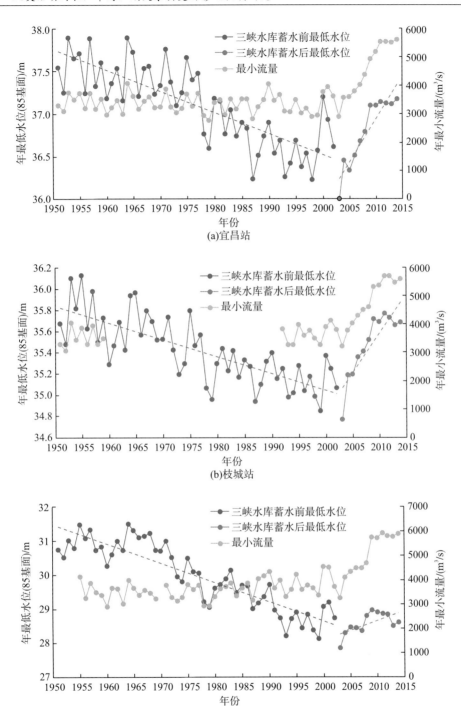

(a)宜昌站

(b)枝城站

(c)沙市站

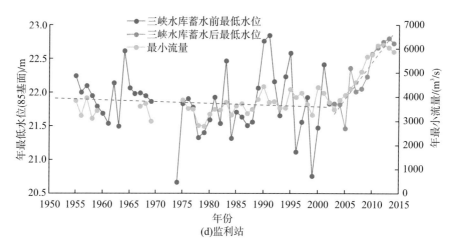

(d)监利站

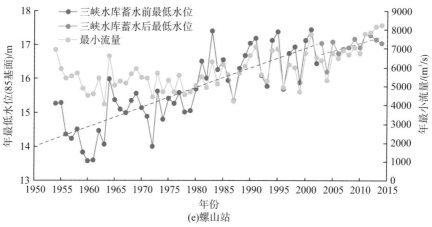

(e)螺山站

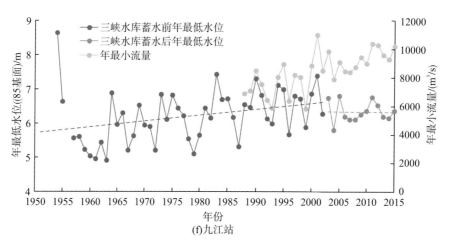

(f)九江站

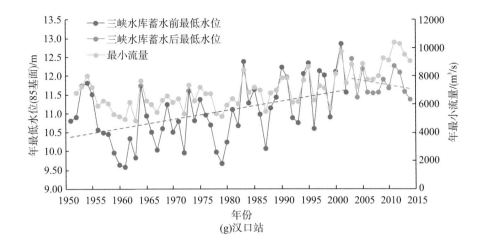

(g)汉口站

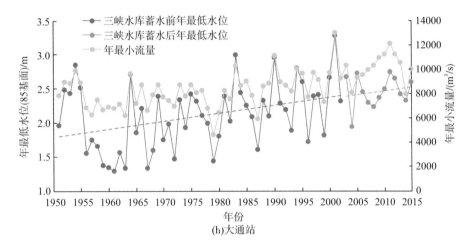

(h)大通站

图 9.3-8　长江中下游河湖控制站年最低水位变化过程图

　　近期，尤其是三峡水库蓄水以来，长江干流处在一个相对偏枯的水文周期内，与此同时，两湖流域水量也偏枯，加之三峡水库汛后蓄水对下游同期流量、水位带来的削减效应，种种作用累加，使得两湖地区枯水情势尤为紧张，引起了社会各界的广泛关注，众多研究认识不一，有的偏重三峡水库蓄水的作用，有的偏重天然水文周期的作用。

　　2) 对枯水历时的影响

　　从两湖枯水位特征值和持续时间变化(图 9.3-9～图 9.3-12)来看，两湖与长江干流存在一定的共性特征，一方面，三峡水库蓄水以来，尽管遭遇了 2006 年、2011 年等枯水年，但湖区极枯水位值和持续时间并未较历史情况显著增加，相反在入湖水量偏枯的情况下，洞庭湖湖区年最低水位并未同幅度下降，极低水位持续时间较三峡水库蓄水前减少，2003～2014 年鄱阳湖湖区入流量创历史同期最低，使得湖区枯水情势严峻；另一方面，三峡水库蓄水后，汛后同期干流水位下降，对湖区确实存在一定的拉空作用，使得两湖枯水期延长，这一现象从洞庭湖鹿角站和南咀站枯水持续时间变化规律上基本可以看出来。鹿角站位于东洞庭湖湖区，南咀站位于西洞庭湖，就与干流的关系而言，前者要显著得多，南咀站年内低于 28.5 m、27.5 m 水位的持续时间是一个连续的变化过程，而鹿角站年内低于 22 m、21 m 水位的持续时间在三峡水库蓄水后都发生了突变，显示出水库蓄水对湖区水位的影响。鄱阳湖类似地也存在这种规律。

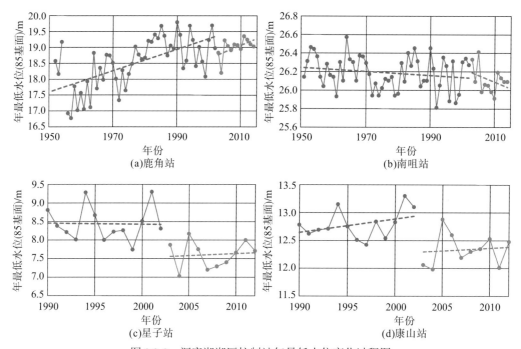

图 9.3-9　洞庭湖湖区控制站年最低水位变化过程图

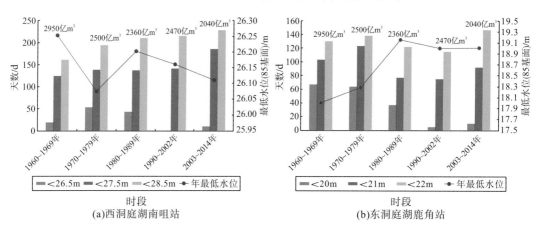

图 9.3-10　洞庭湖湖区枯水位极值及特征值持续时间变化

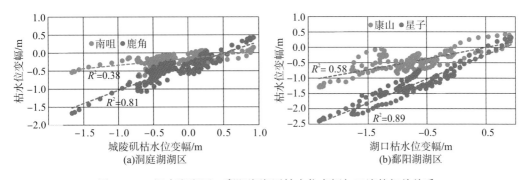

图 9.3-11　洞庭湖湖区、鄱阳湖湖区枯水位变幅与干流的相关关系

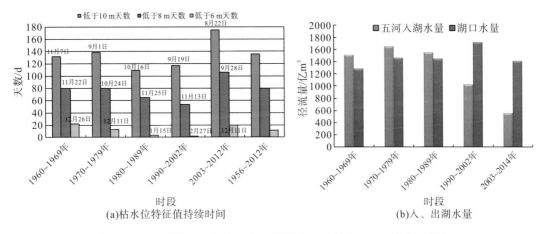

图 9.3-12　鄱阳湖星子站枯水位特征值持续时间及入、出库水量变化

对比干流影响幅度均较大的鹿角站(洞庭湖)和星子站(鄱阳湖)枯水持续时间变化情况来看,三峡水库蓄水对鄱阳湖的影响较洞庭湖略偏大。综合来看,三峡水库蓄水并不是两湖地区极枯水位出现的主要原因,但对两湖枯水位历时延长有一定影响,且对鄱阳湖的影响更大。

9.4　水土保持工程

9.4.1　长江上游水土保持工程减沙作用

长江上游水土流失重点区域包括金沙江下游及毕节地区、陕南及陇南地区、嘉陵江中下游地区和三峡库区"四大片",土地总面积 35.1 万 km^2,与长江流域暴雨区相重合,形成了严重的水土流失问题。本节在已有研究成果的基础上,收集了长江上游土壤侵蚀及水土保持治理资料,采用水保法、水文法与神经网络相结合的方法,对长江上游地区水土保持减蚀、减沙作用进行较为系统的评估。

1. 金沙江流域

据统计,金沙江流域"长治"工程共完成 1.23 万 km² 水土流失面积治理,其中兴修基本农田 998 km²,发展各类经济果林 1312 km²,营造水土保持林 3653 km²,种草 624 km²,保土耕作 1789 km²,封山育林育草 3954 km²,同时完成了一大批塘堰、拦沙坝、谷坊、蓄水池、排洪沟、引水渠等小型水利水保工程。

综合水保法和水文法分析成果,1991～2005 年金沙江流域屏山以上地区"长治"工程对屏山站的年均减沙量为 960 万～1460 万 t(平均 1210 万 t),减沙效益较小,仅为 4.9%。这主要是因为 1991～2005 年金沙江流域水土保持措施治理面积小,攀枝花—屏山区间累积治理面积仅 1.05 万 km²,仅占流域水土流失面积(13.59 万 km²)的 7.7%,占坡面水土流失面积(22.38 万 km²)的 4.7%,且以坡面治理为主,虽对减小坡面侵蚀有一定作用,但对攀枝花—屏山区间以泥石流、滑坡等重力侵蚀为主的产沙形式而言,其减沙效益不明显。加之该区间降雨量偏大且暴雨出现天数多,更显得水土保持坡面防治措施减沙作用不大。

2. 嘉陵江流域

据长江水利委员会水土保持局资料统计,1989～2003 年嘉陵江流域各区县共实施水土保持治理面积 3.26 万 km²。其中,水土保持林草措施实施面积为 2.31 万 km²,水土保持林和封禁措施的实施面积较大,分别占实施量的 36% 和 39%,经果林措施和种草措施分别占实施量的 19% 和 6%;坡改梯单项措施实施面积为 2837 km²,共修筑塘库 86235 座、谷坊 10325 座、拦沙坝 2782 座、蓄水池 100741 口、排灌渠长 33 万 km、截水沟长 37 万 km、沉沙地 1615402 个;共实施保土耕作措施面积 6772 km²。三大类型措施的实施基本上形成了从侵蚀策源地的就地减蚀治理到沟坡就近拦蓄的防治体系。

根据水保法(2080 万 t/a)、水文法(2310 万 t/a)和 BP 神经网络模型法(2830 万 t/a)计算,得嘉陵江流域 1989～2003 年水土保持措施减沙量为 2080 万～2830 万 t/a,平均为 2400 万 t/a,减沙效益达 16.9%,占北碚站总减沙量的 22.6%。由此可见,嘉陵江流域水土保持措施减蚀减沙效益较为明显,这主要是由于大部分地区气候湿润,植被恢复较快,侵蚀控制作用明显。特别是川中丘陵区丘陵起伏不大,河流泥沙主要来源于坡面侵蚀,植被恢复减少坡面侵蚀拦截泥沙的作用显著。

3. 乌江流域

乌江上游毕节地区治理面积为 3628 km²,占水土流失面积(14595 km²)的 24.9%,水土保持措施年均减蚀量约为 1000 万 t,对乌江上游鸭池河站年均减沙量约为 270 万 t,主要体现在上游东风、乌江渡水电站等入库泥沙的减小,对武隆站输沙量则无明显影响。

4. 三峡库区

1989～1996 年三峡库区共完成治理土壤侵蚀面积 9129.84 km²,治理程度达到 25.1%。1989～2004 年三峡库区水土流失重点防治工作累计治理水土流失面积 1.77 万 km²,其中兴建基本农田 208 万亩，营造经济林果 288 万亩。

三峡库区 1989～1996 年各项措施综合治理总减蚀量为 1.237 亿 t，年均减蚀量为 1546 万 t，减蚀效益为 9.9%。1996 水平年减蚀量为 3137 万 t，减蚀效益为 20.1%。

在水土保持治理前（1950～1988 年），三峡库区长江干流区间入库泥沙（寸滩+武隆）为 48380 万 t/a，出库（宜昌站）泥沙为 53100 万 t/a，考虑 1981～1988 年葛洲坝水库悬沙淤积还原值 1.153 亿 t，实际干流区间年均输沙量为 4990 万 t，地表侵蚀物质量为 1.558 亿 t，因此三峡库区河流泥沙输移比为 0.499/1.558=0.32。三峡库区“长治”工程后河流平均减沙量为 0.32×1546 万 t≈495 万 t。1996 水平年，“长治”工程减沙量为 0.32×3137 万 t≈1000 万 t。

1989～1996 年三峡入库泥沙为 38010 万 t，出库泥沙为 41760 万 t（宜昌站 1989～1996 年实测年均输沙量，并同样考虑了前时段悬沙还原值），区间年均输沙量为 3750 万 t。若考虑区间来水量不同的影响，根据水文法计算，三峡库区“长治”工程年均减沙量为 480 万 t 左右，与水保法结果基本吻合。

9.4.2　两湖水土保持工程减沙作用

随着国家对生态环境建设重视程度的逐年提高，湖南、湖北两省生态环境建设力度也逐渐增大。近年来，湖南和湖北两省都对洞庭湖湖区采取了水土保持综合治理措施，主要包括水土保持耕作措施、水土保持林草措施和水土保持工程措施。洞庭湖湖区水土保持现状见表 9.4-1。

湖南省水土保持综合治理情况：截至 2009 年，湖南省洞庭湖湖区累计治理水土流失面积约 1184 km²。其中，封禁治理面积为 471 km²，占总治理面积的 39.78%；营造水土保持林面积为 230 km²，占总治理面积的 19.43%；种草面积为 207 km²，占治理面积的 17.48%；营造经果林面积为 148 km²，占总治理面积的 12.50%；基本农田改造面积为 128 km²，占总治理面积的 10.81%。湖南省洞庭湖湖区水土保持工程措施主要是小型水保工程，包括蓄拦工程和沟渠防护工程两类，共修建蓄拦工程 4986 座，工程量达到 59.83 万 m³，沟渠防护工程 135.7 km，工程量达到 16.28 万 m³。

湖北省水土保持综合治理情况：截至 2009 年，湖北省洞庭湖湖区累计治理水土流失面积 16 km²，占湖北省湖区水土流失总面积的 2.89%，各项水土流失治理措施中，水土保持林面积最大，有 8 km²，占总治理面积的 50%；其次为经果林，面积为 3 km²，占总治理面积的 18.75%；基本农田和种草各 2 km²，封禁治理 1 km²。水土保持工程措施中，蓄拦工程有 560 座，工程量为 6.72 万 m³，沟渠防护工程为 35.41 km，工程量为 4.25 万 m³。

表 9.4-1　　洞庭湖湖区水土保持现状

省份	所属地市	累计治理面积/万 hm²	各项治理措施面积/万 hm²					蓄拦工程		沟(渠)防护工程	
			基本农田	经果林	水土保持林	种草	封禁治理	数量/座	工程量/万 m³	数量/km	工程量/万 m³
湖南省	常德	2.62	0.20	0.30	0.41	1.00	0.71	742	8.90	46.30	5.56
	益阳	1.93	0.00	0.39	1.14	0.11	0.29	455	5.46	10.00	1.20
	岳阳	2.46	0.12	0.12	0.15	0.76	1.31	1861	22.33	23.40	2.81
	长沙	2.77	0.86	0.43	0.32	0.17	0.99	1143	13.72	32.00	3.84
	湘潭	0.43	0.02	0.09	0.11	—	0.21	274	3.29	0	0
	株洲	1.63	0.08	0.15	0.17	0.03	1.20	511	6.13	24.00	2.88
	小计	11.84	1.28	1.48	2.30	2.07	4.71	4986	59.83	135.70	16.28
湖北省	荆州市	0.16	0.02	0.03	0.08	0.02	0.01	560	6.72	35.41	4.25
合计		12.00	1.3	1.51	2.38	2.09	4.72	5546	66.55	527.6	58.5

　　洞庭湖流域四水的中上游地区，范围涉及湘水、资水的衡邵盆地，横穿沅江流域向西的走廊地带及澧水的中部，面积约为 86673 km²，其中水土流失面积为 24852 km²，四水中澧水的水土流失居首位，桑植县、慈利县又是湖南省的暴雨中心之一，也是澧水上游水土流失最严重的地区之一。从 1980～2000 年，澧水流域已相继完成"七五"期间拟定的八条小流域共 403 km² 的治理工作。其中，生物措施治理面积为 79.6 km²，工程措施控制泥石流面积为 0.48 km²，坡改梯面积为 2.3 km²。封山育林工作也得到了基本落实，完成了"长防"工程共 2920 km² 的营林任务，全面改造、改种 1200 km² 的油桐林。水土流失区轻度流失和剧烈流失的面积基本得到了控制、改善和治理，其中强度流失区治理了 40%，中度流失区治理了 50%。水土流失治理前至 20 世纪 80 年代初期，澧水石门站年输沙量累积速度快，5 年滑动均值在 1983 年达到最大值，1980 年输沙量为 2230 万 t，是近 60 年的最大值。水土保持工程的减沙作用十分显著。除此之外，澧水流域最大的两座水库江垭水库（1999 年建成）和皂市水库（2008 年建成）具有一定的拦沙效应（图 9.4-1、图 9.4-2）。

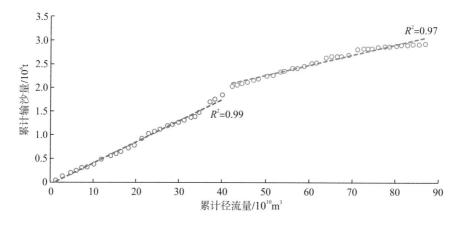

图 9.4-1　　澧水石门站年径流量和输沙量的双累计曲线

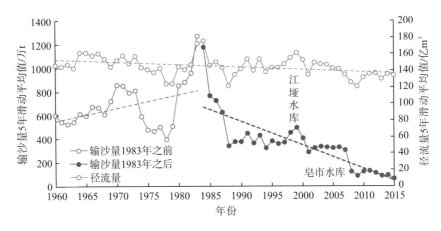

图 9.4-2　澧水石门站年径流量和输沙量 5 年滑动平均值变化曲线

从 20 世纪 50 年代中后期的大炼钢铁到 60 年代的垦山造田，再到 70 年代的林木超计划采伐，一系列的人类活动使得鄱阳湖流域生态环境遭到严重破坏。森林植被被大面积砍伐，森林覆盖率从 40%以上降低到 32%左右，虽然在 80 年代人工造林面积有所增加，但由于人口的增加和木材及林产品的需求量上升使得森林资源质量继续下降。在这一时期，水土流失加剧，水旱灾害时常发生。鄱阳湖湖区现有水土流失总面积达 4687 km², 占土地总面积的 17.8%。其中水力侵蚀面积为 4558 km²（含崩岗），风力侵蚀面积为 129 km²。水力侵蚀面积中，轻度侵蚀面积占 37.6%、中度侵蚀面积占 37.5%、强度及以上侵蚀面积占 24.9%。鄱阳湖湖区主要侵蚀类型为水力侵蚀，水土流失整体以轻度和中度为主，土壤侵蚀模数约为 3200 t/(km²·a)，年平均土壤侵蚀量约为 1500 万 t。崩岗主要分布于丰城、都昌、万年、星子、鄱阳、新建和湖口 7 个县，共 773 处，面积为 2.13 km²（水土流失现状详见表 9.4-2）。

流域生态环境变化的同时也影响了流域水沙的变化，含沙量明显升高。20 世纪 80 年代初以来，鄱阳湖湖区先后实施了鄱阳湖流域水土保持重点治理工程、长江上中游水土保持重点防治工程等一批水土保持工程，取得了一定的成效。森林面积逐年增加，生态环境得到一定程度的改善，这一时期的输沙量也大幅度减小。

鄱阳湖流域水土流失重发区主要是赣江、抚河中上游及九江地区，水土流失面积为 10.63 万 km²，占江西省水土流失面积的 63.6%。以赣江流域为例，以 1980 年兴国县实施塘背河小流域综合治理的成功为契机，赣江作为水土流失重点地区纳入了全国八片水土保持重点治理工程、全国水土保持重点建设工程、农业综合开发"长治"工程、鄱阳湖流域水土保持重点治理工程等一批国家级水保重点治理项目（表 9.4-3）。2010 年年底，赣江上游完成 400 余条小流域的综合治理，总治理面积为 5404.7 km²，年拦沙 4933.3 万 t。

表 9.4-2　鄱阳湖湖区县（市、区）水土流失现状统计　　　　　　　　　　　　　单位：km²

水系或 行政区划	水土流失 总面积	水力侵蚀						风力侵蚀				
		合计	轻度	中度	强度	极强度	剧烈	合计	轻度	中度	强度	极强度
江西省	33418.2	33289.3	12247.5	10314.8	7463.5	2039.4	1224.2	128.9	38.5	48.1	40.8	1.46

续表

水系或行政区划	水土流失总面积	水力侵蚀						风力侵蚀				
		合计	轻度	中度	强度	极强度	剧烈	合计	轻度	中度	强度	极强度
鄱阳湖湖区	4686.78	4557.90	1712.73	1707.72	980.07	88.15	69.23	128.88	38.48	48.14	40.8	1.46
丰城市	567.82	549.88	306.34	113.17	83.82	35.33	11.22	17.94	4.72	7.11	5.22	0.89
余干县	525.47	519.36	203.56	206.75	100.28	8.77	—	6.11	1.46	1.57	3.08	—
鄱阳县	888.31	887.61	292.58	332.37	261.70	0.96	—	0.70	—	0.70	—	—
万年县	88.07	88.07	27.58	17.68	35.13	6.02	1.66	—	—	—	—	—
九江市辖区	133.26	132.41	66.44	47.39	1.30	—	17.28	0.85	—	0.85	—	—
永修县	376.68	347.17	74.71	191.31	43.73	7.48	29.94	29.51	0.95	2.18	26.38	—
德安县	166.32	159.89	65.51	80.66	10.76	0.77	2.19	6.43	—	6.43	—	—
庐山市	123.24	122.82	41.54	67.74	5.23	3.58	4.73	0.42	—	—	—	0.42
都昌县	260.19	259.01	86.44	154.58	16.62	1.37	—	1.18	0.75	0.43	—	—
湖口县	131.38	117.28	36.92	60.91	15.96	3.38	0.11	14.10	0.31	13.79	—	—
南昌市辖区	81.24	77.99	46.01	17.08	10.49	3.24	1.17	3.25	2.11	0.59	0.55	—
南昌县	30.53	9.65	5.30	3.45	0.74	0.16	—	20.88	14.31	6.09	0.48	—
新建县	402.59	383.30	157.23	93.66	117.48	14.74	0.19	19.29	10.19	6.29	2.81	—
进贤县	672.65	669.04	204.28	252.09	212.67	—	—	3.61	2.92	0.69	—	—
乐平市	239.03	234.42	98.29	68.88	64.16	2.35	0.74	4.61	0.76	1.42	2.28	0.15

表 9.4-3 赣江上游地区水土保持综合治理情况

时间	水土保持治理项目	治理面积/km²	占流域比例/%	拦沙率/%
1983~1992 年	全国八片水土保持重点治理工程一期	1069.78	1.32	77.2
1993~2002 年	全国八片水土保持重点治理工程二期	3095.36	3.82	73.9
1998~2004 年	鄱阳湖水土保持重点治理工程一期	233.54	0.29	58.3
2003~2007 年	国家水土保持重点建设工程	715.85	0.88	—
2004~2008 年	农业综合开发"长治"工程	192.20	0.24	76.2
2002~2004 年	全国水土保持生态修复试点工程	38.00	0.05	—
2005~2007 年	东江源水土保持重点治理工程	59.94	0.07	—

从赣江外洲站的水沙输移量变化来看,其年径流量 5 年滑动均值呈周期性波动的特征,输沙量在1984年之前呈波动状态,无明显变化趋势,1984年之后持续减少。其中1984~1993 年沙量减少与径流偏少和水土保持工程有关,1993 年以来,伴随着水土保持工程的持续进行,加之万安水库蓄水运用,赣江外洲站的输沙量保持减少的趋势(图 9.4-3、图 9.4-4)。其占鄱阳湖入湖沙量的比例也不断减小,1956~1984 年占比为 71.5%,1985~2015 年占比下降至 55.2%。

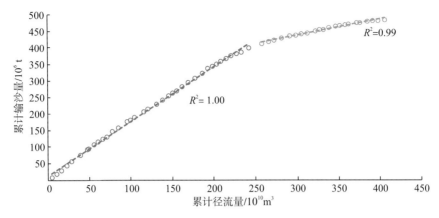

图 9.4-3　赣江外洲站年径量和输沙量的双累计曲线

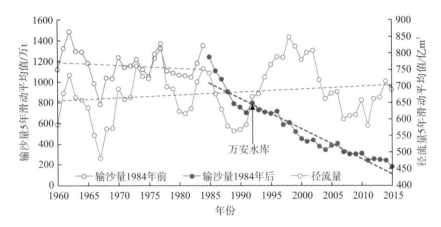

图 9.4-4　赣江外洲站年径量和输沙量 5 年滑动平均值变化曲线

9.5　河湖采砂活动

9.5.1　干流河道及湖泊的采砂活动

1. 长江干流河道

1）长江中下游干流规划采砂量

第一轮采砂规划的规划期为 2002～2010 年，规划对象为建筑砂料开采，共规划可采区 33 个，年度采砂控制总量为 3400 万 t。其中，湖北省规划可采区 9 个，控制采砂量为 1040 万 t；江西省规划可采区 4 个，控制采砂量为 390 万 t；安徽省规划可采区 10 个，控制采砂量为 930 万 t；江苏省规划可采区 5 个，控制采砂量为 500 万 t；省际边界重点河段规划可采区 5 个，控制采砂量为 540 万 t；湖南省和上海市无规划可采区。

第二轮采砂的规划期为 2011～2015 年，规划对象既包括建筑砂料开采，也包括吹填等其他砂料开采。建筑砂料共规划可采区 41 个，年度控制开采总量为 1940 万 t。其中，湖北省规划可采区 10 个，控制采砂量为 660 万 t；江西省规划可采区 4 个，控制采砂量为 200 万 t；安徽省规划可采区 16 个，控制采砂量为 580 万 t；江苏省规划可采区 7 个，控制采砂量为 300 万 t；省际边界重点河段规划可采区 4 个，控制采砂量为 200 万 t；湖南省和上海市无规划可采区。

第三轮采砂的规划期为 2016～2020 年，规划对象包括建筑砂料开采和吹填等其他砂料开采。年度采砂控制总量为 8320 万 t，较上轮规划共减少采砂控制总量 1400 万 t。其中，建筑砂料年度控制开采总量为 1730 万 t，较上轮规划减少 210 万 t；其他砂料控制年度开采总量为 6590 万 t，较上轮规划减少 1190 万 t。

2）2004～2015 年长江中下游采砂量

《中国河流泥沙公报》指出，2004 年是长江河道采砂管理工作由全面禁采向有序解禁稳步推进的关键时期。2004 年湖北、江西两省共有 9 个规划可采区实施了解禁开采；2005 年长江河道采砂管理进入了"采禁结合、以禁为主"的新阶段，长江中下游干流湖北、江西、安徽三省 11 个规划可采区实施了开采，比 2004 年增加两个；2006 年长江中下游干流湖北、江西、安徽三省和长江水利委员会共许可实施规划可采区 14 个；2007 年湖北、江西和安徽三省在长江中下游干流共许可实施规划可采区 7 个；2008 年，长江中下游干流湖北、江西两省共许可实施规划可采区 4 个；2009 年为长江河道采砂"强化管理年"，湖北、江西、安徽三省依据《长江中下游干流河道采砂规划报告》共许可实施规划可采区 4 个；2010 年，长江水利委员会和湖北、江苏两省依据《长江河道采砂管理条例》和《长江中下游干流河道采砂规划报告》许可实施采砂活动 6 项；2011 年许可各类采砂活动增至 23 项；2012 年共计许可各类采砂活动 31 项；2013 年共计许可实施各类砂活动 37 项；2014 年共计许可各类采砂活动 28 项。2015 年共计许可实施各类采砂活动 31 项。

依据《中国河流泥沙公报》，统计的 2004～2015 年长江中下游干流河道采砂情况见表 9.5-1。其中吹填造地主要发生在大通以下河段，长江中游累计采砂约 0.90 亿 m³，约占宜昌—湖口河段平滩河槽累计冲刷量的 6.2%。然而，这一数据只是基于规划采取的统计值，长江中游多有非法偷采、盗采的现象，如三峡水库蓄水后，在松滋口分流段，干流关洲汊道左汊及松滋口口门存在十分明显的挖沙现象，造成局部河床剧烈的变形(图 3.1-8、图 6.3-3)，实际采砂量远比本书统计值偏大。

表 9.5-1　2004～2014 年长江中下游干流河道采砂统计

年份	许可采区（个）/采砂活动（项）	许可采砂量			实际采砂量		
		总量/万 t	建筑砂料类/万 t	吹填造地等其他	总量/万 t	建筑砂料类/万 t	吹填造地等其他/万 t
2004	9	1120(d>0.1mm)	—	1186 万 m³	—	—	—
2005	11	1270(d>0.1mm)	—	1602 万 m³	—	—	—
2006	14	1355(d>0.1mm)	—	—	—	—	1240
2007	7	550(d>0.1mm)	—	—	—	—	1690
2008	4	460(d>0.1mm)	—	—	—	—	5140

续表

年份	许可采区(个)/采砂活动(项)	许可采砂量			实际采砂量		
		总量/万 t	建筑砂料类/万 t	吹填造地等其他	总量/万 t	建筑砂料类/万 t	吹填造地等其他/万 t
2009	4	274($d>0.1$mm)	—	—	—	—	7020
2010	6	—	—	—	4430		
2011	23	8247	195	8052 万 t	4407	150	4257
2012	31	7528.91	200	7328.91 万 t	5203.56	55	5148.56
2013	37	9606	319	9287 万 t	8055	156	7899
2014	28	6501	315	6186 万 t	4816	77	4739
2015	31	—	—	—	3423	—	—

2. 洞庭湖湖区

2011~2015 年调查显示，洞庭湖有采砂船只 67 条，年开采量约为 10000 万 t，本地需求约占开采量的 30%，估算市场需求约为 3000 万 t。

根据 2010 年《湖南省洞庭湖河道采砂管理规划报告》，采区涉及县(市)需求总量为 3000 万 t，鉴于洞庭湖处于淤积状态，根据需要和可能的原则确定在规划期(2011~2015 年)内按区域提供总需求量的确定年度开采总量，规划共列出 25 个可开采河段长 75.89 km，计 2820 万 m³/a，约合 4089 万 t/a。

3. 鄱阳湖湖区

鄱阳湖采砂，主要分布在九江市的永修、星子、庐山、湖口、都昌，上饶市的鄱阳、余干，以及南昌市的进贤 8 个区县。中国水科院统计的鄱阳湖湖区采砂情况见表 9.5-2、表 9.5-3，湖区各县 2003~2013 年总采砂量约为 3.86 亿 t，而鄱阳湖入江水道段 2003~2016 年的采砂量约为 6.0 亿 t，年均采砂量约为 1550 万 t，超出了出口湖口站的年输沙量。据《鄱阳湖采砂规划(2009~2013 年)》，规划可采区总面积为 256.22km²，确定 49 个规划可采区年度控制开采总量为 2700 万 t。从 2003 年以来湖区采砂情况看，除 2008 年禁采以外，其他年份开采总量均高于控制开采总量，2003~2013 年平均年采砂量为 3862.5 万 t，年超采 1162.5 万 t，超采率为 43.0%，湖区总体处于超采状态。

表 9.5-2　鄱阳湖湖区采砂统计表　　　　　　　　　　单位：万 t

采区	2003 年	2004 年	2005 年	2006 年	2007 年	2008 年	2009 年	2010 年	2011 年	2012 年	2013 年
永修县	1200	1500	2519	2320	2380		2067	2179	2141	2070	1960
庐山市	600	800	400	370	420		175	123	114.5	140	110
都昌县	520	1200	820	1040	950	全年禁采	717	630	615.5	430	680
湖口县	700	650	330	330	330		117	81	89	54	180
濂溪区	600	600	360	360	360		161	60	47.4	43	130
鄱阳县	—	—	—	290	290		10	40	100	60	—
余干县	—	—	—	260	260		—	12	100	50	60
合 计	3620	4750	4429	4970	4990		3237	3125	3207.4	3177	3120

表 9.5-3　鄱阳湖湖区五河尾闾采砂量情况表

年份	2002	2003	2004	2005	2006	2007	2008	2009	2010	合计
采砂量/万 t	424	424	424	424	1033	1149	1149	1290	1274	7591

五河下游尾闾区 2002～2010 年累计采砂量约为 7591 万 t，赣江尾闾、信江尾闾因采砂带来的断面形态调整现象十分明显(图 9.5-1)。

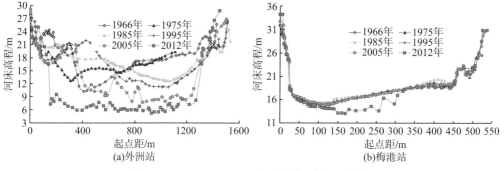

图 9.5-1　江西"五河"尾闾控制站大断面变化

事实上鄱阳湖湖区存在严重的盗采情况，盗采的砂量无法登记在采砂记录上，因此鄱阳湖实际的采砂量要大于采砂记录上的采砂量，更是远远超过采砂规划中规划的开采量，海事、港航等部门的相关资料表明，仅 2005～2007 年，九江市沿湖区县年均实际采砂量为 2.3 亿～2.9 亿 t。据江丰等统计计算，2001～2010 年鄱阳湖的采砂场范围约为 260.4km²，由 ArcGIS 软件的土方量算工具计算的挖沙体积达 12.9 亿 m³。根据鄱阳湖水位-库容曲线，当鄱阳湖水位为 18m(黄海高程基准)时，库容总量约为 200 亿 m³，因此可以认为由于采砂，鄱阳湖的湖容增加了近 6.5%。采砂量在重量上相当于 1955～2010 年鄱阳湖自然沉积量的 6.5 倍。

另据 2012 年 9 月水文测验资料，对鄱阳湖入江水道段典型断面老爷庙、庐山市、螺丝山和湖口断面的实测资料与 1998 年的地形测量成果进行对比，2012 年各断面相比 1998 年断面均存在下切，不同高程下断面平均水深和断面面积均明显增加。鄱阳湖入江水道段河床的改变，已经引起了水文条件的变化，对鄱阳湖枯水的形成产生了明显的影响。河床改变所引起的水文条件变化在有关水文站水位-流量关系的变化中已明显反映出来，说明在长江干流相同流量下，对应的星子水位有所下降，从而在一定程度上说明，近年来星子—湖口段下垫面改变(河床下切)对鄱阳湖枯水位下降有明显影响，是造成鄱阳湖枯水位降低的原因之一。

9.5.2　河床采砂下切的概化模拟

从采砂活动的强度、影响程度和关注度出发，本书针对鄱阳湖湖区采砂对湖区水情的影响进行模拟计算。鄱阳湖湖区的采砂虽然一直以来受到各级部门的管理，但由于种种原因，没有从根本上杜绝盗采现象，盗采、偷采现象时有发生。缺乏严格管控的采砂活动进一步加剧河床下切，势必对鄱阳湖相对严峻的枯水情势产生更为显著的影响。本书依托前述建立的以模拟倒灌现象为目标的大范围平面二维数学模型，采用概化的方式，进一步研究湖区采砂活动持续下去对鄱阳湖枯水造成的影响。

根据实测资料，采用 1998 年、2011 年实测入江水道水下地形资料进行对比分析。1998～2011 年入江水道河床总体以冲刷为主，大部分区域内河床呈下切的趋势，河床平均下切深度达 0.85 m。边滩河床虽然有冲有淤，冲淤交替，但仍以小幅度冲刷为主，冲刷幅度在 1 m 之内，深槽内河床特别是 10 m 以下河床明显下切，下切幅度为 2.5～15.0 m，平均下切幅度为 2.85 m，最大下切深度达 15 m。入江水道段的湖床下切直接导致了河槽容积的扩大，其中枯季河槽河床容积的扩大尤为明显。据计算，入江水道段 15 m 高程以下河床容积 2011 年较 1998 年仅扩大了 16%，而枯季河槽内 10 m、8 m、5 m、0 m 高程以下河床容积较 1998 年分别扩大了 63%、144%、287%、1946%，河床容积相应分别增加 30944 万 m³、28111 万 m³、21446 万 m³、8875 万 m³，各高程以下河床容积变化见表 9.5-4。

表 9.5-4　入江水道 1998～2011 年河槽容积变化统计表

高程/m	1998 年河槽容积/万 m³	2011 年河槽容积/万 m³	2011 较 1998 年增加/万 m³	增加比例/%
0	456	9331	8875	1946
5	7474	28920	21446	287
8	19558	47669	28111	144
10	49370	80314	30944	63
12	109400	141825	32425	30
15	211016	244671	33655	16

通过对比 1998 年与 2011 年入江段的河床地形可知，入江水道在 1998～2011 年河床地形平均下切 0.85 m，因此模型中将入江水道段的河床地形做了统一的概化处理，在模型验证时采用地形的基础上分别将入江水道段地形整体降低 0.85 m 和 2 m，其他的水文边界及模型参数采用模型枯季验证时的数值，从而研究河床下切单一因素对鄱阳湖枯水的影响。

9.5.3　河床下切对枯水的影响

1. 平均下切 0.85 m 的影响

根据计算成果，在同样的水文条件下，将入江水道地形继续下切 0.85 m 与模型验证时计算水位相比较可知，长江干流的水位未发生明显的变化，九江站及湖口站在计算时段内日水位平均变化幅度小于 0.01 m；湖区水位则有所变化，入江水道段、西水道昌邑以下、东水道都昌以下区域水位有所降低。

湖区各站中北部的星子、都昌两站水位下降较为明显，计算时段内平均下降幅度分别为 0.10 m、0.12 m；吴城站降幅稍小，在 0.05 m 左右，湖口水位主要受长江干流控制未发生明显变化。河床继续下切 0.85 m 对距离下切区域较远的昌邑、棠荫、康山站水位影响较小 (图 9.5-2)。

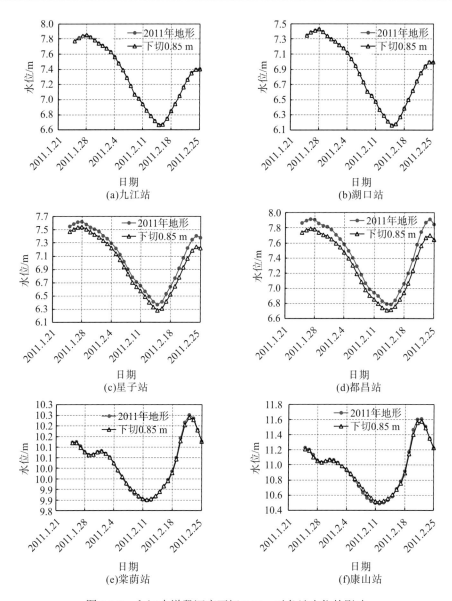

图 9.5-2　入江水道段河床下切 0.85m 对各站水位的影响

当入江水道河床继续下切 0.85 m 时，湖区水面线有所改变，从而引起湖区流速的变化，影响范围从湖口以上东水道可至都昌站，西水道可至吴城站附近。其中入江水道段水面坡降减小，褚溪口—星子—湖口流速有减小趋势，减幅在 0.1 m/s 之内，湖区东、西水道水面坡降增加，西水道吴城—褚溪口、东水道都昌—褚溪口流速有所增大，增大幅度为 0.05 m/s 左右。图 9.5-3(a) 为河床继续下切时 2011 年 2 月 15 日湖区流速变化。

根据计算结果分析可知，入江水道河床继续下切 0.85 m 后湖口的出流流量过程与现有地形的计算结果保持一致，出流量有增大的趋势但不明显 [图 9.5-3(b)]，在计算时段内湖口出流流量差值平均在 10 m³/s，增幅仅为 0.75%，说明鄱阳湖湖口的出流量由其他因素决定，河道采砂并未对湖口的流量及流量过程产生明显的影响。

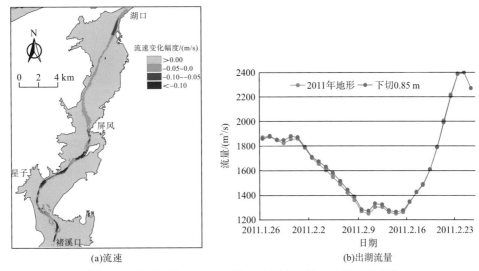

(a)流速　　　　　　　　　　　(b)出湖流量

图 9.5-3　河床下切 0.85 m 后入江水道段流速、出湖流量变化

2. 平均下切 2 m 的影响

根据计算成果，将入江水道地形继续下切 2 m 时与模型验证时的计算水位相比较可知，长江干流的水位依然未发生明显的变化，九江站及湖口站在计算时段内日水位平均变化幅度小于 0.01 m；湖区水位变化明显降低，影响范围包括入江水道段、东水道至棠荫站与康山站之间、西水道至昌邑站附近地区。其中入江水道段湖口—屏风水位降幅自下游到上游增大 0～0.05 m，屏风—星子—褚溪口水位下降幅度自下游到上游增大 0.05～0.22 m。西水道中昌邑—褚溪口的水位降幅自上游至下游逐渐增大，增幅在 0～0.2 m，东水道中都昌—褚溪口水位降幅自上游至下游逐渐增大，增幅在 0.2 m 以内。图 9.5-4 给出了星子站处于最低水位时，模型计算的湖区水位减小的范围及幅度示意图。

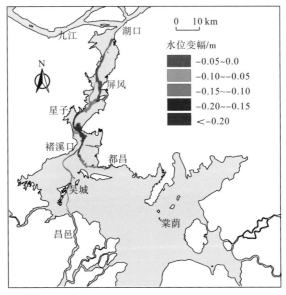

图 9.5-4　河床下切 2 m 后湖区水位变化范围示意图

湖区各站中湖口站水位未发生明显变化,星子、都昌及吴城站水位下降较为明显,西水道中昌邑站以上区域以及东水道的棠荫、康山站河床下切前后水位基本不受影响。由图 9.5-5 可以看出,入江水道段河床下切 2 m 时对都昌站的水位影响尤为明显,都昌站在计算时段内水位平均降幅为 0.2 m,最小降幅为 0.12 m,最大降幅达到了 0.34 m。星子、吴城两站水位的平均下降幅度分别为 0.15 m、0.08 m。

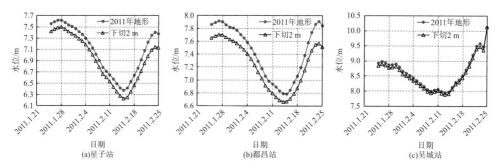

图 9.5-5   入江水道河床下切 2m 对各站水位的影响

当入江水道河床继续下切 2 m 时,伴随湖区水面线的改变,湖区流速也发生了变化,流速变化的范围从湖口以上东水道可至都昌站,西水道可至吴城站附近。其中湖区东、西水道水面坡降增加,西水道吴城—褚溪口、东水道都昌—褚溪口流速有所增大,增大幅度为 0.01~0.05 m/s,入江水道段水面坡降减小,褚溪口—星子—湖口流速有减小趋势,大部分区域减幅在 0.15 m/s 内,局部减幅达到了 0.2 m/s。图 9.5-6 为河床下切 2 m 造成的出湖流量变化过程和湖区流速变化幅度分布情况。

河床下切 2 m 后,湖口水位虽变化不大,但湖口附近河床下垫面变化较大。根据计算结果可知,入江水道河床下切 2 m 后湖口的出流流量过程与模型枯季验证时的计算结果保持一致,出流量将有进一步增大的趋势(图 9.5-6),在计算时段内湖口出流流量差值平均为 12 m³/s,增幅仅为 0.85%。

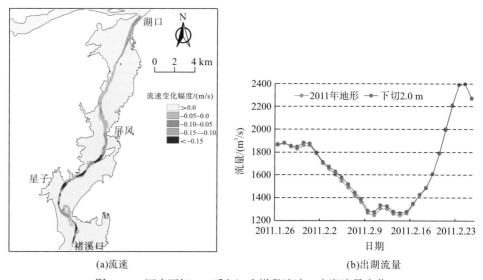

图 9.5-6   河床下切 2m 后入江水道段流速、出湖流量变化

9.6 本 章 小 结

长江中游现状的江湖连通河网水系结构是地貌形态经多种驱动力塑造的结果,成因复杂,演变既有各自的特点,又有着十分密切的关联性。演变带来的综合效应关乎防洪、航运、生态、取用水等社会和民生问题,而这些功能不断地对长江中游河湖提出要求,并应这些要求派生了水库、堤垸、坝体等多类别的人控工程,这些工程在一定时期内会引起江湖关系导向性的变化。因此,江湖关系的演变实质上是自然、人为活动不停驱动的过程。本章针对人类活动影响及驱动机制主要研究了湖区围垦、退田还湖、下荆江系统裁弯工程、河道(湖区)人工采砂、三峡及上游梯级水库群建成运用等,主要结论如下。

(1)历史上和中华人民共和国成立以来大规模的围湖造田等直接导致湖泊面积和容积减小,其影响更甚于湖泊泥沙淤积。洞庭湖以围垦为主的洪水位影响值为0～0.91 m,围垦对湖区洪水位影响在南洞庭湖最大,西洞庭湖次之,东洞庭湖最小,但对荆江三口分流分沙能力的影响不大;鄱阳湖湖区围垦期间,湖区自最南端的康山站至最北端的星子站,年最高洪水位抬高。相较于湖区围垦,1998年大水以来实施的退田还湖对湖泊面积、容积的影响相对较小,同时受近20年来入湖沙量减少影响,洞庭湖、鄱阳湖泥沙自然淤积有所减弱,湖泊调蓄能力逐渐恢复。

(2)下荆江系统裁弯是1956～2015年长江中游江湖关系演变的重要影响因素。主要表现在如下几个方面。①下荆江系统裁弯缩短了河长近78 km,进一步加大了荆江三口分流分沙的衰减速度,对三口分流分沙比的影响最为显著。在下荆江系统裁弯期间,荆江三口分流分沙量大幅减少,分流比由1956～1966年的29%减小至24%,由于藕池口距离裁弯河段较近,受裁弯影响大,其分流、分沙比减小幅度最大,松滋口、太平口则变化较小;裁弯后,1973～1980年,荆江河床继续大幅冲刷,三口分流衰减速度有所加大,分流比减小至19%。②荆江河床断面冲刷扩大,干流河道流量加大,局部河势出现剧烈调整,对洞庭湖出流顶托作用加强,对湖区防洪不利。③三口入湖沙量大幅减少(其年均入湖沙量由1956～1966年的1.96亿t减少至1973～1980年的1.11亿t,减幅为43.4%),洞庭湖淤积速率减缓(湖区年均淤积量1956～1966年的1.66亿t减少至1973～1980年的1.09亿t,减幅为43.3%),相当于洞庭湖淤积进程推迟10年左右,对延缓洞庭湖的萎缩,保持调蓄洪水的能力十分有利。同时使三口入湖洪峰流量有较大幅度减小,对洞庭湖防洪有利。④改变了荆江、洞庭湖、螺山—汉口河段三者之间的泥沙冲淤与分配格局。下荆江系统裁弯前,洞庭湖湖区、螺山—汉口河段年均总淤积量基本稳定在1.85亿t左右,且以洞庭湖淤积为主,裁弯后,洞庭湖泥沙淤积大为减轻,其淤积量减少部分转移至螺山—汉口河段,导致汇流段水位有所抬升,对洞庭湖出流不利。

(3)长江上游水土流失重点区域包括金沙江下游及毕节地区、陕南及陇南地区、嘉陵江中下游地区和三峡库区四大片。1991～2005年金沙江流域屏山以上地区"长治"工程对屏山站的年均减沙量为960万～1460万t,嘉陵江流域1989～2003年水土保持措施年均减沙量为2400万t,三峡库区"长治"工程年均减沙量接近500万t。20世纪末至21

世纪初长江上游水土保持工程年均减沙量在 4360 万 t 以内。洞庭湖、鄱阳湖水系的水土保持工程都有一定的减沙效益，以澧水和赣江效益最为突出。

(4) 河道采砂是影响长江干流与洞庭湖、鄱阳湖湖区河床冲淤演变的重要因素。据不完全统计，2004～2015 年长江中游干流河道采砂量约为 0.90 亿 m³，约占宜昌至湖口河段平滩河槽累计冲刷量的 6.2%，但非法采砂活动十分猖獗，其采砂量无法准确统计；洞庭湖湖区规划年度开采总量约为 2820 万 m³（约合 4089 万 t），其间入湖年均总沙量仅为 1110 万 t；鄱阳湖规划年度控制开采总量为 2700 万 t。2005～2010 年，湖区平均年采砂量为 3483 万 t，湖区总体处于超采状态。两湖采砂相对集中在入汇区域，对水流的扰动极强，显著地影响了出湖沙量，同时松滋口口门附近、鄱阳湖入江水道采砂造成河道过水断面异常增大。入江水道在 1998～2011 年河床地形平均下切 0.85 m，加剧了鄱阳湖的枯水情势，若采砂继续发展，计算河床再度下切 0.85 m 和 2 m 的情势下，都昌附近枯水位降幅最大，分别下降 0.12 m、0.20 m。

(5) 三峡及上游梯级水库群对于长江中下游江湖关系的影响主要体现在如下四个方面。①水库群巨大的拦沙效应是长江中游江湖泥沙减少的主要影响因素。2003～2015 年，长江上游主要控制性大型水库年均总拦沙量约为 2.92 亿 t，加之长江中游、两湖水系水库的拦沙作用，长江中游河湖系统每年因水库拦沙造成的沙量来源减少量超过 3 亿 t，相较于 1991～2002 年，水库拦沙量占江湖沙量总减少量的 80%以上。②长江中下游水沙条件出现非协调性的双重变异。三峡及上游梯级水库群调蓄作用导致长江中下游水沙过程出现重分配：水库枯期补水调度导致流量增大；汛期削峰调度导致洪峰流量减小，中水历时延长；汛后集中蓄水导致下泄流量明显减小，最终造成年内流量过程出现坦化。长江干流输沙量大幅减少、泥沙粒径沿程变粗，泥沙总量、组成在区域上重新分配，泥沙更多地淤积在水库内，2003～2015 年三峡水库累计淤积泥沙 16.1 亿 t，汛期输沙集中的现象突出。三口分流分沙量进一步减少（年均分流、分沙量分别由 1986～2002 年的 635 亿 m³、0.716 亿 t 减少至 2003～2015 年的 480 亿 m³、0.095 亿 t，年均分流比由 14.5%减小至 11.8%，分沙比则由 17.2%增大至 19.5%），三口断流时间提前、历时延长。③江湖水沙关系发生新的变化。江湖水沙交换通量减小，但水沙交换的强度明显增大，并且趋向于湖对江进行水沙的补给。三峡水库调度运行使得三口分流量年均减少约 21 亿 m³，占同期三口年均分流量的 4.29%，年均经由三口分入洞庭湖的沙量锐减至 956 万 t，且进入湖区的泥沙不再单一地沉积下来，泥沙基本上置换出湖，排沙比达到 109%；三峡水库试验性蓄水期（2008 年 10 月至 2013 年 12 月），9 月、10 月三峡水库由于蓄水减少下泄后，使东洞庭鹿角站平均水位较天然水位分别降低 0.76 m、0.97 m，增加出湖水量 3.29 亿～16.05 亿 m³。相较于 1956～2002 年多年平均情况，2003～2014 年鄱阳湖湖口站 9～12 月各时间节点的水位偏低 0.79～2.12m，9～10 月由于湖口水位降低而导致湖区容积减少 69.0 亿 m³，占 9～12 月湖区容积减少量的 96.5%。④三峡等长江上中游水库建成后，坝下游河床由蓄水前的总体相对平衡转变为沿程冲刷下切，且冲淤形态由原来的"冲槽淤滩"转变为"滩槽均冲"，2002 年 10 月至 2015 年 10 月，宜昌—湖口河段（城陵矶—湖口河段为 2001 年 10 月至 2015 年 10 月）平滩河槽总冲刷量为 16.478 亿 m³，年均冲刷量为 1.221 亿 m³，年均冲刷强度为 12.80 万 m³/km，宜昌—城陵矶河段、城陵矶—汉口、汉口—湖口河段冲刷量分别占总冲刷量的 60%、15%、25%；三口洪道出现一定冲刷（2003～2011 年冲刷量为 0.752 亿 m^3），但冲刷强度小于长江干流；城陵矶以下河床由蓄水前的淤积转为冲刷，对湖区的顶托作用减弱。

此外，在一些特殊水情年份，三峡水库进入 175 m 试验性蓄水期后，随着水库调节能力的增加和实施防洪应用，长江中游干流站洪峰流量不同幅度地削减，峰现时间改变，最大 7 天洪量、15 天洪量、30 天洪量均有不同幅度地减小，水库防洪效益显著；干流及湖区中低水同流量对应水位下降明显，水库蓄水对两湖枯水位提前和历时延长确实有一定影响，但并不是两湖地区极枯水位出现的主要原因。

参　考　文　献

卞鸿翔，龚循礼，1985. 洞庭湖区围垦问题的初步研究[J]. 地理学报，40(2)：131-141.

长江科学院，2002a. 三峡水库下游宜昌至大通河段冲淤一维数模计算分析(一)、(二)[M]//国务院三峡工程建设委员会办公室泥沙课题专家组，中国长江三峡工程开发总公司三峡工程泥沙专家组.长江三峡工程泥沙问题研究(第七卷). 北京：知识产权出版社.

长江科学院，2002b. 溪洛渡建坝后三峡工程下游宜昌至大通河段冲淤计算分析[M]//国务院三峡工程建设委员会办公室泥沙课题专家组，中国长江三峡工程开发总公司三峡工程泥沙专家组.长江三峡工程泥沙问题研究(第七卷). 北京：知识产权出版社.

陈进，黄薇，2005. 通江湖泊对长江中下游防洪的作用[J]. 中国水利水电科学研究院学报，3(1)：11-15.

陈时若，龙慧，1991. 下荆江裁弯前后江湖关系的变化[J]. 泥沙研究，(3)：53-61.

戴志军，李九发，赵军凯，等，2010. 特枯2006年长江中下游径流特征及江湖库径流调节过程[J]. 地理科学，30(4)：577-581.

段文忠，1993. 下荆江裁弯与城陵矶水位抬高的关系[J]. 泥沙研究，(1)：39-50.

范平，李家春，刘青泉，2004. 交汇、分流河道洪水演进模型及其应用[J]. 应用数学和力学，25(12)：1220-1229.

方春明，曹文洪，鲁文，等，2002. 荆江裁弯造成藕池河急剧淤积与分流分沙减少分析[J]. 泥沙研究，(2)：40-45.

方春明，曹文洪，毛继新，等，2012. 鄱阳湖与长江关系及三峡水库蓄水的影响[J]. 水利学报，43(2)：175-181.

方春明，毛继新，陈绪坚，2007. 三峡工程蓄水运用后荆江三口分流河道冲淤变化模拟[J]. 中国水利水电科学研究院学报，5(3)：181-185.

府仁寿，虞志英，金鏐，等，2003. 长江水沙变化发展趋势[J]. 水利学报，34(11)：21-29.

高俊峰，张琛，姜加虎，等，2001. 洞庭湖的冲淤变化和空间分布[J]. 地理学报，56(3)：269-277.

葛华，2010. 水库下游非均匀沙输移及模拟技术初步研究[D]. 武汉：武汉大学.

宫平，杨文俊，2009. 三峡水库建成后对长江中下游江湖水沙关系变化趋势初探Ⅱ.江湖关系及槽蓄影响初步研究[J]. 水力发电学报，28(6)：120-125.

顾朝军，穆兴民，高鹏，等，2016. 赣江流域径流量和输沙量的变化过程及其对人类活动的响应[J]. 泥沙研究，(3)：38-44.

郭鹏，陈晓玲，刘影，2006. 鄱阳湖湖口、外洲、梅港三站水沙变化趋势分析(1955—2001年)[J]. 湖泊科学，18(5)：458-463.

郭小虎，姚仕明，晏黎明，2011. 荆江三口分流分沙及洞庭湖出口水沙输移的变化规律[J]. 长江科学院院报，28(8)：80-86.

韩其为，何明为，1981. 泥沙交换的统计规律[J]. 水利学报，(1)：10-22.

胡向阳，张细兵，黄悦，2010. 三峡工程蓄水后长江中下游来水来沙变化规律研究[J]. 长江科学院院报，27(6)：4-9.

姜加虎，黄群，1997. 三峡工程对鄱阳湖水位影响研究[J]. 自然资源学报，12(3)：219-220.

姜加虎，黄群，2004. 洞庭湖近几十年来湖盆变化及冲淤特征[J]. 湖泊科学，16(3)：209-214.

赖锡军，姜加虎，黄群，2012. 三峡工程蓄水对鄱阳湖水情的影响格局及作用机制分析[J]. 水力发电学报，31(6)：132-136.

李景保，常疆，吕殿青，等，2009. 三峡水库调度运行初期荆江与洞庭湖区的水文效应[J]. 地理学报，64(11)：1342-1352.

李景保，王克林，秦建新，等，2005. 洞庭湖年径流泥沙的演变特征及其动因[J]. 地理学报，60(3)：503-510.

李景保，尹辉，卢承志，等，2008. 洞庭湖区的泥沙淤积效应[J]. 地理学报，63(5)：514-523.

李景保，张照庆，欧朝敏，等，2011. 三峡水库不同调度方式运行期洞庭湖区的水情响应[J]. 地理学报，66(9)：1251-1260.

李学山，王翠平，1997. 荆江与洞庭湖水沙关系演变及对城螺河段水情影响分析[J]. 人民长江，28(8)：6-8.

李义天，邓金运，孙昭华，等，2000. 泥沙淤积与洞庭湖调蓄量的变化[J]. 水利学报，31(12)：48-52.

李义天，邓金运，孙昭华，等，2002. 输沙量法和地形法计算螺山汉口河段淤积量比较[J]. 应用基础与工程科学学报，(4)：20-24.

李义天，邓金运，孙昭华，等，2011. 洞庭湖调蓄量变化及其影响因素分析[J]. 泥沙研究，(6)：1-7.

李义天，郭小虎，唐金武，等，2009. 三峡建库后荆江三口分流的变化[J]. 应用基础与工程科学学报，17(1)：21-31.

李义天，倪晋仁，1998. 泥沙输移对长江中游水位抬升的影响[J]. 应用基础与工程科学学报，6(3)：215-221.

林承坤，1987. 洞庭湖水沙特性与湖泊沉积[J]. 地理科学，7(1)：10-18.

林承坤，高锡珍，1994. 水利工程兴建后洞庭湖径流与泥沙的变化[J]. 湖泊科学，6(1)：33-39.

刘成，王兆印，隋觉义，2007. 我国主要入海河流水沙变化分析[J]. 水利学报，38(12)：1444-1452.

刘卡波，丛振涛，栾震宇，2011. 长江向洞庭湖分水演变规律研究[J]. 水力发电学报，30(5)：16-19.

卢金友，1996. 荆江三口分流分沙变化规律研究[J]. 泥沙研究，(4)：54-60.

罗小平，郑林，齐述华，等，2008. 鄱阳湖与长江水沙通量变化特征分析[J]. 人民长江，39(6)：12-14.

马元旭，来红州，2005. 荆江与洞庭湖区近50年水沙变化的研究[J]. 水土保持研究，12(4)：103-106.

闵骞，1988. 鄱阳湖近期沉积趋势与防治[J]. 江西水利科技，(1)：61-63.

闵骞，江泽培，1992. 近40年鄱阳湖水位变化趋势[J]. 江西水利科技，30(4)：316-364.

闵骞，刘影，马定国，2006. 退田还湖对鄱阳湖洪水调控能力的影响[J]. 长江流域资源与环境，15(5)：574-578.

倪晋仁，王光谦，张国生，1992. 交汇河段水力计算探讨[J]. 水利学报，(7)：51-55.

钱宁，1987. 河床演变学[M]. 北京：科学出版社.

清华大学，2002. 对长科院及水科院三峡水库下游河道长距离冲刷计算成果的评论[M]//国务院三峡工程建设委员会办公室泥沙课题专家组，中国长江三峡工程开发总公司三峡工程泥沙专家组.长江三峡工程泥沙问题研究(第七卷). 北京：知识产权出版社.

渠庚，郭小虎，朱永辉，等，2012. 三峡工程运用后荆江与洞庭湖关系变化分析[J]. 水力发电学报，31(5)：163-172.

施修端，夏薇，杨彬，1999. 洞庭湖冲淤变化分析(1956-1995年)[J]. 湖泊科学，11(3)：99-105.

石国钰，许全喜，陈泽方，2002. 长江中下游河道冲淤与河床自动调整作用分析[J]. 山地学报，20(3)：257-567.

孙鹏，张强，陈晓宏，等，2010. 鄱阳湖流域水沙时空演变特征及其机理[J]. 地理学报，65(7)：828-840.

孙晓山，2009. 加强流域综合管理确保鄱阳湖一湖清水[J]. 江西水利科技，35(6)：87-92.

唐日长，1999. 下荆江裁弯对荆江洞庭湖影响分析[J]. 人民长江，30(4)：20-23.

陶家元，1989. 荆江裁弯工程对荆江和洞庭湖的影响[J]. 华中师范大学学报(自然科学版)，23(2)：263-267.

王孝忠，1999. '98湖南抗洪及洞庭湖治理[J]. 湖南水利，(2)：7-10.

王延贵，史红玲，刘茜，2014. 水库拦沙对长江水沙态势变化的影响[J]. 水科学进展，25(4)：467-476.

武汉水利电力大学，2002. 三峡水库下游一维数学模型计算成果比较[M]//国务院三峡工程建设委员会办公室泥沙课题专家组，中国长江三峡工程开发总公司三峡工程泥沙专家组.长江三峡工程泥沙问题研究(第七卷). 北京：知识产权出版社.

肖鹏，2014. 洞庭湖流域水资源演变归因分析[D]. 北京：清华大学.

徐贵，黄云仙，黎昔春，等，2004. 城陵矶洪水位抬高原因分析[J]. 水利学报，(8)：33-37.

许全喜，2007. 长江上游河流输沙规律变化及其影响因素研究[D]. 武汉：武汉大学.

许全喜，2013. 三峡工程蓄水运用前后长江中下游干流河道冲淤规律研究[J]. 水力发电学报，32(2)：146-154.

许全喜，胡功宇，袁晶，2009. 近 50 年来荆江三口分流分沙变化研究[J]. 泥沙研究，(5)：1-8.

许全喜，童辉，2012. 近 50 年来长江水沙变化规律研究[J]. 水文，32(5)：38-47.

杨桂山，马超德，常思勇，2009. 长江保护与发展报告[M]. 武汉：长江出版社.

殷瑞兰，陈力，2003. 三峡坝下游冲刷荆江河段演变趋势研究[J]. 泥沙研究，(6)：1-6.

尹学良，1963. 清水冲刷河床粗化研究[J]. 水利学报，(1)：15-25.

余文畴，2017. 长江河道探索与思考[M]. 北京：中国水利水电出版社.

张细兵，卢金友，王敏，等，2010. 三峡工程运用后洞庭湖水沙情势变化及其影响初步分析[J]. 长江流域资源与环境，19(6)：640-643.

张祥志，1996. 洞庭湖水沙特性和泥沙淤积分析[J]. 华东师范大学学报(自然科学版)，(1)：62-69.

赵军凯，2011. 长江中下游江湖水交换规律研究[D]. 上海：华东师范大学.

中国水利水电科学研究院，2002a. 三峡水库下游河道冲淤计算研究[M]//国务院三峡工程建设委员会办公室泥沙课题专家组，中国长江三峡工程开发总公司三峡工程泥沙专家组.长江三峡工程泥沙问题研究(第七卷). 北京：知识产权出版社.

中国水利水电科学研究院，2002b. 向家坝建坝后三峡工程下游宜昌至大通河段冲淤计算分析[M]//国务院三峡工程建设委员会办公室泥沙课题专家组，中国长江三峡工程开发总公司三峡工程泥沙专家组.长江三峡工程泥沙问题研究(第七卷). 北京：知识产权出版社.

朱宏富，1982. 从自然地理特征探讨鄱阳湖的综合治理和利用[J]. 江西师范大学学报(自然科学版)，(1)：42-56.

朱玲玲，陈剑池，袁晶，等，2015. 基于时段控制因子的荆江三口分流变化趋势研究[J]. 水力发电学报，34(2)：103-111.

Chen Z Y, Li J F, Shen H T, et al., 2001. Yangtze River of China: historical analysis of discharge variability and sediment flux[J]. Geomorphology, 41(2-3): 77-91.

Dai S B, Yang S L, Li M, 2009. The sharp decrease in suspended sediment supply from China's rivers to the sea: anthropogenic and natural causes[J]. International Association of Scientific Hydrology Bulletin, 54(1): 135-146.

Dai S B, Yang S L, Zhu J, et al., 2005. The role of Lake Dongting in regulating the sediment budget of the Yangtze River[J]. Hydrology and Earth System Sciences, 9(6): 692-698.

Dai Z J, Liu J T, 2013. Impacts of large dams on downstream fluvial sedimentation: an example of the Three Gorges Dam (TGD) on the Changjiang (Yangtze River)[J]. Journal of Hydrology, 480: 10-18.

Hu C H, Fang C M, Cao W H, 2015. Shrinking of Dongting Lake and its weakening connection with the Yangtze River:Analysis of the impact on flooding[J].International Journal of Sediment Research, 30(3): 256-262.

Lai X J, Liang Q H, Jiang J H, et al., 2014. Impoundment effects of the Three-Gorges-Dam on flow regimes in two China's Largest freshwater lakes[J]. Water Resources. Management, 28(14): 5111-5124.

Maren D, Yang S L, He Q, 2013. The impact of silt trapping in large reservoirs on downstream morphology: The Yangtze River[J]. Ocean Dynamics, 63(6): 691-707.

Ou C M, Li J B, Zhou Y Q, et al., 2014. Evolution characters of water exchange abilities between Dongting Lake and Yangtze River[J]. Journal of Geographical Sciences, 24(4): 731-745.

Xu J J, Yang D W, Yi Y H, et al., 2008. Spatial and temporal variation of runoff in the Yangtze River basin during the past 40 years[J]. Quaternary International, 186(1): 32-42.

Xu K Q, Chen Z Y, Zhao Y W, et al., 2005. Simulated sediment flux during 1998 big-flood of the Yangtze (Changjiang) River, China[J]. Journal of Hydrology, 313(3-4): 221-233.

Yang S L, Zhang J, Xu X J, 2007. Influence of the Three Gorges Dam on downstream delivery of sediment and its environmental implications, Yangtze River[J]. Geophysical Research，34（10）：10401-10405.

Yang S L，Zhang J，Dai S B，et al.，2005. Effect of deposition and erosion within the main river channel and large lakes on sediment delivery to the estury of the Yangtze River[J]. Journal of geophsical reseach，Vol. 112, F02005, doi:10.1029/2006JF000484.

Zhang Q，Li L，Wang Y G，et al.，2012. Has the Three-Gorges Dam made the Poyang Lake wetlands wetter and drier?[J]. Geophysical Research Letters，39（20）：1-7.

Zhao J K，Li J F，Dai Z J，et al.，2010. Key role of the lakes in runoff supplement in the mid-lower reaches of the Yangtze River during typical drought years[C]. 2010 International Conference on Digtial Manufacturing and Automation, Changsha, China.

Zhou Y Q，Li J B，Zhang Y L，et al.，2015. Enhanced lakebed sediment erosion in Dongting Lake induced by the operation of the Three Gorges Reservoir[J]. Journal of Geographical Sciences，25（8）：917-929.